舰船通用质量特性体系及工程实践

System and Engineering Practice for General Quality Characteristics of Ship

主编　张锦岚

副主编　徐　巍　张文俊　王祖华　穆旻皓

国防工业出版社

·北京·

图书在版编目(CIP)数据

舰船通用质量特性体系及工程实践/张锦岚主编.—北京：国防工业出版社,2023.2

ISBN 978-7-118-12728-7

Ⅰ.①舰…　Ⅱ.①张…　Ⅲ.①军用船—装备—质量管理　Ⅳ.①E925.6

中国国家版本馆 CIP 数据核字(2023)第 040878 号

※

国防工業出版社出版发行

(北京市海淀区紫竹院南路 23 号　邮政编码 100048)

三河市腾飞印务有限公司印刷

新华书店经售

*

开本 710×1000　1/16　**印张** 25　**字数** 450 千字

2023 年 2 月第 1 版第 1 次印刷　**印数** 1—2000 册　**定价** 188.00 元

国防书店:(010)88540777　　书店传真:(010)88540776

发行业务:(010)88540717　　发行传真:(010)88540762

致　读　者

本书由中央军委装备发展部**国防科技图书出版基金**资助出版。

为了促进国防科技和武器装备发展,加强社会主义物质文明和精神文明建设,培养优秀科技人才,确保国防科技优秀图书的出版,原国防科工委于1988年初决定每年拨出专款,设立国防科技图书出版基金,成立评审委员会,扶持、审定出版国防科技优秀图书。这是一项具有深远意义的创举。

国防科技图书出版基金资助的对象是:

1. 在国防科学技术领域中,学术水平高,内容有创见,在学科上居领先地位的基础科学理论图书;在工程技术理论方面有突破的应用科学专著。

2. 学术思想新颖,内容具体、实用,对国防科技和武器装备发展具有较大推动作用的专著;密切结合国防现代化和武器装备现代化需要的高新技术内容的专著。

3. 有重要发展前景和有重大开拓使用价值,密切结合国防现代化和武器装备现代化需要的新工艺、新材料内容的专著。

4. 填补目前我国科技领域空白并具有军事应用前景的薄弱学科和边缘学科的科技图书。

国防科技图书出版基金评审委员会在中央军委装备发展部的领导下开展工作,负责掌握出版基金的使用方向,评审受理的图书选题,决定资助的图书选题和资助金额,以及决定中断或取消资助等。经评审给予资助的图书,由国防工业出版社出版发行。

国防科技和武器装备发展已经取得了举世瞩目的成就,国防科技图书承担着记载和弘扬这些成就,积累和传播科技知识的使命。开展好评审工作,使有限的基金发挥出巨大的效能,需要不断摸索、认真总结和及时改进,更需要国防科技和武器装备建设战线广大科技工作者、专家、教授,以及社会各界朋友的热情支持。

让我们携起手来,为祖国昌盛、科技腾飞、出版繁荣而共同奋斗!

国防科技图书出版基金

评审委员会

国防科技图书出版基金
2020 年度评审委员会组成人员

编写人员名单

主　编　张锦岚

副主编　徐　巍　张文俊　王祖华　穆旻皓

参　编　李明宇　程力旻　熊　尧　孙玉平　白亚鹤　陶俊勇
令　波　张　华　朱振桥　何景异　杨振锦　杨文山
周海波　倪先胜　章　婷　杨　咏　李星宇　胡　维
张　军　崔晓龙　刘　瞰　王　辉　罗思琦　苏晓亮
俞　健　刘春林　张辉睿　陈源宝　李晓玲　黎雪刚

前言

装备通用质量特性(含可靠性、维修性、测试性、保障性、安全性和环境适应性)是影响武器装备任务成功性、战备完好性及全寿命周期费用的重要因素,是武器装备快速出动和持续攻击的重要保证,是提高装备作战能力的倍增器。

舰船属于长寿命、高可靠、技术密集的复杂系统装备,由于长期远洋航行,服役环境恶劣,远离基地母港,维修保障困难,造成确保全寿命周期安全可靠运行难度大。虽然我国舰船行业开展通用质量特性相关科研技术工作较晚,且工程实践应用起步晚,但随着计算机仿真、加速试验、数据挖掘、信息融合等新技术的快速发展,以及建设海洋强国战略目标的提出,近些年我国舰船通用质量特性研究和工程应用取得了长足进步,实现了多型舰船装备长寿命、高可靠、好维修、保安全、易保障等固有特性的大幅提升。

本书是作者在多年从事舰船领域科学研究、型号研制、装备保障等工作的基础上,通过整理多项现有科研成果,参考有关标准与基础理论书籍,认真总结舰船装备通用质量特性工程实践经验而编定。本书主要涵盖:装备通用质量特性概念、定义及发展历程,舰船可靠性、维修性、测试性、保障性、安全性和环境适应性的要求与指标论证、设计与分析、验证,以及舰船通用质量特性工程管理等内容,重点阐述了型号可靠性仿真、虚拟维修验证、故障智能诊断、安全物项分级、数字化保障等通用质量特性新技术的工程应用。

本书充分考虑了科学性与实用性,既给出了系统性的理论与方法,又提供了多项工程应用案例,是舰船通用质量特性研究、工程应用的最新成果,编写时尽可能从工程实际出发,选用有参考意义的内容,可供从事舰船领域通用质量特性研究和应用的广大科研人员、工程技术与管理人员参考阅读,也可作为高等院校装备通用质量特性相关专业学生的参考用书。

本书写作过程中得到了相关院校和科研单位的大力支持。在此特别感谢国防科技大学蒋瑜教授、刘冠军研究员、郭艳高级工程师，他们为本书第3章、第5章的撰写提供了价值极高的素材，并详细阅读了全书内容，提出了宝贵意见。同时，本书获得国防科技图书出版基金资助，在此表示感谢。

鉴于作者水平有限，书中难免存在不足和疏漏，恳请读者谅解和指正。

编者

2022年3月

目 录

CONTENTS

第1章

概　述

武器装备的质量特性可以划分为专用质量特性和通用质量特性两个方面。专用质量特性描述的是不同武器装备类别和其自身特点的专有特征，例如舰船专用质量特性一般包含吨位、排水量、续航力、自持力、速度、抗沉性等。通用质量特性则描述了不同类别武器装备均应具有的共性特征，按照装法〔2014〕2号文《装备通用质量特性管理工作规定》的定义，通用质量特性通常包括可靠性、维修性、测试性、保障性、安全性和环境适应性等6种特性，装备的通用质量特性与专用质量特性一样，是装备与生俱来的、固有的属性。它是在装备论证阶段根据装备使命任务提出的，是在装备研制阶段通过设计手段赋予装备的，是在装备生产阶段通过工艺手段固化到装备中的，是在装备使用阶段通过维修保障手段维持其特性稳定的。

显然，提高舰船及其各种系统、设备和部件的可靠性，将有助于减少故障发生的次数，保证舰船具有良好的任务成功率；改进舰船装备的维修性、测试性，减少舰船装备的基地级维修时间和次数，将提高舰船的在航率及出动频次；提高舰船装备的安全性，可有效降低装备发生事故的概率；做好舰船装备保障性设计、规划好保障资源，将有效控制舰船装备全寿命周期使用与保障费用，提高装备费效比。因此，装备通用质量特性常常成为装备战斗力的倍增器，是发挥舰船战斗力的重要保证，也是我国海军舰船战略转型成功的关键因素。

1.1　舰船通用质量特性的特点

舰船作为一种长寿命、高强度使用的大型复杂系统装备，在研制和使用过程中具有自身的特点，对通用质量特性有其特殊的要求，主要有以下5个方面。

(1) 使用环境条件恶劣，维修保障困难。

舰船执行任务期间，需要长期承受腐蚀性海水、倾斜摇摆等深远海环境；码头驻泊期间，面临高浓度盐雾、潮湿性大气、台风波浪、海生物生长、太阳强辐照等码头海洋环境,加之船上维修空间有限,对于装备的环境防护设计、维护保养难度大。

(2) 执行任务周期长,任务可靠性要求高。

舰船装备出海执行任务远离岸基保障,执行任务周期较长,少则数十天,长则可达数月,这为舰船通用质量设计、试验验证带来极大的困难。

(3) 系统组成庞大、复杂,通用质量设计保证和试验验证难度大。

舰船属于复杂巨系统,包含舰船操纵控制、动力、船舶保障等十多个系统,千余台套设备,涉及新材料与元器件种类众多。由于各系统功能复杂、耦合程度高,仅仅依靠定性为主的传统可靠性设计、分析手段,要进一步提升装备可靠性难度大。

(4) 属于小子样长寿命产品,机电类产品比例大,通用质量特性分析评估困难。

一型舰船装备建造数量少,设计寿命长达 25~40 年,机电类系统、设备占比大,由于缺少可靠性试验数据,属于典型的小子样长寿命复杂机电产品,可靠性分析与评估困难,不利于可靠性的持续提升。

(5) 高强度使用需求,对现场预防性维修和应急抢修的快速化精确化要求高。

我国海上威胁多,防卫海域面积大,由于舰船数量不多,对其使用强度要求日益增高(如"人歇船不歇"的使用模式),为确保舰船高强度高可靠的使用要求,对其现场快速化精确化保障要求更高。

1.2 国外装备通用质量特性发展历程

1.2.1 通用质量特性发展历程

1.2.1.1 可靠性发展历程

可靠性的概念和研究工作萌芽于第二次世界大战期间的美国,1952 年美国国防部成立了"军用电子设备可靠性咨询组"(AGREE),开始有组织有计划地开展可靠性的相关研究工作。1957 年 1 月,美国军方制定并发布了第一个可靠性军用标准 MIL-R-25717《电子设备可靠性保证大纲》。这份报告首次指出:电子设备的可靠性能够通过数学建模来定量的计算和验证,此外还提出了电子设备最低可用指标、电子设备可靠性试验和储存运输可靠性等一系列可靠性理论成果,并对可靠性下一步工作计划提出了规划和方向。MIL-R-25717 的制定奠定了可靠性工程的基础,为可靠性工程发展制订了框架。1958 年,美国国防部在电子可靠性研究带来巨大效益的背景下,又继续成立了"导弹可靠性研究专家组",专门研究导弹可靠性以及导弹生产过程中的可靠性保障,并出版了《弹道导弹可靠性大纲》;1959 年,美国军事部门陆续出版了《宇航系统及设备的可靠性大纲》《电子设备可靠性大纲要求》等一系列可靠性文献,纵观这一阶段的可靠性理论和成果,虽然各方面都还很不完善，应用范围也仅局限于军事部门，但是其为今后可靠性工程的发展奠定了基础。

20 世纪 60 年代是可靠性工程快速发展与应用的阶段，这一阶段世界各国陆续开展了可靠性的系统研究。当时随着航空航天对于可靠性技术需求的日益增长，可靠性工程被广泛应用于航空航天领域，并取得了巨大的成果。第一颗人造卫星的成功发射、“阿波罗”宇宙飞船成功载人登月等均是可靠性技术成功应用于重大工程的典范，也使可靠性研究成为当时最热门的课题之一，可靠性理论也得到迅速全面的发展，研究范围也扩大到了电子、核能、电力、土木和动力等领域，并形成了 MIL-STD-785《系统与设备的可靠性大纲要求》，MIL-HDBK-217《电子设备可靠性预计》，MIL-STD-781《可靠性设计鉴定试验及产品验收试验》等一系列标准文件。与此同时，苏联组织了一大批专家学者采取积极有效的措施推进可靠性研究，成为继美国之外又一个可靠性研究大国。1962 年，第一本专门用于可靠性的教材《可靠性的统计方法》在苏联出版，可靠性工程在苏联全国范围内得以推广。这一时期涌现了一大批著名的可靠性领域专家学者。例如，马尔可夫提出了马尔可夫链式理论，是可靠性研究领域的重大理论突破，成为国际公认的可靠性顶级学者。1966 年，美国修订的 MIL-STD-721B《可靠性与维修性名词定义》给出了经典的可靠性定义，即“可靠性是指：产品在规定的条件下和规定的时间内完成规定功能的能力”。

20 世纪 80 年代以后，美国可靠性工程研究向着更深、更广的方向发展，美国国防部于 1980 年首次颁发了可靠性及维修性指令 DoDD 5000.40《可靠性及维修性》。1985 年，美国空军推行“可靠性及维修性 2000 年行动计划”，明确提出了“可靠性增倍、维修时间减半”的要求，这是美国军方加强可靠性和维修性管理的重大决策。此后可靠性研究进入成熟阶段，即全寿命周期可靠性保障阶段，并以可靠性为中心实行全方位的工程项目管理。在这个阶段最具代表性的国家是日本，日本在步入先进可靠性研究的国家行列之后，不局限于军事或者尖端工业，而是将可靠性技术推行到民用领域，这一政策使日本的一大批制造业企业在国际竞争中脱颖而出，日本的电子产品、汽车工业、机电设备、造船业以高可靠性而享誉全球，为日本的经济发展做出了巨大贡献。其他国家在这一阶段也逐渐认识到可靠性带来的巨大经济效益，更重视产品质量，把产品可靠性与产品的功能性能看成产品的两大核心竞争力，甚至规定没有进行可靠性设计和可靠性测试的产品不能投入生产。从军工、航空航天到机械、电子、核电、船舶、化工、建筑等领域都把可靠性作为一项基本工程项目，并总结出版了一系列权威可靠性标准，这些标准使一些新型国家能够快速发展提高自身可靠性应用水平，可靠性整体呈现多元化发展态势。该阶段重视机械和非电子产品可靠性的研究，软件的可靠性研究也逐渐得到发展。在可靠性的试验设计上，开展基于强化应力的高效可靠性增长和加速环境应力筛选，以及可靠性加速试验等,从而在试验中更高效地激发产品潜在缺陷,并通过改进设计实现产品可靠性的快速提升,相关技术研究也从军用装备可靠性工程领域逐渐发展到民用产品的可靠性技术研究。

20 世纪 90 年代以后,可靠性在民用方面受到更加广泛的重视。尤其是电子产品工业的发展,极大促进了软件工程的发展,软件可靠性日渐成为软件开发者应考虑的重要影响因素之一。军事上,科索沃战争和海湾战争的爆发使各国研究者认识到,在未来高科技是决定战争成败的决定因素,而科技的进一步发展必然出现更为复杂的技术设备,高技术复杂系统的可靠性及维修性就显得尤为重要,相关领域的研究也亟待更上一层楼。

进入 21 世纪,可靠性向着综合化、系统化方向发展,设备的自动化和智能化遍布军事领域和工业领域。在军事和电子工业领域的可靠性研究中,失效机理分析、试验技术、故障数据统计方法等研究较为成熟,计算机科学中的人工智能和随机模拟技术,研究人类属性的心理学和认知工程学,以及神经网络与信息论的算法,甚至突变论和模糊集合等学科的思想均逐渐交叉渗透到可靠性的理论中。在通用质量特性管理上,加强集中统一管理,强调可靠性及维修性管理制度化,在技术上深入开展软件可靠性、机械可靠性,全面推广计算机辅助设计(computer aided design,CAD)技术在可靠性工程中的应用,积极采用模块化、综合化、容错设计、光导纤维和超高速集成电路等新技术来全面提高现代武器系统的可靠性。目前,军事强国美国、俄罗斯等在装备发展策略上,均把可靠性、维修性作为提高武器装备战斗力的重要手段,将可靠性置于与武器装备性能、费用和进度同等重要的地位。

1.2.1.2 维修性发展历程

维修性概念源于可靠性研究的细化,其最早出现于美国等西方工业发达国家,当时主要目的是出于军方对于提高武器装备维修保障水平的需要。20 世纪 50 年代,随着军用装备的发展及复杂性的提高,武器装备的维修工作量及费用大幅增加,维修性问题引起了美国军方的重视。50 年代中后期,美国把维修性列入有关的合同文件中,随后又相继制定了一些维修性要求标准,维修性的概念应运而生。

20 世纪 60 年代,美国海军和空军分别制定了一系列的规范,来保证所研制的武器装备具有要求的维修性。1966 年,美国国防部先后颁布了 MIL-STD-470《维修性大纲要求》、MIL-STD-471《维修性验证、演示和评估》、MIL-HDBK-472《维修性预计》等维修性军用标准,标志着美国维修性研究开始进入新的发展阶段。1968 年,美国联邦航空局首次颁布了 MSG-1(维修研究和方案拟订);1970 年,美国联邦航空局颁布了 MSG-2(维修大纲的计划文件)。这两个标准的主要思想是以可靠性为中心的维修,通过预防性维修预设并采用程序化、软件化操作的方式,进行提前预防性维修,实现定期、定时维修以保障装备的可靠性。在此基础上,美国联邦航空局又颁布了以任务主导型维修为主的 MSG-3(维修大纲的制定文件),

此阶段以可靠性为中心的维修思想(reliability centered maintenance,RCM)已贯穿美国的维修领域。1975年,在美国陆军部主持下,由美国国家航空航天局编写出版了《维修工程技术》一书,论述了维修工程的理论和方法,基于实施维修工程的需要,对维修工程的各项任务和所用的方法进行了全面的讨论。1978年,美国的Stanley Nowlan和Howard Heap撰写的《以可靠性为中心的维修》报告标志着RCM理论的正式诞生。到20世纪70年代末,维修性工程已发展成为一门成熟的工程学科,提出了很多维修性分析、预测和试验方法,并广泛用于系统设计中。

1980年,美国国防部正式颁布了第一个关于可靠性和维修性的条令DoDD 5000.40,规定了发展各种武器系统的可靠性和维修性政策,以及有关部门对可靠性和维修性的职责,要求所有武器系统从采购计划一开始就要考虑可靠性和维修性,并通过设计、研制、生产及使用各阶段来保证所要求的可靠性和维修性。随后美国又对有关标准进行了修订,在修订后的MIL-STD-470A《系统和设备的维修性大纲》中,首次将维修性模型作为维修性大纲中的重要工作项目,并在MIL-HDBK-472中增加了适用性比较强的维修性预计方法及相应的维修性预计模型。

20世纪90年代,随着计算机技术的发展,可视化分析技术开始受到各国的重视,美国首先将该技术应用于维修仿真实践中。1990年,美国科学家为培训执行哈勃望远镜维修任务的宇航员建立了虚拟的太空环境,从中可完成各种维修仿真活动。经训练后,哈勃望远镜的维修任务于1993年12月成功完成,这是第一次大规模应用可视化分析技术完成实际任务,并取得了成功。1995年,随着CAD技术的发展,人们开始尝试用CAD模型代替实体样机,洛克希德·马丁战术飞机系统开始将可视化分析技术应用于F-22战斗机和JSF项目之中,此外,福特、奔驰、宝马、大众等汽车公司,以及英国航空公司也都争先采用可视化分析技术。总之,应用可视化分析技术进行维修性分析与维修仿真方面的研究在国外已受到高度重视,并成为研究热点。

2000年,美国机动工程师协会制定了维修性评审原则SAE JA1010-1,此维修性评审原则较系统全面地对于维修性试验评价提出了要求,该原则也是目前美国在用的维修性试验标准,并在2004年完成了对其的修订。

1.2.1.3 保障性发展历程

20世纪60年代,美国军方着手在研制阶段考虑装备的保障问题,在国防部和各军兵种形成了一整套法规和标准体系。综合后勤保障(integrated logistics support,ILS)是美军首先提出来的,1964年6月,美国国防部首次颁布了国防部指示DoDI 4100.35《系统和设备的综合后勤保障研制》,该指示强调在装备的研制过程中要同步进行保障性设计,明确规定要在装备设计中考虑综合后勤保障,并开展综合后勤保障的管理活动。1968年,这个文件改为DoDI 4100.35G《系统和设备的综合后勤保障的采办和管理》,并新增了综合后勤保障的11个组成要素。

20世纪70年代,随着现代武器装备复杂性的增长,出现了使用和保障费用高、战备完好性差等问题,保障性逐渐引起各国军方和工业界的普遍注意。1972年,美国空军颁布空军条例AFR 800-8《综合后勤保障大纲》,为了推动综合后勤保障工作的开展,美国国防部于1973年颁发了两个重要的军用标准,即MIL-STD-1388-1《后勤保障分析》和MIL-STD-1388-2《国防部对后勤保障分析记录的要求》,规定把后勤保障分析(logistic support analysis,LSA)作为开展综合后勤保障工作的分析技术,这两个标准在使用过程中又经过了多次修订。

1980年,美国国防部首次颁布DoDD 5000.39《系统和设备的综合后勤保障的采办和管理》,1983年又重新颁布该文件,突出了战备完好性要求,明确规定:综合后勤保障的主要目标是以可承受的寿命周期费用实现系统的战备完好性目标,并系统地规定了综合后勤保障的政策、程序、职责、要素和各采办阶段对保障问题的考虑等内容。在此之后,美国三军先后颁布了一系列有关ILS的指令性文件。1987年,美国海军颁布海军作战部长办公室指示《采办过程中的综合后勤保障》,1988年,美国陆军颁布陆军条例AR 700-127《综合后勤保障》。这些文件分别规定了各军种开展综合后勤保障工作的政策、程序和职责。

20世纪90年代,美国国防部在总结以往装备采办经验的基础上,于1991年和2001年分别颁布了新的采办文件DoDD 5000.1《防务采办》和DoDI 5000.2《防务采办管理的政策和程序》,将综合后勤保障作为其中的一部分,同时废止了DoDD 5000.39。从1994年开始,美国国防部进行采办改革。1996年,美国国防部又重新颁布DoDD 5000.1《防务采办》和国防部条例DoDD 5000.2-R《重大防务采办项目和重大自动化信息系统采办项目必须遵循的程序》,其中提出了“采办后勤”的概念,以此进一步明确保障性的地位以及实现保障性的途径,规定在武器系统的整个采办过程中开展采办后勤活动,确保系统的设计和采办能够得到经济有效的保障,以满足平时和战时的战备完好性要求。同年,美国国防部颁布了MIL-PRF-49506《后勤管理信息性能规范》,取代了1991年颁布的MIL-STD-1388-2B《国防部对后勤保障分析记录的要求》。1997年5月又颁布了MIL-HDBK-502《采办后勤》,同时废除了1983年颁布的MIL-STD-1388-1A《后勤保障分析》。

2003年5月,美国国防部颁发的最新版本的5000系列采办条例,将保障性和持续保障作为武器系统性能的关键要素,强调在装备的采办和持续保障中,应考虑并在现实可行时采用基于性能的后勤策略作为国防部落实装备保障的优选途径。近年来,美军为了提高维修保障能力,节约维修保障费用,在基地级维修中大力提倡这种持续保障合同维修,主张在基地级维修中利用私营企业的力量,引入了军民合作与军民竞争的机制。目前,美国已经形成一套行之有效的做法,在装备综合保障方面走在世界各国的前列。

1.2.1.4 测试性发展历程

20世纪70年代,随着半导体集成电路及数字技术的发展,电子设备的维修任务产生了巨大变化。1975年,Ligour等提出了测试性的概念,设备的自测性、机内测试、故障诊断的概念及重要性引起了设备设计师和维修工程师的关注,设备维修的重点已经从过去的拆卸及更换转移到故障检测和隔离。1978年,美国国防部联合后勤司令部设立了测试性技术协调组来负责国防部测试性研究计划的组织、协调和实施。同年12月,美国国防部颁发的MIL-STD-471A《设备或系统的BIT、外部测试、故障隔离和测试性特性要求的验证及评价》,规定了测试性的验证及评价的方法和程序。

1983年,美国国防部颁布了MIL-STD-470A《系统及设备维修性大纲》。1985年,颁布了MIL-STD-2165《电子系统及设备的测试性大纲》,规定了电子系统和设备各研制阶段应实施的测试性设计、分析与验证的要求及分析方法。MIL-STD-2165的颁布实施,是测试性发展史上的重大里程碑,标志着与可靠性工程、维修性工程并列的测试性工程的形成。与此同时,非官方的机构和公司也结合各自研究成果,陆续发布了一些测试性手册和指南。例如,美国罗姆航空发展中心(Rome Air Development Center,RADC)的《RADC测试性手册》、美国航空无线电公司(Aeronautics Radio Incorporation,ARINC)的《BITE设计和使用指南》、高级测绘工程(Advanced Test Engineering,ATE)公司的《SMTA测试性指南》等。大量测试性标准和指南的制定和颁布,很大程度上促进了测试性技术的普及和发展。上述军标的制定和执行使得测试性技术在80年代起至今迅速地应用于飞机、舰船、战车等诸多装备中,例如,美军F-16战斗机、F-22战斗机,B-2轰炸机、F-117隐身轰炸机,M1主战坦克等装备都大量采用了测试性设计。

1992年,美军发布了MIL-STD-1309D《测试性术语定义,测量与诊断》标准,给出了BIT的标准定义:即系统、设备内部提供的监测、隔离故障的自动测试的能力。1993年,美军将原有的MIL-STD-2165《电子系统和设备测试性大纲》修改为MIL-STD-2165A《系统和设备测试性大纲》,将测试性扩展到全系统并包括机电系统领域,明确规定了电子系统及设备各研制阶段应实施的测试性分析、设计及验证的具体实施方法。1995年,美国国防部将MIL-STD-2165A改编为MIL-HDBK-2165《系统和设备测试性手册》。

国外的测试性技术研究主要由大型航空公司和军火生产企业发起。大型航空公司(如波音公司、修斯公司、霍尼韦尔公司及哈密尔顿公司)在测试性自动化设计和测试性应用研究等方面都发挥了重要的领导作用,并且成功地把最先进的测试性理论、技术和方法应用到他们生产的各种军用、民用飞机中,其理论和技术都代表了世界领先水平。例如,美国航空无线电通信公司制定了国外最早的BIT设计规范,它制定的ARINC 604《BITE设计和使用指南》和ARINC 624《机载维修设计指南》为美国民用飞机的 BIT 规范化设计和推广应用发挥了重要作用。

1.2.1.5 安全性发展历程

20 世纪 60 年代,世界上许多发达国家对安全性评价就有了一定的研究,有些国家采用“数量风险”来计算关于项目或工业投资的各种安全、卫生、环境方面可能带来的危险及危害,并利用统计、计算和参考已经发生的意外事故开展安全性评价。例如,最早在工业领域研究安全性评价的是美国道化学公司,1964 年该公司发表“应用化学法分析”,受到国际上的广泛重视,随后日本、英国也都相继提出了安全性评价方法,使指数法日趋科学、合理和符合实际。通过对指数法的研究及应用,可对系统中固有的潜在危险性及其严重程度进行预先的测评、分析和确定,并为安全决策提供科学依据。1965 年,美国波音公司和华盛顿大学在西雅图召开了安全系统工程的专门学术讨论会,以波音公司为中心对航空工业开展了安全性、可靠性的分析和研究设计,用于导弹和超声速飞机的安全性评价,取得了很好的效果。

1969 年 7 月,美国国防部提出了 MIL-STD-882《系统安全大纲要求》,这项标准首次奠定了系统安全工程的概念以及设计、分析等基本原则。在此之后,随着对系统安全性认识的不断深化,该标准经过多次修订,已成为不少国家引用的系统安全标准,我国国家军用标准 GJB 900—90《系统安全性通用大纲》也是参照 MIL-STD-882制定的。此外,为满足 MIL-STD-882 提出的系统安全性要求,许多企业纷纷设立相应的机构和岗位,专门从事产品安全性的研究和管理工作,如美国波音公司设立了系统安全工作部,对产品的构思及设计进行全面的分析和评价,在系统寿命周期的早期阶段控制和预防事故及损失,取得了良好的效果。

随着对 MIL-STD-882 的不断修订,1977 年 6 月之前的版本被更新后的 MIL-STD-882A《系统安全规划要求》所取代,新标准中第一次提出了研发系统要以风险可接受水平为准则,并且规定了以可能性和严重性来表征危险性的大小,对于系统安全性研究的发展具有里程碑意义。1984 年 3 月,MIL-STD-882B《系统安全程序要求》出版,与 MIL-STD-882A 相比,提供了更为详尽的工程与管理上的要求与指导;1987 年 7 月 1 日,MIL-STD-882B 进行了完善,将软件任务的处理作为系统的安全要素;1993 年 1 月,MIL-STD-882C《系统安全程序要求》正式发布,提出了系统硬件和软件融入在一起作为安全性分析的考虑因素;2000 年 2 月,MIL-STD-882D《系统安全标准实践》正式出版,对系统安全理论方法进一步完善。总之,MIL-STD-882 系列经过多年的发展和更新,代表了国外对于装备安全性的先进理论研究成果。

随着安全性评价工作的进行,国外还相继出现了一些专业的安全性评价机构,例如南非全国职业安全协会、加拿大安全工程国际公司等。经过几十年的发展,发达工业国家逐步形成了各种风险评估的理论、方法和运用技术,并逐步将评估理论引入到各个行业，成为预防和控制各种风险事故发生的有效手段。

1.2.1.6 环境适应性发展历程

20世纪60年代初期，美国陆军导弹司令部将“导弹部件、配件系统在极端环境中的环境适应性”作为一个全新的课题开展集中攻关，同时期，美国陆军研究部也开展了各类武器在环境中经受环境侵蚀风化等问题的相关研究。西方国家对环境适应性的重视程度除了体现在研究的深度及范围等方面，还体现在环境适应性标准、规范的制订和修订等方面。以美国为例，1962年美军联合制定了“三军”统一的限定标准MIL-STD-810《空间及陆用设备环境试验方法》，形成了对元器件、微电路、设备的全面环境试验标准。经过修订以及改进，美军又相继于1964年发布了MIL-STD-810A《空间及陆用设备环境试验方法》，1967年发布了MIL-STD-810B《空间及陆用设备环境试验方法》，1975年发布了MIL-STD-810C《空间及陆用设备环境试验方法》。直至2008年，MIL-STD-810系列标准修订到了MIL-STD-810G《陆军装备试验操作规程》版本。这些标准被世界多国认可与借鉴，对其他国家武器装备环境试验标准的制定产生了深远的影响，尤其是MIL-STD-810F《陆军装备试验操作规程》标准，公认为是国际上环境试验标准的代表性文件。1977年，美国军方编制并发布的MIL-STD-781C《可靠性设计鉴定试验及产品验收试验》中提到“用包括电应力、振动应力、热应力、潮湿应力等应力形成的综合环境条件来模拟现场使用条件”，该标准为环境试验技术的综合环境试验(combined environment reliability test，CERT)提供了理论基础。

20世纪80年代开始，国外对环境工程的认识和重视程度逐渐提高，1989年MIL-STD-810E《环境试验方法和工程导则》修订，首次提出了环境工程的概念，标志着环境适应性工作进入到环境工程阶段。随后，美国、以色列、瑞典等国家开始在项目研制中制定、施行环境工程管理大纲，并在实践中进行完善。1998年，北大西洋公约组织NATO协议4370的附件AECTP-100《国防装备环境指南》中也明确提出了环境工程概念。2000年颁布的MIL-STD-810F对MIL-STD-810E做了重大修改，把环境工程指南作为标准的重要部分，进一步强调了环境工程的任务、地位和作用。

1.2.2 舰船通用质量特性发展历程及经验

美军是世界上最早认识并重视舰船可靠性的国家，经过数十年发展，已形成完备的舰船通用质量特性工程体系，其装备通用质量特性水平也处于世界领先水平，下面重点对其通用质量特性发展进行介绍。

1.2.2.1 发展历程概况

从20世纪50年代至70年代初，美国在第一艘“鹦鹉螺”号核潜艇顺利服役后，为了赢得水下核战略力量领先地位，迅速研制了二代“长尾鲨”级核潜艇。由于过于强调性能指标、建造进度,忽视质量可靠性,以致核潜艇重大故障频发,甚至导致了"长尾鲨"号(1963 年)、"蝎子"号(1968 年)核潜艇沉没事故接连发生,震惊美国。针对上述事故,美军制定了"潜艇安全计划"项目(submarine safety program,SUBSAFE),参考航空航天装备,首次提出了舰船可靠性量化指标,并对在建、在役舰船全面开展安全性和可靠性整改,有针对性地对故障频发系统及设备提出了选材、结构、防腐、冗余、降额等设计准则及准则符合性检查措施,使得后续舰船致命故障率大幅下降。

从 20 世纪 70 年代至 90 年代中期,美国第三代舰船为了实现在全球海域与苏联舰船进行高强度对抗,更加重视舰船的可靠性。一是研究制订完整的可靠性条例、标准、规范,如《海军装备的可靠性和维修性政策》《海军装备和武器系统使用可用度手册》等文件,严格规范装备可靠性论证、设计、分析与验收;二是不惜投入巨资开展装备的可靠性试验,电子设备 100%开展可靠性鉴定试验,机电设备试验覆盖率也达到了 60%,以汽轮发电机组为例,就开展了 12 部共 91000h 正常工况下的可靠性试验。通过落实上述措施,其第三代后续舰船基本没有发生过沉没事故,安全事故也仅偶尔发生。

从 20 世纪 90 年代中期至今,在冷战结束、研制经费大幅削减的背景下,美国开始研制其第四代舰船,其可靠性工作更加注重精准和高效,具体表现为:一是借助加速可靠性试验,对重要设备实现了可靠性薄弱环节快速暴露及改进,如某船的 LM2500+G4 燃气轮机组,采用可靠性加速试验取代传统可靠性试验,仅进行了 500h 的高加速可靠性试验即通过了军方的鉴定;二是借助信息化手段,集中监测全舰安全状态及重点装备工作状态,实现装备故障快速诊断与预测,确保故障件及时更换;三是采用仿真手段科学指导可靠性增长,在积累装备实际使用与试验数据,形成可靠性数据库的基础上,借助可靠性建模与仿真工具,支持装备方案可靠性择优与可靠性设计优化。目前美军第四代舰船安全事故极少发生。

1.2.2.2 经验借鉴

1) 再实践再认识,持续推进舰船可靠性技术的发展

美军把装备可靠性视为与作战性能同等重要的指标,将可靠性作为一门独立的工程学科予以发展,以解决服役装备可靠性问题、持续提升研制装备可靠性水平为目标,大力发展实用可靠性技术,从最早的电子设备可靠性设计与分析规范,到与水面、水下安全航行与动力推进紧密相关的系统、设备的可靠性设计与试验;从重要电气装备可靠性鉴定试验,到当前可靠性仿真辅助设计、智能故障诊断与健康管理、可靠性大数据分析、高加速可靠性试验等新技术应用,持续推进舰船可靠性先进理论方法研究与工程实践应用。

2) 加强可靠性基础研究,建立完善的技术基础科研体系

美国在舰船可靠性技术方面十分重视基础技术研究,经过多年技术研究积累

及实践，掌握了总体及系统的可靠性量化设计、评估方法，不同类型设备主要故障失效规律；编制了包括顶层的国防部指令和具体指导各类型装备研制的一系列军用标准；详细规定了不同类型装备研制过程中具体可操的设计要求，详细的设计准则、试验验证要求等；系统建立了舰船可靠性定量设计与仿真分析方法、准则、规范和数据库，形成了完整的舰船可靠性工程技术基础科研体系。

3）重视可靠性试验，不断提升试验验证能力

美国海军将可靠性试验列为试验与鉴定主计划（test and evaluation master plan，TEMP）中的重要组成部分，特别重视可靠性加速试验、综合应力加载试验，实现了大幅缩短试验周期、节省试验费用的目标。为支持可靠性试验的开展，美国投入大量的经费，建设配套的舰船可靠性试验设施，其试验设施侧重于支持航行安全、动力输出安全、核安全相关系统及主要设备可靠性试验。依托总包承研商、重要设备厂，以及麦金利等专用实验室予以实施，通过建设近万立方米的温控箱、综合海洋环境试验系统、快速温变箱，以及超大型振动平台、冲击台、摇摆台等试验装置，有效支持大中型电气系统、机械设备及部件的可靠性试验能力。针对舰船装备新技术应用，上述实验室还在不断完善其试验验证能力。

1.3 我国舰船装备通用质量特性发展历史

1.3.1 发展历程及经验

可靠性于20世纪40年代起源于美国，发展迅速，特别是在武器装备和航天领域得到快速发展和广泛应用。我国虽然在20世纪50年代就有专家学者提出了可靠性的概念，但是发展较为缓慢，以可靠性为代表的通用质量特性工程真正进入实践阶段则是在70年代。当时为了提高航天火箭和人造卫星可靠性的需要，发展了“七专”电子产品。进入80年代，通用质量特性得到了快速的发展，尤其是电子产品的可靠性得到了快速提高，与此同时一些可靠性机构逐步建立，国家有关机构制定了相关的通用质量特性标准，其中具有标志性意义的是1988年国家国防科技工业局颁布了GJB 450—88《装备研制与生产的可靠性通用大纲》，并在武器装备行业贯彻执行。90年代以后，随着人们对可靠性认识的不断深入，可靠性工程得到了全面发展，国防科工局相继发布了一系列的可靠性标准和管理规章，指导武器装备的可靠性工作。可靠性科研和工程人员队伍进一步壮大，专业的可靠性研究机构和培训机构相继出现，甚至不少公司还开发了各种各样的可靠性应用软件，可靠性工程进入了商业化运作阶段。

我国舰船装备行业的可靠性工作起步相对较晚。在20世纪70年代，由于舰船装备故障率较高，难以满足部队的使用要求，研制人员逐渐认识到了可靠性工程

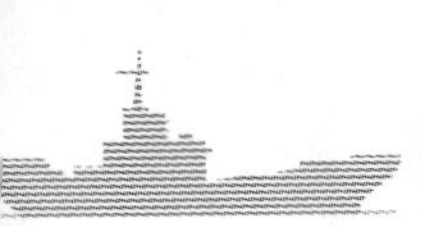

的重要性,进而开始学习、研究可靠性技术。随着 1988 年 GJB 450—88 的颁布执行,舰船行业的可靠性工作全面展开,各单位开始宣传学习可靠性知识、培养可靠性技术人员,逐步开展舰船型号产品的可靠性工作,一些可靠性管理和技术机构也逐渐建立。进入 90 年代,舰船装备的可靠性工程逐步进入深化发展阶段,推动了可靠性工作的较快发展。这一阶段,在新研制项目中逐步按照 GJB 450—88 的要求开展工作,并对在研的重点型号产品有计划地开展可靠性"补课"。20 世纪 90 年代末期,人们对舰船可靠性工程的认识逐渐深入人心,各管理机关对可靠性工程的管理逐步加强,舰船装备立项论证时也开展可靠性工程的论证,并在装备设计中同步开展可靠性设计。进入 21 世纪,随着科技的不断进步和部队需求的提高,新型武器装备科技含量在不断增加,系统也越来越复杂,装备的通用质量特性即可靠性、维修性、测试性、保障性、安全性和环境适应性(工程中简称"六性")问题越来越突出,随着装法〔2014〕2 号文《装备通用质量特性管理工作规定》、军装管〔2017〕34 号文《关于印发<装备通用质量特性要求模板(试行)>事》、定办〔2013〕54 号《关于加强装备定型可靠性管理工作要求》等一系列顶层文件的下发,以及国家对舰船通用质量特性工程的资金投入也逐步加大,在舰船装备的预先研究、基础科研、技术基础等领域都开展了许多通用质量特性技术的研究和应用项目,舰船装备的通用质量特性工作进入了全面发展的新阶段。

1.3.2 发展现状

1)对通用质量特性工程的认识不断深化

我国舰船通用质量特性工程的诞生是一个新鲜事物,人们对于通用质量特性工程的认识也在不断深化。经过几十年的发展,舰船通用质量特性工程取得了很大的进步,舰船通用质量特性工程全面展开,舰船装备的可靠性水平也有了很大提高。各级领导机关和研制人员对舰船装备通用质量特性的认识有了很大进步,管理规章体系逐步完善,舰船装备研制单位建立了通用质量特性的管理与技术机构,用于开展舰船装备通用质量特性工作的经费有了明显增加等,主要表现在如下两方面:①管理机关对通用质量特性工作的重视,在进行装备技术方案论证时要求同步进行通用质量特性论证,在研制过程中必须建立通用质量特性工作系统、装备研制中要制定通用质量特性工作计划、开展通用质量特性评审等,对新研装备还提出了可靠性、维修性、测试性、保障性等量化指标,并把可靠性等指标是否达到作为定型和装备交付的重要条件之一,这些都表明对通用质量特性的认识有了很大进步;②有的舰船装备研制单位自筹经费开展通用质量特性技术的教育和培训,根据需要邀请行业内外的可靠性专家对装备研制人员进行通用质量特性培训,继而把通用质量特性技术培训制度化,有的单位还派遣技术人员到有关高校学习通用质量特性技术等。这些都表明无论是管理机关还是装备研制单位对于舰船装备通用质量特性工程的认识有了很大提高。

2）舰船装备通用质量特性工程的管理规章体系逐步完善

继 GJB 450—88 颁布之后，中央军委装备发展部、国防科工局等管理机关又陆续发布了一系列的通用质量特性管理规章和标准，对装备研制过程中各个阶段通用质量特性工作的开展做出了明确规定，对装备通用质量特性工作系统的设置、技术状态管理、装备通用质量特性的评审和验收都提出了明确要求，制定了舰船装备通用质量特性工作的管理规定，各个舰船装备研制单位基本上也都有相应的管理规定或工作制度。总之，到目前通用质量特性工程的管理规章体系已经初步建立。

3）通用质量特性技术研究的经费有了大幅增加

舰船通用质量特性工程起步阶段，只有很少的经费专门从事通用质量特性技术应用研究，从经费渠道来讲，也只有在技术基础领域的质量方面有少量经费支持舰船通用质量特性应用技术研究。在“十五”至“十二五”期间，从事通用质量特性技术研究和应用研究的经费成倍增长，进入“十三五”之后，通用质量特性技术研究和应用研究的经费比之前又有了较大增长，舰船通用质量特性技术研究和工程应用研究的经费渠道也不再局限于技术基础领域。

1.3.3 发展方向

在总结成绩的同时，必须清醒地认识到，舰船通用质量特性工程与国内先进行业的通用质量特性工程相比仍然存在一定的差距，舰船装备的通用质量特性水平有待进一步提高，舰船装备的通用质量特性还不能完全满足现代化战争对舰船装备高性能、高可靠、长寿命的要求。分析舰船装备通用质量特性工程的不足之处，需要在以下几个方面继续努力。

1）各级对舰船通用质量特性工程的认识仍有待进一步深化

“产品的通用质量特性是设计出来的、制造出来的，也是管理出来的”，通用质量特性工程贯穿于产品研制、生产和使用的全过程，是一个复杂的系统工程，而产品通用质量特性的源头在于设计，这一观念必须深入人心，并在舰船装备研制过程中得到贯彻执行。而目前许多单位的管理和技术人员对舰船装备通用质量特性工作的认识不到位，表现在管理和技术两个方面。

在管理层面，许多舰船装备在研制过程中虽然任命了通用质量特性设计师，但是并没有真正落实通用质量特性设计师的权限和职责，通用质量特性设计师真正履行其职责尚存在许多困难，有的甚至只是为了应付检查而做一些表面的工作，实质性的、有一定深度的通用质量特性工作开展得很少；有的通用质量特性评审也流于形式，在产品的通用质量特性评审与设计评审结合进行时评审组中没有通用质量特性方面的专家，对产品的通用质量特性评审避重就轻等，这种现象使得在装备研制中难以完全贯彻通用质量特性工程的有关技术方法和要求。

在技术方面,舰船行业至今尚未形成层次合理、技术配套、专业水平高的通用质量特性技术保证体系。无论是共性基础技术研究,还是型号通用质量特性技术攻关,都十分缺乏相应的分析、设计、试验与评价手段。几乎所有型号都不能按照法规和标准的要求,完成规定的全部通用质量特性项目分析、试验项目,试验设施缺乏统筹规划,高科技、信息化的质量与可靠性设备,包括分析设备和试验设施以及相应的软件工具等严重缺乏。

2) 舰船装备研制单位对通用质量特性人员的培养和使用应加强

舰船装备研制单位目前普遍缺乏通用质量特性技术人才,尤其是没有技术过硬的领军人物。造成这种现状的原因,一方面是长期以来舰船装备研制单位对通用质量特性技术人员存在“重使用、轻培养”的现象。通用质量特性技术人员的培养是一个循序渐进的过程,通用质量特性技术人员不仅要熟练掌握通用质量特性技术理论和方法,还必须具有产品设计的丰富经验,而且通用质量特性技术人员必须同产品设计人员共同参与产品的设计,唯有如此,才能把通用质量特性真正设计到产品中去,从源头上提高产品的通用质量特性。而现在许多研制单位在产品设计阶段对通用质量特性工作重视不够,通用质量特性技术人员没有真正参与产品设计,往往是产品出了问题才回过头来弥补通用质量特性工作。通用质量特性技术人员不能真正参与产品设计的现状,将导致技术人员的通用质量特性水平难以提高,许多通用质量特性工程技术人员只对通用质量特性工程的基本概念、基本方法有所了解,而没有熟练掌握通用质量特性工程的技术、方法,更不会在装备研制中有效地应用这些技术和方法,给舰船装备的通用质量特性工作带来了不利影响。

3) 通用质量特性基础性数据管理体制亟待健全

通用质量特性基础性数据包括装备全寿命周期基础信息、试验信息、运行信息、监检测信息、故障信息、维修信息、换装信息、器材使用信息等各类数据。舰船通用质量特性分析、设计、试验、评价及全寿命周期保障管理等各项工作都离不开上述基础数据支撑。目前,基础数据存在“信息孤岛”,不同类型数据分散掌握在总体所、系统所、设备所、修理厂、基地等各部门手中,缺少统一的数据收集与存储手段,未能建立有效的数据收集、处理、传递、反馈机制,难以实现各类多源异构数据的有效集成,使得研制阶段和使用阶段缺少数据积累,多年来没有形成通用质量特性设计所需的基础数据,如元器件失效率、通用零部件可靠性指标、现有装备的可靠性、维修性、保障性数据等,造成通用质量特性设计分析和评价缺乏科学的依据,置信度差。

4) 通用质量特性技术研究成果的推广应用有待加强

中央军委装备发展部、国家国防科技工业局等领导机关对于舰船装备的通用质量特性工作非常重视,在预先研究、基础科研、技术基础等领域都安排了通用质量特性技术研究项目,许多项目的研究成果都具有很好的应用价值,对舰船装备的通用质量特性工程具有普遍指导和借鉴意义。但是,由于没有合适的途径,这些成果没有很好地应用到舰船装备的研制中,没有发挥应有的价值。各个行业、集团公司以及各个研制单位之间都应该建立一种有效的沟通渠道,共同行动,真正建立一种通用质量特性成果共享机制,实现成果共享,共同推动舰船装备通用质量特性工程的发展。

1.4 舰船装备通用质量特性发展趋势

通用质量特性经过半个多世纪的快速发展,在舰船装备领域形成了一套较为完整有效的指南、手册和应用工具,同时针对舰船装备具体的需求,发展出了一系列先进的通用质量特性应用技术,未来该领域的发展热点和趋势如下。

1.4.1 失效物理技术

基于概率统计的可靠性技术尽管在武器装备的使用和保障资源配置上发挥了重要指导作用,但随着现代武器装备的性能和可靠性要求的逐步提高,该方法已无法满足需求,必须从产品故障本质出发,发展基于故障物理和失效机理的可靠性工程技术,以支撑高性能武器装备可靠性设计的开展。基于失效物理(physics of failure,POF)的可靠性技术在产品的概念设计阶段就开始可靠性设计,能够解决装备80%的可靠性问题。因此,该技术受到了国内外的高度重视,称为“21世纪的可靠性工程技术”。2001年,我国与美国马里兰大学合作开展研究,首次引入POF可靠性技术。经过多年的发展,在技术体系构建、工程技术研究和工程应用实践等方面均取得了重要进展。

基于故障物理的可靠性技术强调从产品的故障机理出发,将失效规律和模型数据库融为一体,初步形成了一套设计分析方法与技术体系,支撑了装备研制中的可靠性设计,大幅提高了产品的可靠性研制水平。而基于概率统计的可靠性技术从故障发生频率和结果的统计分析角度出发,采用统计数学方法对产品可靠性进行预计、验证和评估,在装备的使用和保障资源的配置中发挥了重要的指导作用。前者主要应用于研发前,后者主要适用于服役后对后续研发的反馈指导。二者相互配合、相互补充,共同为解决产品全寿命周期的可靠性问题提供完整的技术支撑,两种技术的融合应用将会是今后一个时期可靠性技术的发展趋势之一。

1.4.2 复杂网络系统可靠性技术

信息化已成为武器装备的重要发展趋势,新一代武器装备已经不可能在不和其他装备交联的情况下独立存在,甚至可以说无装备不网络。而构成网络的装备系统,其故障机理和特性与传统的装备存在很大的不同,需要用新技术、新方法和新思想去解决复杂网络系统的可靠性问题。目前，在复杂网络系统可靠性研究方面，国内外的研究主要集中在基于连通性能的基本可靠性、任务可靠性，以及网络系统可靠性分析、评估和优化方面。

信息物理系统(cyber-physical systems, CPS)作为复杂网络系统的典型性代表，在武器装备领域得到了越来越广泛的应用，利用CPS将计算与物理单元进行更好的连接与融合，增强系统的自适应性、子系统或组成单元的自治性、系统的整体效能、可靠性、安全性。但是，目前对CPS故障规律认识不够，未能建立有效的测试、评价与验证机制来保证其可靠、安全运行，导致故障、事故或遭受攻击事件频发，缺乏及时应对措施，甚至造成重大损失和人员伤亡的例子也多次发生。未来的复杂网络系统可靠性技术很可能将围绕CPS技术的发展，将复杂科学技术、网络可靠性技术、软件可靠性技术、硬件可靠性技术相融合，着重解决CPS面临的故障传播机理、测试评估、分析验证等问题。

1.4.3 智能集群可靠性技术

随着人工智能研究热潮的再次兴起和无人装备的快速发展，智能集群作战必将成为未来战争的新模式。目前，无人机、机器人部队、无人机集群都在现代战场上崭露锋芒，显示出了强大的生命力。智能集群是由具备一定自主能力的智能体组成，并通过智能体间的实时数据共享、动态组网、协同配合，实现整体任务达成的系统。在实际作战中，准确、快速地评估和预测集群在对抗环境下的性能对于任务规划、决策制定和提高任务成功率具有重要意义。在当前结构组成、技术状态和环境条件下，智能集群可靠性和韧性评估是集群性能评估的重要组成部分。

由于智能集群本身具有一定的冗余性，对其可靠性的研究重点已从以“平台为中心的可靠性”向“以任务为中心的可靠性”转变。传统以平台为中心、静态的可靠性评估，难以满足智能集群在多种复杂环境下执行多样化任务的可靠性分析需求。智能集群的可靠性是集群在规定的任务时间、规定的任务环境下完成规定任务的能力。面对高对抗的战场环境，规模优势使得智能集群具有较好的生存能力，能够在部分智能体损坏的条件下，确保任务的成功率。

智能集群的韧性是可靠性的拓展和延伸。与可靠性不同，韧性不仅能反映系统自身的抗毁能力，也反映了系统在遭受损失后的恢复能力。当前，韧性被广泛应用于系统工程领域，如电网、交通网等基础设施系统，以及金融市场、生态系统等。由于智能集群具备自组织、自适应的特点，系统重构能力强，能够在部分个体遭到毁伤或功能丧失后，自主地进行系统重构、恢复甚至提高集群完成任务的能力。因此，从韧性角度对集群开展研究已逐渐受到了研究人员的重视。智能集群的韧性是从体系层面反映系统在遭受敌方干扰或攻击造成毁伤或性能降级后，进行自组织、自重构后仍然能够完成任务的能力。

1.4.4 人机系统可靠性技术

随着现代科学技术广泛应用于武器装备领域,武器装备呈现出信息化、体系化和人机一体化等特点。然而,单一装备性能的不断提升,挑战了人的生理极限,多维战场环境的复杂化和信息化,也挑战了人的认知极限。尽管武器装备可靠性在不断提高,但人为失误比机器部组件故障要大2~3个数量级,成为人机系统整体可靠性的薄弱环节。很多事故并不单纯是由人为失误或者装备故障导致的,往往是人-机-环境等多因素共同作用的结果。人为失误与任务情景、装备状态、环境条件等因素高度相关并相互影响,是影响装备人机系统整体可靠性的关键因素。

人机系统综合(human systems integration,HSI)技术是提高人机系统绩效的有效途径,而将HSI与人因可靠性分析(human reliability analysis,HRA)有机融合,则是提高人机系统整体可靠性的技术关键。目前人机系统可靠性技术主要有HSI和HRA两大研究方向,技术发展趋势是二者的融合。近年来,随着认知科学、信息技术等领域日新月异的发展,人们对人为失误的认识也日益深刻。为了实现对人机系统故障规律的更科学准确描述,HSI和HRA两个技术方向都开始基于认知科学来研究人因失误,并借助动态仿真、虚拟现实等信息技术来分析人机系统薄弱环节、评价整体可靠性指标。最新研究成果表明,HSI和HRA融合已成为可靠性技术新的发展趋势之一。

1.4.5 故障预测与健康管理技术

结构复杂化、技术综合化、功能集成化、环境多样化是先进装备的发展趋势,由此带来的故障多发性、致命性、随机性、交联性导致装备健康管理问题日趋突出。随着系统和设备性能复杂性的增加以及信息技术的发展,国外故障预测与健康管理(prognostics health management,PHM)技术的发展经历了由外部测试到机内测试(built-in test,BIT)(20世纪60—70年代),从BIT到智能BIT(80年代),再到综合诊断的提出与发展(80年代后期至90年代),最终形成PHM系统。通过逐步完善,PHM已初步形成了包含精简化、智能化、同步化、标准化、持续化的技术方法体系,制定了包含数据采集、数据处理、状态监测、健康评估、预测诊断、决策支持、综合信息管理功能的标准结构和相对完善的技术标准体系,以及技术转化应用与集成机制。

目前,PHM已得到美英等军事强国的高度重视和推广应用,并正在成为新一代飞机、舰船和车辆等装备设计和使用中的重要组成部分。国外以F-35战斗机的PHM系统、直升机的健康与使用监控系统(health and usage monitoring system,HUMS)、波音公司的飞机健康管理系统(aircraft health management,AHM)、NASA飞行器综合健康管理(integrated vehicle health management,IVHM)等为代表的

PHM 相关技术，已广泛应用于欧美等国的先进战机、直升机、大型客机等装备，包括美国海军的先进舰船也均采用了类似 PHM 的综合状态评估系统(integrated condition assessment system，ICAS)，以增强故障预测与诊断能力。

1.4.6 虚拟舰船可靠性及数字化技术

舰船属于长寿命、高可靠、复杂系统装备，受到研制进度、经费、试验条件等因素限制，可靠性设计与性能设计融合困难，设计结果难以得到可靠性试验验证，亟待通过以数字化方式创建物理实体的虚拟模型，借助数据模拟物理实体在现实环境中的行为，通过虚实交互反馈、数据融合分析、决策迭代优化等手段，为物理实体可靠性设计与验证扩展新的能力。

目前，随着计算机及信息化、失效物理等新技术的快速发展，以数字孪生(digital twin，DT)为代表，数字化技术在虚拟可靠性研究中正由探索应用向工程应用发展。数字孪生具备虚实融合与实时交互、迭代运行与优化，以及全要素、全流程、全业务数据驱动等特点，应用于产品生命周期各个阶段，包括产品设计、制造、服务与运维等。同样地，舰船可靠性也是贯穿于产品全寿命周期的系统工程。通过构建舰船的数字孪生体，实现真实物理空间在虚拟空间的映射，实时的信息交互，实现孪生体与物理实体的共生共存，并随之演化，据此以物理和孪生实体数据为基础为用户提供相关服务。可靠性作为产品的固有特性，也应在孪生虚拟模型上考虑和体现。通过上述技术在产品可靠性设计、可靠性分析、可靠性试验、可靠性评估与增长等环节的应用，对缩短产品研制时间、提升产品可靠性作用显著。

第2章

通用质量特性理论基础

2.1 质量与通用质量的定义

通常产品的质量(quality)定义为:产品的一组固有特性满足要求的程度(GB/T 19000—2008)。在工业领域,质量的载体主要是指产品和过程。产品是一个非限定性的术语,用来泛指任何元器件、零部件、组件、设备、分系统或系统,它可以指硬件、软件或两者的结合。产品质量是指反映产品满足明确的和隐含需要的能力的特性总和。需要指出的是,不同领域、不同类型的产品,其质量内涵的构成是不同的,因此要根据具体产品的实际情况,选择和定义其质量内涵。

在质量定义中,满足要求包括两个方面的含义:一是满足在标准、规范、图样、技术要求和其他文件中已经明确规定的要求;二是满足客户和社会公认的、不言而喻的、不必明确的惯例和习惯要求或必须履行的法律法规的要求。产品只有全面满足这些要求才能称为质量好。需要指出的是,要求是动态的、发展的和相对的,因此应当定期进行审查,按照要求的变化相应地改变产品和过程的质量,才能确保持续满足用户和社会的要求。

产品的通用质量是针对产品通用特性而言的,产品质量定义中的一组固有特性包括产品的专门特性和通用特性两部分,其中专门特性是指某型产品具有的专属特性。例如,火炮系统的专门特性包括射程、射击精度、射速等技战术指标,舰船的专用特性包括吨位、排水量、续航力、自持力、速度、抗沉性等技战术指标。通用特性是指所有产品共同具有的质量属性,如产品的经济性、可靠性、维修性、测试性、保障性、安全性和环境适应性等。

因此,产品的通用质量特性是指:产品的一组固有通用特性满足要求的程度。其中一组固有通用特性一般特指产品的可靠性、维修性、测试性、保障性、安全性和环境适应性。产品的通用质量是产品质量的重要组成部分,是产品质量的子集。

2.2 通用质量特性的定义

产品的通用质量一般用产品通用质量特性来描述,也就是用产品的可靠性、维修性、测试性、保障性、安全性和环境适应性指标进行描述。产品通用质量特性可以理解为产品具有什么样能力的一种描述。一般而言,产品可靠性是指产品具有"少出故障"的能力,维修性是指产品具有"便于维修"的能力,测试性是指产品具有"易于测试"的能力,保障性是指产品具有"便于保障"的能力,安全性是指产品具有"少发生事故"的能力,环境适应性是指产品具有"适应环境"的能力。

产品通用质量特性本质上都是围绕产品故障展开的,如果产品不发生故障也就不存在产品通用质量特性的问题了。因此产品通用质量特性工作是以"故障"为中心的,其目的是提高并保持装备的战备完好性和任务成功性、增强装备的生存力、降低对保障资源的要求、减少寿命周期费用,提高武器装备作战能力。通用质量特性之间存在十分密切的联系,要求相互协调、相互结合,减少重复,其中可靠性是通用质量特性的基础,维修性是补充,测试性是方法,保障性是综合,安全性是重点,环境适应性是前提。"六性"具体定义如下。

2.2.1 可靠性

可靠性(reliability)是指装备在规定条件下和规定时间内,完成规定功能的能力。这里"规定的条件"一般指的是使用条件和使用环境,包括振动、温度、湿度、尘砂、腐蚀等,以及操作人员、操作技术、维修方法等。"规定的时间"是可靠性的一个重要特征,一般认为可靠性是产品功能在时间上的稳定程度,因此通常用时间的函数来表示可靠性的各特征量,这里的时间是指广义的时间,不限于一般的日历时间,即年、月、日,也可以是与时间成比例的产品工作次数、装备行驶里程等。可靠性总是相对一定任务、一定条件、一定任务时间而言的,不存在无条件、无历程的抽象可靠性,产品的规定条件、规定时间、规定功能不同,可靠性随之不同。

可靠性反映的是装备是否容易发生故障的特性,按照规定的功能划分可分为:基本可靠性和任务可靠性,其中基本可靠性反映了装备故障引起的维修保障资源需求;任务可靠性反映了装备专用特性的持续能力。按照规定的条件划分可分为固有可靠性和使用可靠性,其中固有可靠性反映了装备在设计、生产过程中的固有属性;使用可靠性反映了装备在实际使用条件下表现出的综合性能。

1) 基本可靠性

基本可靠性是指产品在规定的条件下,无故障的持续时间或概率。基本可靠性用于度量产品无须维修保障的能力,它反映了产品对维修资源的要求。产品的任何故障都会影响到其基本可靠性,确定基本可靠性指标时应统计产品的所有寿命单位和所有的关联故障。

2）任务可靠性

任务可靠性是指产品在规定的任务剖面内完成规定功能的能力。任务可靠性用于度量产品完成规定任务的能力，它反映了产品对任务成功的要求，如任务可靠度、严重（致命）故障间隔任务时间（MTBCF）等。确定任务可靠性参数时仅考虑在任务期间那些影响完成任务的关联故障。

3）固有可靠性

固有可靠性是产品从设计到制造整个过程中所确定了的内在可靠性。它是通过设计和制造赋予产品的，并在理想的使用和保障条件下所呈现的可靠性，只包括产品设计、生产所造成的影响，用于描述产品设计、生产的可靠性水平。

4）使用可靠性

使用可靠性是指产品在实际使用条件下所表现出的可靠性，它反映了产品设计、制造、使用、维修、环境等因素的综合影响，是产品可靠性的真实反映。

2.2.2 维修性

维修性（maintainability）是指装备在规定的条件下和规定的时间内，按规定的程序和方法进行维修时，保持或恢复其规定状态的能力，它是表示装备维修难易程度的一种固有属性。规定的条件是指维修的机构和场所及相应的人员、技能与设备、设施、工具、备件、技术资料等。规定的程序和方法是指按技术文件规定采用的维修工作类型、步骤、方法等。

维修性是产品质量的一种特性，即由产品设计赋予的使其维修简便、快捷和经济的固有特性。产品不可能无限期地可靠工作，随着使用时间的延长，总会发生故障，产品的可靠性与维修性密切相关，都是产品的重要设计特性。产品的可靠性与维修性工作应从论证时开始，提出产品的可靠性与维修性要求，并在研发阶段开展可靠性与维修性设计、分析、试验、评定等工作，把可靠性与维修性要求落实到产品的设计中。

维修主要分为预防性维修和修复性维修两大类，其中预防性维修又分为计划维修和状态监视维修（视情维修），修复性维修又分为平时修复性维修和抢修。所谓维修级别通常是指在不同的维修机构配置不同的人力、物力，从而形成了维修能力的梯次结构。

维修性设计是指产品设计时，设计师应从维修的观点出发，保证当产品发生故障时，能容易地发现故障，易拆、易检修、易安装，即可维修度要高。维修度是产品的固有性质，它属于产品固有维修性的指标之一。维修度的高低直接影响产品的维修工时、维修费用，影响产品的利用率。维修性设计中应考虑的主要问题还有维修可达性、零组部件的标准化和互换性等内容。

2.2.3 测试性

测试性(testability)是指装备(系统、子系统、设备或组件)能够及时而准确地确定其状态(可工作、不可工作或性能下降),对装备进行故障检测并隔离其内部故障的一种设计特性,逐步发展成为“装备健康管理”的基础。通俗地讲,装备的测试性是指装备使用和技术状态发生变化时,利用内部和外部检测能力,能够判断其状态,并能确认发生部位的能力。

开展测试性工作的目标是确保研制、生产或改型的装备达到规定的测试性要求,提高装备的性能监测与故障诊断能力,实现高质量的测试,进而提高装备的战备完好性、任务成功性和安全性,减少维修人力及其他保障资源,降低寿命周期费用,并为装备寿命周期管理和测试性持续改进提供必要的信息。

测试性对现代武器装备及各种复杂系统特别是对电子系统和设备的维修性、可靠性和可用性有很大影响。具有良好测试性的系统和设备,可以及时、准确地检测和隔离故障,提高产品执行任务的可靠性和安全性,降低系统使用保障费用。

2.2.4 保障性

保障性(supportability)是指装备的设计特性和计划的保障资源能满足平时战备完好性和战时使用的能力。其定义涵盖以下几个方面。

1) 装备设计特性

与保障有关的装备设计特性,可以分成故障维修和功能使用两类:一类是与装备故障有关的维修保障特性,主要受可靠性、维修性、测试性等影响;另一类是与装备功能有关的使用保障特性,主要有维持装备正常使用的保障特性、使用保障的及时性、装备的可运输性等。

2) 保障资源

保障资源包括保障装备所需的人力人员、备品备件、工具和设备、训练器材、技术资料、保障设施、装备嵌入式计算机系统所需的专用保障资源(如软、硬件系统)以及包装、装卸、储存和运输装备所需的资源等。但是,只有保障资源还不能直接形成保障能力,只有将分散的各种资源有机地组合起来,相互配合形成具有一定功能的保障系统,才能发挥每种资源的作用。

3) 平时战备和战时使用要求

平时战备要求经常用战备完好性来衡量。战备完好性是指装备在使用环境条件下处于能执行任务的完好状态的程度或能力。战备完好性更多强调的是装备平时的完好能力,即计划的保障资源能使装备随时执行训练任务的能力。战备完好性与装备的可靠性、维修性、测试性等设计特性和保障系统的运行特性紧密相关,一般用战备完好率来度量,也可以用使用可用度等度量。

战时使用要求常用持续性(也称任务持续性)来衡量。持续性是指装备保持实现军事目的所必须的作战水平和持续时间的能力。持续性可以用计划的保障资源和预计的保障活动能保证装备达到要求的作战水平(如出动强度或任务次数)和持续时间的概率来度量。

从以上几个方面,可以看出保障性是装备及其保障资源组合在一起的装备系统(装备加上保障系统)的属性,是满足装备系统平时战备完好和战时使用要求的能力体现,应从装备自身设计特性和保障系统运行特性两个方面进行设计、分析、试验与评价。

2.2.5 安全性

安全性(safety)是指装备所具有的不导致人员伤亡、系统毁坏、重大财产损失或不危及人员健康和环境的能力,即装备在规定的条件下和规定的时间内,以可接受的风险执行规定功能,不发生事故的能力。安全性作为装备的设计特性,是装备设计中必须满足的首要特性。例如,载人飞船的着陆系统、飞机的弹射救生系统、直升机的抗坠毁设计、舰面自动灭火装置等,都充分体现了安全性的要求。

安全性评价是以实现系统安全为目的,对系统内存在的危险性及其严重程度以既定指数、等级或概率值进行分析和评估,并针对危险有害因素制定相应的控制措施,使系统危险性降到社会公众可以接受的水平的一种方法。其中,危险性分析定义为辨识危险、分析事故及影响后果的过程。危险性分析可分为定性分析和定量分析,定性分析是找出系统存在哪些危险因素,分析危险在什么情况下可能发生事故及对系统安全影响的大小,提出针对性的安全措施控制危险,它不考虑各种危险因素发生的数量多少;定量分析(安全性评价)是在定性分析的基础上,进一步研究事故或故障与其影响因素之间的数量关系,以数量大小评定系统的安全等级。

经量化后的危险是否达到安全程度,需要有一个界限或标准进行比较,这个标准称为安全指标(安全标准)。安全指标就是可以接受的危险度,它可以是风险率、指数或等级。定量安全性评价方法是以系统发生事故的概率为基础,进而求出风险率,以风险率的大小衡量系统的安全可靠程度,其评价结果是根据大量数据统计资料,经科学计算得到的,能够准确地描述系统危险大小。

2.2.6 环境适应性

环境适应性(environment suitability)是指装备在其全寿命周期内预计可能遇到的各种环境作用下,能实现其所有预定功能、性能和(或)不被破坏的能力(适应环境变化的能力),是产品对环境适应能力的具体体现,是武器装备的重要质量特性。环境条件包括自然环境、诱发环境和人工环境等，例如对硬件产品而言，环境条件可以是温度、湿度、振动、冲击、噪声、灰尘、电磁干扰等；对于软件产品，环境条件可以是操作系统、计算机系统等。

任何武器装备寿命周期内的贮存、运输和使用状态，均会受到各种气候、力学、高度、生物、电磁环境单独、组合或综合的作用，发生腐蚀和损坏从而使产品功能/性能失常，军事行动失败。例如，第二次世界大战期间，德国坦克在莫斯科城外，因冰雪交加，气温突降而无法使用，陷入瘫痪；海湾战争中，伊拉克防空导弹和飞机因不能抗电磁干扰而失去战斗力等。

随着装备实战化的推进，人们逐渐意识到装备是否“好用、管用、耐用、实用”，不仅要关注其性能指标的高低，更要考虑装备在全寿命周期下的环境适应性。武器装备设计的战技指标再高，若不能适应预定的环境就无法正常工作，这些指标就无法实现，装备战斗力就得不到发挥。

产品环境技术的发展程度已成为衡量一个国家工业和科技发展水平，以及产品质量的重要标志之一。评价产品环境适应性的主要手段是环境试验，通过环境试验检验产品贮存、运输和使用环境条件下的性能，暴露产品环境适应性问题，环境试验已经广泛用于航空、航天、船舶、电子、医疗、仪器仪表、汽车等领域。

2.3 通用质量特性相关术语和定义

通用质量的相关的术语和定义如下。

1）系统效能

系统在规定的条件下和规定的时间内，满足一组特定任务要求的程度。它与可用性、任务成功性和固有能力有关。

2）战备完好性

装备在平时和战时使用条件下，能随时开始执行预定任务的能力。

3）任务成功性

装备在任务开始时处于可用状态的情况下，在规定的任务剖面中的任意（随机）时刻，能够使用且能完成规定功能的能力。它取决于任务可靠性和任务维修性，也称为可信性。

4）可用性

产品在任意时刻需要和开始执行任务时，处于可工作或可使用状态的程度，可用性的概率度量称为可用度。

5）寿命周期

装备从立项论证到退役报废所经历的整个时间历程。它通常包括论证、方案设计、工程研制与定型、生产、使用与保障以及退役处理等阶段。

6）寿命剖面

产品从交付到寿命终结或退役的时间周期内所经历的全部事件和环境的时序描述。它可以包括一个或几个任务剖面。

7）任务剖面

产品在完成规定任务的时间周期内所经历的事件和环境的时序描述,其中包括任务成功或致命故障的判断准则。

8）危害性

对产品中每个故障模式发生的概率及其危害程度的综合度量。

9）严酷度

故障模式所产生后果的严重程度。

10）风险优先数

产品某个故障模式的严酷度等级、故障模式的发生概率等级和故障模式的被检测难度等级的乘积,或表示为前两项等级的乘积。

11）故障

产品不能执行规定功能的状态,通常指功能故障。

12）失效

产品丧失完成规定功能的能力的事件。实际应用中,特别是对硬件产品而言,故障与失效很难区分,故一般统称为故障。

13）装备完好率

能够随时执行作战或训练任务的完好装备数与实有装备数之比。通常用百分数表示,主要用以衡量装备的技术现状和管理水平,以及装备对作战、训练、执勤的可能保障程度。

14）利用率

装备在规定的时间内所使用的平均寿命单位数或执行的平均任务次数。

15）可达性

产品维修或使用时,接近各个部位的相对难易程度的度量。

16）互换性

在功能和物理特性上相同的产品在使用或维修过程中能够彼此互相替换的能力。

17）固有能力

装备在执行任务期间所给定的条件下,达到任务目的的能力,如杀伤力、最大速度、精度、射程等。

18）可行性分析

从技术、经济和时间等方面对武器装备的发展目标能否实现所进行的综合研究。

2.4 通用质量特性参数

2.4.1 可靠性参数

可靠性参数是定量描述产品可靠性的度量。在工程实际中,为了描述装备在不同条件下的可靠性水平,可靠性参数可分为基本可靠性参数、任务可靠性参数、耐久性参数和贮存可靠性参数等4种类型。

2.4.1.1 基本可靠性参数

1) 平均维修间隔时间(T_{BM})

平均维修间隔时间(mean time between maintenance,MTBM)是与维修性方针有关的一种可靠性参数,其计算方法为:在规定的条件下和规定的时间内,产品寿命与该产品计划维修和非计划维修事件总数之比:

$$T_{BM} = \text{寿命单位总数} / \text{维修事件总数} \tag{2-1}$$

2) 平均故障间隔时间(T_{BF})

平均故障间隔时间(mean time between failure,MTBF)是可修复产品的一种基本可靠性参数,其计算方法为:在规定的条件下和规定的时间内,产品的寿命与故障总数之比。一个可修产品在使用过程中发生了 N 次故障,经修复后重新投入工作,其每次工作时间分别为 $t_1,t_2,\cdots,t_N$,则该产品的 MTBF 为

$$T_{BF} = \frac{T}{N} = \frac{1}{N}\sum_{i=1}^{N} t_i \tag{2-2}$$

式中:$T = \sum_{i=1}^{N} t_i$ 为总工作时间(h)。

当产品子样很大时,式(2-2)可以转化为

$$T_{BF} = \int_0^{\infty} tf(t)\,\mathrm{d}t = \int_0^{\infty} R(t)\,\mathrm{d}t \tag{2-3}$$

当产品寿命服从指数分布时,其可靠度可表示为 $R(t) = \mathrm{e}^{-\lambda t}$,则

$$T_{BF} = \int_0^{\infty} \mathrm{e}^{-\lambda t}\mathrm{d}t = \frac{1}{\lambda} \tag{2-4}$$

即当产品寿命服从指数分布时,其 MTBF 为故障率 λ 的倒数。

3) 平均故障前时间(T_{TF})

平均故障前时间(mean time to failure,MTTF)是不可修复产品可靠性的一种基本参数,其计算方法为:在规定的条件下和规定的时间内,产品的寿命与故障产品总数之比。

设 N_0 个不可修复产品在同样条件下进行试验,测得全部寿命数据为 $t_1,t_2,\cdots,$

t_{N_0}，则其 MTTF 为

$$T_{\mathrm{TF}}=\frac{1}{N_0}\sum_{i=1}^{N_0}t_i \tag{2-5}$$

当产品子样很大时，式(2-5)可以转化为

$$T_{\mathrm{TF}}=\int_0^{\infty}tf(t)\,\mathrm{d}t=\int_0^{\infty}R(t)\,\mathrm{d}t \tag{2-6}$$

当可靠度 $R(t)=\mathrm{e}^{-\lambda t}$ 时，有

$$T_{\mathrm{TF}}=\int_0^{\infty}\mathrm{e}^{-\lambda t}\mathrm{d}t=\frac{1}{\lambda} \tag{2-7}$$

即当产品寿命服从指数分布时，其 MTTF 为故障率 λ 的倒数。

2.4.1.2 任务可靠性参数

1）平均严重（致命性）故障间隔时间（T_{BCF}）

平均严重故障间隔时间（mean time between critical failures，MTBCF）是与任务相关的一种可靠性参数，其计算方法为：在规定的一系列任务剖面中，产品任务总时间与致命性故障总数之比，即

$$T_{\mathrm{BCF}}=\frac{T_{\mathrm{OM}}}{N_{\mathrm{TM}}} \tag{2-8}$$

式中：T_{OM} 为任务总时间，在任务剖面中的实际工作时间，很多情况下把总工作时间视为任务总时间；N_{TM} 为严重故障（也称任务故障）总数，在论证时应明确任务的定义、任务故障的判断准则，并应说明故障总数是指关联的任务故障总数，还是包括关联和非关联任务故障的总数。

T_{BCF} 作为基本参数，与可修产品的平均故障间隔时间 T_{BF} 的物理含义相同，只是 T_{BCF} 的故障率是指产品的严重故障率。在工程应用中，能影响任务成败的产品严重故障率 λ_{C} 的定义为：在规定的一系列任务剖面中，产品发生的严重故障总数与任务总时间之比。对于产品寿命服从指数分布时，其平均严重故障间隔时间 MTBCF 与产品严重故障率 λ_{C} 之间的关系可表示为

$$\mathrm{MTBCF}=\frac{1}{\lambda_{\mathrm{C}}} \tag{2-9}$$

2）任务可靠度（R_{M}）

任务可靠度反映产品在任务剖面中完成任务的概率。该项指标既与产品本身的可靠性有关，也与设定的任务剖面有关，表征了产品完成规定任务的能力。服从指数分布和二项分布的产品任务可靠度的计算方法如下。

指数分布型产品任务可靠度为

$$R_{\mathrm{M}}=\mathrm{e}^{-\lambda_{\mathrm{c}}t} \tag{2-10}$$

二项分布型产品任务可靠度为

$$R_M = q^n \tag{2-11}$$

式中：R_M 为产品的任务可靠度；λ_C 为指数分布型产品的严重故障率（直接影响到任务成功与否的故障概率）；t 为指数分布型产品的任务时间（影响到任务成功与否的时间）；q 为二项分布型产品的任务成功率；n 为二项分布型产品在任务剖面中运行的次数。

3）成功概率（P_S）

成功概率是指产品在规定的条件下完成规定功能的概率或试验成功的概率。某些一次性使用的产品，常用成功概率描述其可靠性，其计算公式如下：

$$P_S = \frac{N_S}{N_T} \times 100\% \tag{2-12}$$

式中：N_S 为任务成功次数；N_T 为总的任务次数。

上述公式只是成功概率一个估计值，当样本量很多时才接近实际值，并且一般用非参数法计算得到成功概率的单侧置信下限。因此，在开展产品论证工作时，不仅要提出对产品成功概率的要求，同时应考虑成功概率的置信水平和试验的样本量。对于一次性使用的产品（成败型），应采用发射成功概率、飞行成功概率等术语来描述其可靠性水平。

2.4.1.3 耐久性参数

耐久性参数通常是指使用寿命（L_{SE}），即产品使用到无论从技术上还是经济上考虑都不宜再使用，而必须大修或报废时的寿命单位数，包括首次翻修期和翻修间隔期限等，一般适用于作为连续运行类产品的参数。对于一种产品，其使用寿命是一个随机变量，是一个统计值，达到规定寿命的概率一般也可称耐久度。因此一般在提出使用寿命指标时应包括：使用寿命的量值（寿命单位数）、达到使用寿命的概率及其置信度。一般情况下，按规定的样本量，在规定的条件下进行寿命试验，试验到要求的使用寿命，记录发生耐久性损坏（达到极限状态）的样本数，用非参数法计算不发生耐久性损坏概率的置信下限（达到要求寿命的概率）。

有使用寿命要求的产品，应同时提出耐久性损坏的判断准则，这是使用寿命的一些评估参数和定性评估标准。有些故障也会使产品报废或大修，但不是耐久性损坏，而是偶然故障，耐久性损坏一般是耗损型故障。对于不可修产品，一般用使用寿命来表述其耐久性水平，对于可修产品也可用大修寿命、大修期限等术语来表述。

2.4.1.4 贮存可靠性参数

1）贮存可靠度（R_{ST}）

贮存可靠度是贮存可靠性的概率度量，它是指在规定的贮存条件下规定的贮存期内，保持规定功能的概率。贮存可靠度是评价长期处于贮存状态武器装备的主要技术指标，主要用于那些对贮存有特殊要求或者贮存时间比较长的武器装备，如鱼雷、水雷、弹药等。如果武器装备的失效服从指数分布，则其贮存可靠度可表示为

$$R_{ST} = \exp(-\lambda_{ST} t) \tag{2-13}$$

式中：t 为贮存时间；λ_{ST} 为贮存失效率。

2）贮存寿命（L_{ST}）

贮存寿命是指产品在规定的贮存条件下能够满足规定要求的贮存期限，适用于作为衡量一次性使用类设备的参数。贮存寿命即为规定的贮存可靠度要求对应的贮存期，即

$$L_{ST} = \frac{1}{\lambda_{ST}} \ln \frac{1}{R_{ST}} \tag{2-14}$$

式中：R_{ST} 为要求的贮存可靠度；λ_{ST} 为贮存失效率。

论证提出贮存寿命要求时，应特别关注规定条件，包括贮存的环境条件（露天或仓库室内的自然环境条件、室内有空调的环境条件）、封存条件等，还包括贮存期间定期检修和维护要求等。

贮存寿命的试验考核需要的周期较长，一般在装备定型时不可能完成试验考核工作，只能对一些新材料、新元器件等作一些加速环境试验，参考类似装备的试验结果在装备定型时提出分析评估意见。贮存寿命主要针对一次性使用类设备，如弹、雷、灭火钢瓶、应急救生筏、救生浮标、应急呼吸装置等。

2.4.2 维修性参数

1）平均预防性维修时间（M_{PT}）

平均预防性维修时间是对产品（装备）进行预防性维修所用时间的平均值。各级预防性维修所用时间的差别很大，维修所要求的条件也不相同，一般在论证提出预防性维修时间要求时，应分别提出大修、中修、小修的预防维修时间，其计算公式如下：

$$M_{PT_i} = \frac{T_{PM_i}}{N_{PM_i}} \tag{2-15}$$

式中：T_{PM_i} 为第 i 类预防性维修的总时间；N_{PM_i} 为第 i 类预防性维修的次数。

提出平均预防性维修时间参数时，对各级各类预防性维修的工作范围应有一个初步规定。对时间也应明确规定是日历时间，还是实际工作时间，对预防性维修时间的统计方法应做出明确规定。

2）平均修复时间（M_{CT}）

平均修复时间（mean time to repair，MTTR）是产品维修性的基本参数之一，其计算方法为：在规定的条件下和规定的时间内，产品在任意规定的维修级别上，修

复性维修总时间与在该级别上被修复产品的故障总数之比：

$$M_{\mathrm{CT}} = \frac{T_{\mathrm{CM}}}{N_{\mathrm{T}}} \tag{2-16}$$

式中：T_{CM} 为修复性维修的总时间，可以分为不同维修级别的修复性维修的总时间；N_{T} 为故障总数，可以分为不同维修级别修复的故障总数，还应明确是修复关联故障总数，还是所有的故障总数。

在产品论证阶段提出 M_{CT} 时，还应明确维修时间的确定准则，特别对于机械产品而言故障分析、定位的过程比较复杂且用时较长，哪些时间应列入维修时间，哪些时间应列入延误时间，哪些时间可以不计入统计的时间范畴，应有一个统一的规定。

M_{CT} 作为基本参数，每个故障的修复性维修时间是一个随机变量，而且在大多数情况下，服从对数正态分布，在 M_{CT} 确定后，修复率 μ 和维修度函数 M_{BT} 就可作为导出参数。

3）修复率(μ)

修复率也是产品维修性的基本参数，其计算方法为：在规定的条件下和规定的时间内，产品在规定的维修级别上被修复的故障总数与在此级别上修复性维修总时间之比，即

$$\mu(t) = \lim_{\substack{\Delta t \to 0 \\ N \to \infty}} \frac{n(t + \Delta t) - n(t)}{[N - n(t)]\Delta t} = \lim_{\substack{\Delta t \to 0 \\ N \to \infty}} \frac{\Delta n(t)}{N_{\mathrm{s}}\Delta t} \tag{2-17}$$

其估计量为

$$\hat{\mu}(t) = \frac{\Delta n(t)}{N_{\mathrm{s}}\Delta t} \tag{2-18}$$

式中：N_{s} 为 t 时刻尚未修复数（正在维修数）。

产品修复率在工程实践中常用平均修复率表示或取常数，即单位时间内完成维修的次数，可用规定条件下和规定时间内，完成维修的总次数与维修总时间之比表示。

由式(2-18)可知：

$$\hat{\mu}(t) = \frac{\Delta n(t)}{N_{\mathrm{s}}\Delta t} = \frac{\Delta n(t)}{N[1 - \hat{M}(t)]\Delta t} = \frac{\hat{m}(t)}{1 - \hat{M}(t)} \tag{2-19}$$

即

$$M(t) = 1 - \mathrm{e}^{-\int_0^t \mu(t)\mathrm{d}t} \tag{2-20}$$

4）维修度(M_{BT})

维修度是指产品在规定的条件下和规定时间内，按照规定的程序和方法进行维修时，保持或恢复到能完成规定功能状态的概率。维修度是维修性的概率度量。

它是维修时间的函数,记为 M_{BT},称为维修度函数。

如果用随机变量 T 表示产品从开始维修到修复的时间,其概率密度为 $m(t)$,则

$$M_{BT} = P(T < \tau) = \int_0^{\tau} m(t)\,\mathrm{d}t \tag{2-21}$$

式(2-21)表示维修度是在一定条件下,完成维修的时间 T 小于或等于规定维修时间 t 的概率。显然,M_{BT} 是一个概率分布函数。对于不可修复系统,$M_{BT}=0$。对于可修复系统,M_{BT} 是规定维修时间 t 的递增函数,则有

$$\begin{cases} \lim\limits_{t\to 0} M_{BT} = 0 \\ \lim\limits_{t\to\infty} M_{BT} = 1 \end{cases}$$

维修度可以根据理论分析求得,也可按照统计定义通过试验数据求得。根据维修度定义,有

$$M_{BT} = \lim_{N\to\infty} \frac{n(t)}{N} \tag{2-22}$$

式中:N 为维修的产品总(次)数;$n(t)$ 为 t 时间内完成维修的产品(次)数。

2.4.3 测试性参数

1) 故障检测率(R_{FD})

故障检测率是在规定条件下和规定时间内,用规定的方法正确检测到的故障数与该时间内发生的故障总数的百分数。其计算公式为

$$R_{FD} = \frac{N_D}{N_T} \times 100\% \tag{2-23}$$

式中:N_D 为在规定条件下,用规定的方法正确测出的故障数;N_T 为在规定的时间内发生故障的总数。

规定的条件是指被测试项目所处的状态(如在任务前还是在任务中或任务后测试)、测试项目应归属的维修级别等;规定的方法是指用 BIT、专用或通用外部测试设备、自动测试设备、人工检查或几种方法的综合,正确测出的故障数应得到确认。

这里的故障总数是指被测试项目在规定时间内发生的所有故障,被测试项目,即被测对象可以是装备的分系统、部件、设备或现场可更换单元(line replaceable unit,LRU)、车间可更换单元(shop replaceable unit,SRU)等,是论证所提指标的对象。规定的时间是指用于统计发生故障总数和检测故障数的持续工作时间,这个时间应足够长,可以是一个小修间隔期或中修间隔期,也可以规定一个固定的时间间隔。

2）故障隔离率（R_{FI}）

故障隔离率是被测试项目在规定条件下和规定时间内，用规定的方法将正确检测到的故障正确隔离到不大于规定的可更换单元的故障数与该时间内检测到的故障数之比，即

$$R_{FI} = \frac{N_L}{N_D} \times 100\% \tag{2-24}$$

式中：N_L 为用规定的方法，正确隔离到不大于规定模糊度的故障数。

模糊度是指模糊组中包含的可更换单元数，模糊组是指可能产生相同故障信号的一组可更换单元，组中的每个可更换单元都可能是真正有故障的，即故障只能隔离到可能产生相同故障信号的一组可更换单元。规定的方法与故障检测率的方法相同。

3）虚警率（R_{FA}）

虚警是指 BIT 或 ATE 等检测设备指示被测项目有故障，而实际该单元无故障的情况。在规定条件下和规定时间内，发生的虚警数与同一时间内故障指示总数之比为虚警率，用百分数表示。其计算公式为

$$R_{FA} = \frac{N_{FA}}{N_F + N_{FA}} \times 100\% \tag{2-25}$$

式中：N_{FA} 为虚警次数；N_F 为指示的真实故障数。

每次出现故障指示后，都应通过其他检查手段，如使用检查、进一步的功能检测等方法判明被测项目是否真的故障。

2.4.4 保障性参数

1）平均保障延误时间（T_{MLD}）

平均保障延误时间是在规定的时间内，保障资源延误时间的平均值，其计算公式为

$$T_{MLD} = \frac{T_{LD}}{N_L} \tag{2-26}$$

式中：T_{LD} 为保障延误总时间。

论证提出 T_{MLD} 时，应定义清楚哪些时间是属于保障延误时间，特别要界定清楚维修时间和维修保障延误时间、使用保障时间和使用保障延误时间，最好制定维修时间和维修保障延误时间的判断准则，这也是确定指标的一种依据。

2）平均管理延误时间（T_{MAD}）

平均管理延误时间是在规定的时间内，管理延误时间的平均值，其计算公式为

$$T_{MAD} = \frac{T_{AD}}{N_L} \tag{2-27}$$

式中：T_{AD} 为管理延误总时间。

应注意的事项与平均保障延误时间（T_{MLD}）的要求类似。

3）备件满足率（R_{SF}）

备件满足率为保障资源参数，也是产品使用参数。备件满足率 R_{SF} 定义为在规定的级别上和规定的时间内，能够提供使用的备件数与需要提供的备件总数之比，即

$$R_{SF} = \frac{N_{PP}}{N_{PM}} = \frac{\sum_{i=1}^{n} d_i \lambda_i R_{SF_i}}{\sum_{i=1}^{n} d_i \lambda_i} \tag{2-28}$$

式中：N_{PP} 为舰上能提供的备件数量；N_{PM} 为维修所需的备件数量；R_{SF} 为总体的备件满足率；d_i 为各系统相对总体的运行比；λ_i 为各系统的故障率；R_{SF_i} 为各系统的备件满足率。

4）备件利用率（R_{SU}）

备件利用率为保障资源参数，也是产品使用参数。备件利用率 R_{SU} 定义为：在规定的级别上和规定的时间内，实际使用消耗的备件数与实际配置的备件数之比，即

$$R_{SU} = \frac{N_{PE}}{N_{PC}} = \frac{\sum_{i=1}^{n} d_i \lambda_i R_{SU_i}}{\sum_{i=1}^{n} d_i \lambda_i} \tag{2-29}$$

式中：N_{PE} 为消耗的随舰备件数量；N_{PC} 为舰上配置的备件数量；R_{SU} 为总体的备件利用率；d_i 为各系统相对总体的运行比；λ_i 为各系统的故障率；R_{SU_i} 为各系统的备件利用率。

2.4.5 综合性参数

1）使用可用度 A_O

产品使用可用度是与产品能工作时间和不能工作时间有关的可用性参数，其计算方法为产品的能工作时间与总时间（能工作时间与不能工作时间的和）之比，即

$$A_O = \frac{T_U}{T_U + T_{DW}} = \frac{T_O + T_S}{T_O + T_S + T_{CM} + T_{PM} + T_{OS} + T_D} \tag{2-30}$$

式中：T_U 为能工作时间；T_{DW} 为不能工作时间；T_O 为工作时间；T_S 为备用（待机）时间；T_{CM} 为修复性维修总时间；T_{PM} 为预防性维修总时间；T_D 为保障延误时间。

舰船全寿命周期时间分解如图 2-1 所示。

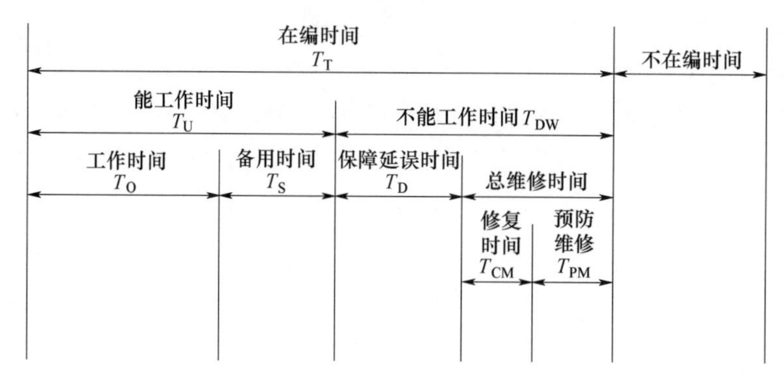

图 2-1　舰船全寿命周期时间分解图

式(2-30)主要应用于交付装备的可用度评估,但难以指导装备研制过程的设计和分析。因此,为便于舰船装备的设计与分析,在不考虑预防性维修时间的情况下,使用可用度的计算公式可简化为

$$A_O = \frac{T_{BF}}{T_{BF} + M_{CT} + T_{MLD}} \tag{2-31}$$

式中：T_{BF} 为平均故障间隔时间(MTBF),是可修装备可靠性设计参数,反映维修人力费用和保障费用; M_{CT} 为平均修复性维修时间(MTTR),是装备维修性设计参数,反映维修人力费用; T_{MLD} 为平均保障延误时间(MLDT),是保障系统能力的度量参数,通过保障系统设计来控制。

2) 固有可用度 (A_i)

固有可用度是一种反映与工作时间和修复性维修时间有关的可用性参数。固有可用度仅考虑平均故障间隔时间与平均修复时间,是产品的固有特性,与使用过程无关。其计算方法为产品的平均故障间隔时间和平均故障间隔时间与平均修复时间之和的比值,即

$$A_i = \frac{T_{BF}}{T_{BF} + M_{CT}} \tag{2-32}$$

第3章 舰船可靠性技术及工程实践

装备可靠性工程技术体系包括可靠性要求、可靠性设计、可靠性分析、可靠性试验、可靠性仿真评估、可靠性管理等工程工作,如图3-1所示。其中,可靠性要求主要指可靠性的定量要求与定性要求,可靠性设计主要指可靠性建模、可靠性定性设计准则制定,可靠性分析主要指可靠性指标的分配和预计、故障树分析、故障模式与危害性分析等,可靠性试验包括装备的可靠性工程试验与统计试验,可靠性仿真评估包括各级可靠性建模、数据分析与量化评估,可靠性管理工作包括可靠性管理组织的建立、人员的培训和相关可靠性技术工作落实的监督管理等。

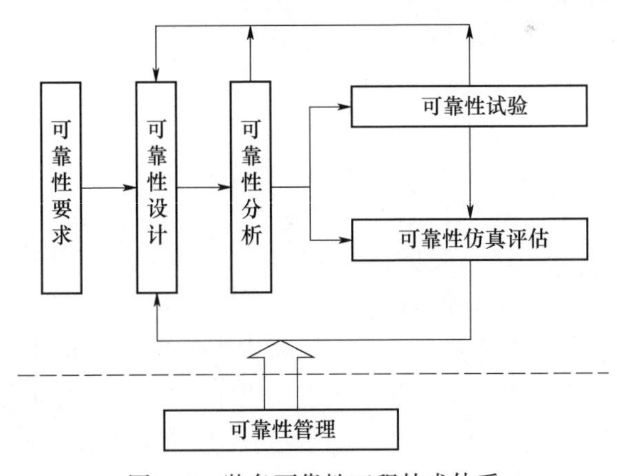

图3-1 装备可靠性工程技术体系

3.1 可靠性要求

3.1.1 定量要求

舰船装备常用的可靠性定量指标主要有平均故障间隔时间、平均严重故障间隔时间、平均修复时间、成功率、任务可靠度等。

3.1.2 定性要求

舰船装备可靠性的定性要求有以下几个方面。

(1) 应通过收集系统、设备在在役型号上出现的故障记录分析故障原因,提出改进措施。

(2) 针对总体、系统、设备设计方案,尤其是新研部分,应采用故障模式及影响分析(failure mode and effect analysis, FMEA)、故障树分析(fault tree analysis, FTA)、潜通路分析、电路容差分析等措施,查找单点故障、潜通路及其他可能存在的设计薄弱环节,并采取针对性改进措施。

(3) 应对总体、系统、设备的 FMEA、FTA 结果进行集成分析,综合权衡各级冗余设计,促进不同层级可靠性分析协调匹配,以确保总体任务可靠度。

(4) 应根据可靠性分析结果制定各系统、设备可靠性设计准则,依据设计准则开展可靠性设计,并在技术设计末期进行设计准则符合性检查。

(5) 部分涉及安全性的新研设备可根据实际情况进行可靠性研制试验,如可靠性强化试验、加速寿命试验、可靠性摸底试验等,寻找设计缺陷,为提高产品可靠性水平提供改进依据。

(6) 应在各级内、外审中,将历史故障分析与改进、新研部分可靠性分析结果作为可靠性评审重点,以最大程度消除可靠性薄弱环节。

3.2 可靠性设计

3.2.1 可靠性建模

可靠性模型能够描述产品整体可靠性与各组成部分可靠性之间的关系,是产品可靠性定量指标设计的主要依据。对于多项任务要求、多种工作方式的情况,应分别建立可靠性模型,并随研制进展,同步更新、细化可靠性模型。建模标准参照 GJB 813—90《可靠性模型的建立和可靠性预计》。

可靠性模型包括可靠性框图和相应的数学模型。对于复杂装备的一个或一个以上的功能模式,用可靠性框图表示各组成部分的故障或它们的组合如何导致装备故障的逻辑图,以产品功能框图、原理图、工程图为依据且相互协调。

典型的可靠性模型分为有储备和无储备两种,有储备可靠性模型又按储备单元是否与工作单元同时工作进一步分为工作储备模型和非工作储备模型。典型的可靠性模型类型如图 3-2 所示。

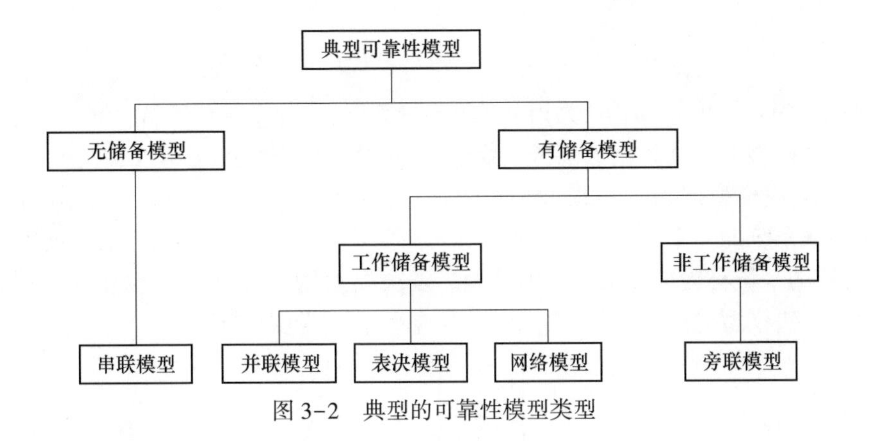

图 3-2　典型的可靠性模型类型

1）串联模型

模型的所有组成单元中任意一个单元失效就会导致整个系统失效的模型为串联模型，串联模型是最常用和最简单的模型之一，既可用于基本可靠性建模，也可用于任务可靠性建模。图 3-3 所示为串联模型的可靠性框图。

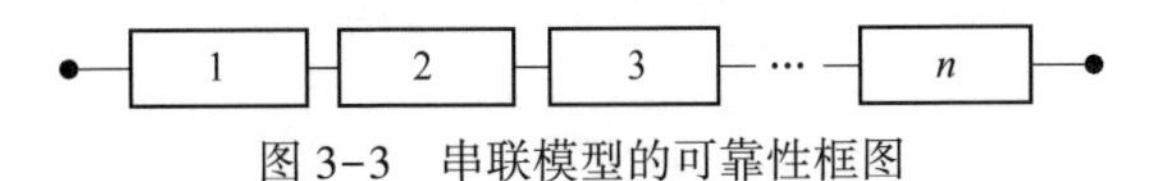

图 3-3　串联模型的可靠性框图

串联模型的可靠性数学模型为

$$R_S = \prod_{i=1}^{n} R_i \quad (i = 1,2,\cdots,n) \tag{3-1}$$

式中：R_S 为系统可靠度；R_i 为第 i 个单元可靠度；n 为系统单元数。

串联模型的可靠度随着单元可靠度的减小及单元数的增多而迅速下降。基本可靠性模型均为串联模型。

2）并联模型

组成系统的所有单元都失效时系统才失效的模型称为并联模型。并联可靠性模型用于任务可靠性建模。图 3-4 所示为并联模型的可靠性框图。

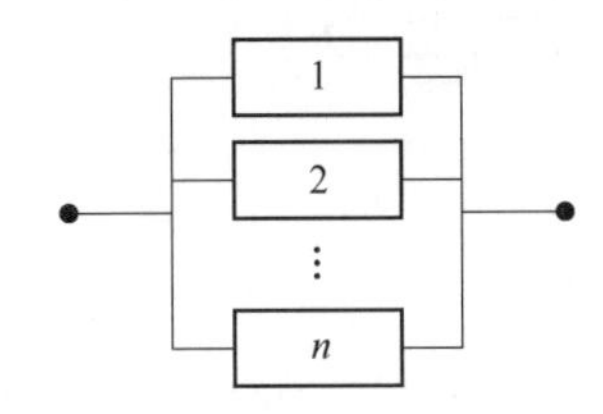

图 3-4　并联模型的可靠性框图

并联模型的可靠性数学模型为

$$R_S = 1 - \prod_{i=1}^{n}(1 - R_i) \quad (i = 1,2,\cdots,n) \tag{3-2}$$

式中：R_S 为系统可靠度；R_i 为第 i 个单元可靠度；n 为系统单元数。

并联模型会提高系统的任务可靠性，但也会降低系统的基本可靠性。

3）表决模型（n 中取 r 模型）

组成系统的 n 个单元中，正常的单元数不小于 $r(1 \leqslant r \leqslant n)$ 系统就不会故障，这样的系统称为 r/n(G) 表决模型。表决模型用于任务可靠性建模。图 3-5 所示为表决模型的可靠性框图，通常 n 个单元的可靠度相同。

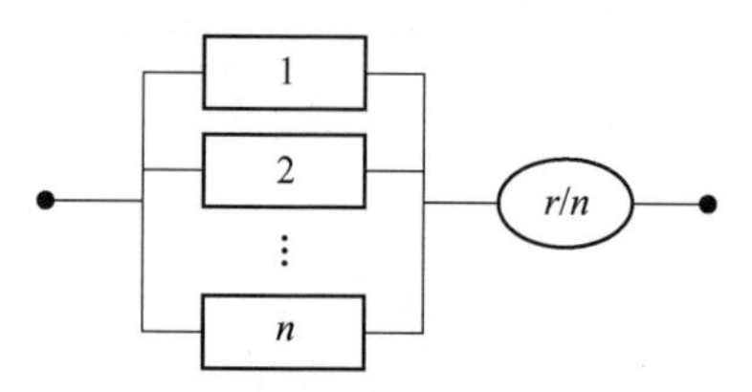

图 3-5　表决模型的可靠性框图

假设表决器可靠度为 1，则其可靠性数学模型为

$$R_S = \sum_{i=r}^{n} C_n^i R^i (1 - R)^{n-i} \tag{3-3}$$

式中：$C_n^i = \dfrac{n!}{i!\ (n-i)!}$；$R_S$ 为系统可靠度；R 为单元可靠度；n 为系统单元数。

在表决模型中，如果 $r=1$，即为 n 个相同单元组成的并联模型；如果 $r=n$，即为 n 个相同单元组成的串联模型。

4）旁联模型

组成系统的 n 个单元只有一个单元工作，当工作单元失效时，通过转换装置转接到另一个单元继续工作，直到所有的单元都失效时系统才失效，这样的模型称为旁联模型，也称为冷储备模型。旁联模型用于任务可靠性建模。图 3-6 所示为旁联模型的可靠性框图。

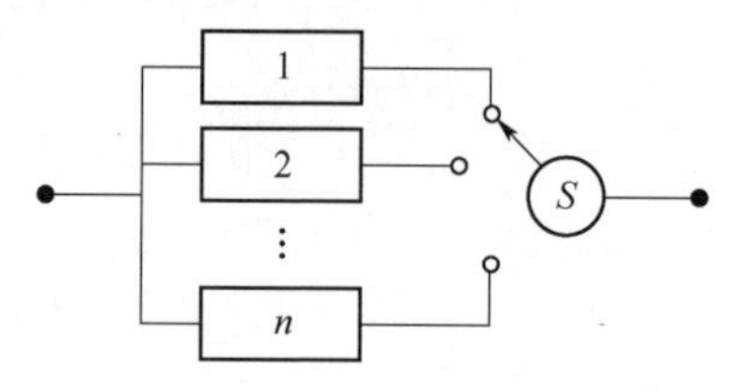

图 3-6　旁联模型的可靠性框图

通常情况下，检测和转换装置的固有可靠性很高，一般故障率小于单元故障率的 10%，在工程中可以忽略失效。假设转换装置的可靠度为 1，则其可靠性数学模型为

$$T_{BCFS} = \sum_{i=1}^{n} T_{BCF_i} \tag{3-4}$$

式中：T_{BCFS} 为系统的严重故障平均间隔时间；T_{BCF_i} 为单元的严重故障平均间隔时间；n 为系统单元数。

旁联模型的优点是能大大提高系统的任务可靠度，但是由于增加了转换装置而加大了系统的复杂度，同时要求转换装置的可靠度非常高，否则冷储备带来的好处会被严重削弱。

3.2.2 可靠性定性设计准则

3.2.2.1 成熟设计

成熟设计通过限制产品中新技术和新工艺的应用来保证继承性，降低新技术、新工艺带来的可靠性风险，主要设计准则如下。

(1) 可选用满足船用条件和可靠性要求的成熟民用产品。认真研究、分析装备总体性能指标和功能等总要求，优先采用成熟技术，有母型的宜采用母型设计法，有相似产品的可借鉴、吸收其技术和经验。优先选用经过考核、验证的技术成熟的设计方案，以及成熟的、经鉴定的系统、设备，充分吸取国内外同类装备设计经验。

(2) 在保证研制进度的前提下，应积极、慎重、有重点地选用新研制系统（含分系统）和设备。新研制系统（含分系统）和设备的项目数量不宜超过所有系统（含分系统）和设备的30%。采用的新材料、新工艺、新技术，应在满足规范和研制总要求，并具有良好的效费比的前提下，按技术状态管理的有关规定，进行必要的可行性论证和充分的试验验证或认证分析，经鉴定、批准（认可）方可采用。

3.2.2.2 简化设计

简化设计通过缩小产品单元组成规模来提高产品的基本可靠性，主要设计准则如下。

(1) 对装备总体、系统、分系统、设备等各层次的功能进行分析权衡，消除不必要的功能，合并相同或相似功能，减少重复。在满足总体、系统、分系统、设备等各层次规定功能要求的条件下，使其设计简单，尽可能减少产品层次和组成单元的数量及其相互之间的接口。在满足任务可靠性的前提下，各系统应尽量减少冗余的分系统、设备数量。各系统、分系统设计中应优先选用标准化程度高的设备（包括台屏、机柜、电机、泵、阀门等）、管路附件、焊接件、管路、电缆等。

(2) 设备应最大限度地采用通用的组件、零部件、元器件，并尽量减少其品种规格。船体、各系统、设备设计中应在满足性能的前提下，尽可能选用型号研制推荐的材料类型，并尽量减少其品种。采用不同厂家生产的同一品种规格的设备、管路、附件,应能保证安装互换和功能互换。系统、设备的修改、换型,应尽量不改变其安装、联接方式以及外部接口。

3.2.2.3 冗余设计

冗余设计通过增加一套以上功能通道、工作元件,来保证当该部分出现故障时,系统或设备仍能正常工作,主要设计准则如下。

(1) 当简化设计、降额设计及选用高可靠性的设备、部件仍然不能满足任务可靠性要求时,应采用冗余设计。影响任务成功的关键设备、部件如果具有单点故障模式,则应考虑采用冗余设计。硬件冗余设计应优先选用低层次冗余设计方案,一般在较低产品层次(设备层次、零部件层次)使用;功能冗余设计一般在较高产品层次使用(系统层次、分系统层次)。

(2) 应根据组成单元的重要性、可靠性、安全性、适装性等因素合理确定备用方式(包括冷备用、热备用、功能备用等)和备用数量,尽可能简化备用方式、减少备用数量。冗余设计中应重视冗余转换设计的可靠性。在进行切换冗余设计时,应同时考虑切换系统的故障概率对系统的影响,尽量选择高可靠的转换器和转换模式。冗余设计应考虑对共模/共因故障的影响。

3.2.2.4 环境防护设计

环境防护设计针对使用环境条件,避免了产品在恶劣环境工作时,部分组成单元因无法承受环境应力的影响而产生故障,主要设计准则如下。

1) 耐温湿度、霉菌、盐雾、油雾设计

装备系统、设备应能在规定的温湿度范围内正常工作。电气设备和光学仪器应满足相关标准对霉菌试验的要求,满足相关标准对盐雾的要求,具有耐油雾性能。

2) 防腐防漏设计

装备总体设计中,除满足技术指标要求外,还应保证系统及设备在全寿命周期内的腐蚀防护性能,对总体建造和使用服役期内的腐蚀防护措施应有明确具体的要求,同时进行腐蚀防护综合优化设计,以延长维修间隔时间、降低维修时间和维修费用,提高全寿命周期费效比。

系统及设备腐蚀防护设计中应充分考虑对腐蚀防护性能有影响的各种环境因素,采取的各种腐蚀防护措施应具有兼容性。

(1) 系统管路的腐蚀防护不仅要重视对自身的腐蚀防护控制,在其大量采用高电位异种金属的情况下,应特别注意对系统及设备中低电位金属的保护;针对系统管路不同管材,应选择合适的泵、阀、滤器等配套设备,同一管路系统中尽量避免使用多种材质的管件。

(2) 设备不允许采用大面积高电位裸露金属材料制造,如必须采用,需进行专项腐蚀状态评估。

(3) 应尽量避免处于腐蚀介质中的异种金属直接接触。对于不可避免的异种金属的直接接触,应采取介质隔离或电绝缘的方法以避免腐蚀。

(4) 浸水部位涂料的耐阴极剥离性能应满足阴极保护系统的要求。

处于恶劣腐蚀环境条件中的系统和设备的关键部件,应选用耐腐蚀性能优异的材料进行加工制造。部分非关键件腐蚀如不可避免,应明确其维护保养方法和更换周期;系统和设备腐蚀防护应根据各自的腐蚀防护指标、腐蚀环境、材料的腐蚀速率等综合因素预留腐蚀裕度,管路腐蚀裕度还应充分考虑管子弯制附加余量;腐蚀环境恶劣且不易维修区域的系统和设备应进行重腐蚀防护专项处理;系统和设备设计应考虑全面、精细,避免反复修改,以防止返工影响涂装等腐蚀防护措施施工质量而造成腐蚀。

3) 防辐照设计

对于核动力舰船,还应进行防辐照设计。具有放射性的系统、设备、仪表应设置专门的屏蔽区。设备、材料、附件等应按照其所在区域的辐射剂量水平,确定其应具有的抗辐照性能,以及维护、更换周期。设备、系统上不应有涂有镭、钍等放射性荧光物质的表盘、开关、标志牌等。

3.2.2.5 热设计

热设计通过热防护、散热设计避免高温导致故障,主要设计准则如下。

(1) 高温设备和管路的表面应包覆良好的热绝缘,热绝缘表面温度应小于规定值。有特殊用途的设备表面部位应敷设防火隔热的绝缘材料,防止热桥和冷凝水的产生。主要设备可自设冷却系统,一般设备应按分区统一提供冷却水。

(2) 接近高温处所的设备、缆线、减振接管、附件等均应采用耐相应温度的材料、并留有足够的空间间隙,表面应涂以高温防护专用涂料。所有焊接件均应包覆绝缘,管路也应包覆一定长度的绝缘,以防外表产生冷凝水。

3.2.2.6 健壮设计

设备结构及压力边界设计应考虑足够的安全裕度。机械设计、电气设计应有一定的安全裕度和功能裕度。结构件与设备、系统、管线应按寿命要求留以足够的腐蚀余量和磨损余量。密封件设计应有一定的安全余量。在保证结构强度条件下,为满足改换装和测试需求,结构表面的开孔数量应保留有适当余量。

3.2.2.7 抗冲击、振动设计

抗振设计,即通过改变安装部位、提高设备的安装刚性、采用安装紧固技术等提高抗振能力。抗冲设计,即通过提高设备的结构强度、采用弹性安装技术等提高抗冲能力。

3.2.2.8 电磁兼容性(EMC)设计

1) 总体 EMC 设计

(1) 区域布置原则。总体布置设计时,在满足总体功能性布置要求的基础上,

应根据设备电磁特性将电磁发射类设备与敏感性设备尽量分区布置，相同类型设备相对集中，充分利用装备金属结构进行空间隔离设计。必要时，为重要敏感性系统、设备设置专门空间。

(2) 电网隔离设计原则。总体供电电网设计时，应尽可能将电磁干扰类设备与敏感性设备的供电网络隔离分开，并采取必要的电磁干扰隔离措施。

(3) 电缆分类敷设设计原则。船上电缆敷设设计时，应根据电缆所传输信号特性进行分类，将电磁发射类电缆与敏感性电缆分开敷设，并尽量增大敷设间距。必要时，增加屏蔽防护措施。

(4) 电磁辐射安全性设计原则。围壳天线布置设计时，在满足功能性要求的同时，应尽量减少天线电磁辐射对人员及燃油的危害。必要时，采取相应防护措施。

2) 系统 EMC 设计

系统在研制过程中，应依据型号工程总体对系统提出的 EMC 要求，进行相应 EMC 设计。系统 EMC 设计时，应保证系统具有一定的安全裕度。

系统 EMC 设计时，应针对系统内设备电磁特性提出相应 EMC 设计要求，并对系统内及系统间的接口关系，采取必要的干扰抑制措施。

3) 设备 EMC 设计

设备在设计制造的全过程中，应考虑总体电磁兼容需要而提出的一般要求及特殊规定，进行电磁兼容性设计。在设备 EMC 设计中，除了满足专业规范要求外，还应满足相应的电磁兼容规范要求。系统(分系统)和设备抑制电磁干扰的电容器、滤波器应接在电源的相线之间而不宜接在相线与地之间。

设备机柜在结构设计、热设计的同时应考虑电磁屏蔽设计，以减少电磁泄漏。设备内部的接地、滤波、屏蔽、隔离应采用合理的方式。设备内数字信号地、模拟信号地、电源地、安全地等应尽量分开，最后汇于同一点。电源线、信号线、强弱信号线应分开走线。

对可能产生干扰和可能被干扰的部件和电路，应进行电磁屏蔽或防干扰控制设计。与其他设备、系统有接口关系的设备，其接口应有干扰抑制措施。抑制电磁干扰用的元件应与被抑制设备构成一个整体，不应分开安装。

3.2.2.9 安装设计

1) 结构件的装配与焊接设计

结构件的装、焊应有详尽的图纸和完整的工艺规程。分段、焊接件、基座、总段等的装配安装应按逻辑和顺序进行。充分利用分段、立体分段可翻转的特点，变立焊、仰焊为平焊、俯焊，降低焊接难度，保证焊接质量。主要焊接工作应在试水前完成，结构的焊缝探伤应满足结构焊缝检查明细表要求，经射线拍片、超声波探伤和磁粉着色的表面裂纹检验，均达到合格。嵌补件、缓装件应在图样上注明，且将部件固定在适当位置。

2）机电设备安装设计

机械设备、电气设备安装应有详尽的图样和完整的工艺规程。安装机械设备的基座安装面应按要求加工。减振装置安装应符合相关工艺要求。具有减振、隔振装置的设备之间及设备与构件、管路之间均应留有足够的间隙。具有减振装置的设备与管路的连接应设挠性接管，与电缆的连接应留有一定的余度，防止振动使电缆短路。应根据安装方式制订安装顺序。设备级每根电缆、每根芯线均应有明显的识别标记。传动装置的运动部件设计应校核其运动轨迹，不应与结构件、其他装置及其他运动部件产生碰撞。在轻隔壁上安装较重的设备或带运动的设备时应对轻隔壁进行加强。

3）管系安装设计

管系安装应有详尽的图纸和完整的工艺规程。应根据安装方式制订安装顺序。管路安装布置应与热源保持适当距离，油、气管路应远离电加热器等火源，且不能安装在电器柜正上方。应尽可能减少管系弯曲，管路不允许进入运动机构的运动区域内。管路应尽量不敷设在有较大结构变形的范围内，如需在变形区域内敷设管路，管路应有可移动的措施。管路应用卡箍固定在结构或其他部件上，卡箍间的距离应符合要求，管路与卡箍间应采用弹性非金属垫。管段应进行强度试验，管系应进行密性试验检验。

4）电缆安装设计

易受机械损伤或踩踏的电缆，应用电缆管或电缆罩进行保护。电缆敷设支承件及附件应符合相关标准规定。电缆紧钩之间及金属绑扎带之间应保持适当的距离。对电磁兼容有特殊要求的电缆应单独或成束敷设，与其他电缆之间的间距应满足电磁兼容的要求，当敷设空间无法满足时，应尽可能加大间距，并将敏感电缆敷设在屏蔽管内。

3.2.3 典型系统设备可靠性设计

本章节梳理了舰船典型系统设备的可靠性设计准则。

3.2.3.1 动力系统

1）蒸汽系统

蒸汽系统是指向汽轮机、加热器等用汽设备提供合格品质蒸汽。

（1）蒸汽管路应采用自然弯曲或热膨胀接头冷拉等措施补偿管路热膨胀，管路膨胀传递到相连设备上的力和力矩应小于设备设计允许限值。

（2）蒸汽管路选材时应考虑腐蚀产物对水质的影响。

（3）蒸汽管路的连接接头中的垫片应保证系统的密封可靠性，避免蒸汽外泄。一般采用金属缠绕垫片，不允许采用石棉垫片。

(4) 承受交变环境介质压力的系统设备和管路附件,应进行低周疲劳性能校核并满足设计要求。

(5) 在汽轮机进汽口处应设置平衡型金属挠性接管,并在其上游安装固定式支吊架,从而克服汽轮机与管道连接处的位移和外力。

(6) 蒸汽管道上布置的弹簧吊架、弹簧阻尼吊架和液压阻尼器以及其他支吊架,应能承受管道、附件、保温材料及管内介质等的重量,以及管路热膨胀、冲击、振动等环境条件施加的载荷,并应保证管路为提供挠性所必需的位移要求。

(7) 蒸汽系统应尽可能采用左右舷供汽,在机舱左右舷各设置独立的蒸汽管道,以实现单舷供汽和一舷向另一舷供汽的功能。

(8) 蒸汽系统在机舱前后隔舱壁上应设置隔舱阀,密封面应具有良好的耐腐蚀和耐冲刷的性能,并满足事故下快速隔离的要求。

(9) 蒸汽隔舱阀应配置可靠电源,能够在需要时直接用蓄电池直流电供电。

(10) 蒸汽隔舱阀除在控制室远程控制外,还应设置就地控制,以便应急操作时使用。

(11) 蒸汽系统应设置蒸汽压力高压、低压报警信号。

2) 淡水系统

淡水系统是指向锅炉(或蒸汽发生器)供水,并完成装置运行补水、水质控制和监测的系统。

(1) 淡水系统中低温管系尽量简化设计,提高基本可靠性;减少三通、四通等支管数量,降低系统潜通路风险。

(2) 淡水系统中的旋转机械设备、凝水泵应采取必要的隔振措施,其进出口均应设置挠性接管。

(3) 淡水系统采用的管材应具有足够高的耐腐蚀性能,具有足够高的耐 Cl^- 腐蚀的性能。

(4) 淡水系统管路一般采用左、右舷管路敷设,且应具有单舷独立运行能力,满足动力装置单舷运行要求。

(5) 淡水泵的设置应具有足够的备用,当其中一台损坏不能工作时,备用设备仍能保证动力系统在全负荷下工作。

(6) 设置淡水加热器的系统,应考虑到当给水加热器故障时将给水直接送入锅炉(或蒸汽发生器)的能力。

(7) 水质监测系统应针对不同的监测目的,选择性地设置在线仪表监测和化验间手动监测两种方式。

(8) 在线仪表监测,应考虑对取样水进行减温、减压、过滤等处理,以满足在线化学仪表传感器工作环境条件的要求。

3) 通海冷却水系统

通海冷却水系统是指向有关动力设备和其他冷却水用户提供正常工作所需的

冷却海水的系统。

（1）通海冷却水系统的主要机械设备使用寿命应与舰船同寿命。

（2）系统海水侧应设置安全阀，安全阀的起跳压力应不高于系统最大工作压力值。对于潜艇装备，其通海安全阀的回座压力应不低于潜艇极限深度所对应的海水冷却水压力。

（3）系统管路、附件及设备设计时，应确定合理的介质流动速度和壁厚，并采取必要的防腐技术措施。确定壁厚时，应考虑到冲刷腐蚀、均匀腐蚀、加工减薄、公差等因素。

（4）通海冷却水系统的管系设计和布置应尽量避免工作介质的流动死角，防止由于腐蚀产物及其他杂质可能的积聚而产生局部加速腐蚀。

（5）通海冷却水系统连接管路附件应尽量采用标准成型工艺的附件，尽量避免采用焊接附件（如焊接三通等），改善介质的流场特性。

（6）应合理选用系统管路、附件和设备海水侧的材质，使其具有良好的相容性，必要时设置电极保护装置，并在管路连接中采取电绝缘隔离措施。

（7）通海冷却水系统海水进出口处均应设置至少两道舷侧闭锁装置，且闭锁装置应直接相连，以保证系统与舷外海水隔离的可靠性。

（8）通海冷却水系统舷侧闭锁装置应设置能够远距离快速启闭的操纵系统，并具备远距离集中电-液操纵、液压操纵及就地手动操纵三种操纵方式，既可单阀快速启闭，又具有多阀快速启闭的功能。

（9）海水管系的设置应能保证当其中一舱海水总管故障隔离时，另一舱的海水管系仍能正常工作，并能向故障舱提供一定量的冷却海水，保证核动力装置安全性。

（10）通海冷却水系统应设置必要数量的备用泵，备用泵以海水总管压力与舷外海水压力的差值为启动信号。海水泵除配置正常电源外，海水管系所在的舱室中至少应有一台海水泵另配置有可靠电源。

4）油系统

油系统是指为汽轮机输送润滑油、实现主机液压控制和安全保护、完成油气分离净化等的系统。

（1）应设置总管油低压报警、泵启动或停止的信号灯、机组轴承温度高报警等。

（2）油系统应至少设置两台主滑油泵，一台运行其他的备用，并设有总管油压联锁启动装置。

（3）油泵均应接有可靠电源，当正常供电电源发生故障时，能自动转为由可靠电源供电继续正常工作。

（4）应设置多台冷却器且具有一定的能量备用，当一台发生故障停运时，可借助另一台冷却器供主机低工况运行时冷却滑油用。

(5) 应在油泵吸油管路上设有注油管路,油泵启动前可借助手动滑油泵向吸油管路注油。

(6) 油舱中油一般应设置多种加热方式(电加热、蒸汽加热等),保证供油时的温度满足系统要求。

(7) 系统应选用过滤精度高,流阻损失小,且能在线进行清洗的滑油滤器。

(8) 系统应设置分离效率高、操作方便的油水分离器,以便在线运行保证滑油品质。

5) 轴系及辅助系统

轴系及辅助系统的主要功能是将能动机组输出的动力通过轴系传递给推进装置,推进装置产生的推力传递给船体,从而推动舰船航行。

(1) 多台轴系滑油泵应设置联锁启动装置,互为备用,工作泵故障时,备用泵自动启动投入运行。

(2) 艉轴密封装置应保证舰船安全、可靠航行和停泊。

(3) 应合理选择艉轴密封装置转动座材料,严格控制材料配方、冶炼、加工、热处理等工艺过程,保证转动座有较高的耐腐蚀性能。

(4) 轴系海水系统进出口均设置至少两道舷侧闭锁装置,且闭锁装置应直接相连,以保证系统与舷外海水隔离的可靠性。

3.2.3.2 电力系统

1) 汽轮发电机组

(1) 电力系统应依照 GJB 4000—2000《舰船通用规范》规定的原则配置至少两台汽轮发电机组,单台容量应能提供舰船最大用电工况所需电力。

(2) 汽轮发电机用金属材料应具有耐腐蚀(蒸汽、海水)和耐侵蚀性能,或经过耐腐蚀或耐侵蚀处理。汽轮发电机组用绝缘材料应具有耐潮性、耐霉性、滞燃性和耐久性。

(3) 汽轮发电机组除能在机旁手动控制外,还应能遥控。为此,应设有必要的测量电参数用的传感器。

(4) 汽轮发电机组须就地设置灭磁按钮,以保证在紧急情况下就地切断发电机保护断路器,确保机组安全。

(5) 汽轮发电机组至少应设有能对下列故障实施报警的装置:

① 超速;

② 滑油进机压力低;

③ 滑油温度高;

④ 发电机定子绕组温度高;

⑤ 发电机冷却空气或冷却水温度高;

⑥ 冷凝器真空度低。

(6) 汽轮发电机组至少应设有具有下列功能的安全保护装置:

① 超速,自动停机;

② 滑油进机压力低,自动停机。

(7) 汽轮发电机直流侧应设置综合报警装置。

2) 交流主配电网络

(1) 交流主配电系统的设计应选用可靠性高的网络结构,提高系统在突发事件时的供电安全可靠性。

(2) 正常主配电网络应由主配电板、舱室配电板(箱)、可靠配电板、输电电缆等按选定的配电方式连接构成,由汽轮发电机供电,向船上所有交流用电设备配电。交流主配电板之间应既相互联系,又有实体独立性,它们之间的分离与转换应具有快速性、灵活性、可靠性。

(3) 应设置多块可靠配电板。在应急工况下,一块可靠配电板失电,不影响其他可靠配电板的供电能力。

(4) 可靠配电板在独立运行的情况下,应能实现交流并车,转移负载。

(5) 交流主配电板应设置完整的系统保护,各级保护之间应相互协调,在单一故障条件下,能有效地防止配电系统事故的扩大并保持对非故障配电网络的连续安全供电。

(6) 重要安全系统中具有相同功能的两台以上用电设备,应分别由布置在不同水密舱室的多块可靠配电板供电,确保一块可靠配电板失效时,不至于该系统全部失效。

(7) 交流主配电板上所有用电设备应独立可靠配电,确保安全设备的供电安全。

(8) 电力系统的断路器应按电流原则设置分级保护,同时,还应按时间原则设置长延时、短延时和瞬时三段式保护。

(9) 交流主配电板汇流排及其支持物应能承受峰值短路电流在短时间内所产生的热应力和电动力而不损坏。

(10) 交流主配电板的位置应尽可能靠近相应的汽轮发电机,以使发电机至配电板的电缆最短。配电板应尽可能与艏艉线垂直布置。

(11) 在交流主配电板与可靠配电板之间应设有能够遥控切断其联系的隔离开关(或断路器)。

(12) 交流主配电板与汽轮发电机组电缆接入线应分别从两舷供电。电力系统供配电网络中各舱室的正常供电能力应不因一交流主配电板故障而全部丧失。

(13) 交流主配电板内汇流排、穿舱电缆等的载流量、线芯等应有冗余。

(14) 交流配电系统各主要支路的绝缘应有监测措施,以便及时发现事故和采取措施。

3）直流配电网络

（1）直流主配电网络应能为蓄电池及柴油发电机组提供控制和保护、为全船直流幅压用电设备供配电。

（2）直流主配电板宜与柴油发电机组布置在一个舱室内。每台柴油发电机应设单独的控制屏，作为直流主配电板的一个组成部分。

（3）蓄电池组一般应通过蓄电池开关板及连接电缆和直流主配电板连接，当直流主配电板与蓄电池布置在不同舱室时，应在直流主配电板上设蓄电池组隔离断路器。

（4）直流主配电板汇流排及其支持物应能承受峰值短路电流在短时间内所产生的热应力和电动力而不损坏。

（5）为确保主回路失电时对断路器的控制，直流主配电网络内断路器应尽量提供灵活多样的供电操作方案。

4）电气监控台

（1）电气监控台应设置误操作抑制功能，并有手动操作和手动磁场调节功能。

（2）电气监控台对开关量信号和模拟量信号应能实时采集，并能实现常见典型故障的诊断。

（3）应对系统进行屏蔽以减少外部干扰等。

（4）电气监控台应按故障安全的原则设计，常用的容错手段有系统备份和多模表决两种方式。

（5）电气监控台应安装能够切断电源所有电极的电源总开关和电源接通后的相应信号指示灯。

（6）电气监控台应具备误操抑制功能，应能对危及电力系统安全的操作指令予以主动屏蔽。

（7）报警系统应有应答装置，在应答前能对故障进行定位锁定，应答后不影响下一次报警信号的收悉；报警信号应答后，声信号消失，光信号转为平光并在故障消除后自动消失。

（8）电气监控台的软件应保证电气监控台实现数据采集、数据传输、窗口显示、故障报警及记录等基本功能，实现电力系统的运行参数及运行状态的动态显示，并能进行事故追忆。在符合电力系统监控与管理要求的前提下，可适当扩展软件的其他功能。

（9）电气监控台的软件应有抗干扰设计。应有自诊断、自恢复功能；通信程序有自校验功能，对错误通信能重发或被重发。

5）电力系统的其他设备

（1）监控装置的设计应当使船员的误操或误触动不易引起系统硬软件损坏。

（2）向监控系统终端、信号采集等装置供电的主电源与应急电源应能进行切换，保证重要装置不会因这种切换而受到任何有害的影响。

（3）控制装置的传感器应能长期稳定地正常工作，其测量范围应大于被测参数的最大变化，并应具有适当的精度和灵敏度。

（4）传感器的安装位置应能正确反映被监测的参数，并易于测试和拆装，若因监测需要必须安装在难以接近的位置时，应加装备用传感器。

3.2.3.3 操纵控制系统

1）舵装置

舵装置是舰船操纵控制系统的机械部分，它与操舵系统电气控制部分一起工作以保持或改变舰船航向，若是潜艇装备的舵装置，还有深度方向。一般包括舵机液压系统及舵传动装置。

（1）舵传动装置应能承受最大转舵力矩产生的应力。

（2）舵传动装置应能承受正常操舵最大水动力载荷、波浪冲击载荷、舰船“Z”字航行载荷，负荷值可参考 GJB 4000—2000 规定，正常操舵水动力及系数由试验确定。

（3）舵传动装置在波浪冲击载荷大于方向舵水下设计航速满舵“Z”字航行水动力载荷时，或波浪冲击载荷大于艉升降舵水下设计航速满舵航行水动力载荷时，允许舵板移动和安全阀启跳。

（4）舵机液压缸推力应考虑舵传动装置效率和一定的力储备系数。

（5）舵传动装置各受力部件应充分考虑腐蚀对强度的影响，留有腐蚀余量，并采取一定防腐措施。

（6）舵装置设计应充分考虑船体变形、安装偏差等对使用、安装要求的影响，合理设计舵机结构和安装尺寸调节部件。

（7）舵装置机械运转部分应充分考虑摩擦副运动情况，综合考虑合理布置润滑点。

（8）液压操舵除正常操舵外，应设有液压应急手动操舵，原则上液压应急手动操舵的操舵能力应与正常操舵相当，当有多套正常操舵的动力装置时，允许降低液压应急手动操舵能力。

（9）重要设备应设置故障保护措施，尽可能将其故障对整个系统运行的影响减至最小。

（10）舵机液压系统的油液清洁度要求不劣于设备对油液清洁度的最高要求。

（11）舵机液压系统注油应通过专用过滤装置进行注油。

（12）舵机液压系统应充分考虑长时间工作发热情况，并合理设置热交换装置。

（13）在操舵人员容易观察的部位应设置舵机状态、液压操舵系统压力等重要系统状态指示。

(14) 舵装置各主要零部件应进行强度试验,不得有永久变形;舵机液压系统应进行紧密性试验,不得有外泄漏。

(15) 舵装置所有零部件的设计应防止因振动和冲击产生的失灵和破损等。

2) 均衡系统

均衡系统是指用移注水的方式来完成舰船纵横倾平衡和浮力调整的系统。

(1) 均衡系统的管系设计和布置应尽量避免工作介质的流动死角,防止由于腐蚀产物及其他杂质可能的积聚而产生局部加速腐蚀。

(2) 均衡系统的海水管系选材,通舱管件设计,内部液舱预埋管设计应尽量防止产生异种金属电偶腐蚀,必要时可采用电绝缘法兰、电绝缘隔离介质等防腐措施。在总体布置允许的情况下,尽可能减少均衡系统预埋管的数量。

(3) 应合理选用系统管路、附件和设备海水侧的材质,使其具有良好的相容性,必要时设置牺牲阳极保护装置,并在管路连接中采取电绝缘隔离措施。

(4) 均衡系统海水进出口处应设置多道舷侧闭锁装置,且闭锁装置应毗邻而装,以保证系统与舷外海水隔离的可靠性。

(5) 均衡系统舷侧阀门应设置能够远距离快速启闭的操纵系统,并具备至少远距离集中电-液操纵、液压操纵及就地手动操纵等 3 种操纵方式,既可单阀快速启闭,又具有多阀快速启闭的功能。

(6) 均衡系统海水介质电液阀门应至少设置两种操作方式,正常情况下可通过电、液等驱动方式操作,当控制电路或液压管路等故障时,可以用专用扳手就地进行手动操作。

(7) 均衡泵的出口应设有止回措施,保证停运均衡泵不致因海水总管的海水倒灌而转动。

(8) 均衡系统的流量测量方法应不少于两种方式,当一种方式出现故障停运时,另一种方式仍可单独运行,满足系统测量需要。

3) 潜浮系统

水面舰船无潜浮功能。潜浮系统为潜艇特有系统。

(1) 各主压载水舱除应设有通气阀外,在总体布置允许的情况下,应尽可能设置通海阀和应急舌阀。

(2) 通气阀和通海阀液压机的操纵既可在控制台上遥控电操,又可在指挥部位手动液操,还可在液压机附近手动操纵。

(3) 通海阀处于开启及关闭位置和通气阀处于关闭位置时,均应能自锁。

(4) 通海阀的布置应使主压载水舱吹除后的余水尽可能地少。

(5) 通海阀传动装置、通气阀传动装置及应急舌阀传动装置应有调节装置,以保证阀门的密封。

（6）通气阀应保证潜艇在各种恶劣环境条件下，满足潜艇在水上状态、半潜状态以及压载水舱吹除时的气密要求。

3.2.4 软件可靠性保证

3.2.4.1 一般要求

软件可靠性保证的一般要求如下。

（1）舰船软件承制方应通过GJB 5000A—2008《军用软件研制能力成熟度模型》二级或以上能力评价，取得相应能力等级资质。

（2）软件承制方应符合GJB 2786A—2009《军用软件开发通用要求》和系统软件总体设计的相关要求和规范。

（3）软件开发过程一般包括以下阶段：

① 系统分析与设计；

② 软件需求分析；

③ 软件设计；

④ 软件实现；

⑤ 软件测试；

⑥ 软件验收与交付；

⑦ 软件维护。

（4）软件承制方应按GJB 5000A—2008和GJB 2115A—2003《军用软件研制项目管理要求》实施软件项目管理，建立项目、组织、计划、项目研制、维护、配置管理、文档管理、资源管理、风险管理、质量管理、协作方管理等要求，并覆盖软件项目的全过程。

（5）软件承制方应制定软件开发计划、软件质量保证计划、软件配置管理计划和软件测试计划等文件，其中软件质量保证计划和软件配置管理计划的具体内容可合并至软件开发计划中。

（6）软件承制方应依照软件开发计划对软件的开发过程实施监控，软件的开发过程应与软件研制任务书和软件开发计划中的进度相协调匹配。

（7）软件承制方应按研制任务书制定、实施软件项目的质量保证计划，明确单位和项目的软件质量保证的组织机构，并按GJB 5000A—2008要求实施软件质量保证活动，并确保质量保证活动的有效性。

（8）软件承制方应使用成熟的、系统化的软件开发方法进行软件的需求分析、设计、编码和测试。新的软件开发方法应通过评审。

（9）软件承制方应建立相应的软件工程环境，使软件的开发和管理有可靠的、适用的工具支持。软件的工程环境应符合规定的安全保密要求。

（10）软件承制方应遵循GJB/Z 102A—2012《军用软件安全性设计指南》和

GJB 900A—2012《装备安全性工作通用要求》给出的设计准则和要求，开展软件可靠性、安全性分析，软件应按其在系统中的安全关键程度划分等级。

(11) 软件级别应在系统(或设备)研制总要求(或技术规格书)中根据软件功能在系统中的重要性进行确定，并在软件测试计划、软件用户手册/操作手册中明确。

(12) 软件安全关键等级的划分及其变更应通过评审。

(13) 软件承制方应遵守软件研制任务书和有关文件规定的安全保密要求。

(14) 软件承制方若需将非开发软件集成到型号软件中，必须先经交办方认可，并经过相应的测试。

(15) 软件承制方应使用系统(软件)任务书或型号统一要求中规定的编程语言进行编程，并应遵循相应语言编程格式的约定。

(16) 软件承制方应按照软件总体设计要求的系统人机界面统一风格和操控说明进行软件界面风格设计。

(17) 软件承制方应按照上一级设计单位和总体设计单位对软件复杂度、CPU、内存、I/O 通信等性能指标要求进行相应软件研制。

3.2.4.2 软件开发各阶段的内容和要求

1) 系统分析与设计

(1) 分析各系统、分系统和设备的需求和组成，分配软硬件的功能和性能指标要求；初步确定软件运行方案和运行环境。

(2) 确定系统和分系统组成单元，合理分配软件、硬件和人工操作的功能及软硬件的性能指标，初步确定系统内各分系统间的信息流、控制流、接口和通信协议。

(3) 确定各软件配置项的安全关键等级。

(4) 确定软件配置项，形成软件研制任务书。软件研制任务书必须经过评审，形成软件功能基线，作为软件项目的输入。

2) 软件需求分析

(1) 应依据上一级系统或设备的研制总要求(或软件研制任务书)，将软件研制任务书中的功能、性能、数据、接口、可靠性、安全性、保密性等技术指标要求进行细化。

(2) 软件需求规格说明应满足软件研制任务书的各项要求，软件需求规格说明中除了描述应发生的事件外，还应描述不允许发生的事件。

(3) 进行软件需求危险分析，确定安全性关键功能；建立软件需求分析文档，并得到使用方的确认。

(4) 编写软件需求规格说明书等软件需求文档，并纳入软件配置管理。

(5) 软件需求分析完成后需通过评审，形成软件分配基线，作为软件设计的依据。对软件分配基线的修改，需经使用方与用户的认可。

3）软件设计

（1）软件承制方应使用有效的、充分验证的、系统化的软件设计方法进行软件设计，并制定设计准则，设计准则需进行评审。根据软件规模和复杂程度，可分为概要设计和详细设计两阶段，也可一起完成。

（2）软件概要设计要求：依据软件需求规格说明，采用软件工程方法，逐项分解软件需求，进行软件的体系结构设计；给出各软件部件的功能和性能描述，数据、接口定义和描述；确定软件项目的编码规则和命名规则。

（3）软件详细设计要求：确定软件单元之间的数据流和控制流，确定每个单元的输入、输出和处理能力；确定软件单元内的数据结构和算法。

（4）概要设计和详细设计分别形成《概要设计说明书》和《详细设计说明书》，并进行评审。

（5）当软件需求发生变更时，需相应修改软件设计文档，并重新进行评审。

4）软件实现

（1）应依据软件设计结果，对软件进行编码、组装、静态分析和单元测试。软件编码应符合相应的语言编码格式约定。

（2）软件编码人员应参加软件设计评审。编码前，应制定编码计划；编码完成后，应进行单元测试。

5）软件测试

（1）软件承制方应依据所策划的测试计划安排软件检验与测试部门（或人员）实施软件测试，用于检验所开发的软件是否满足软件需求规格说明的要求。软件测试包括部件测试、配置项测试、系统测试。被测软件应是相应阶段的最终版本，并已纳入配置管理中。

（2）软件测试按照《海军装备软件测试细则》执行。

（3）系统测试可以结合相关系统的集成联调或陆上联调（对接）试验进行。

（4）提供给系统测试的软件应取自受控库。

（5）系统测试中应验证软件的功能、性能以及该软件与所属大系统的接口关系，并验证软件使用说明的正确性和适用性。

（6）当被测试软件出现错误或缺陷的软件应进入软件纠正过程，修改后必须进行回归测试。

6）软件验收与交付

（1）应依据系统、设备技术规格书和合同，对软件产品进行验收。

（2）在进行验收活动之前，应对软件配置管理、文档、各阶段评审结论、测试结果和测试结论进行审查；若软件按合同规定需验收测评，则验收测试计划按合同要求执行。

（3）软件产品通过验收应编写验收报告；若未通过，应按专家意见进行修改，修改后必须进行回归测试,原则上由原验收委员会进行验收。

(4) 软件验收可以结合相关系统、设备验收一并完成。

(5) 在装备研制任务中有软件测评任务要求者,软件应按规定通过软件测评,并应提供软件测评报告。

(6) 应依据系统、设备技术规格书、合同和软件研制任务书,对软件产品进行交付。

(7) 软件交付时,软件承制方应保证所交付的装备软件的正确性和完整性;并按合同要求提供有效文档、配套备附件、测量设备和其他保障资源,并邀请软件交办方进行确认。

7) 软件维护

(1) 软件产品交付后,承制方应承担的维护任务包括:

①改正性维护,对软件在运行中出现的问题进行修改;

②适用性维护,为适应环境的变化,对软件进行修改;

③改善性维护,为改善性能或扩充功能,对软件进行修改。

(2) 所有维护活动都应按软件承制方和使用方事先商定的维护计划进行并管理。软件维护涉及本系统内接口或功能修改的,需经上级技术责任单位批准;若涉及其他系统接口或功能修改的,需同时经相关责任单位认可。

(3) 维护计划应包括维护范围;维护职责、权限以及基本程序;装备软件初始状态标识;支持机构;维护时间;维护活动;维护记录和报告。

(4) 在维护中对软件实施的所有更改均按照用于软件产品开发时采用的方法进行,所有更改均应按文档控制和配置管理要求纳入文档。活动记录应包括:问题修改;调整接口;扩充功能或改进性能;基础数据更新;模型适应性调整。

(5) 所有维护活动都应按策划的记录控制进行记录并保存。维护记录应包括:维护申请或问题报告清单及目前的状态;维护申请的批复情况;维护措施的安排次序;维护措施的结果;失效发生和维护活动的统计数据。

8) 软件测评

(1) 在装备研制任务中有软件测评任务要求者,均应按照装电〔2008〕12 号文《海军装备软件质量管理办法》开展软件测评工作。

(2) 被测软件提交给软件测评机构进行测评之前,应通过软件承制方软件测试部门的自测试和出厂(所)技术状态确认,并提供相应报告。被测软件应纳入配置管理。

(3) 软件测评机构进行的软件测评一般在军内责任单位进行检验验收前完成。

(4) 软件测评工作按照《海军装备软件测试细则》执行。

3.2.4.3 配置管理要求

（1）软件承制方应按 GJB 5000A—2008 管理要求和《海军装备软件质量管理办法》建立软件配置管理系统，执行配置项的标识、控制、纪实和审核，用来控制软件技术状态，减少软件更改对总体和系统带来的风险。

（2）软件承制方制定配置管理计划并通过评审。评审通过的软件配置管理计划应报系统责任单位和总体责任单位。

（3）按照软件配置管理计划实施配置管理活动，执行配置项的标识、控制、纪实和审核等活动，记录和管理各项活动形成的报告。

（4）型号软件项目至少建立功能基线、分配基线和产品基线。软件承制方在各基线建立或变更后，或软件交付和随设备交付后，应将基线及配置项各版本间的变化情况形成文件，形成配置状态报告，并向系统技术责任单位和总体技术责任单位提交软件配置状态报告。

（5）对在配置管理下的软件更改应按程序进行记录、评审并经批准。

（6）软件承制方应将软件更改通知相关方，涉及设备技术状态变更的应履行审批手续。

（7）联调、系泊及航行试验软件配置管理包括以下几点。

① 一般情况下参加试验的软件产品需经软件交办方验收合格后方可参加联调试验。结合联调试验验收的，需经系统技术责任单位认可。

② 各试验开始前总体和系统技术责任单位应制定联调、系泊、航行试验软件配置管理计划，开展试验前配置状态检查。

③ 试验过程中，各设备技术责任单位应加强软件配置状态控制，软件基线修改后应及时通知相关方，并记录状态变化情况。

④ 试验结束后，应形成试验期间配置状态报告，并向系统技术责任单位和总体技术责任单位提交软件配置状态报告。

3.2.4.4 软件开发文档要求

在软件开发过程中应产生下列文档，并应保证文档的完整性、一致性、准确性、可理解性和可追踪性。每个软件项都应有唯一的标识。软件开发文档包括以下各项：

（1）软件研制任务书（系统或设备阶段设计文件）；

（2）软件开发计划；

（3）软件质量保证计划（可合并至软件开发计划）；

（4）软件配置管理计划（可合并至软件开发计划）；

（5）软件需求规格说明；

（6）软件测试计划；

（7）软件设计文档；

(8) 软件测试报告;

(9) 软件用户手册;

(10) 计算机操作员手册或固件保障手册。

软件文档编制内容和格式可按照 GJB 438B—2009《军用软件开发文档通用要求》的规定执行。

3.3 可靠性分析

3.3.1 可靠性分配与预计

3.3.1.1 可靠性分配

可靠性分配将产品的可靠性定量要求分配到规定的产品层次,作为各层次产品可靠性设计和外协、外购产品可靠性定量要求的依据。可靠性分配应考虑到任务需要和工程实施的可行性两个方面,根据系统总的要求,在完成可靠性建模和初步预计的基础上进行。可靠性分配需要进行工程反复迭代,对不能达到分配指标的硬件部分应做好可靠性研究,努力实现分配的目标。确实难以实现的,应提出调整分配值的建议,由分系统和系统总体共同研究协调。分系统和设备级的可靠性分配值应写入相应的分系统或设备研制规范和技术要求中,并应通过可靠性预计、评估等方法加以验证。

可靠性分配是把装备的可靠性规定值及最低可接受值分给系统、分系统、设备、组件。这是一个从总体到局部、由上到下的分解过程。其主要目的是:分配给各层次产品可靠性指标的规定值,使各级设计人员明确其可靠性设计要求,并研究实现这些要求的可能性及办法。所分配的最低可接受值也是可靠性鉴定与验收的依据。可靠性分配应遵循以下要求。

(1) 从总体到各系统采用任务可靠度指标进行分配,基于典型任务剖面进行。

(2) 从系统到设备采用平均故障间隔时间(MTBF)进行分配,需要将分配给系统的可靠度指标根据系统典型任务剖面转换为 MTBF 指标。

(3) 应按规定值进行可靠性分配,分配时留有适当余地(一般为 5%~10%),以便在系统增加功能或局部进行设计改进时,不再考虑重新分配。

(4) 分配时应综合考虑系统下属各功能级产品的复杂度、重要度、技术成熟度、工作时间以及实现可靠性要求所花费的代价及时间周期等因素。

(5) 对于总体单位来说,可靠性分配的底层单元为可验证的设备级产品。

工程中常用的无约束条件下可靠性分配方法及其简要说明如下。

1) 等分配法

等分配法是把系统总的可靠性指标平均分摊给各分系统的一种分配方法。该分配方法不是根据达到这些指标的难易程度来进行分配的,它要求普遍地提高产品的可靠性。这种方法对一般系统来说是不合理的,而且在技术上、时间上和费用上不大容易实现。但对系统简单、应用条件要求不高、在方案论证的最初阶段,只做粗略分配时可以采用。

2)比例分配法

比例分配法适用于基本可靠性分配,根据产品中各单元预计的故障率占产品预计故障率的比例进行分配。

3)评分分配法

在可靠性数据非常缺乏的情况下,通过有经验的设计人员或专家对影响可靠性的几种因素(如复杂度、工作时间、技术水平和工作环境等)评分,并对评分值进行综合分析以获得各单元产品之间的可靠性相对比值,再根据相对比值给每个分系统或设备分配可靠性指标的分配方法。这种方法主要用于分配系统的基本可靠性,也可用于分配串联系统的任务可靠性,一般假设产品服从指数分布。该方法适合于方案论证阶段和初步设计阶段。

4)比例组合法

当新设计的系统与老的系统很相似,且只是对新系统提出了新的可靠性要求,这种情况下可以采用比例组合法。比例组合法的实质就是认为原有系统基本上反映了一定时期内产品能实现的可靠性,新系统的个别单元不会在技术上有什么重大突破,那么按照现实水平,可把新的可靠性指标按其原有能力成比例地进行调整。

5)考虑重要度和复杂度的分配方法

通过综合考虑各个待分配单元的复杂程度(如元器件、零部件数量)和其在系统中的重要程度(该单元故障对装备的影响),将系统可靠性指标分配给各单元。这种分配方法的实质就是,对于重要的分系统,可靠性指标就应当相应的提高,而复杂的分系统比较容易出故障,可靠性指标就可以分配得低一些。

6)有约束条件的系统可靠性分配方法

在费用、重量、体积、消耗功率等限制条件(约束条件)下,使所设计系统的可靠度最大,或者把可靠度维持在某一指标值以上作为限制条件,而使系统的其他参数做到最优化。

7)可靠度的再分配法

在产品的设计过程中,可靠性分配是要反复多次进行的。当所设计的系统不能满足规定的可靠度指标要求时,就需要进一步改进原设计以提高其可靠度,即要对各分系统的可靠性指标进行再分配。可靠性的再分配法就是要将原来可靠度较低的分系统的可靠度都提高到某个值,而对于原来可靠度较高的分系统的可靠度仍保持不变。

3.3.1.2 可靠性预计

可靠性预计是根据组成装备的元器件、组件、设备、分系统、系统的可靠性来推测装备的可靠性。这是一个从局部到总体、由下向上的综合过程。在型号寿命周期的方案论证和工程研制阶段要反复进行多次。在签订协作配套研制合同后,可靠性预计工作还要随产品技术状态的变化而反复进行,直到设计定型。可靠性分配和预计的关系如图 3-7 所示。

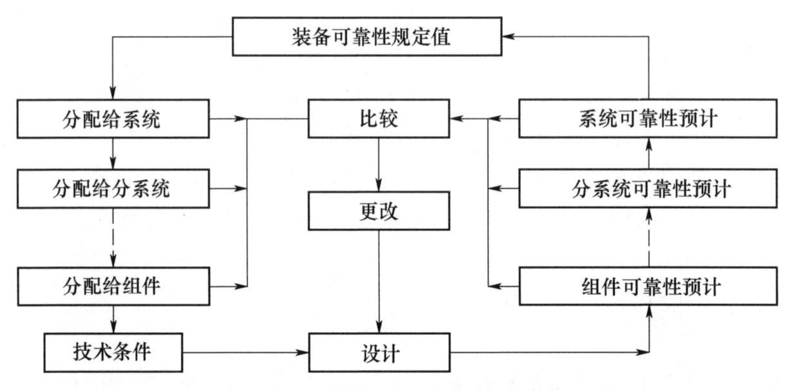

图 3-7 可靠性分配和预计的关系

在方案论证阶段,通过可靠性预计,比较不同的可靠性水平,为最优方案优化提供依据,评价是否能够达到可靠性指标要求。在初样、设计阶段中,通过可靠性预计,找出影响系统可靠性的主要薄弱环节,采取设计措施,提高系统可靠性。可靠性预计能为可靠性增长试验、验证及费用核算等提供依据,为可靠性分配提供数据支持。针对不同层次装备分别进行可靠性预计,预计时可利用可靠性模型,预计数据可来自以往经验的积累,需要注意的是,预计结果的相对意义大于绝对意义。可靠性预计结果与分析如下。

1)可靠性预计结果与可靠性要求

可靠性要求是产品使用方从可靠性角度向承制方(或生产方)提出的研制目标,是进行可靠性设计分析的依据。因此在进行可靠性预计之前,必须明确可靠性要求,如包括可靠性预计的定量要求(MTBF、任务可靠度等规定值)和定性要求。

当产品可靠性预计结果未达到规定的可靠性定量要求时,必须找出产品中的薄弱环节,并通过采取必要修改与控制措施来改进产品设计,以此来满足可靠性要求。例如,采用简化设计、使用高质量的元器件予以弥补。必要时,可靠性要求不满足时,可重新进行可靠性分配和重新确定对下层次设备的合理要求。同时,对可靠性、维修性与费用进行综合权衡。

2)敏感性分析

某些产品如电子产品对环境温度、环境类别和应力水平往往非常敏感。

可以对电子产品敏感性因素进行分析，如改变一下产品的结构组合方式、改变一下产品的应力水平、改变一下产品的环境类别和环境温度等，看看产品的可靠性变化程度如何，同样也可找出产品的薄弱环节，这样更方便地进行可靠性设计和降额设计。

3.3.1.3 某型号舰船装备应用案例

舰船装备总体及系统的可靠性建模、预计与分配的目的是将总体的可靠性指标合理分配到各系统设备，约束系统设备的可靠性设计，为系统设备的可靠性指标验证提供依据，确保可靠性顶层要求得以贯彻和实现。

1）可靠性建模、预计、分配流程

舰船可靠性指标管控的基本思路是：对总体、系统分别进行可靠性建模，并根据下一级产品预计结果进行可靠性预计。在总体预计结果满足指标要求的条件下，将设备预计值作为初步分配结果，然后逐级核算系统、总体可靠性指标。如总体可靠性预计或核算结果不满足指标要求，对系统、设备提出可靠性改进要求，系统、设备通过可靠性改进，及时将预计结果逐级反馈，直至预计及核算结果满足总体要求。

可靠性建模、预计、分配的详细流程如图3-8所示。

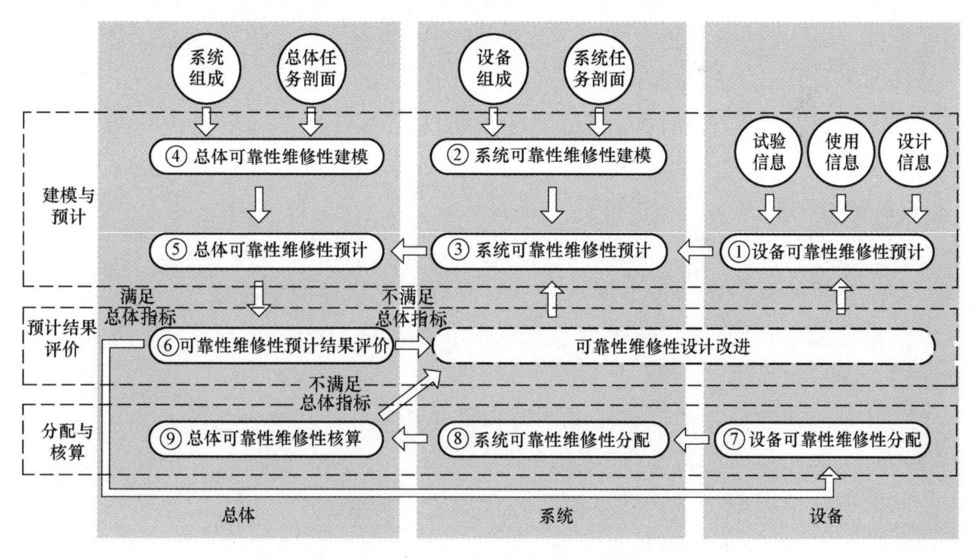

图3-8 可靠性建模、预计、分配的详细流程图

2）设备可靠性预计

舰船所有整机设备及重要附件都应对MTBF或成功率参数进行预计，故障对总体任务有影响的设备还应对MTBCF参数进行预计。

设备可利用本产品或相似产品的试验数据、设计数据、历史故障数据等进行可靠性预计,常用设备预计方法包括相似产品法、评分预计法和元器件计数法。3 种预计方法的适用情况如表 3-1 所列。

表 3-1 各类可靠性预计方法的特点

预计方法	特　点	适用范围
相似产品法	利用相似的已有产品的可靠性数据来进行预计	有继承性或相似性的产品,且继承或相似产品具有足够可信的可靠性数据
评分预计法	通过专家对影响可靠性的几种因素评分,再以某一个已知可靠性数据的单元为基准,预计系统中其他单元的可靠性	缺乏可靠性数据,但可以得到个别单元可靠性数据
元器件计数法	统计设备中各类元器件的数量,利用元器件的失效率标准数据,计算出设备可靠性参数的预计值	电子类设备,并已知各组成元器件的失效率标准数据

相似产品法、评分预计法和元器件计数法在舰船上的适用范围如下。

(1) 相似产品法预计。利用相似设备试验数据或实船运行数据进行预计,适用于选型、设计类和改进程度较小的设备。

(2) 评分法预计。以可靠性数据完善的部件为基础,采用评分法预计其余部件可靠性,预计过程中将复杂程度、技术水平、环境条件作为评分因素。适用于研制类和改进程度较大的设备。

(3) 元器件计数法预计。通过统计设备的元器件种类和数量进行可靠性预计,适用于电子类设备。预计过程和元器件失效率标准数据按照 GJB 299C—2006《电子设备可靠性预计手册》执行。

3) 系统可靠性建模

利用系统所属设备详细的基本可靠性和任务可靠性数学模型,经过系统定义、可靠性框图建立、可靠性数学模型建立和运行比确定等建模流程建立系统的可靠性模型。

(1) 基本可靠性建模。系统基本可靠性模型是一个以各设备为基本单元的全串联模型。各系统所属设备中,除结构件、使用频率极低的设备,其他设备均纳入系统基本可靠性模型。在将模块框图转化为数学模型的过程中,因系统中可能有多台相同设备,数学模型中加入了设备数量参数。考虑到设备可能间断运行,加入了运行比参数。系统的基本可靠性数学模型为

$$\lambda_s = N_1 d_1 \lambda_1 + N_2 d_2 \lambda_2 + \cdots + N_n d_n \lambda_n \tag{3-5}$$

式中:λ_s 为系统的故障率;$N_1, N_2, \cdots, N_n$ 为各设备的数量;$d_{e_1}, d_{e_2}, \cdots, d_{e_n}$ 为各设备相对系统的运行比;$\lambda_{e_1}, \lambda_{e_2}, \cdots, \lambda_{e_n}$ 为各设备的故障率。

基本可靠性建模过程中,会采用运行比参数来表示系统、设备间断运行的时间

比例。运行比反映的是在服役期间的平均运行比例,不是特指某一次任务中的运行比例。运行比采用分级定义的方式,设备运行比为设备运行时间占系统运行时间的比例;系统运行比为系统运行时间占总体运行时间的比例。

(2) 任务可靠性建模。系统任务可靠性模型根据系统任务剖面建立。对于复杂系统,可以先建立分系统的任务可靠性模型,再以分系统为基本单元建立系统的任务可靠性模型。

进行系统任务可靠性建模时,考虑到部分设备在海上可以维修,修复后对任务没有影响,如采用设备的任务总时间作为任务可靠度的任务时间,计算结果将会与实际情况偏差较大。应根据总体任务剖面中各阶段的维修能力,分析设备的不可维修时间,将不可维修时间作为设备的任务时间,有效提高了模型的准确度。用于计算任务可靠度的任务时间按以下原则确定。

① 完全不可维修的设备,取实际任务时间。船上完全无法维修的设备,在计算其任务可靠度时,时间应取其实际运行的时间。这类设备主要包括大型机组等。

② 可维修,但维修作业会引起一般任务的设备,取一般任务的实际任务时间。在航行中的某些阶段,舰船上会进行维修作业管制,以防止影响一般任务。因此,维修作业会影响一般任务的设备,在除这些阶段以外的任务时间内,都是允许维修的,可将其可靠度简化为1。在这些阶段不允许维修,如为持续运行,则时间取这些阶段的累计时间;如为间断运行,则取这些阶段内的实际任务时间。这类设备主要包括一般的小型机组。

③ 可维修,但维修作业会影响关键任务的设备,取关键任务的实际任务时间。这类设备主要包括航行、电力等系统中的电子器件。

4) 系统可靠性预计

将系统所属设备的基本可靠性预计结果和任务可靠性预计值,结合建立的系统基本可靠性和任务可靠性数学模型,分别计算系统的基本可靠性参数和任务可靠性参数的预计值。

5) 总体可靠性建模与预计

总体可靠性预计包括基本可靠性预计和任务可靠性预计。利用各系统的基本可靠性和任务可靠性预计值,结合总体基本可靠性和任务可靠性数学模型,分别计算总体的固有可用度和任务可靠度的预计值。

(1) 总体基本可靠性建模。总体基本可靠性模型的框图是一个以各系统为基本单元的全串联模型,对应的数学模型为

$$\lambda_{\mathrm{t}} = d_1\lambda_1 + d_2\lambda_2 + \cdots + d_n\lambda_n \tag{3-6}$$

式中:λ_{t} 为总体的故障率;$d_{\mathrm{s}_1}, d_{\mathrm{s}_2}, \cdots, d_{\mathrm{s}_n}$ 为各系统相对总体的运行比;λ_{s_1},$\lambda_{\mathrm{s}_2}, \cdots, \lambda_{\mathrm{s}_n}$ 为各系统的故障率。

将各系统的可靠性预计结果,代入总体基本可靠性模型,可计算得出总体固有

可用度的预计结果。

(2) 总体任务可靠性建模。总体任务可靠性模型根据总体任务剖面建立,总体任务成功准则中没有包含的系统(如辐射防护系统、光电雷达设备)不纳入总体任务可靠性模型。模型框图以系统为基本单元,按照系统间的备用关系,由串联、并联、旁联等基本结构组成。总体任务可靠性数学模型由串联、并联、旁联等基本结构的数学模型组合得到。

将各系统的可靠性预计结果,代入总体任务可靠性模型,可计算得出总体任务可靠度的预计结果。

6) 总体可靠性评价与可靠性设计改进

将总体固有可用度和任务可靠度的预计值与顶层研制要求中的总体指标目标值进行对比,判断是否满足指标要求。

如总体可靠性预计值不满足总体指标要求,需对部分设备提出可靠性改进要求,提高可靠性预计值。可靠性改进的原则如下:

(1) 设备可靠性为总体或系统可靠性瓶颈的,重点提出改进要求;

(2) 与同类设备相比,可靠性预计结果明显偏低的,重点提出改进要求;

(3) 新研、改进类设备,设计方案调整余地大,可以视情提出改进要求。

设备根据要求采取可靠性改进措施后,重新按照设备、系统与总体的顺序进行可靠性预计。如不满足,继续进行设备可靠性改进,直到满足总体指标为止。

7) 设备可靠性分配

在总体可靠性预计结果满足指标要求后,对设备可靠性指标进行分配。将设备的可靠性预计值进行微调,并保留适当余量后,作为设备可靠性指标规定值的初步分配结果。

将设备可靠性指标规定值乘以最低可接受值系数,作为可靠性指标最低可接受值的初步分配结果。计算公式如下:

$$\mathrm{MTBF}_1 = k_{\mathrm{F}} \cdot \mathrm{MTBF}_0 \tag{3-7}$$

$$1 - q_1 = \frac{1}{k_{\mathrm{F}}}(1 - q_0) \tag{3-8}$$

$$\mathrm{MTBCF}_1 = k_{\mathrm{C}} \cdot \mathrm{MTBCF}_0 \tag{3-9}$$

式中: MTBF_1、q_1、MTBCF_1 为指标的最低可接受值; MTBF_0、q_0、MTBCF_0 为指标的规定值; k_{F}、k_{C} 为基本可靠性和任务可靠性的最低可接受值系数。

基本可靠性最低可接受值系数 k_{F} 和任务可靠性最低可接受值系数 k_{C} 反映了相应指标规定值与最低可接受值的比例。参考经验, k_{F} 的取值范围为 0.3~0.7, k_{C} 的取值范围为 0.5~0.8。在实际分配过程中,可以先取一个初始值,然后核算总体可靠性指标的满足情况,确定最低可接受值系数。

8) 系统可靠性分配

将设备可靠性指标代入系统可靠性数学模型,计算得出各系统可靠性指标的初步分配结果,包含基本可靠性和任务可靠性指标的规定值和最低可接受值。

9)总体可靠性指标核算

将各系统可靠性指标代入总体可靠性数学模型,计算得出总体可靠性指标的核算值。如果核算值满足总体指标要求,则将系统、设备的可靠性指标初步分配结果作为最终结果,结束分配流程;如不满足,则继续进行设备可靠性设计改进,直到总体核算值满足总体指标要求,结束分配流程。

3.3.2 故障模式分析

3.3.2.1 故障模式分析基础

故障模式、影响及危害性分析(FMECA)是可靠性工程中最基本、最重要的一项工作。从故障角度分析、评价设计可靠性,利用逆向思维方式对设计过程进行补充,与设计同步进行。通过逐一分析系统各组成部分所有可能的故障模式和后果,能够帮助识别可靠性关键项目和薄弱环节、提出改进措施建议、为评价系统可靠性提供参考以及为后续故障诊断和制定故障预案提供基础信息。相关标准参照GJB 1391/Z—2006《故障模式、影响及危害性分析指南》。

故障模式、影响及危害性分析是一种自下而上(由元器件到系统)的故障因果关系的单因素分析方法。它是一种最重要的预防故障发生的分析工具。FMECA方法提供了一种规范化、标准化、系统的有效分析工具。系统地分析零件、元器件、设备所有可能的故障模式、故障原因及后果,以便发现设计、生产中的薄弱环节,加以改进以提高产品的可靠性。FMECA方法广泛应用于可靠性、维修性、测试性、保障性、安全性和环境适应性工作中。

3.3.2.2 故障模式分析应用案例

以某电源设备为例,该电源用于将直流电变换为三相交流电,供船上交流负载使用。其组成包括M400组件、缓起电路、监控箱、显示屏、传感器组、辅助电源、电加热器、水冷散热器等部件,其中M400组件包括输入EMI滤波器、输入LC滤波器、直流保护电路、控制板、逆变模块、交流接触器、并联电抗、水冷变压器、输出EMI滤波器等部件。

1)约定层次

该设备初始约定层次为表中输入EMI滤波器到交换机等部件,约定层次为电源设备。

2)严酷度定义

根据初始约定层次中部件每个故障模式对电源的最终影响程度,确定其严酷度。严酷度类别及定义如表3-2所列。

表 3-2 严酷度类别及定义

严酷度类别	严重程度定义
Ⅰ	引起电源发生短路等故障进而影响综合电力系统稳定供电
Ⅱ	引起电源供电保护停机或供电功能完全丧失
Ⅲ	引起电源供电能力下降
Ⅳ	对电源供电能力没有影响,但会导致非计划维修

3）故障模式发生概率的等级划分

根据每个故障模式出现概率大小分为 A、B、C、D、E 5 个不同的等级,如表 3-3 所列。

表 3-3 故障模式发生概率的等级划分

等级	定义	故障模式发生概率的特征
A	经常发生	高概率
B	有时发生	中等概率
C	偶然发生	不常发生
D	很少发生	不大可能发生
E	极少发生	近乎为零

4）故障模式、影响及危害性分析

故障模式、影响及危害性分析如表 3-4 所列。

表 3-4 故障模式、影响及危害性分析

序号	部件名称	功能	故障模式	故障原因	发生阶段或工作方式	故障影响			严酷度及分级说明	概率等级	设计改进措施	使用补充措施	验证计划
						局部影响	对上级产品影响	对设备整机影响					
1	输入EMI滤波器	直流输入侧高频滤波	滤波器不能正常工作	过压或过流	正常工作	直流输入EMI超标	无	无	Ⅳ	E	选用可靠性高,使用稳定的滤波器	无	无

续表

序号	部件名称	功能	故障模式	故障原因	发生阶段或工作方式	故障影响			严酷度及分级说明	概率等级	设计改进措施	使用补充措施	验证计划
						局部影响	对上级产品影响	对设备整机影响					
2	输入LC滤波器	直流输入侧低频滤波	电容开路	a. 长期过流 b. 电容上高频电流多	正常工作	直流输入端谐波电流超标	无	无	Ⅲ	E	电感故障率很低,选用高可靠长寿命的军级电容	无	无
3	直流保护电路	隔离功率模块与直流电容	开路	安装不良导致高阻连接点过热	正常工作	功率模块无输入	无	整机可输出功率降低	Ⅲ	E	保证安装工艺	无	无
4	模块(含控制板)	功率变换,将直流电变换成三相交流电	IGBT短路或开路	过流烧毁,过压击穿	正常工作	模块过流保护停机,不能正常工作	无	逆变模块过流保护停机	Ⅱ	D	设计过流保护电路	无	样机试验
5			IGBT过热	过载或水冷系散热系统不能正常工作	正常工作	模块过温保护停机,不能正常工作	无	可输出功率降低	Ⅲ	D	设计过温保护逻辑	无	样机试验
6			控制板故障	器件失效	正常工作	模块不能正常工作	无	整机不能正常工作	Ⅱ	D	在监控箱设计心跳监测	无	无
7			触发脉冲异常	光纤老化或破损	正常工作	无法输出交流或输出异常保护停机	无	可输出功率降低	Ⅲ	D	设计驱动返回保护逻辑	无	无
8	其他故障	—	—	—	—	—	—	—	—	—	—	—	—

5）Ⅰ、Ⅱ类单点故障模式清单

设备或装备构成较简单的子系统的故障模式可参考 GJB/Z 299C—2006 和 HB/Z 281—95 等。严酷度Ⅰ、Ⅱ类单点故障模式清单如表 3-5 所列。

表 3-5　严酷度Ⅰ、Ⅱ类单点故障模式清单

序号	产品名称	故障模式	最终故障影响	严酷度等级	设计改进措施	使用补偿措施	故障模式未被消除原因	备注
1	模块	IGBT 短路或开路	陀螺仪功能丧失	Ⅱ类	采用降额设计	故障检测		
2	模块	控制板故障	陀螺仪有掉球风险或精度下降	Ⅱ类	采用降额设计,采用高可靠器件,采用冗余设计,两路支撑电源	冗余设计、故障检测		

6）结论与建议

在研制过程中,按照 GJB/Z 1391—2006 全面开展了 FMECA,发现了 IGBT 短路或开路、控制板故障两个严酷度为Ⅱ类的故障模式,为此采用降额设计、冗余设计以及采用高可靠器件等设计改进措施,提高产品固有可靠性水平,后续将通过测试性设计,加强上述重要故障模式的检测等使用补偿措施,降低故障发生概率。

3.3.3　故障树分析

3.3.3.1　故障树分析基础

故障树分析(FTA)是通过对可能造成产品故障事件(顶事件)的硬件、软件、环境、人为因素进行多因素分析,画出故障树,从而确定产品故障原因的各种可能组合方式和(或)其发生概率的一种分析技术。

故障树分析是一种自上而下的分析方法,它对导致不希望事件发生的故障进行并行和有序的综合分析,研究每种故障及其原因,以给出不希望事件在给定环境条件下可能发生的概率。故障树分析通过对与顶事件有关的故障模式的剪裁,使得仅对那些与顶事件有关的故障进行分析。

故障树分析法可以分析与部件的硬件故障、人为差错有关的故障事件,以及导致不希望发生的其他相关事件,它既可以用于定性分析也可以用于定量分析。在定量分析中,故障树将指出所有产品层次所需的可靠性数据,直到单个零件,这些数据用于确定故障概率和风险评价。

运用演绎法逐级分析,寻找导致某种故障事件(顶事件)的各种可能原因,直到最基本的原因,并通过逻辑关系的分析确定潜在的硬件、软件的设计缺陷,以便采取改进措施。其目的是帮助判明潜在的故障或计算产品发生故障的概率,以便

采取相应的改进设计措施,也可用于指导故障诊断、改进运行和维修方案。

故障树分析中使用了许多符号,主要分为事件符号和逻辑门符号两类。

1) 事件符号

故障树中的事件可分为“顶事件”“中间事件”“底事件”三类,每一个故障树中,“顶事件”只有一个,“中间事件”是指由其他事件引起的、并引起其他事件的事件,“中间事件”和“底事件”可有多个。图 3-9 给出了描述各种事件的符号。

(1) 矩形符号:表示顶事件或中间事件,它的下面与逻辑门连接。

(2) 圆形符号:表示底事件,或称基本事件,一般是零部件、元器件在设计的运行条件下所发生的随机故障事件,其分布通常是已知的,在故障树中不再描述引起底事件的各类事件或原因。

(3) 菱形符号:表示省略事件,一般用以表示已知故障规律,或因影响不大,无须进一步考虑的故障。

(4) 三角形符号:表示转移符号。故障树的某一分支称为故障树的子树,当故障树中的不同位置出现完全一样的子树时,为避免重复,可使作转移符号。上图表示转向某处,下图表示由某处转入,在一对三角形符号中标出相同编码。

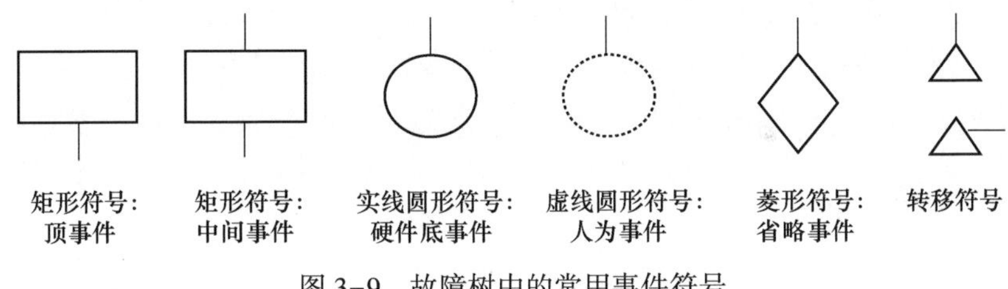

图 3-9　故障树中的常用事件符号

2) 逻辑门符号

故障树中常见的逻辑门符号如图 3-10 所示。

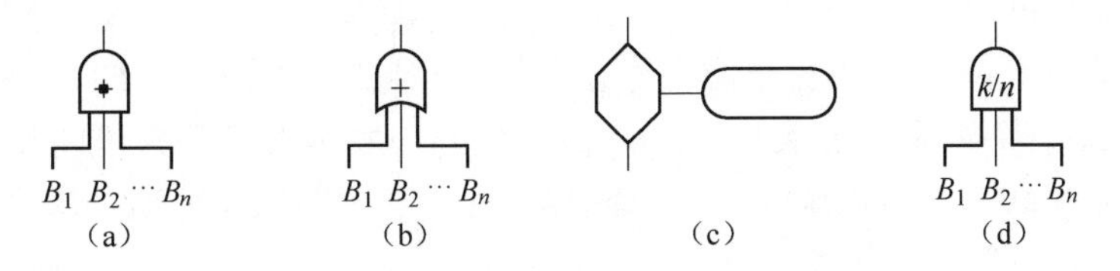

图 3-10　故障树中常见的逻辑门符号

(a)与门;(b)或门;(c)禁门;(d)k/n 门。

(1) 逻辑与门:表示当且仅当全部输入事件都发生才导致输出事件发生的逻辑关系。

(2) 逻辑或门:表示当任意一个或一个以上的输入事件发生就能导致输出事

件发生的逻辑关系。

(3) 逻辑禁门:表示当且仅当给定条件满足时,输入事件才能导致输出事件发生的逻辑关系。

(4) k/n 门:表示 n 个输入事件中任意 k 个或 k 以上事件发生就能导致输出事件发生的逻辑关系。

故障树分析可以分为定性分析和定量分析两种。定性分析的目的在于寻找导致顶事件发生的原因和原因组合,识别导致顶事件发生的所有故障模式,即找出全部最小割集,它可以帮助判明潜在的故障,以便改进设计。可以用下行法或上行法求最小割集。定量分析方法包括计算顶事件发生概率的近似值方法和重要度分析。计算顶事件发生概率的近似值方法是根据底事件的发生概率,按故障树的逻辑门关系,计算出顶事件发生概率的近似值。底事件或最小割集对顶事件发生的贡献称为重要度,重要度分析是考虑到系统中各元部件并非同等重要,有的元部件故障会引起系统故障,有的则不然。常用的重要度有概率重要度、结构重要度和关键重要度等,可用于确定系统薄弱环节和指导改进设计的顺序。

3.3.3.2 故障树分析应用案例

以某舰船用电源为例,开展故障树分析。

1) FTA 任务、目的、涉及的范围

FTA 将选取电源故障停机作为顶事件,通过对可能造成顶事件的各种因素进行分析,画出故障树,从而确定系统故障原因的各种可能组合方式,找出电源设计中的薄弱环节,采取相应的纠正措施以提高系统可靠性。

2) 基本假设

(1) 设备及其组成单元只有正常与故障两种状态,而不存在中间状态。

(2) 设备中任意组成单元的状态由正常(故障)变为故障(正常)时,不会使设备的状态由故障(正常)变为正常(故障)。

3) 顶事件的定义和描述

根据 FMECA 分析,单台电源不存在Ⅰ类(灾难的)故障模式,FTA 分析顶事件为单台电源故障停机,为Ⅱ类(严重的)故障模式。发生故障停机可能的原因主要为开机过程中缓起电路故障、水冷系统故障、变压器短路以及辅助电源故障等。

4) 建故障树

建立电源故障停机故障树,如图 3-11 所示。

5) 故障树定性分析

经故障树分析,电源发生故障停机存在两点单点故障,包括底事件 E1 外部无冷却水输入和 E3 变压器内部短路,经分析 E1、E3 发生概率极小,可通过提高外部冷却水可靠性水平降低 E1 发生概率,变压器可通过产品质量检验和及时更换避免 E3 发生。

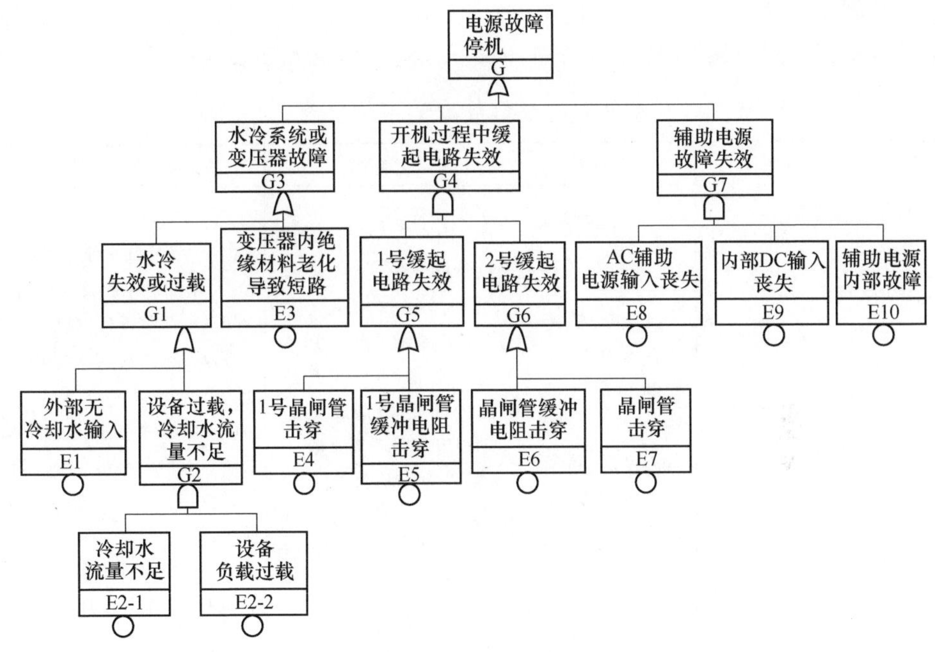

图 3-11　电源停机故障树

顶事件的最小割集还包括(E2-1,E2-2)、(E4,E6)、(E4,E7)、(E5,E6)、(E5,E7)、(E8,E9,E10)等6个。

3.3.4　在役舰船故障举一反三分析

系统、设备应根据在役在建舰船质量与可靠性清查结果,结合系统、设备技术设计深化情况,深入开展已暴露可靠性问题的举一反三改进设计分析,提出具体可操作、针对性强的可靠性设计措施,避免舰船上曾经出现过的故障或降低故障发生概率。故障范围至少涵盖在建在役装备质量与可靠性清查所清理的系统所属故障模式。在役型号暴露故障举一反三改进设计分析参见表3-6所列。

表 3-6　在役型号暴露故障举一反三改进设计分析

序号	故障名称	故障原因	故障处理情况	新型号改进设计情况
示例	海水泵电机烧毁	水泵载荷过大引起电机过载烧毁	更换同型号电机	采用降额设计,应用高功率电机
⋮	⋮	⋮	⋮	⋮
填写要求	清理在役型号暴露的各类故障情况	梳理故障诊断结果	梳理暴露故障在在役型号上的处理情况	分析该类故障拟在新型号上的改进或防护设计措施

某舰船电源母型设备为基于蒸发冷却技术的电源。本节故障数据主要来自原型号电源,具体在役装备暴露故障举一反三改进分析情况如表 3-7 所列。

表 3-7 在役装备暴露故障举一反三改进分析表

序号	故障名称	故障原因	故障处理情况	新型号改进设计情况
1	某电源边界工况下冷凝问题	冷却水使用空调冷媒水,在湿热环境条件下,IGBT 等部件温度低,易产生大量凝露并汇集	(1)因存在空调冷媒水温度较低、舱室空调未开、当地环境湿度较大等条件,在电源未开机且通入冷媒水的情况下,易形成设备内部凝露,造成 IGBT 驱动板等薄弱环节故障。 (2)针对该问题,增设进水电磁阀,自动实现逆变电源停机时关阀、开机时开阀,经现场长期运行验证该改进方法有效	(1)电源冷却水使用淡水。 (2)增加进水阀控制、进出水压差检测等设计,提高设备内部水冷系统控制、检测能力。 (3)增加冷却水自动升温功能。当检测温度低于设定值时,可对冷却水进行自动加热。 (4)电源驱动板等重要板卡采用防水灌封设计
2	(略)			

故障 1 情况说明如下:

某电源冷却水采用空调冷媒水,因冷媒水水温较低、当地环境湿度较大等原因,在电源未开机且通入冷媒水的情况下,形成设备内部凝露,造成 IGBT 驱动板等重要板卡凝水绝缘短路。针对该问题,主要是通过增设进水电磁阀,自动实现电源停机时关阀、开机时开阀,避免设备内部凝露造成设备故障停运。

针对暴露的问题,结合现场解决方案,新型号该电源主要采取以下 4 种方式予以改进提高。

(1) 电源冷却水使用淡水,温度较高,可有效减低凝露风险。

(2) 增加进水阀控制、进出水压差检测等设计,提高设备内部水冷系统控制、检测能力。

(3) 增加冷却水自动升温装置。当检测温度低于设定值时,可对冷却水进行自动加热,有效避免凝露发生。

(4) 电源驱动板等重要板卡采用防水灌封设计,如图 3-12 所示,这样即使发生凝水,也能保证相关板卡长期使用不会发生凝水绝缘短路。

灌封胶选择时,还将考虑以下保证措施:①良好的导热、绝缘性能;②良好的防潮、防霉、耐盐雾及耐高低温性能;③中等黏度,便于维修。

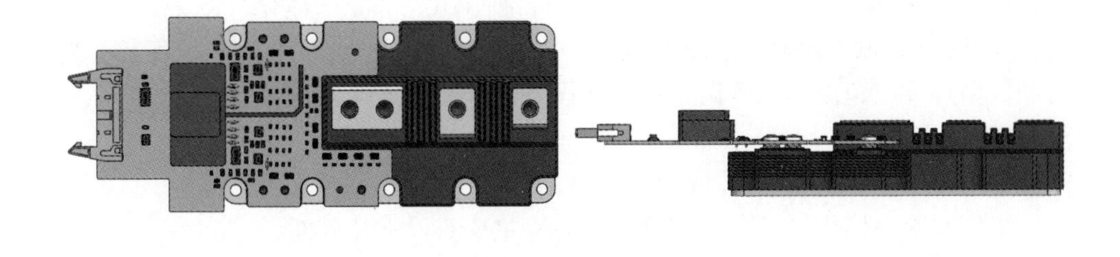

(a)　　　　　　　　　　(b)

图 3-12　某驱动板灌封示意图
(a)主视图;(b)俯视图。

3.3.5　新技术应用可靠性分析

3.3.5.1　分析要求

系统、设备应根据各自技术设计深化情况,针对产品新技术应用情况,开展相应的可靠性分析和优化设计,提出新技术应用引入可靠性风险的措施。一般应针对新的设备结构形式、新的关键零部件应用、新材料等新技术应用问题,从基本可靠性、环境防护能力、拆卸安装便捷性、保持结构完整性等方面分析其可靠性情况。具体分析格式要求如下。

1) 新技术简介

(1) 设计变更情况。

描述该技术应用后,型号的功能、性能、组成等关键设计与上一型号的设计变更情况,并给出图形说明。

(2) 可靠性与环境适应性影响分析。

描述新技术应用、架构变化、新材料应用、主要设备改进对设备或系统的可靠性、环境适应性水平的影响,重点梳理出新技术应用后的可靠性薄弱环节。

(3) 可靠性设计措施分析。

描述针对新技术应用导致的可靠性薄弱环节或可靠性风险,采用的可靠性、环境适应性设计措施,以及初步评价设计措施对上述新技术可靠性薄弱环节的改进效果。

(4) 主要可靠性风险及后续阶段控制措施。

描述采用上述的可靠性设计措施后仍残余的可靠性风险,以及在后续施工设计、系泊航行试验及服役阶段拟采取的可靠性设计和控制措施。

3.3.5.2　应用案例

某电源“水冷一体”新技术应用分析案例如下。

1) 设计变更情况

与原型号电源设计方案对比,新型号电源的设计变更主要体现为设备的小型化,为进一步提高其冷却可靠能力,该电源目前采用“水冷一体化”水冷板设计方案,以保证 DC-AC 转换模块发热能够有效地传导至水冷板,从而达到温度控制的目的。另外为避免冷却水水温过低引起设备内部凝水风险,目前采用淡水冷却,水温较高。

2) 可靠性与环境适应性影响分析

采用水冷一体化设计存在的可靠性风险主要有以下几方面:

(1) 冷却水水温过高,水冷板设计无法满足设备散热要求,存在局部发热过高风险;

(2) 水冷板强度设计不够,存在“水管路”破裂风险;

(3) 若发生停水事件,存在设备立刻无法正常运行风险。

3) 可靠性设计措施分析

针对以上风险,设备拟采用以下设计措施予以保证。

(1) 转换模块与水冷板的贴实由专用装配机构实现,水冷板装置为纯机械结构,故障风险小、可靠性高,装置组成采用模块化设计、整体更换,操作简单可行。模块化装配机构顶升水冷板与转换模块过渡板面紧密接触实现换热,可有效保证转换模块“无水”化的高可靠散热设计,如图 3-13 所示。

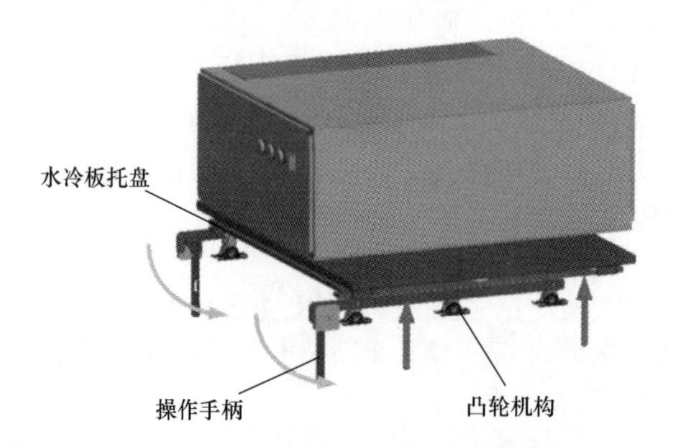

图 3-13 模块化装配机构示意图

(2) 水冷板进水温度采用余度设计,并开展热仿真设计。设计结果表明,额定工况下水冷板表面最高温度可控。仿真结果如图 3-14 所示。

(3) “水冷”管路强度按照安全系数设计,采用耐蚀性好的铜合金,全寿命周期内不会发生腐蚀穿孔风险。设备完成后将开展耐久性振动试验、高压强度打压试验,满足相关规范要求,避免管路及管路接头破损风险。

(4) 建立一套基于水冷板散热但使用环境空气作为冷源的水-风二级散热系统。当水冷数据监测及控制模组检测到主路流量显著降低,或者主路入口水温异

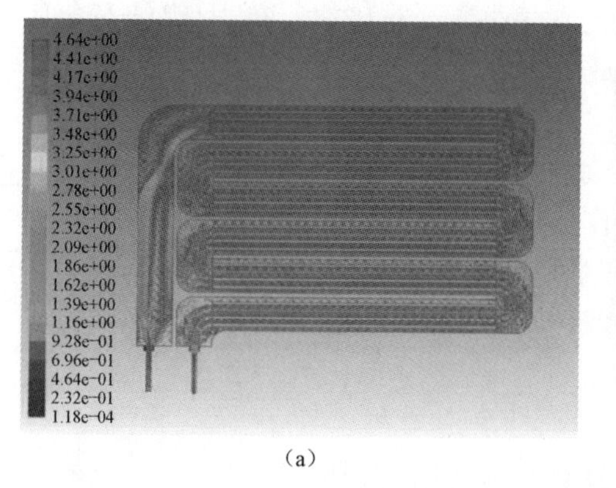

(a)

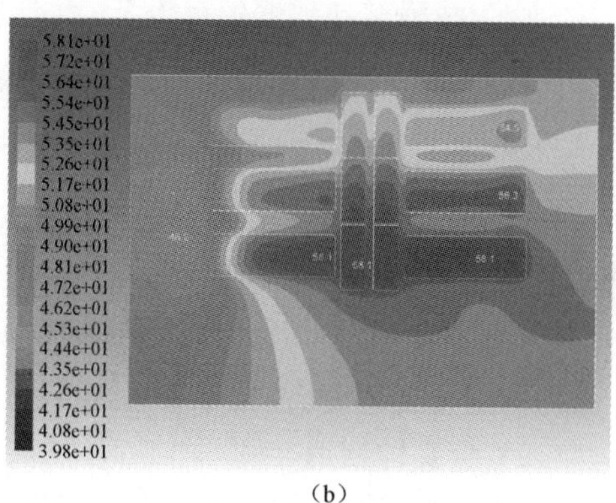

(b)

图 3-14　水冷板热仿真设计结果
(a)水冷“左进右出”的流量仿真;(b)水冷板表面温仿真。

常升高时,判断供应故障。此时功率模块以及 TR 模块中的冷却水与进水通路断开,系统将阀门切换至盘管翅片风冷模组。

3.3.6　关重件分析

3.3.6.1　概述

舰船属于技术密集、质量和可靠性要求高、结构复杂的装备,其质量和可靠性往往取决于系统中的薄弱环节,即所谓“关键的少数”。通过对少数关键产品、重要产品予以特别的关注,实行重点控制,是保证舰船产品的质量和可靠性的重要方法。

所谓关键产品和重要产品,是指那些具有关键特性或重要特性的产品。对产品功能特性进行分析,根据产品结构和 GJB 190—86《特性分类》规定的原则,分析每个产品的特性(产品和单元件性能、参数及各种设计要求),对整个系统功能特性的影响,把那些对整个系统功能特性的形成和保证起关键作用的特性确定为关键特性,同样也可定义重要特性,就是对整个系统功能特性的形成和保证具有重要作用的特性。为了使这一项设计工作协调完成,应在设计过程中开展总体和各系统功能特性分析,制定总体、系统的特性分类原则和关键产品(件)、重要产品(件)判别准则。舰船总体技术责任单位以 GJB 190—86 规定的原则对各系统组成的产品(设备级)以及船体结构件和材料进行综合分析评价,获得舰船系统的关键产品、重要产品总清单(这里的产品指设备级)和关键、重要材料、船体结构件清单。

1) 关键件判别准则

根据 GJB 190—86 中关于关键特性的定义,结合舰船的实际情况,关键设备的判别准则为如下。

(1) 故障会导致舰船沉没、动力丧失、通海边界严重破损,或危及舰员安全且无法挽回,造成重大设备损失、经济损失或政治影响,对于核动力舰船,还包括发生核泄漏事件。

(2) 故障会导致舰船出现或处于危险性状态。

(3) 故障会导致舰船不能完成主要作战任务。

(4) 寿命周期费用十分昂贵,加工和维修难度非常大,生产周期长。

(5) 在极端的边界条件或接近边界条件时,对舰船的安全性产生严重威胁,从保证舰船安全角度出发,作为系统备用的。

2) 重要件判别准则

(1) 对舰船总体安全及完成作战任务有重大影响,但其故障概率较小或采取裕度技术。

(2) 故障会影响或延迟舰船执行战术任务,或导致主要技术指标达不到规定要求。

(3) 故障会造成严重的振动、电磁干扰等恶化舰船环境破坏其他设备和人员正常工作条件。

(4) 在舰船上已经长期使用,故障率较高,原因未查清或虽查清,但还没有条件采取措施或需要花很大力量加以监控。

(5) 新研且对系统有关键作用,但还没有开展充分考核。

(6) 维修十分困难,或需要进坞维修。

(7) 寿命周期费用比较昂贵,加工难度较大,生产周期长。

(8) 需要特殊运输、装卸、储存或加以安全防护。

(9) 在特殊条件下,物理环境(如振动、冲击、热、潮湿等)已接近甚至超过它规定的临界条件。

3.3.6.2 应用案例

下面以某舰船电力系统为例进行说明。

1) 选择用于分析的任务剖面

根据某舰船的任务剖面制定的电力系统任务剖面有 4 个,选择电力系统任务时间最长、系统投入运行的设备最多,对设备工作考核最严酷的任务剖面进行设计特性分析。投入运行的主要设备有主电源等 9 个。

2) 确定分析要素

分析要素定为环境条件、维修条件、故障影响、安全、寿命、结构、余度等。从这 7 个要素对主电源等 9 个设备进行分析评分。

3) 采用评分选择优先顺序的方法计算各设备的相对重要性系数

该方法的应用过程如下:对每一项分析要素的最高评分为 5 分,最低分为 1 分,每一要素评分中并不一定非要满 5 分表示;有余度设计时,不论余度方式如何,均评1分;计算综合分时,采用每一分析要素的连乘积的结果;再对每个设备确定重要性系数,将相对重要性系数最高值20,赋给最大连乘积的设备,然后计算其他各设备的相对系数值,最后按相对重要性系数进行排序。

4) 简略分析与计算

(1) 环境条件。环境条件分析因素有:湿度、温度、盐雾、油雾和噪声。9项设备除噪声大小不一外,其他4个因素量值相等。主要环境条件分析如表3-8所列。

表3-8 电力系统主要环境条件分析

设备名称	湿度/%	温度/℃	盐雾/(mg/m³)	油雾/(mg/m³)	噪声/FB	评分/分
A1					a	3
A2					c	2
A3					c	2
A4					b	3
A5	数值相同	数值相同	数值相同	数值相同	c	2
A6					c	2
A7					c	2
A8					c	2
A9	(略)	(略)	(略)	(略)	c	2

注:表中a表示噪声分贝数最大,b次之,c再次之(数据略)。

(2) 寿命。寿命分析因素有各主要设备的寿命分散度、检查更换难易程度、可检验性等。对分散度大、检查更换困难、寿命短的设备,提高其评分值。主要设备寿命分析如表3-9所列。

表3-9 电力系统主要设备寿命分析

设备名称	分散度 C_1	检验性 C_2	更换性 C_3	寿命 C_4	总数 $C=\prod C_i$	综合评分
A1	2	2	2	1	8	4
A2	4	1	1.25	2	10	5
A3	3	1	1	2	6	3
A4	2	2	2	1	8	4
A5	2	1	2	2	8	4
A6	3	1	1	2	6	3
A7	3	1	1	2	6	3

续表

设备名称	分散度 C_1	检验性 C_2	更换性 C_3	寿命 C_4	总数 $C=\prod C_i$	综合评分
A8	2	1	1	1	2	1
A9	4	1	1.25	2	10	5

(3) 维修条件。维修条件因素包括:三级维修内容、维修难度、故障率、维修影响。

(4) 结构。结构分析要素包括结构特点(复杂性比较)、制造工艺(复杂性比较)、材料(应用成熟程度)。

(5) 安全。安全分析因素主要是危害结果及危险发生的概率,对可能造成的危害程度大、影响面广的设备适当提高评分。

(6) FMEA。从技术设计开展的 FMEA 的结果中,将各主要设备有无补偿措施、严酷度类别、故障发生概率等级进行比较分析和评分。

(7) 余度。余度分析主要是对电力系统主要设备配置冗余量的大小进行评分,有余度设计的设备应评低分。

以上(3)~(7)各分析要素可按表 3-10 那样评分列表。汇总结果并计算各设备重要性系数排序,如表 3-10 所列。

表 3-10　电力系统设计特性分析重要性系数排序表

设备名称	分析要素评分							累积评分	重要性系数	关键产品	重要产品
	环境条件	寿命	维修条件	结构	安全	FMEA	余度				
主变控制屏	2	5	3	3	5	3	1	1350	20	√	
可靠配电板	2	3	3	2	5	3	2	720	10.7	√	
主变流机组	3	4	3	3	3	2	1	648	9.5		√
电气综合监控台	2	5	3	3	3	2	1	540	8		√
汽轮发电机组	3	4	2	3	3	2	1	432	6.4		√
汽轮发电机组控制屏	2	4	3	3	2	2.5	1	360	5.33		√

续表

设备名称	分析要素评分							累积评分	重要性系数	关键产品	重要产品
	环境条件	寿命	维修条件	结构	安全	FMEA	余度				
直流主配电板	2	3	2	2	3	2.5	2	360	5. 33		√
交流主配电板	2	3	2	2	2	2	2	192	2. 85		
蓄电池开关板	2	1	1	2	3	2	2	48	0. 7		

5）加权评分法综合确定某舰船关键产品、重要产品总清单

总体技术责任单位需要对各系统技术责任单位报送的关键产品、重要产品清单(明细表)进行汇总、分析,并按照总体制定的关键产品、重要产品判别准则进一步进行分析和权衡,将关键产品和重要产品的数量控制在合适的比例范围内。

引用模糊数学中的加权评分法进一步综合评价系统设备的特性类别,可以减少特性判别的主观性。

设对应于舰船某设备的特性指数为

$$T_j = \sum_{i=1}^{n} \omega_i f_{ij} \tag{3-10}$$

式中:ω_i 为影响特性的各项因素的权重,称为特性权重,且 $0 \leqslant \omega_i \leqslant 1$, $\sum \omega_i = 1$; f_{ij} 为该设备对应于影响特性分类各因素(特性权重)的评分数,取值范围 $0 \leqslant f_{ij} \leqslant 100$; T_j 为该系统 j(设备)的特性指数。

由舰船特性分类原则和关键件、重要件判别准则确定舰船特性权重 ω_i 的项目的数值。然后,针对某设备的特性权重给予评分,求和后得出特性指数 T,按照其值依次排列,根据总体关键产品和重要产品的比例即可较准确地确定关键产品、重要产品清单,并可以满足按重要程度排序的要求。

这种方法不足之处,在于确定权重 ω_i 和评分数 f_{ij} 的过程中仍有一定的人为因素,采取弥补的方法是对于 ω_i 的确定,可依据舰船特性分类原则找出几种关键的特性权重,由经验丰富的舰船总体设计专家分别按照同样的评分原则确定权重 ω_i 和评分数 f_{ij},并计算出各自的 T_j,然后对不同的专家评判的同一特性指数 T_j 取平均值,这样的计算结果可更加接近舰船的实际特性情况。另外,在对评分数 f_{ij} 确定时,也要充分考虑设备之间的相对关系,尽量做到分级划分,保持相对关系的准确性。

3.4 可靠性试验

3.4.1 可靠性试验基础

按试验目的分类,可靠性试验可分为可靠性工程试验与可靠性统计试验。可靠性试验具体分类见图3-15和表3-11。

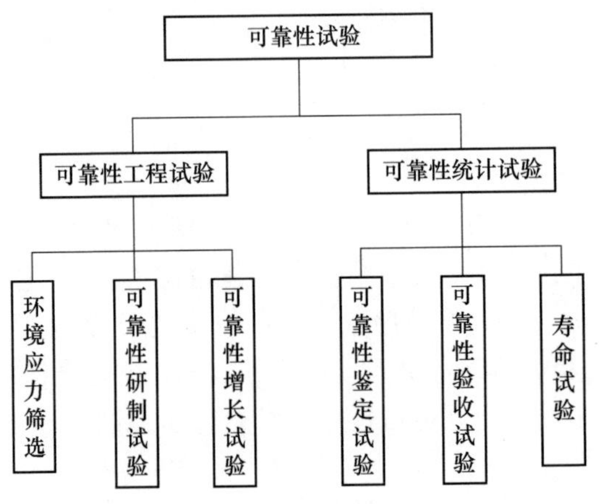

图3-15 可靠性试验分类

表3-11 各类可靠性试验的目的、适用对象和适用时机

试验类型		目的及过程	适用对象	试验过程	相关标准	试验时间
可靠性工程试验	环境应力筛选	通过向产品施加环境应力(温度循环、随机振动)和电应力,将由不良元器件、制造工艺和其他原因引入的潜在缺陷加速变成故障,并通过检验发现和排除	电子产品(包括元器件、电路板、组件)	样机研制和生产阶段	GJB 1032—90《电子产品环境应力筛选方法》、GJB/Z 34—93《电子产品定量环境应力筛选指南》等有具体操作规定	一般环境应力试验时间为几个小时至十几个小时
	可靠性研制试验	通过对产品施加适当的环境应力、工作载荷,寻找产品设计缺陷并改进设计,以提高产品的固有可靠性水平。又细分为可靠性强化试验、可靠性增长摸底试验等几类试验	适用各类型产品	在样机研制阶段,环境应力筛选后	GJB 450A—2004《装备可靠性工作通用要求》对"可靠性研制试验"做出定义,但无具体操作规定	试验时间无明确要求,需根据产品特点、成熟度和工程经验选择试验时间

续表

试验类型		目的及过程	适用对象	试验过程	相关标准	试验时间
可靠性工程试验	可靠性增长试验	通过对产品施加实际使用环境的综合应力，激发产品设计和制造缺陷，使之成为故障，并采取改进措施，不断提高固有可靠性以达到规定要求。可靠性增长试验应有明确的增长目标和模型	适用各类型产品，一般针对新研和重大改进产品	工程研制阶段，在可靠性鉴定试验前开展	GJB 1407—92《可靠性增长试验》有指导性意见	一般取 MTBF 目标值 5 ~ 25 倍，针对组成简单产品，可通过加速试验缩短试验时间，但对于大型复杂设备不宜开展加速试验。工程上按标准应用较少
可靠性统计试验	可靠性鉴定试验	在产品设计定型阶段验证产品的设计是否达到了规定的可靠性要求。通过模拟实际使用条件，进行一定时间的试验运行后，利用统计试验方案，根据试验时间与故障数判断产品的设计是否达到了规定的可靠性要求	适用于各类型产品	设计定型阶段，针对设备样机开展	GJB 899A—2009《可靠性鉴定和验收试验》有具体操作规定	根据研制方风险和使用方风险确定试验时间。对于指数分布型产品，试验时间为 MTBF 最低可接受值的 1.1 倍至几十倍。 对于二项分布型设备，试验次数一般为几百次以上
	可靠性验收试验	针对已通过可靠性鉴定试验而转入批生产的产品，验证产品的可靠性是否随批量生产期间工艺、工装、工作流程、零部件质量等因素的变换而降低	适用于各类型产品，一般针对定型后转入批生产的产品开展	定型之后，批生产之前		
	寿命试验	验证产品在规定的条件下的使用寿命、储存寿命是否达到规定的要求	适用于有寿命要求的产品，如关键阀门、发射装置、武器等	设计定型阶段	GJB 450A—2004《装备可靠性工作通用要求》对"可靠性寿命试验"做出定义，但无具体操作规定	根据产品寿命指标、受试品数量确定

可靠性工程试验的目的是为了暴露产品设计、工艺、元器件、原材料等方面存在的缺陷,采取措施加以改进,以提高产品的可靠性。主要分为环境应力筛选、可靠性研制试验、可靠性增长试验等 3 类试验。

统计试验的目的是为了验证产品的可靠性或寿命是否达到了规定要求。主要分为可靠性鉴定试验、可靠性验收试验、寿命试验。

由于环境应力筛选、可靠性鉴定试验、可靠性验收试验都有详细的试验操作标准规范,可靠性增长试验在大型装备上工程应用极少,可靠性研制试验工程上应用广泛,因而下面重点对可靠性研制试验进行简要介绍。

GJB 450A—2004《装备可靠性工作通用要求》中对“可靠性研制试验”有一个笼统的指导意见:在进行可靠性研制试验时,首先应考虑尽快激发出产品存在的设计、材料和工艺方面的缺陷。因此一般应尽可能采用加速应力,但施加的加速应力不能引出实际使用中不会发生的故障。

可靠性研制试验的意义虽已为大家所公认,且在国内外武器装备研制中取得了很好的成效,但至今没有一个标准对其试验方案设计及实施方法加以严格规范。舰船行业一般将可靠性研制试验又细分为可靠性强化试验、可靠性增长摸底试验等几类常用试验。

1) 可靠性强化试验

可靠性强化试验的原理是通过系统地施加逐步增大的环境应力和工作应力,在较短的试验时间内,充分激发和暴露产品设计中的潜在故障模式和薄弱环节,以便改进设计和工艺,提高产品可靠性的试验。可靠性强化试验有如下技术特点。

(1) 可靠性强化试验不要求模拟环境的真实性,而是强调环境应力的激发效应,从而实现研制阶段产品可靠性的快速增长。

(2) 可靠性强化试验一般采用步进应力试验方法,施加的环境应力是变化的,而且是递增的,应力达到技术规范极限甚至超出极限。

(3) 为了试验的有效性,可靠性强化试验一般在设计、元器件、材料和生产制造工艺都已基本固化的部件或整机样机上进行,并且应尽早进行,以便尽早改进。

2) 可靠性增长摸底试验

可靠性增长摸底试验是根据我国国情在产品研制阶段提出的一种可靠性试验。根据北京航空航天大学对 1998—2008 年开展的 152 项有代表性的各种可靠性试验进行了统计分析,得出结论如下:48. 7%的故障发生在试验的前 100h 内,66. 4%的故障发生在 200h 内,仅有 12. 5%发生在最后的 10%时间内,试验的中间阶段故障很少。目前,航空装备一般在研制阶段开展约 200h 的可靠性增长摸底试验。

可靠性增长摸底试验的剖面应尽可能模拟产品实际的使用条件、环境条件,在不破坏产品且不改变产品失效机理前提下,也可使用加速应力。其中电子产品如无实测数据,一般按 GJB 899A—2009《可靠性鉴定和验收试验》提供的试验剖面。

3.4.2 可靠性试验原则要求

型号可靠性试验总体目标:根据型号研制进度,在经费可控条件下,合理安排核心系统、新研重要设备可靠性试验,尽早暴露并改进其可靠性薄弱环节,切实提高装备总体可靠性水平,同时兼顾系统、设备可靠性指标鉴定的需求。总体原则如下。

(1) 尽量提高试验覆盖面,同时确保经费风险可控。应对影响舰船安全和任务成败的研制、改进类设备进行优先级筛选,在经费允许情况下尽可能纳入试验验证范围,并通过针对不同对象采用合适的试验类型,优化系统、设备试验组合方式等手段,确保试验经费可控。

(2) 加强与已有试验的融合,严控试验进度风险。应尽可能将可靠性试验与已有的科研样机试验、装备机陆上联调试验进行整合、归并,实现设备可靠性试验与单机功能相融合、系统可靠性试验与系统联调试验相融合,确保试验进度与研制进度相匹配。

(3) 充分利用已有试验台架及型号保条,全面支撑试验实施。应充分利用已有的试验台架,在此基础上结合型号保条改造及补充建设,确保试验条件可全面支撑可靠性试验的实施。

3.4.2.1 电子电气设备

电子电气设备泛指电力、操纵(控制部分)、作战等各系统所属电子台屏、机柜、电源、控制装置等设备。舰船电子电气设备科研样机应根据设备科研实际,按照性能试验之后开展可靠性鉴定试验(方案一)、科研样机联调之后补充可靠性鉴定试验(方案二)两种方式选择开展可靠性试验,如图 3-16 所示。

1) 部件可靠性强化试验要求

针对存在核心部件或设备薄弱环节的设备,如条件允许,应开展关键部件可靠性强化试验。在整机性能试验前,通过施加高工作应力,开展关重部件的可靠性强化试验,实现快速激发和暴露设备设计中的薄弱环节,通过改进设计实现故障闭环。

针对电子电气设备部件,部件强化试验原则要求如下。

(1) 试验应力加载按照低/高温度步进、振动步进、综合应力(温度、湿度、振动、电应力)步进的方式进行应力加载。

(2) 试验停止原则为:受试部件功能失效,或应力量级已达到或远远超过为验证部件设计所要求的应力水平。应力最大量级的选取,可参考 GJB 899A—2009 舰船设备试验剖面的要求。

(3) 部件强化试验出现的故障,应尽量实现故障闭环。

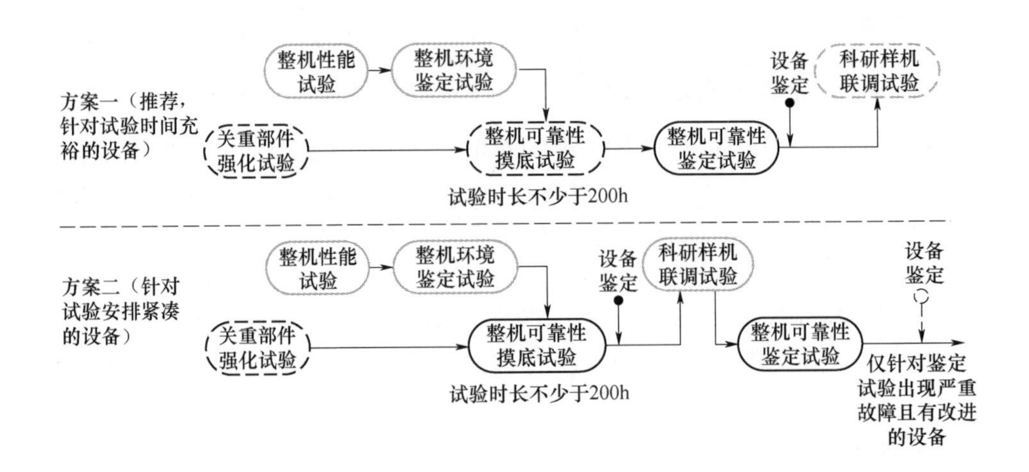

图 3-16　电子电气设备科研样机试验流程

2）整机可靠性摸底试验要求

为了尽早暴露整机设计缺陷，确保可靠性鉴定试验顺利通过，应开展整机可靠性摸底试验。试验原则要求如下。

（1）针对科研样机联调试验之前开展产品鉴定的设备，应开展至少 200h 的整机可靠性摸底试验，试验期间出现的故障应实现故障闭环。

（2）可靠性摸底试验剖面可参考 GJB 899A—2009 试验剖面的规定。

3）整机可靠性鉴定试验要求

（1）设备若无实测应力测试数据，其可靠性鉴定试验一般参考 GJB 899A—2009 试验剖面的规定，采用定时截尾的试验方法开展可靠性试验。

（2）综合考虑型号研制实际，可按照生产方风险和使用方风险都不大于 30% 选取统计试验方案。

（3）对于可靠性指标（MTBF）过高的电子电气设备，为降低研制进度风险，其可靠性鉴定试验累计时长可选择截止时间，待设备试验后，再结合样机联调试验、系泊与航行试验数据和使用数据对其可靠性指标进行综合评估验证。

3.4.2.2　机械机电设备

机械机电设备泛指舰船动力、操纵控制（机械部分）、保障、作战（机械部分）等系统所属的汽轮机、液压站、操舵装置、水泵、发射装置等设备。

1）部件强化试验要求

针对存在核心部件或设备薄弱环节的机械机电设备，如条件允许，应开展关键部件强化试验。试验原则要求如下。

（1）试验前应根据在役型号相似设备主要故障及其故障模式分析结果，分析其可靠性薄弱环节。针对机械、机电核心部件有针对性地加载敏感应力(如轴承负载、关重阀门启闭、液缸动作、液体交变应力、海水腐蚀等),考核其部件功能的实现情况。

(2) 部件加载应力一般逐步增大,最大加载应力可适当大于实际环境、运行工况应力,以实现在较短的试验时间内,快速充分激发设备潜在故障模式和薄弱环节。

(3) 部件强化试验出现的故障,应尽量实现故障闭环。

2) 整机可靠性研制试验要求

(1) 对于有条件的设备(如二项分布设备),应按照全寿命指标要求,并考虑安全裕度开展耐久性试验,试验指标可作为可靠性鉴定的重要依据。

(2) 对于连续运行设备的可靠性研制试验,试验时长取船系泊、航行试验期间的等效工作时间,以便尽量暴露交船前设备可靠性问题,及时改进。

(3) 设备可靠性试验剖面应基于舰船的典型任务剖面,试验工况应涵盖所有运行工况,并考虑适当加大高工况试验时长比例。

(4) 试验期间出现的故障应实现故障闭环。

3.4.2.3 压力容器类设备

压力容器类设备泛指船上需承压的结构类设备,主要涵盖冷凝器、冷却器、挠性接管、阀门等。其试验原则要求:应按照成熟的标准规范或工程经验开展疲劳寿命试验、强度试验、密封试验、拉伸扭曲试验等。

如某通海压力容器,为考核其结构、密封可靠性,一般应开展1.5倍工程压力的短时强度试验,1.25倍工程压力的短时密封压力试验,以及一定次数的循环交变应力试验。

3.4.3 可靠性试验管理

3.4.3.1 试验中断与恢复

1) 试验中断处理

试验过程中出现下列情形之一时,应中断试验:

(1) 出现安全、保密事故征兆;

(2) 出现影响性能和使用的重大技术问题;

(3) 出现短期内难以排除的故障。

2) 故障判据、分类和统计原则

(1) 故障判据。

在试验过程中,出现下列任意一种状态时,应判定被试品出现故障:

① 被试品不能工作或部分功能丧失;

② 被试品参数检测结果超出规范允许范围;

③ 被试品的机械、结构部件或元器件发生松动、破裂、断裂或损坏。

(2) 故障分类。

可靠性试验期间发生的故障,按 GJB 451A—2005《可靠性维修性保障性术语》分为关联故障和非关联故障。关联故障又分为非责任故障和责任故障。

① 非责任故障。

试验过程中,下列情况可判为非责任故障:

a. 未按使用维护说明书操作引起的被试品故障;

b. 试验设备及测试仪器仪表故障引起的被试品故障;

c. 超出设备工作极限的环境条件和工作条件引起的被试品故障;

d. 修复过程中引入的故障;

e. 由于一次性件和易损件导致出现的故障。

② 责任故障。

除可判定为非责任故障外,其他所有故障均判定为责任故障:

a. 由于设计缺陷或制造工艺不良而造成故障;

b. 由于元器件潜在缺陷致使元器件失效而造成的故障;

c. 由于软件引起的故障;

d. 间歇故障;

e. 超出规范正常范围的调整;

f. 试验期间所有非从属故障原因引起的故障征兆(未超出性能极限)而引起的更换;

g. 无法证实原因的异常。

对于已划定的责任故障,不应因为采取纠正措施进行纠正而列入非责任故障。

(3) 故障统计原则。

试验过程中,只有责任故障才能作为判定被试品合格与否的根据。责任故障可参照下述原则进行统计。

① 可靠性摸底增长试验出现的故障不作为故障加以统计。

② 整个试验期间出现的故障,如果故障得以改进,并通过评审会形式确定故障不再复现,则该类故障不作为故障加以统计。

③ 当可证实多种故障模式由同一原因引起时,整个事件计为一次故障。

④ 可证实是由于同一原因引起的间歇故障,若经分析确认采取纠正措施经验证有效后将不再发生,则多次故障合计为一次故障。

⑤ 多次发生在相同部位、相同性质、相同原因的故障,若经分析确认采取纠正措施经验证有效后将不再发生,则多次故障合计为一次故障。

⑥ 已经报告过的由同一原因引起的故障,由于未能真正排除而再次出现故障时,应和原来报告过的故障合计为一次故障。

⑦ 在故障检测和修理期间,若发现被试品还存在其他故障而不能确定为是由

原有故障引起的,则应将其视为单独的责任故障进行统计。

⑧ 由于一次性件和易损件导致出现的故障不作为责任故障。

3）故障处理

可靠性试验中出现故障时,故障处理应按以下规定进行。

(1) 按可靠性试验故障报告表的要求及时填写故障报告,承研方、驻承研方军代室和承试方签字确认。

(2) 试验暂停,对产品发生的故障进行分析,确定发生故障的部件,随后对故障部件进行机理分析,对责任故障需进行故障归零,对其他故障需采取修复措施。

(3) 更换所有故障的零部件,其中包括由其他零部件故障引起应力超出允许额定值的零部件,也可更换为同状态的产品继续试验。

(4) 经修理恢复到可工作状态的被试品,在证实其修理有效后,重新投入试验。

(5) 除已确定为非关联故障外,对故障检测过程中被试品或其部件出现的故障,若不能确定是由原有故障引起的,则进行分类和记录,并作为与原有故障同时发生的多重关联故障处理。

(6) 除事先已规定或经订购方已批准的以外,不应随意更换未出故障的模块或部件。

(7) 在故障检测和修理期间,为保证试验的连续性,必要时,经订购方批准,可临时更换插件。

(8) 若质量保证和工艺实践证明,在修理过程中拆下的零部件可能会降低产品的可靠性时,则不应将它再装入被试品。

(9) 当试验设备运行异常或发生故障时,经确认需暂停试验。在试验设备排故的同时,必须对被试品进行全面检查,以排除试验设备故障对被试品可能造成的影响。

4）纠正措施

可靠性试验中对故障纠正措施落实的认可,按可靠性试验故障分析报告表与可靠性试验故障纠正措施实施报告表的要求,由承研方签字确认。

5）试验恢复处理

承研方对试验中暴露的问题采取措施,经试验验证已经解决,可继续试验。

6）被试品有寿件管理

试验开始前,承研方应提交寿命件的清单,并标明已消耗的寿命单位。试验期间,产品中的寿命件到寿后,可视情进行更换。

3.4.3.2 试验组织模式

相关军代表室:负责对可靠性试验实施过程的监督,包括产品功能检查和性能检测,检查并签署各种试验记录。

总体研制单位:履行型号可靠性试验抓总职责,负责可靠性试验总体方案编制,负责系统、设备试验数据的汇总及试验结果的可靠性评价,会签系统、重点设备可靠性试验方案,参与系统、重点设备可靠性试验方案、大纲的编制与评审,以及可靠性试验期间重大问题的处理。

系统研制单位:负责系统可靠性试验方案、大纲的编制,系统可靠性试验期间重大问题的处理,以及试验数据的采集与分析,会签系统所属设备可靠性试验方案,参与系统所属的设备可靠性试验方案、大纲的编制与评审,以及可靠性试验期间重大问题的处理。

设备研制单位:负责设备可靠性试验方案、大纲的编制,设备可靠性试验期间重大问题的处理,以及试验数据的采集与分析。

试验承制单位:负责试验产品(系统或设备)可靠性试验的实施、试验数据采集与分析、试验总结报告编制。

3.4.4 电子设备可靠性强化试验方案案例

某电源是典型强电类电子设备,属于电力系统的核心设备之一,工作强度高、热应力大,其试验方案如表 3-12 所列。

表 3-12 某电源可靠性试验方案

序号	试验项目	主要试验内容	试验目的	试验台架准备情况	备注
1	元器件筛选试验	按照 GJB 1032—90《电子产品环境应力筛选方法》的规定,对元器件、主要电路板要做到100%筛选	不合格产品应剔除	已有成熟、通用试验台架	试验方法成熟
2	核心部件强化试验	针对核心模块,采用步进应力试验方法进行强化试验	通过逐步增大温度、振动,快速激发接插件松脱、元器件老化、绝缘性降低等故障现象,以便改进薄弱环节,避免模块过热停机、过流或过压烧毁等故障发生	已有成熟、通用试验台架	(1)试验方法成熟,试验时间短,一般不超过7天; (2)试验期间发生的故障应予以闭环
3	整机可靠性鉴定试验	参考 GJB 899A—2009 的规定,选择合适的试验方案,开展设备鉴定试验	考核装备整机可靠性水平是否满足总体分配指标	已有成熟、通用试验台架	试验方法、数据统计评估方法成熟

3.4.4.1 高温步进试验

高温步进应力试验的应力施加如图 3-17 所示。

(1) 在高温步进应力试验时,在不影响受试产品的功能及性能的情况下,尽量将受试产品的密封盖板或外壳取下。

(2) 一般情况下,以受试产品设计规范规定的高温工作温度减 20℃ 作为高温步进的起始温度,若该温度值小于 35℃,则以 35℃ 作为高温步进的起始温度。

(3) 在达到受试产品规范规定的高温工作温度(如 60℃)之前,以 10℃ 为步长,之后,以 5℃ 为步长。

(4) 温度变化速率不小于 40℃/min。

(5) 每个温度台阶上停留时间不小于受试产品达到温度稳定时间(10min 以上)。

(6) 受试产品达到温度稳定并保温 10min 后,进行 3 次启动检测以考核其在高温条件下的起动能力,3 次启动后对其进行功能及性能检测,整个高温步进阶段受试产品需要全程通电。

(7) 高温步进应力试验终止条件:以受试产品规范规定的高温贮存温度加 40℃(如 100℃)为高温步进应力试验结束温度,或者找到产品的高温工作极限(包括直接找到或者通过找到产品的高温破坏极限间接确定产品的高温工作极限)。

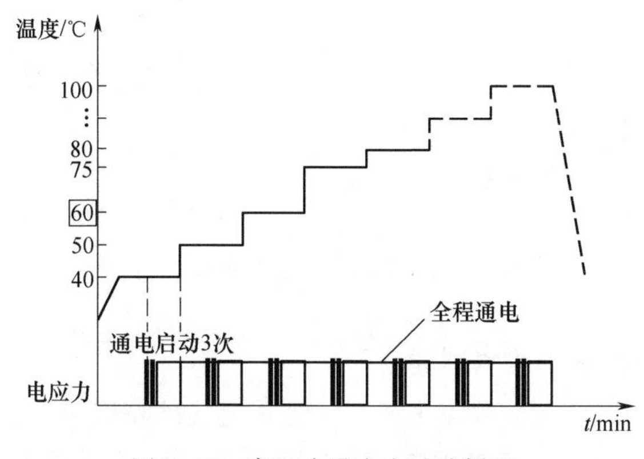

图 3-17 高温步进应力试验剖面

3.4.4.2 快速温变循环试验

快速温度循环试验的应力施加如图 3-18 所示。

(1) 在快速温度循环试验时,在不影响受试产品的功能及性能的情况下,尽量将受试产品的密封盖板或外壳取下。

(2) 快速温度循环试验从低温阶段开始。

(3) 温度范围:低温工作极限温度加 5℃至高温工作极限温度减 5℃。

(4) 循环次数:一般不少于 5 个完整循环周期;温度变化速率不小于 40℃/min。

(5) 停留时间:每个循环中低温和高温阶段的停留时间不小于受试产品达到温度稳定时间 10min。

(6) 每个循环升温或降温开始时进行 3 次启动检测,以考核受试产品在快速温度变化下的启动能力,3 次启动检测后对受试产品进行测试直至测试结束后断电。

(7) 在每个循环的测试阶段,受试产品的电应力按“上限值—下限值—标称值—上限值—下限值”的变化顺序施加。

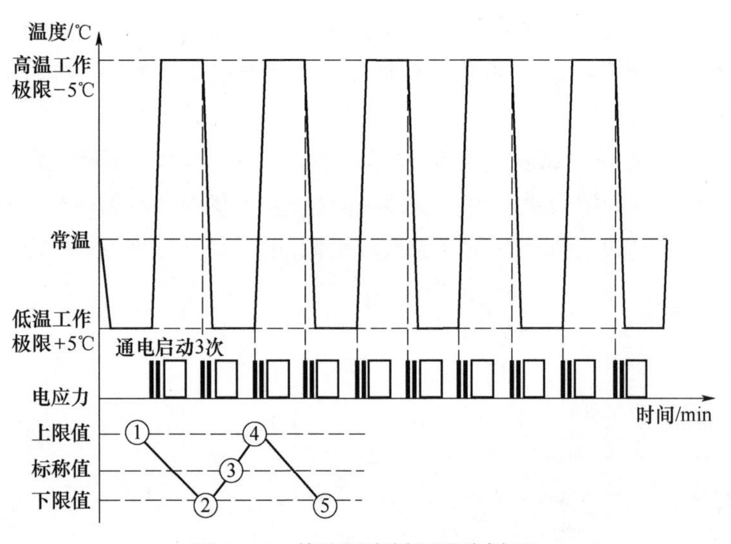

图 3-18　快速温度循环试验剖面

3.4.4.3　振动步进应力试验

振动步进应力试验的试验设备包括气锤式振动试验箱和电磁式振动试验台两类,一般质量/体积较大的典型机电设备部套件的振动步进试验选取电磁式振动台,而质量/体积较小的典型机电设备部套件的振动步进试验选取气锤式振动试验箱。

(1) 基于气锤式振动试验设备的振动步进应力试验的应力施加如图 3-19 所示。

① 振动形式:气锤式三轴向六自由度超高斯随机振动。

② 起始振动量级:5g。

③ 步长:5g。

④ 每个振动量级持续时间为10min,在每个振动步进台阶都需要进行测试,受试产品施加标称电压。

⑤ 在振动步进应力试验时,当振动量值超过20g后,在每个振动量级台阶结束后将振动量值降至微颤振动量值5g,振动持续时间一般以能够完成一个完整的测试为准。

⑥ 振动步进应力试验终止条件:以50g为振动步进应力试验结束量值,或者找到产品的振动工作极限(包括直接找到或者通过找到产品的振动破坏极限间接确定的振动工作极限)。

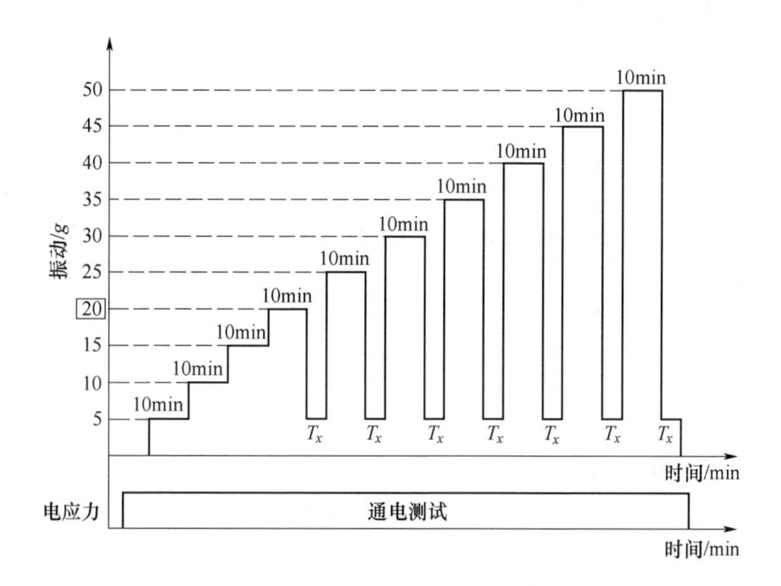

图3-19 振动步进应力试验剖面

注:图中T_x为完成一次测试所需时间。

(2) 基于电磁台的振动步进应力试验的应力施加如图3-20所示。

① 振动形式:随机振动,谱型如图3-21所示。

② 起始振动量级:1g。

③ 步长:1g。

④ 每个振动量级持续时间为10min,每个振动步进台阶都需进行测试,被试设备处于通电状态。

⑤ 当振动量值超过5g后,在每个台阶结束后将振动量值降至1g,振动持续时间至少为能够完成一次完整的测试。

⑥ 振动步进应力试验终止条件：以 12g 为振动步进应力试验结束量值，或者找到变频器受试产品的振动工作极限或破坏极限。

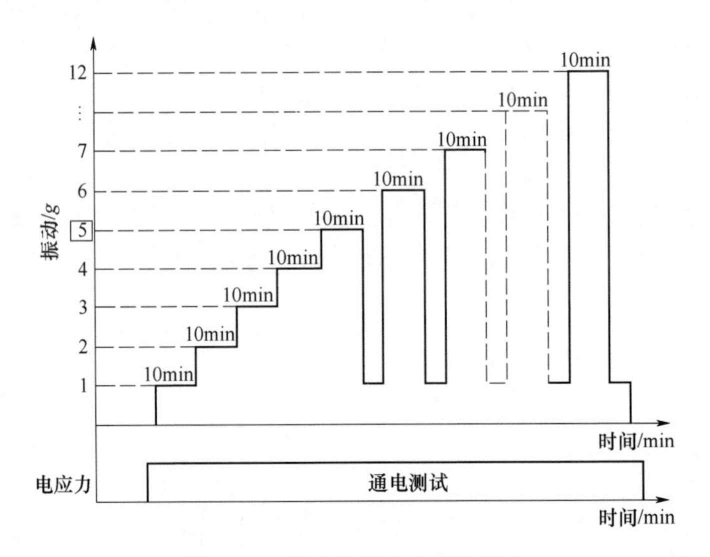

图 3-20 振动步进应力试验剖面

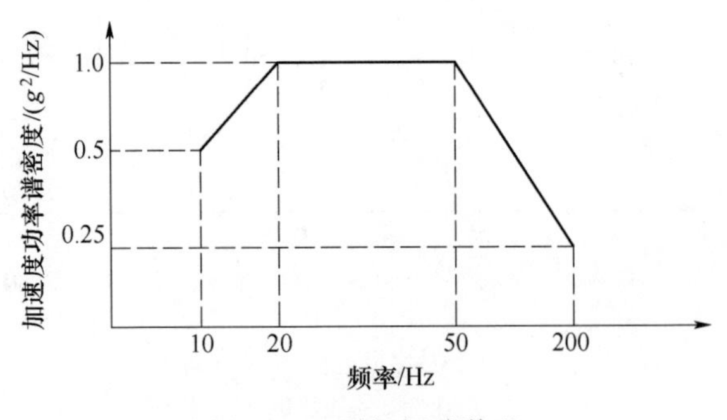

图 3-21 随机振动谱型

3.4.5 机电设备可靠性研制试验方案案例

3.4.5.1 汽轮机

汽轮机为舰船各系统、设备供电，属于安全重要设备。汽轮机组系统组成复杂、运行工况多变、运行环境恶劣。经分析，该设备主要故障包括汽轮机叶片断裂、主汽门卡死、外漏、汽封泄漏等。根据上述故障原因分析，汽轮机可靠性研制试验方案如表 3-13 所列。

表 3-13　汽轮机可靠性研制试验方案

序号	试验项目	主要试验内容	试验目的	备注
1	核心部件强化试验	强化工作应力重点开展以下部件强化试验：汽轮机叶片疲劳试验、水冷部件疲劳试验（交变压力）	考核叶片高强度振动疲劳寿命，以及水冷部件等关键部件长时间动作可靠性和密封性	（1）需研究提出专用试验方法，并通过评审认可；（2）试验期间发生的故障应予以闭环
2	整机可靠性增长摸底试验	开展 200～300h 可靠性增长摸底试验，需重点考核负载突变、高/低蒸汽参数运行、高低工况转换、极限工况可靠运转、机组启停等	通过整机可靠性摸底试验，充分暴露机组运行初期存在的各类故障，为后续长时间可靠性研制试验奠定基础	（1）需研究提出专用试验方法，并通过评审认可；（2）试验期间发生的故障应予以闭环
3	整机可靠性研制试验	（1）纳入汽水系统试验统一考虑，重点考核低工况长期运行、高低工况转换、负载突变等工况；（2）试验时长为设备到舰船第一次坞检等效工作时间	充分暴露机组在长时间、高工况、变工况等实船运行中可能存在的各类故障，确保机组可靠性水平	（1）设备出厂到舰船第一次坞检工作时间；（2）试验期间出现的故障应予以纠正，重大故障处理措施的有效性还应得到评审认可

3.4.5.2　海水泵

海水泵是典型叶片式离心泵，直接连接通海水系统，使用环境恶劣，长期承受交变海水压力。

经分析，海水泵主要故障模式包括：一是在高压交变、含有沙砾海水环境中，长期使用中，轴封过渡（或异常）磨损，造成泵轴封（损坏）漏水；二是在（高温）海水腐蚀、汽蚀、异种金属接触等综合船用环境作用下，叶轮、泵体等部件腐蚀穿孔；三是在电压波动、水面汽蚀、启停冲击、偏工况运转等条件下，海水泵电机负载加大，造成电机烧毁。

根据上述故障原因分析，海水泵可靠性试验方案如表 3-14 所列。

表 3-14　海水泵可靠性试验方案

序号	试验项目	主要试验内容	试验目的	试验台架准备情况	备注
1	整机可靠性增长摸底试验	在冷却水台架上进行 200～300h 的水泵运转试验，至少应加载汽蚀、人造海水、高水温、电应力（电压波动）、混入沙砾等试验应力	考核水泵耐腐蚀、耐汽蚀、轴封耐磨能力，以及电机可靠负载保证能力	通过对现有系统试验条件中改造，补充人造海水、高水温等试验条件	（1）需研究提出专用试验方法，并通过评审认可；（2）试验期间发生的故障应予以闭环

续表

序号	试验项目	主要试验内容	试验目的	试验台架准备情况	备注
2	整机启停专项试验	不少于全寿命启停次数的启停试验	考核电机对启停冲击的耐受能力	已有试验台架	
3	整机静态交变打压专项试验	静态水压交变试验	考核轴封密封性在交变压力情况下的密封能力	已有试验台架	
4	整机可靠性研制试验	纳入通海系统试验统一考虑,需综合加载汽蚀、人造海水、高水温、电应力等船用环境应力。试验时长为设备到舰船第一次坞检等效工作时间	充分暴露机组在长时间、恶劣环境、变工况等实船运行中可能存在的各类故障,确保机组可靠性水平	采用与可靠性增长摸底试验相同台架	试验期间出现的故障应予以纠正,重大故障处理措施的有效性还应得到评审认可

3.4.6 阀门可靠性研制试验方案案例

舰船上布置有大量的阀门,经分析阀门主要故障模式包括如下几点。

(1) 渗漏(还可细分为内漏和外漏)。

失效原因:密封接触面被腐蚀、磨损,有划痕或有污染物,造成不密合;弹簧或紧固件发生蠕变(即永久性变形),造成关闭压力不足;密封件未压紧或造成损伤,如划痕、老化变形及腐蚀变质等;螺栓松紧程度不一,造成阀体与阀盖压合不紧;紧固件松动,造成密封接触面接触力不足;阀门关闭时,由于活动零件变形或间隙中有杂物引起阀杆与阀座接触偏离。

(2) 卡滞、卡死。

失效原因:由于应力蠕变造成的导杆/阀门体变形、阀杆弯曲变形、填料压得过多、过紧等物理原因,使阀杆活动受阻;由于污染、腐蚀等化学原因造成阀门导杆与导向件之间摩擦力过大,使阀杆活动受阻。

(3) 振动及噪声。

失效原因:介质流动过程中的振动使得管道、阀门固定基座剧烈振动,也会使阀门随之振动;因阀体内部腔室线形设计不良,介质流动性能不稳定发生振动;弹簧刚度不足,致使输出信号不稳定而急剧变动,易引起振动;阀门的频率与系统频率接近,引起共振;阀门的过度节流导致介质流动产生漩涡与阀门相互作用;弹簧刚度过大。

(4) 阀门工作压力波动。

失效原因:导阀弹簧太软;导阀阀口接触不良;阻尼孔太大,阻尼作用不够强;工作液不干净,堵塞阻尼孔;阀芯有毛刺或变形,运动不灵活;出现共振(系统压力脉动频率与阀芯、弹簧系统的自振频率接近)。

结合上述故障原因,下面选取某电动截止阀,说明其可靠性试验初步方案,如表3-15所列。

表3-15 某电动通海阀门可靠性试验方案

序号	试验项目	主要试验内容	试验目的	试验台架准备情况	备注
1	可靠性研制试验	在振动、温湿度、微盐雾、水压、电应力等条件下,带压动作的密性试验	考核阀门在介质冲刷、振动、盐雾等环境下,长期动作后的密封性	结合阀门竞优工作,在现有台架上开展	(1) 阀门密性检查要求按现有试验标准开展,特殊阀门需提出专用的试验方法,并通过评审认可。 (2) 阀门动作(启闭)试验次数为全寿命周期的运行次数

3.5 可靠性仿真评估

传统的可靠性分析评估手段,在分析评估的快速性、直观性、准确性上存在的不足之处主要体现在以下方面。

(1) 传统的概率解析法无法满足舰船可靠性建模、计算要求。传统概率解析法起源于不可修、失效服从指数分布的电子产品可靠性研究,与舰船部分设备可修、失效服从威布尔分布等特点不完全匹配,计算结果存在一定误差。此外,传统概率解析法对舰船广泛存在的旁联、表决、混联等复杂系统可靠性模型,概率公式推导需用到卷积积分,推导难度大或无法解析,极大约束了舰船量化分析与设计能力。

(2) 舰船可靠性指标不直观,无法支持系统可靠性薄弱环节查找。目前舰船可靠性计算结果为故障率、可靠度等统计指标,缺少无故障运行时间、故障次数、故障时长等直观运行数据,使设计人员难以准确定位系统可靠性薄弱环节,更无法感受可靠性改进效果和明确可靠性改进设计方向。

(3) 缺少统一的舰船可靠性建模与计算支撑平台,普通设计人员难以有效开展可靠性量化分析工作。由于可靠性定量计算专业性强,加之复杂系统建模、设备失效模式选择、任务剖面及工况制订等工作需要基础数据和计算方法支撑,使得各系统在方案论证和方案迭代过程中普遍缺少快速、统一、准确、全面的可靠性量化分析结果的支撑,严重制约了舰船可靠性量化改进设计效率。

以上不足与局限催生了可靠性仿真手段的研究和应用。针对复杂武器装备可靠性量化分析问题,目前欧美等国家主要以“蒙特卡罗方法”作为算法核心,结合计算机与仿真技术开展可维修复杂系统在典型任务剖面中的运行过程仿真及各类可靠性指标计算,通过直观的装备运行和故障发生情况,配合统计得到的各项可靠性指标,发现设计方案存在的可靠性问题,结合方案迭代改进,实现武器装备可靠性水平的逐步提高。

3.5.1 蒙特卡罗可靠性仿真基础

蒙特卡罗可靠性仿真的工作原理可概括为“先发散、后收敛”。先发散指根据设备的可靠性指标与运行参数,按失效分布规律随机生成多个工作状态或时长,后收敛指根据多次系统仿真结果,计算系统的可靠性指标及其置信区间。随机数生成技术就是实现“先发散”的主要方法,也是实现复杂系统蒙特卡罗仿真技术的关键技术之一。

目前的舰船标准规范中,诸多公式均是以设备失效服从指数分布为前提推导得到的,为提高本课题的计算精度,本书将引入更复杂的威布尔分布(涵盖指数分布)来表征机械、机电设备的失效规律,同时兼顾可能用到的正态分布和对数分布失效类型。

3.5.1.1 蒙特卡罗随机数生成基本原理

根据随机数类型来分,蒙特卡罗方法可分为非序贯蒙特卡罗法和序贯蒙特卡罗法,前者的随机数是离散的,主要用于表征间断型工作状态的设备,后者的随机数是连续的,主要用于表征连续型工作设备。

由于舰船设备的失效分布多样,两种随机数生成技术均会涉及,因此下面将分别介绍。

1) 非序贯蒙特卡罗随机数

非序贯蒙特卡罗随机生成技术也被称为状态抽样方法,在电力系统的可靠性评估中广泛应用,其原理认为系统的一个状态是由元件状态的所有组合,以及该元件的每个状态由其出现的概率抽样来决定的。

原理可简单概括为:取[0,1]之间的一个随机数,并假设每个随机数都对应一种工作状态,这些工作状态可分为正常工作、失效停运两类,同时假设状态之间是独立的,数学表达式为

$$S_i = \begin{cases} 0(\text{工作状态}), & 1 \geqslant R_i \geqslant Q_i \\ 1(\text{失效状态}), & Q_i > R_i \geqslant 0 \end{cases} \tag{3-11}$$

式中:S_i 为元件 i 的工作情况;Q_i 为对应元件 i 失效的概率;R_i 为对应元件 i 抽取

的随机数。

假设系统中有数量为 N 的元件，相应的需要 N 个随机数：$R_1,\cdots,R_i,\cdots,R_n$，当所有元件都确定自身状态后，整个系统的状态也就确定了。

非序贯蒙特卡罗随机数生成法原理简单，可用于成败型设备的状态仿真，但缺点是无法表征持续时间、频率等指标。

2）序贯蒙特卡罗随机数

序贯蒙特卡罗随机数生成法也称为状态持续时间抽样技术，它的基本思想是按照时序，在一个规定的时间周期内建立一个虚拟的系统状态循环转移过程，并对每一个系统状态进行计算分析，最后通过统计性规律得到评价指标。

该方法侧重于模拟系统在某段时间内的运行状态，对于系统中各元件的状态一般通过状态时间抽样法获取，从方法原理可以看出，该方法考虑了时间的因素，因此相比非序贯蒙特卡罗随机数生成法更符合连续型运行设备的实际使用情况。

假设设备的失效分布符合指数分布，则随机数生成的主要步骤如下。

（1）设元件初始状态都为可用状态。

（2）确定元件的状态持续时间，如正常状态为 P，失效状态为 F，第 i 次正常运行与故障维修的时间为

$$T_{\mathrm{D}i} = -\mathrm{MTBCF}\cdot\ln y_i,\quad T_{\mathrm{F}i} = -\mathrm{MTTR}\cdot\ln R_i' \tag{3-12}$$

式中：$T_{\mathrm{D}i}$为第 i 次正常运行时长；MTBCF 为设备平均无严重故障间隔时间；y_i 为正常运行时第 i 次的[0,1]随机生成数；$T_{\mathrm{F}i}$为第 i 次故障维修时间；MTTR 为平均修复时间；y_i' 为失效状态时第 i 次的[0,1]随机生成数。

3.5.1.2 典型设备运行状态随机数生成

随机数的产生是蒙特卡罗仿真计算过程中的关键一环，理论研究表明，随机数由数学方法产生但并不具有真正的随机意义，所以称为伪随机数，原则上讲伪随机数序列的随机性应当通过统计检验来确认。服从一定分布的随机数序列称为随机变量，现在有不少的随机数发生器可以产生满足[0,1]区间上均匀分布的随机数序列，其他类型的随机数可以基于[0,1]随机数推导得到。

舰船设备数量繁多、类型多样，从失效原理和组成类型来分可分为3类：电子类设备、机械机电类设备、成败型设备，各型设备的失效分布模型和随机数生成方法下面一一介绍。

1）电子设备

舰船电子类设备的失效分布规律普遍符合指数分布，主要涵盖各类显控台、电源设备、电子机柜等，失效分布的数学模型为

$$R(t) = \mathrm{e}^{-\lambda t} \tag{3-13}$$

式中：λ 为故障率，指数分布中为恒定值；t 为典型任务时长；$R(t)$ 为 t 时长的任务可靠度。

对于该类设备,通过引入[0,1]区间的随机数发生器来实现模拟,对应的工作时间 t 的随机数生成公式为

$$t = -\frac{1}{\lambda}\ln r \tag{3-14}$$

式中:r 为随机数发生器生成的在[0,1]区间的随机数。

2) 成败型设备

舰船成败型设备的失效分布规律符合二项分布类型,主要涵盖各类启闭装置、升降装置、阀门、转换器、武器发射装置等,对应的数学模型为

$$R(x) = \begin{cases} p, & x = 1(\text{成功}) \\ 1 - p, & x = 0(\text{失败}) \end{cases} \tag{3-15}$$

式中:$R(x)$ 为单次工作的可靠度;x 为工作状态;p 为任务的成功率。

对于该类设备,通过引入[0,1]区间的随机数发生器来实现模拟,对应的单次状态 x 的随机数生成公式为

$$x = \begin{cases} 1(\text{成功}), & y \geqslant p \\ 0(\text{失败}), & y < p \end{cases} \tag{3-16}$$

式中:y 为随机数发生器生成的在[0,1]区间的随机数。

3) 机械机电设备

舰船机械机电类设备主要涵盖主机组、发电机组、泵类、制冷机组等设备,其失效分布规律较电子设备更为复杂,目前工程上处理该类设备的可靠性问题时,常假设其服从指数分布,本书为提高设备运行模拟精度,将采用覆盖面更广的威布尔分布表征,对应的数学模型为

$$R(t) = e^{-t^m / t_0} \tag{3-17}$$

式中:$R(t)$ 为 t 时长的任务可靠度;m 为形状参数;t_0为尺度参数。

对于该类设备,通过引入[0,1]区间的随机数发生器来实现模拟,对应的工作时间 t 的随机数生成公式为

$$t = \eta\,(-\ln r)^{1/m} \tag{3-18}$$

式中:r 为随机数发生器生成的在[0,1]区间的随机数。

在上述随机数生成方法的基础上,各型设备的运行状态仿真方法如下。

1) 电子设备的运行状态仿真

电子设备的运行状态是指在典型任务剖面时长 t 内,处于正常状态与故障维修的状态,该类设备的可靠性指标为平均故障间隔时间 MTBF 和平均修复时间 MTTR,设备的失效分布类型为指数分布,以 Matlab 平台为例,随机数生成函数如下:

$$\begin{cases} y1 = \text{random}('\text{exp}', \text{MTBF}, 1, N) \\ y2 = \text{random}('\text{exp}', \text{MTTR}, 1, N) \end{cases}$$

设 $y1(i)$ 为正常运行状态的运行时长，$y2(i)$ 为故障维修状态的运行时长，$T(i)$ 为第 i 次正常运行或故障维修的运行时长，为设备典型任务过程中的真实运行状态模拟过程，如此可得到的仿真运行数据为

$$T = \overbrace{[M_1, R_1, M_1, R_1, \cdots, M_N, R_N]}^{T_0} \tag{3-19}$$

式中：M 为正常运行时长；R 为故障维修时长；T_0为典型任务时长。

对应的电子设备运行状态示意图如图 3-22 所示。

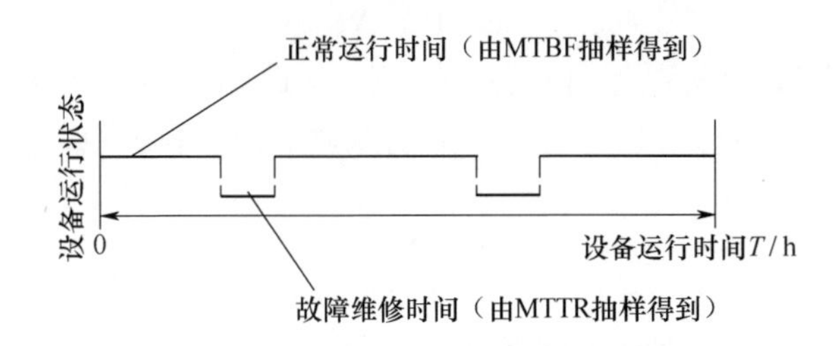

图 3-22　电子设备运行状态仿真示意图

以 MTBF=300h，MTTR=4h 为例，以 Matlab 为平台，电子设备的运行状态随机数生成程序如下：

```
MTBF=300;
MTTR=4;
y1= random('exp',MTBF,1,10)
y2= random('exp',MTTR,1,10)
j=1;
for i=1:10
T(j)=y1(i);
        j=j+1;
T(j)=y2(i);
        j=j+1;
end
```

程序运行后，得到的正常状态运行时长随机数 $y1$，故障维修状态运行时长随机数 $y2$，任务运行状态运行时长随机数 T 的结果如下：

$y1$ =[21.9693　76.1919　215.9757　249.1312　241.7042　354.9086　202.8819　201.5498　60.4045　68.8876]

$y2$ =[1.7583　3.8850　0.8351　2.5182　4.1910　0.2518　0.5298　2.3902　1.8962　2.1306]

T =[21.9693 1.7583 76.1919 3.8850 215.9757 0.8351 249.1312 2.5182 241.7042 4.1910 354.9086 0.2518 202.8819 0.5298 201.5498 2.3902 60.4045 1.8962 68.8876 2.1306]

2）成败型设备运行状态仿真

成败型设备的运行状态是指在制定任务时间内，完成 N 次任务，每次任务以成功、失败表征，该类设备可靠性指标为成功率 p，以 Matlab 平台为例，则随机数生成函数为

$$y = \mathrm{rand}(1,N)$$

设 $T(i)$ 为第 i 次任务的运行状态，若 $y(i) \geqslant p$，则 $T(i)=0$，表示该次任务失败。若 $y(i) \leqslant p$，则 $T(i)=1$，表示该次任务成功，如此可得到如下所示的 N 次任务的成败样本数据：

$$T = \overbrace{(1,1,1,1,0,1,1,\cdots,1)}^{N} \tag{3-20}$$

对应的运行状态示意图如图 3-23 所示。

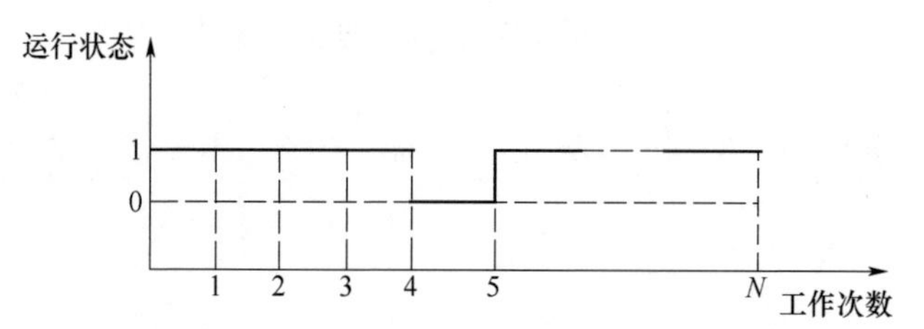

图 3-23　成败型设备的运行状态仿真示意图

以 $N=10, p=0.95$ 为例，成败型设备的随机数生成程序如下：

```
y=rand(1,10)
for i=1:10
if y(i)>=0.95
T(i)=0;
else
T(i)=1;
end
end
```

运行后，[0,1]范围内的随机生成数如下：

y =[0.4505 0.0838 0.2290 0.9133 0.1524 0.8258 0.5383 0.9961 0.0782 0.4427]

对应的设备状态随机数为

T =[1 1 1 1 1 1 1 0 1 1]

式中:1 表示成功状态;0 表示失败状态。

3) 机电机械设备运行状态仿真

机电设备的运行状态是指在典型任务剖面时长 t 内,处于正常状态与故障维修的状态,该类设备的可靠性指标为平均故障间隔时间 MTBF 和平均修复时间 MTTR,设备的失效分布类型为威布尔分布,以 Matlab 平台为例,随机数生成函数如下:

$$\begin{cases} y1 = \text{random}('\text{wb1}', \text{MTBF}, m, 1, N); \\ y2 = \text{random}('\text{wb1}', \text{MTTR}, m, 1, N); \end{cases}$$

设 $y1(i)$ 为正常运行状态的运行时长,$y2(i)$ 为故障维修状态的运行时长,$T(i)$ 为第 i 次正常运行和故障维修的交替运行时长,为设备典型任务过程中的运行状态模拟过程,如此可得到的仿真运行数据为

$$T = \overbrace{[M_1, R_1, M_2, R_2, \cdots, M_N, R_N]}^{T_0} \tag{3-21}$$

式中:M 为正常运行时长;R 为故障维修时长;T_0为典型任务时长。

对应的机电设备运行状态示意图与电子设备相似,可参考图 3-14。

以 MTBF=500h、MTTR=4h、威布尔形状参数 $m=2$ 为例,机电产品的运行状态随机数生成程序如下:

```
MTBF=500;
MTTR=4;
y1= random('wbl',500,2,1,10)
y2= random('wbl',4,1,1,10)
j=1;
for i=1:10
T(j)=y1(i);
        j=j+1;
T(j)=y2(i);
        j=j+1;
end
```

程序运行后,得到的正常运行时间 $y1$ 和故障维修时间 $y2$ 的随机数如下:

$y1$ =[360.3361　578.4900　355.7029　291.8816　613.6406　731.7817　551.1613　534.6165　463.0412　411.5680]

$y2$ =[9.8362　5.3503　0.8875　14.1316　0.2952　1.2570　2.8648　2.1891　5.7540　3.1161]

两种状态合成后,得到设备的任务运行时长随机数如下:

T = [360. 3361　9. 8362　578. 4900　5. 3503　355. 7029　0. 8875　291. 8816　14. 1316　613. 6406　0. 2952　731. 7817　1. 2570　551. 1613　2. 8648　534. 6165　2. 1891　463. 0412　5. 7540　411. 5680　3. 1161]

3. 5. 2　多层级产品可靠性仿真流程

针对舰船装备多层级系统结构特点，将引入“虚单元”可靠性建模仿真技术。“虚单元”的应用主要体现在两个方面：一是多层级产品建模过程中，将某一复杂系统设为“虚单元”，作为上级系统可靠性模型的组成之一；二是将系统可靠性模型中复杂且独立的系统结构作为“虚单元”，以简化复杂系统的可靠性模型，提高模型的可读性。

1）多级系统结构的可靠性建模与仿真

结合舰船研制阶段已有的产品分级组成，对总体及各级系统开展任务可靠性建模，其中总体可靠性模型由平台、动力等大系统构建，该层级中大系统以“虚单元”形式作为组成元件之一。平台系统则以保障系统等一级系统作为底层元件开展可靠性建模，保障系统等一级系统以“虚单元”形式作为底层元件。以此类推，直至完成各个大系统的任务可靠性建模。

一级系统组成不仅包含下属分系统，而且还有单独设备，可将分系统以“虚单元”形式作为底层元件开展任务可靠性建模，构建一级系统的任务可靠性模型，下属分系统在下一级结构中继续开展任务可靠性建模，直至到达最底层分系统。

按照以上分级形式完成所有系统的可靠性建模后，按照自下而上的方式开展可靠性仿真集成。具体流程如下。

（1）以设备可靠性、维修性参数及分布类型，构建设备仿真运行过程，结合底层分系统任务可靠性模型的故障逻辑关系，模拟底层分系统的仿真运行过程，并以此作为该层级的仿真输出，以及上级系统仿真的输入条件。

（2）以底层分系统及单独设备的仿真运行过程作为输入，结合一级系统的任务可靠性模型的故障逻辑关系，模拟一级分系统的仿真运行过程，以此作为该层级的仿真输出，以及上级系统仿真的输入条件。

（3）以一级系统的仿真运行过程为输入，结合大系统和总体的任务可靠性模型对应的故障逻辑关系，模拟大系统及总体的仿真运行过程，作为大系统、总体的仿真输出，以及作为总体可靠性仿真计算与分析的输入条件。

2）多任务阶段的可靠性建模与仿真

开展总体多层级的分级建模与集成仿真后，虽有效减少了任务可靠性模型的规模和复杂程度，但对于冗余设计较多的系统而言，任务可靠性模型仍然较为复杂难懂，为了方便设计人员更易理解、修改可靠性模型，本书也将“虚单元”建模与仿真技术应用到部分复杂系统的可靠性建模与仿真过程中。

为优化仿真事件推理逻辑和简化复杂系统模型的可靠性框图,可以按“设备单元影响系统功能,系统功能影响任务成败”的思路把具有关联关系的设备单元集抽象成虚单元,比如可以把并联系统、表决系统、旁联系统这些结构以及实现特定功能的分系统抽象成“虚单元”。所谓虚单元,就是把一些具有功能联系的单元组合在一起,构成一个虚拟单元,这些虚拟单元都具有特定的功能,通过建立虚单元可以简化可靠性框图,同时还能够方便有效地进行事件影响推理。虚单元具有如下特点。

(1) 虚单元内的所有单元与虚单元外的单元应是相互独立的。

(2) 虚单元内的所有单元之间的逻辑关系可以是并联、旁联等。

(3) 虚单元应只有一个逻辑入口和逻辑出口。

在仿真过程中,发生某事件后,判断事件对仿真中各分系统、系统的影响情况。舰船的组成单元在使用过程中总会出现故障,通过舰船任务、主装备之间的关系推理,可以得到设备单元故障对其他设备单元的影响,进而推理对系统任务的影响。某复杂系统模型虚单元工作原理示意图如图 3-24 所示。

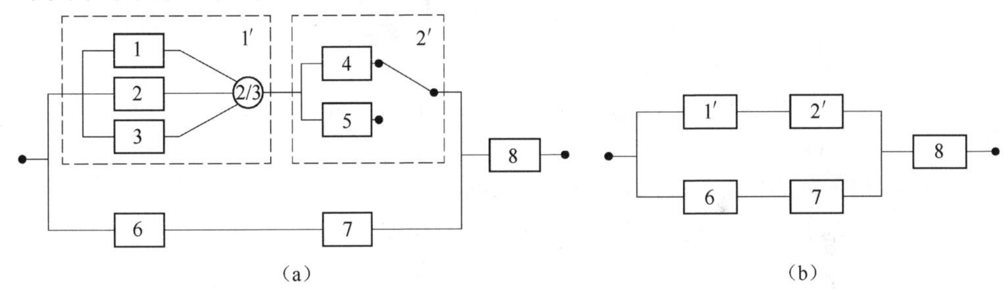

图 3-24 某复杂系统模型虚单元工作原理示意图

(a)某系统任务何靠性框图;(b)转换后的某系统任务可靠性框图。

综上所述,为简化数量庞大、功能复杂的舰船总体任务可靠性建模,采用“虚单元”形式开展总体分级建模与集成仿真,从而实现各级系统任务可靠性模型简单易懂,各层级系统独立仿真输出的多级集成仿真功能。结合虚单元的总体可靠性仿真事件推理示意图如图 3-25 所示。

事件具体推理过程如图 3-25 所示,舰船总体模型由分系统组成,分系统可能又由子分系统或设备直接组成,分系统由设备串联、并联、旁联等模型结构组成,其中设备单元为实体元素,由用户给设备单元设置具体属性,旁联、并联等模型结构和分系统、系统都为虚单元(所谓虚单元就是不是物理存在的虚拟结构),其寿命时间、任务可靠性等属性根据设备单元的实际运行情况计算得出。

具体运行示例如下。

(1) 若设备 1 发生故障:判断设备 1 对虚单元 A 造成的影响,判断的条件是表决系统的逻辑推理(其他两个设备是否正常工作),如果虚单元 A 能正常工作,则

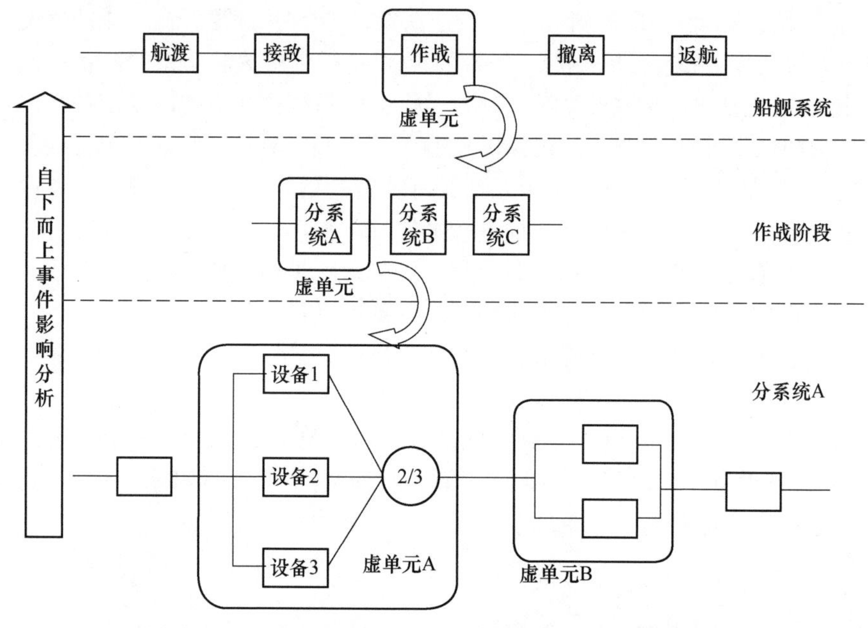

图 3-25 结合虚单元的总体可靠性仿真事件推理示意图

设备 1 的故障事件不会对其他设备造成影响。

(2) 如果设备 1 的故障事件导致虚单元 A 故障,则进一步分析虚单元 A 是否对分系统 A 的功能造成影响,若分系统 A 受影响需要停机,则分系统 A 中的其他设备单元则会产生停机等待的事件。

(3) 如果分系统 A 不能正常工作,则需在分系统层面考虑分系统 A 对系统的影响,在任务执行阶段,是否能正常执行任务,如果不能继续执行,则此次任务仿真失败。

(4) 以此类推,逐步分析对上层系统的功能影响,直到产生致命影响导致任务失败或者不再对上层系统产生影响。

3.5.3 某舰船装备可靠性仿真优化案例

下面以某舰船动力核心系统为例开展总体、系统、设备的可靠性仿真的实例验证,内容涵盖可靠性仿真计算、准确性验证和方案优化应用研究。

3.5.3.1 设备可靠性仿真数据输入

设备可靠性指标输入数据原则上应为各设备单位的 MTBCF 评估值,由于当前舰船系统、设备可靠性试验较少,且缺乏基于使用数据的 MTBCF 评估值,考虑到设备的可靠性分配指标是根据设备的预计值明确的,因此本报告采用各设备的 MTBCF 分配指标作为输入数据,如表 3-16 所列。

表 3-16 动力核心系统所属设备可靠性指标

系统名称	序号	设备名称	MTBCF	MTTR	运行比	数量
动力系统	1	滑油泵	10000	3	1	3
	2	海水泵	20000	3	1	2
	3	淡水泵	10000	3	0.67	3
	4	冷却水泵	20000	2	1	2
	⋮	⋮	⋮	⋮	⋮	⋮
电力系统	1	发电机组	20000	3	1	1
	2	整流装置	30000	1	1	1
	3	配电板	100000	1	1	1
	4	推进电机	100000	3	1	1
	⋮	⋮	⋮	⋮	⋮	⋮

注:该表中的指标、数量等为假设值。

3.5.3.2 系统任务可靠性框图建模

1) ××动力系统任务可靠性模型

动力系统由冷却水分系统等 6 个分系统组成,由于任意分系统的故障均会影响动力系统的任务成败,因此为全串联结构,××动力系统及轴承任务可靠性框图如图 3-26 所示。

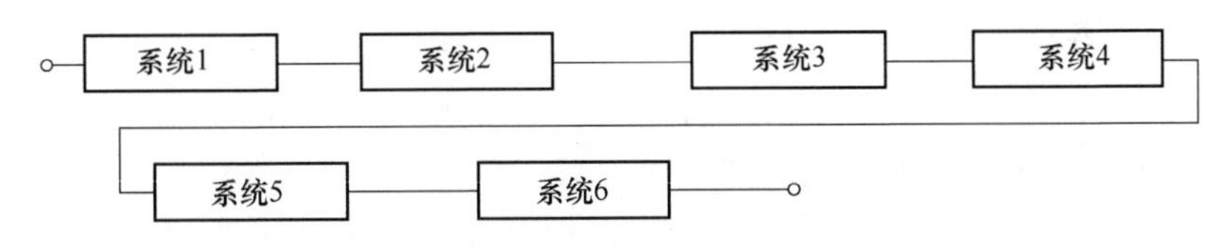

图 3-26 ××动力系统及轴系任务可靠性框图

各分系统的任务可靠性框图如图 3-27、图 3-28 所示。

(1) 系统 1 任务可靠性框图如图 3-27 所示。

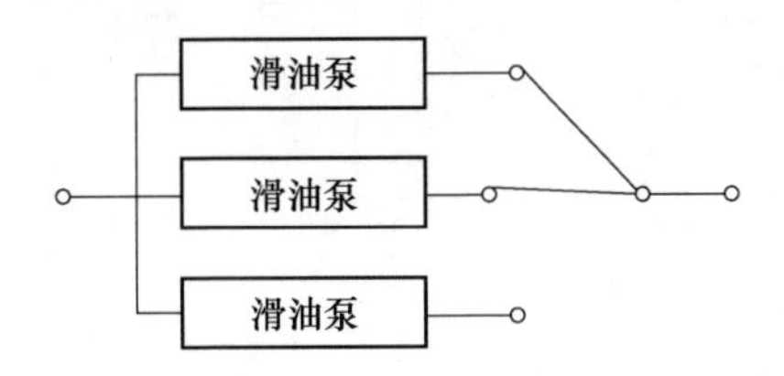

图 3-27 系统 1 任务可靠性框图

(2) 系统 2 任务可靠性框图如图 3-28 所示。

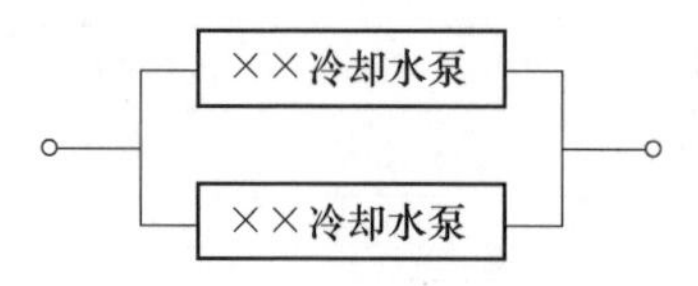

图 3-28　系统 2 任务可靠性框图

2）××电力系统任务可靠性模型

根据××电力系统的工作原理，推导得到其任务可靠性模型框图，如图 3-29 所示。

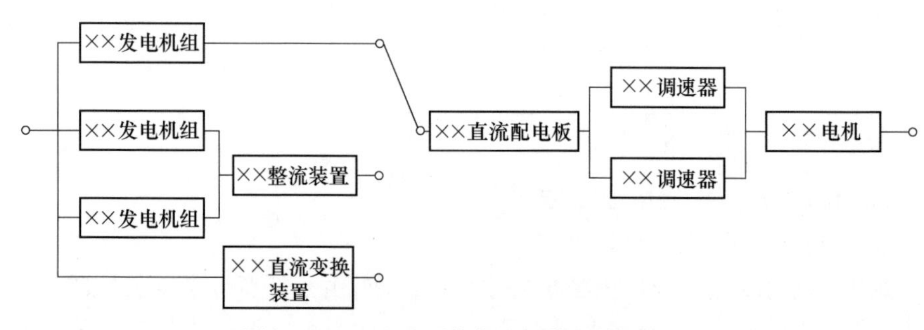

图 3-29　××电力系统任务可靠性模型框图

3.5.3.3　基于软件平台的可靠性仿真模型建模

由于国内外尚无成熟、通用的系统级可靠性仿真软件，因此采用定制开发的软件开展系统可靠性仿真建模，软件界面如图 3-30 所示。

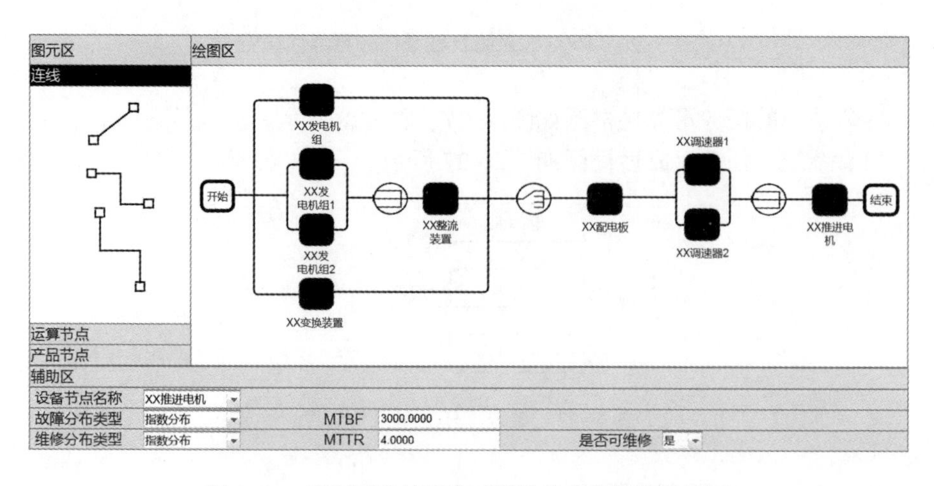

图 3-30　定制开发的系统可靠性仿真分析软件界面

3.5.3.4 可靠性仿真计算、验证及优化

1）系统可靠性仿真计算

由于本示例中，设备的可靠性指标 MTBCF 普遍为上万小时，而舰船典型任务一般为数千小时，本案例假设任务时间为 4 个月、2880h，若选择一次典型任务为一个仿真剖面，则一次仿真中总体仿真出现严重故障事件的概率极低，为提高仿真效率，将单次仿真的任务时长设置为 20000h，其等效为若干次典型任务仿真。

在完成总体、系统、设备任务可靠性建模和总体任务剖面设置后，可开展任务可靠性仿真，仿真结果的显示主要有以下几种图形形式。

（1）首次任务的仿真过程显示。

通过时钟推进的方式展示首次任务仿真的过程，该种显示形式可选择总体和一种系统，然后通过可靠性模型的形式展示在一次任务运行过程中，各系统、设备的正常运行、冗余切换、故障维修等运行状态，其中绿色表示正常状态、红色表示故障状态、黄色表示冷备份待机。为提高仿真效率，可在程序中设置仿真的推进时间间隔，任务仿真过程的仿真截图如图 3-31 所示。

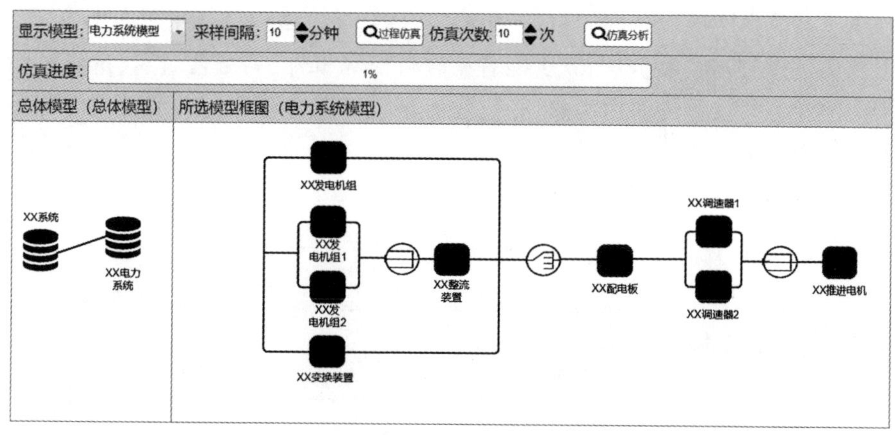

图 3-31 总体及综合电力系统的运行过程仿真图

（2）首次仿真的节点事件显示。

首次任务过程仿真结束后，软件会将仿真过程中的重要节点事件进行记录，并通过选项来选择对一种或几种设备的重要事件进行展示，本章以动力系统某分系统为例，展示其在首次仿真过程中的重要事件节点信息，如图 3-32 所示。

（3）仿真时序状态图。

为提高仿真过程的可视化能力，总体可靠性仿真分析软件还具备仿真时序状态图显示的能力，该图形可显示各系统、设备在首次仿真过程中完整的状态变迁时序图。

仿真任务：[illegible] 汽轮给水泵组1,汽轮给水泵组2,凝水工作站式凝 查询

	事件序号	时间	阶段	单元	事件	序列事件（小时）
1	18	0:0	任务巡航	[illegible]系统	运行	0.00
2	47	3020:0	任务巡航	[illegible]系统	故障	0.00
3	51	3023:0	任务巡航	[illegible]系统	运行	0.00
4	58	3540:30	任务巡航	[illegible]系统	故障	0.00
5	62	3542:0	任务巡航	[illegible]系统	运行	0.00
6	85	11959:30	任务巡航	[illegible]系统	故障	0.00
7	89	11960:0	任务巡航	[illegible]系统	运行	0.00
8	104	16098:30	任务巡航	[illegible]系统	故障	0.00
9	108	16100:30	任务巡航	[illegible]系统	运行	0.00
10	116	18850:30	任务巡航	[illegible]系统	故障	0.00
11	120	18853:30	任务巡航	[illegible]系统	运行	0.00
12	157	26534:30	任务巡航	[illegible]系统	故障	0.00
13	161	26541:0	任务巡航	[illegible]系统	运行	0.00
14	175	28378:30	任务巡航	[illegible]系统	故障	0.00
15	179	28380.0	任务巡航	[illegible]系统	运行	0.00

图 3-32　动力系统某分系统首次仿真的重要事件统计图

由于系统中所属设备的 MTBCF 指标较高(10000h 以上),MTTR 指标较低(3h 以下),因此过程仿真数据中,较少能看见故障仿真事件,为方便查看,选择故障率较高的两型泵类设备为演示对象,并截取仿真时序图中较典型的局部故障和备份切换图作为示例,如图 3-33 所示。

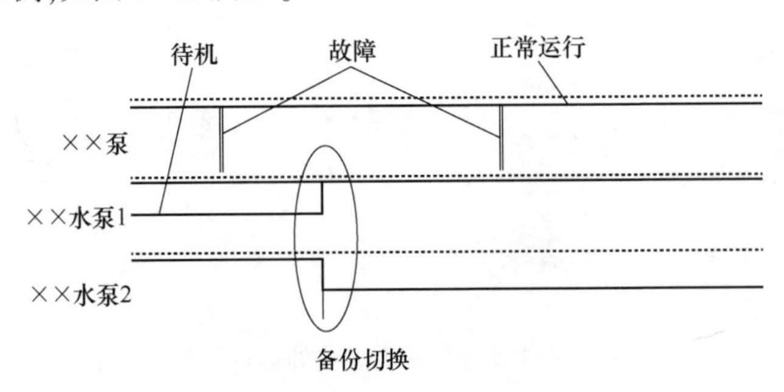

图 3-33　部分设备的局部仿真时序状态图

(4) 可靠性仿真数据统计结果展示。

待确认首次仿真过程无逻辑错误,并确认符合实际运行状态后,重复该类任务仿真 N 次,然后通过 N 次仿真的累计运行事件、累计故障次数和累计维修时间,并统计得到 MTBCF、MTTR 等可靠性指标。动力核心系统在 1000 次仿真结束后的总体、系统、分系统的可靠性统计结果如图 3-34 所示。

(5) 仿真分析结果统计图。

为验证仿真设定的次数 N 满足计算精度要求,仿真软件还对可靠性指标计算

仿真任务：[illegible] 仿真次数：100 次 查询 查看统计图

	名称	总时间	故障次数	修理时间	可用度	MTBF	MTTR
1	总体	2880000.00	401	1097.50	99.96	7179.31	2.74
2	[illegible]系统	2880000.00	18	9.00	100.00	159999.50	0.5
3	[illegible]系统	2880000.00	383	1088.50	99.96	7516.74	2.84
4	[illegible]系统	2880000.00	0	0	100.00	2880000.00	0.00
5	[illegible]系统	2880000.00	0	0	100.00	2880000.00	0.00
6	[illegible]系统	2880000.00	0	0	100.00	2880000.00	0.00
7	[illegible]系统	2880000.00	382	1086.00	99.96	7536.42	2.84
8	[illegible]系统	2880000.00	0	0.00	100.00	2880000.00	0.00
9	[illegible]系统	2880000.00	1	2.5	100.00	2879997.50	2.5

图 3-34　总体、系统、分系统的仿真数据统计图

结果的收敛情况进行了统计图形显示(图 3-35)，该图展示了仿真计算结果随着仿真次数的增加而出现的收敛情况，如果仿真计算结果趋于平稳，则说明该仿真次数 N 满足计算精度要求，若仿真计算结果波动较大，则需要继续加大仿真次数 N，以提高计算精度。

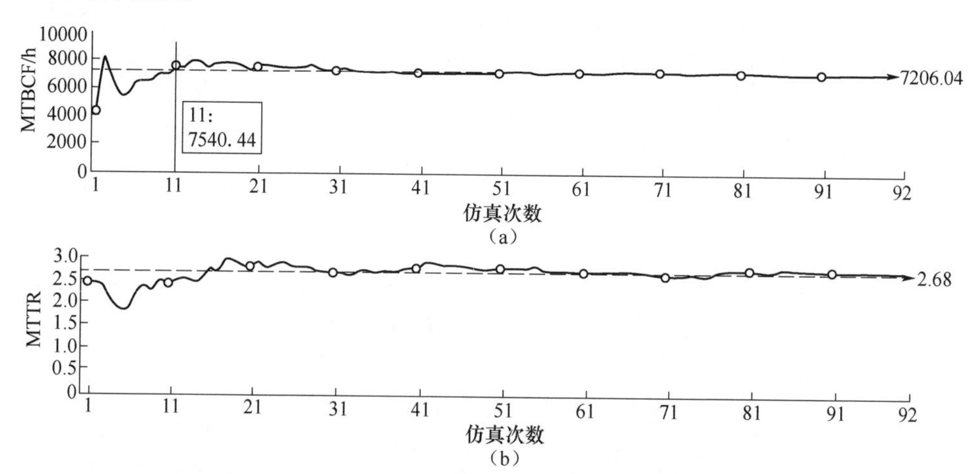

图 3-35　总体可靠性、维修性数据仿真结果收敛曲线图

(a)总体可靠性数据仿真计算收敛曲线；(b)总体维修性数据仿真计算收敛曲线。

(6) 可靠性指标仿真计算结果。

通过对动力核心系统(模型中的总体)开展典型任务时长的 1000 次仿真后，累计运行时间为 2880000h，总体累计故障次数为 401 次，总体的 MTBCF 点估计值为 7179.31h，MTTR 点估计值为 2.68h，从指标仿真估算与仿真次数的统计图(图 3-26)可以看出，1000 次仿真后统计结果数据已趋于收敛，计算精度稳定，此时对应的任务可靠度点估计值为 $R_{\mathrm{m}}(t=2880\mathrm{h})=\mathrm{e}^{-\lambda t}=\mathrm{e}^{-t}/\mathrm{MTBCF}=0.6695$。

2）可靠性仿真结果验证

由于可靠性计算结果无法通过测量得到，因此为验证可靠性仿真计算结果的准确性，通过对比传统的数学解析方法来验证可靠性仿真结果的准确性。采用数学解析方法的推导计算过程如下。

(1) 任务可靠性数学解析模型。

根据舰船动力核心系统（总体级）构建的任务可靠性模型框图，采用数学解析方法同步建立可靠性数学模型，具体推导公式如下。

① 动力系统。系统级的任务可靠性数学模型为

$$R_{\mathrm{m}} = R_{\mathrm{m1}} R_{\mathrm{m2}} \cdots R_{\mathrm{m}n} \tag{3-22}$$

式中：R_{m} 为××动力系统的任务可靠度；$R_{\mathrm{m1}}, R_{\mathrm{m2}}, \cdots, R_{\mathrm{m}n}$ 为各分系统的任务可靠度。

各分系统的任务可靠性模型如下所示。

a. 系统1。

系统1的任务可靠性数学模型为

$$R_{\mathrm{m1}} = 1 - (1 - \mathrm{e}^{-\lambda_{11} t})^2 \tag{3-23}$$

式中：R_{m1} 为系统1的任务可靠度；t 为任务时间；λ_{11} 为××泵的严重故障率。

b. 系统2。

系统2的任务可靠性数学模型为

$$R_{\mathrm{m2}} = (\mathrm{e}^{-\lambda_{21} t})^2 (12\lambda_{21} t)[1 - (1 - \mathrm{e}^{-\lambda_{22} t})^2][1 - (1 - \mathrm{e}^{-\lambda_{23} t})^2][1 - (1 - \mathrm{e}^{-\lambda_{24} t})^2] \tag{3-24}$$

式中：R_{m2} 为冷却水系统的任务可靠度；t 为任务时间；$\lambda_{21}, \lambda_{22}, \lambda_{23}, \lambda_{24}$ 为××泵、××冷却装置、××Ⅰ型海水泵、××Ⅱ型海水泵的严重故障率。

c. 系统3。

系统3的任务可靠性数学模型为

$$R_{\mathrm{m3}} = \mathrm{e}^{-\lambda_{31} t} \mathrm{e}^{-\lambda_{32} t} \mathrm{e}^{-0.9\lambda_{33} t}(1 + 0.9\lambda_{33} t) \mathrm{e}^{-0.1\lambda_{34} t}(1 + 0.1\lambda_{34} t) \tag{3-25}$$

式中：R_{m3} 为系统3的任务可靠度；t 为任务时间；$\lambda_{31}, \lambda_{32}, \lambda_{33}, \lambda_{34}$ 为××冷却模块、××泵、××机组、××水泵机组的严重故障率。

d. 系统4。

系统4的任务可靠性数学模型为

$$R_{\mathrm{m4}} = \mathrm{e}^{-\lambda_{41} t}(1 + \lambda_{41} t) \mathrm{e}^{-\lambda_{42} t}(1 + \lambda_{42} t) \tag{3-26}$$

式中：R_{m4} 为系统4的任务可靠度；t 为任务时间；$\lambda_{41}, \lambda_{42}$ 为××泵、××冷却装置的严重故障率。

e. 系统5。

系统5的任务可靠性数学模型为

$$R_{m5} = (e^{-0.9\lambda_{51}t})^2(1 + 2 \times 0.9\lambda_{51}t)e^{-0.1\lambda_{51}t}\left[1 + 0.1\lambda_{51}t + \frac{(0.1\lambda_{51}t)^2}{2}\right] \tag{3-27}$$

式中：R_{m5} 为系统 5 的任务可靠度；t 为任务时间；λ_{51} 为××泵的严重故障率。

f. 系统 6。

系统 6 的任务可靠性数学模型为

$$R_{m6} = 1 - (1 - e^{-\lambda_{61}t})^2 \tag{3-28}$$

式中：R_{m6} 为系统 6 的任务可靠度；t 为任务时间；λ_{61} 为××泵的严重故障率。

② 电力系统。

××电力系统的数学模型如下：

$$R'_m = R'_s e^{-\lambda'_5 t}[1 - (1 - e^{-\lambda'_6 t})^2]e^{-\lambda'_7 t} \tag{3-29}$$

$$R'_s = \frac{(\lambda'_{2s}\lambda'^2_3 - \lambda'^2_{2s}\lambda'_3)R'_{m1} + (\lambda'^2_1\lambda'_3 - \lambda'_1\lambda'^2_3)R'_{m2} + (\lambda'_1\lambda'^2_{2s} - \lambda'^2_1\lambda'_{2s})R'_{m3}}{(\lambda'_3 - \lambda'_{2s})(\lambda'_2 - \lambda'_1)(\lambda'_3 - \lambda'_1)} \tag{3-30}$$

$$R'_{m1} = e^{-\lambda'_1 t} \tag{3-31}$$

$$R'_{m2} = [1 - (1 - e^{-\lambda'_2 t})^2]e^{-\lambda'_3 t} \tag{3-32}$$

$$R'_{m3} = e^{-\lambda'_4 t} \tag{3-33}$$

式中：R'_m 为××电力系统的任务可靠度；t 为任务时间；λ'_1，λ'_2，…，λ'_7 为××发电机组、××发电机组、××整流装置、××变换装置、××配电板、××调速器、××电机的严重故障率，且 $\lambda'_i = 1/\mathrm{MTBCF}_i (i=1,2,\cdots,7)$；$\lambda'_{2s}$ 为××发电机组与××装置所构成组件的等效严重故障率。

(2) 可靠性数学解析计算。

由于传统数学解析法起源于电子设备的可靠性分析，其计算方法以设备不可修、连续运行、无变工况等运行条件为前提，为避免数学解析计算结果与仿真计算结果存在原理性的误差，因此在采用数学解析方法计算时，将可维修、间歇运行、变工况等因素折算到数学模型中，通过任务可靠性模型中的等效任务时长 t 来体现，目前该方法已应用到型号的工程实践中，这里直接提取型号设计中的任务时长数据进行计算。

① 动力系统。

动力系统所属的 6 个分系统属于相对独立的系统，各自的运行间断比、工况转换、故障修复能力有较大区别，因此折算的任务时长也各不相同，在总体任务剖面时长 2880h 的背景下，动力系统等效任务时长及折算因素如表 3-17 所列。

表 3-17　动力系统等效任务时长及折算因素表

序号	设备名称	等效任务时长/h	折算因素
1	系统 1	2000	可修
2	系统 2	2200	可修
3	系统 3	2000	可修、变工况
4	系统 4	1000	可修、变工况、间歇运行
5	系统 5	2200	可修、变工况
6	系统 6	2200	可修

注：以上数据为假设值。

以 Matlab 为平台，将以上输入数据及任务可靠性数学模型编程计算，具体程序如下：

```
r1=1/18000;%××泵故障率(下同)
r2=1/12000;%××泵
……
R1=1-(1-exp(-r1*t1))^2;%××系统数学解析模型(下同)
R2=exp(-r8*t2)^2*(1+2*r8*t2)*(1-(1-exp(-r9*t2))^2)*(1-(1-exp(-r6*t2))^2)*(1-(1-exp(-r7*t2))^2);%冷却水系统
R3=exp(-r11*t3)*exp(-r12*t3)*exp(-r10*t3)*(1+r10*t3);%××系统
R4=exp(-r3*t4)*(1+r3*t4)*exp(-r4*t4)*(1+r4*t4);%××系统
R5=exp(-r2*t5)^2*(1+2*r2*t5);%××系统
R6=1-(1-exp(-r5*t6))^2;%××系统
RR1=R1*R2*R3*R4*R5*R6; %动力系统数学解析模型
```

通过 Matlab 计算，得到动力系统的任务可靠度 $RR_1=0.6641$。

② 电力系统。

电力系统各设备的等效任务时长为 2076h，以 Matlab 为平台进行计算，得到××电力系统的任务可靠度 $RR_2=0.984$。

③ 动力核心系统的总体指标。

综上所述，动力核心系统的总体指标的任务可靠度的计算过程及结果为

$$R_m=RR_1\times RR_2=0.6641\times 0.984=0.6534$$

(3) 维修性数学解析计算。

维修性数学解析计算是在设备的维修性指标已知的情况下，对总体或系统的维修性进行数学解析计算，计算过程中需利用系统的基本可靠性模型。考虑到动力系统、电力系统的基本可靠性模型是系统所属设备的全串联模型，由于模型较为

简单,本书不再单独建模。

系统的平均修复时间 MTTR 为各组成单元 MTTR 的加权平均,计算公式为

$$\mathrm{MTTR_s} = \frac{\sum_{i=1}^{n} d_i \lambda_i \, \mathrm{MTTR}_i}{\sum_{i=1}^{n} d_i \lambda_i} \tag{3-34}$$

式中: $\mathrm{MTTR_s}$ 为系统的平均修复时间(h); d_i 为第 i 个单元相对系统的运行比; λ_i 为第 i 个单元故障率(1/h); MTTR_i 为第 i 个单元的平均修复时间(h)。

按照 MTTR 计算公式,输入基础数据,以 Matlab 为平台,开展解析计算,编程公式如下:

```
r1=1/18000;%××水泵故障率(下同)
r2=1/12000;%滑油泵
……
MTTR=(1*r1*2*3+1*r2*3*3+0.2*r3*2*3+0.5*r4*2*3+1*r5*2*2+1*r6*2*3+1*r7*2*3+0.67*r8*3*3+1*r9*2*3+0.45*r10*2*3+1*r11*1*2+0.02*r12*1*2+1*r13*1*3+1*r14*2*2+1*r15*1*1+1*r16*1*1+1*r17*1*1+1*r18*2*0.5+1*r19*1*3)/(1*r1*2+1*r2*3+0.2*r3*2+0.5*r4*2+1*r5*2+1*r6*2+1*r7*2+0.67*r8*3+1*r9*2+0.45*r10*2+1*r11*1+0.02*r12*1+1*r13*1+1*r14*2+1*r15*1+1*r16*1+1*r17*1+1*r18*2+1*r19*1);
```

运行后计算结果为 MTTR=2.6618h。

(4) 可靠性仿真与数学解析结果对比分析。

本课题以舰船动力系统为例,完成 1000 次任务可靠性仿真,通过对比数学解析方法的计算结果可知:可靠性指标两者的误差为 $\theta = (R_{仿} - R_{解})/R_{仿} = (0.6695 - 0.6534)/0.6695 \times 100\% = 2.40\%$;维修性指标两者的误差为 $\theta = (\mathrm{MTTR}_{仿} - \mathrm{MTTR}_{解})/\mathrm{MTTR}_{仿} = (2.74 - 2.6618)/2.74 \times 100\% = 2.85\%$,说明两者的计算值误差较小,均在 5%的范围内。

从仿真统计数据来看,舰船动力核心系统在 1000 次的任务仿真过程中,××动力系统的系统 4 出现 382 次故障,其 MTBF 点估计值为 7536.42h,其他分系统未出现故障,其 MTBCF 点估计值为 2880000h;××电力系统共出现 18 次故障,MTBCF 点估计值为 159999.5h,但整体要高于××动力系统的 MTBCF 指标。从以上统计数据可以看出,动力核心系统的可靠性薄弱环节是系统 4。

通过对首次仿真任务(任务时长 2880h)的统计数据可知,在凝给水的首次仿真运行过程中,××凝水模块出现了 4 次故障,××输送泵出现了 3 次故障,××给水泵出现了 1 次故障。考虑到××给水泵为用一备一的冷备份,因此该功能未出现影响任务的

严重故障,因此从该仿真数据可知,系统4的薄弱环节为××凝水模块、××输送泵。

××系统所属设备首次仿真的重要事件序列如图3-36所示。

仿真任务: 汽轮给水泵组1,汽轮给水泵组2,凝水工作站式凝 查询

	事件序号	时间	阶段	单元	事件	序列事件(小时)
4	41	0:0	任务巡航	泵	运行	18850.43
5	48	3020:0	任务巡航	凝水模块	故障	2.94
6	52	3023:0	任务巡航	凝水模块	运行	517.36
7	59	3540:30	任务巡航	凝水模块	故障	0.13
8	63	3542:0	任务巡航	凝水模块	运行	8418.46
9	86	11959:30	任务巡航	凝水模块	故障	0.23
10	90	11960:0	任务巡航	凝水模块	运行	4138.33
11	105	16098:30	任务巡航	凝水模块	故障	2.01
12	109	16100:30	任务巡航	凝水模块	运行	58336.49
13	118	18850:30	任务巡航	泵	故障	3.05
14	122	18853:30	任务巡航	泵	运行	7680.95
15	136	22817:30	任务巡航	机组2	运行	5339.56
16	137	22817:30	任务巡航	机组1	故障	2.19
17	138	22819:0	任务巡航	机组1	待机	2.19
18	159	26534:30	任务巡航	泵	故障	6.58
19	163	26541:0	任务巡航	泵	运行	1837.45
20	169	28177:0	任务巡航	机组2	故障	0.11
21	170	28177:0	任务巡航	机组1	运行	21226.84
22	177	28378:30	任务巡航	泵	故障	1.45
23	181	28380:0	任务巡航	泵	运行	36635.37

图3-36 ××系统所属设备首次仿真的重要事件序列表

针对系统4的薄弱环节,工程上常通过两种方式进行改进,一是通过提高××凝水模块、××输送泵的固有可靠性水平来提升凝给水的可靠性;二是不改变设备的固有可靠性指标,而是在系统中提高××凝水模块、××输送泵的设计冗余,来提高该类设备的任务可靠性。

两种改进措施的仿真计算结果如下。

① 改进措施一:提高薄弱环节固有可靠性。

将××凝水模块、××输送泵的指标由MTBCF = 18000h,MTBCF = 14500h均提升至25000h,经可靠性仿真可知,当仿真次数达500次后计算结果趋于稳定,此时计算得到的动力核心系统的MTBCF提升到11800.74h,任务可靠度 $R_m = 0.7834$,提升幅度达14.54%。

另外,从首次仿真的罗列事件可以看出,通过提升该可靠性薄弱环节的固有可靠性水平,可大幅提升整个全电推系统的任务可靠性,但是两类设备的固有可靠性小幅提升后,仍然是动力核心系统的可靠性薄弱环节。

方案改进后的总体、系统、分系统数据统计结果如图3-37所示,方案改进后的总体可靠性仿真结果如图3-38所示。

② 改进措施二:提高薄弱环节冗余程度。

在系统4中,分别旁联一台××凝水模块、××输送泵,将该模型代入到动力核心

仿真任务：[illegible] 仿真次数：100 次 查询 查看统计图

	名称	总时间	故障次数	修理时间	可用度	MTBF	MTTR
1	总体	1440000.00	122	309.50	99.98	11800.74	2.54
2	[illegible]系统	1440000.00	114	305.50	99.98	12628.90	2.68
3	[illegible]系统	1440000.00	113	304.00	99.98	12740.67	2.69
4	[illegible]系统	1440000.00	0	0	100.00	1440000.00	0.00
5	[illegible]系统	1440000.00	0	0	100.00	1440000.00	0.00
6	[illegible]系统	1440000.00	0	0	100.00	1440000.00	0.00
7	[illegible]系统	1440000.00	1	1.50	100.00	1439998.50	1.50
8	[illegible]系统	1440000.00	0	0.00	100.00	1440000.00	0.00
9	[illegible]系统	1440000.00	8	4.00	100.00	179999.50	0.50

图 3-37　方案改进后的总体、系统、分系统数据统计结果

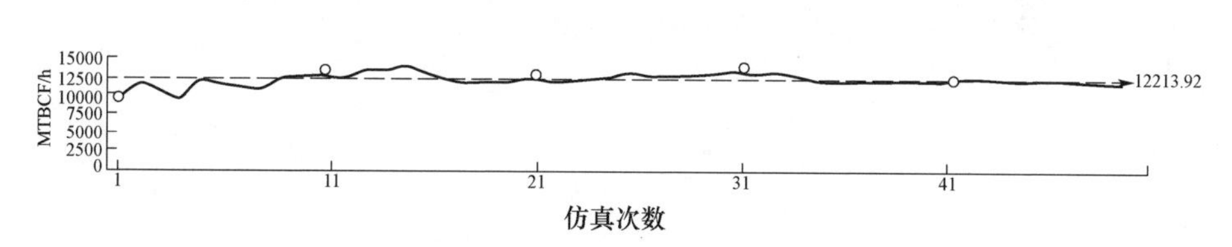

图 3-38　方案改进后的总体可靠性仿真结果

系统任务模型中开展仿真计算。

改进后系统 4 的仿真统计结果如图 3-39 所示。从该图的仿真计算结果可知，当仿真次数达 5000 次后，可靠性计算结果趋于稳定，此时 MTBCF = 123074. 84h。此时对应的任务可靠度为 R_m = 0. 9769，较原方案可靠性水平提升 31. 47%。

仿真任务：[illegible] 仿真次数：100 次 查询 查看统计图

	名称	总时间	故障次数	修理时间	可用度	MTBF	MTTR
1	总体	1440000.00	117	244.00	0.58	123074.84	2.09
2	[illegible]系统	1440000.00	109	229.17	0.58	132107.00	2.10
3	[illegible]系统	1440000.00	8	14.83	0.58	1799998.15	1.85
4	[illegible]系统	1440000.00	5	12.67	0.58	2879997.47	2.53
5	[illegible]系统	1440000.00	1	0.17	0.58	14399999.82	0.17
6	[illegible]系统	1440000.00	0	0.00	0.58	14400000.00	0.00
7	[illegible]系统	1440000.00	0	0.00	0.58	14400000.00	0.00
8	[illegible]系统	1440000.00	0	0.00	0.58	14400000.00	0.00
9	[illegible]系统	1440000.00	2	2.00	0.58	7199999.00	1.00

图 3-39　改进后系统 4 的仿真统计结果

改进后系统 4 的仿真结果收敛曲线如图 3-40 所示。

从以上改进措施来看，通过两种改进措施均能较大幅度提升动力核心系统的任务可靠性。但相互对比来看，第一种改进措施对可靠性的提升幅度相对较小，且对设备的可靠性设计水平要求较高，但该方法不会改变系统设计结构，也不会增加

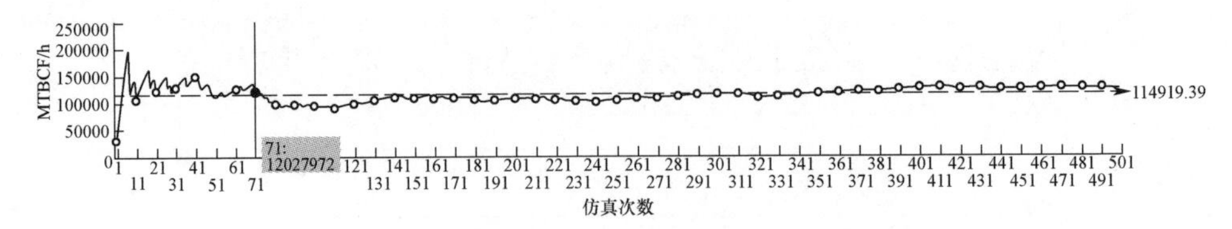

图 3-40　改进后系统 4 的仿真结果收敛曲线

新的设备和附件,进而不会占用船上宝贵的空间和重量资源;第二种改进措施对可靠性的提升幅度较大,且不需要设备改进技术状态,实施难度较低,但会新增 2 台设备以及旁联开关等附属结构,对总体设计的重量和尺寸提出了更高要求。

因此综合来看,应优先选择第一种改进措施,当该措施无法实现或实施后仍无法满足系统设计要求后,再考虑采用第二种改进措施。

第4章

舰船维修性技术及工程实践

舰船维修性以研究舰船的维修属性为核心，但更侧重于基于舰船维修体制下的全寿命周期内维修性相关问题的研究，强调从总体、系统的角度开展维修性相关要素研究，从而能够更加全面、系统、协调地解决舰船维修问题。舰船维修性工程技术体系包括维修性要求、维修性设计、维修性分析与评估和维修性管理等工程工作，如图4-1所示。其中，维修性要求主要指维修性的定量要求与定性要求，维修性设计主要指维修可达性、"三化"、维修性人因、维修安全性等，维修性分析与评估主要指维修任务分析、虚拟维修建模、维修量化评估，维修性管理工作包括维修性管理组织的建立、人员的培训和相关维修性技术工作落实的监督管理等。

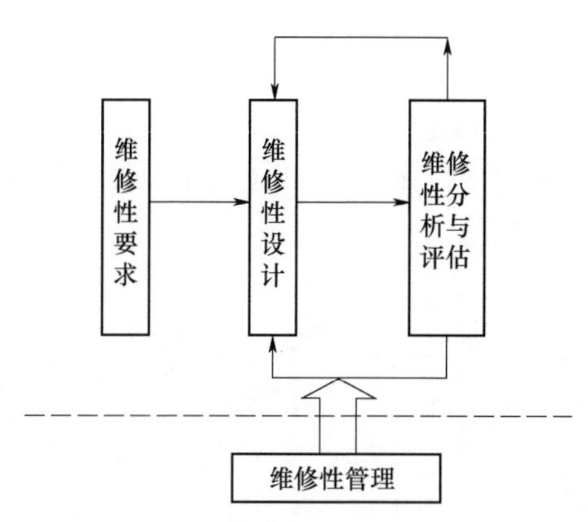

图4-1　装备维修性工程技术体系

4.1　舰船维修性体制

舰船维修体制从维修时间维度上分为定期修理与临时修理，其中定期修理又涵盖了坞修、小修和中修 3 个等级。从维修深度维度上分为舰员级、中继级和基地级三级修理等级,用于对维修资源规划配置。

4.1.1 定期修理

定期修理是根据舰船预防性维修大纲规定,依据服役时间、工作小时以及故障、腐蚀、磨损、老化规律等开展的有计划预防性维修。按修理工程的广度和深度,分为坞修、小修和中修 3 个等级。

4.1.1.1 坞修

坞修是指舰船使用运行到一定的年限和工作小时后,在船坞内进行的检修和保养。其目的是清除船体污锈,进行机电设备检修、保养和排除故障,使舰船及其装备保持正常的技术状态。

舰船坞修工程的重点是对水线以下船体进行外观检查、外板除锈涂装、修换船体防腐装置、对水下装置及附件原位检修,必要时原位测量轴间隙、研磨通海阀、更换垫圈及填料,拆检船舷阀(一般为全船的 1/3 左右)。轮机、电气、作战相关装备及系统,按工作小时和技术状况进行检修、保养及排除故障。

4.1.1.2 小修

小修是指舰船使用运行到一定的年限和工作小时后,所进行的有重点的拆检修理。其目的是通过重点检修,使该船在下次定期修理前,保持或基本恢复其战术技术性能。

舰船小修工程重点对船体进行检查,必要时对水线以下外板作测厚检查,对局部腐蚀严重的外板、甲板进行修补,对内、外部液舱进行重点除锈并涂装,原位检查测量轴、舵,研磨通海阀及拆检船舷阀(一般为全船的 2/3 左右),修换损坏的管路、作战武器等装备及系统,按使用年限、工作小时、技术状况进行检修保养,排除故障,必要时调整运行参数。

4.1.1.3 中修

中修是指舰船经过长期使用运行和经过几次小修与坞修后,所进行的较全面的拆检修理。其目的是使服役较长时间的舰船,恢复或基本恢复其战术技术性能。

舰船中修工程对船体进行较全面的检查及涂装,按修理技术标准修换外板、甲板、隔墙、构架和上层建筑,油水柜试压、修补,校正轴系、舵系,检修水下装置及附件,修换管系、电缆及辅助装置,气瓶、仪表按规定年限进行检验和修换,轮机、电气、作战武器等装备及系统按使用年限、工作小时、技术状况进行检查和修理,排除存在的故障,必要时调整运行参数。

4.1.2 临时修理

临时修理是针对在航期间,装备发生故障影响正常使用,或由于任务需要对个别装备进行较深层次的检修或采取临时措施时,而采取的临时性修理,也称为临抢修。临抢修未列入年度修理计划,一般由船员和基地修理部队承担,是舰船装备技术保障的一项常态化工作,对于保持舰船的战斗力起着重要作用。

4.1.2.1 航间修理

舰船在航期间,对装备发生的故障,日常维护保养无法完成的工程项目,利用监测监控技术发现的故障隐患,临时安排的修理。对执行重大任务前技术准备中的重大检修项目所安排的修理,通常也称航修或任务预检修。

4.1.2.2 事故修理

舰船船体、装备及其系统发生各类事故后所必须进行的临时修理。发生事故后,船员详细做出事故报告,经装备修理部门派人查明事故发生原因、损坏情况和判定事故责任后安排修理,危及舰船安全的事故,应立即进行抢修。

4.1.2.3 战损修理

舰船在战斗中发生破损后所进行的强行修理。维修部门必须按照战时要求和上级指示,从速组织抢修或由军内外厂(所)、机动修理队派员组成抢修队实施现场抢修。

4.1.3 修理等级

所谓维修等级通常是指在不同的维修机构配置不同的人力、物力,而形成的维修能力梯次结构。近年来,结合现代维修理论,参照 GJB 2961—96《修理级别分析》的规范,舰船行业形成了舰员级、中继级和基地级的三级修理等级的修理模式。

4.1.3.1 舰员级维修

舰员级维修指在船上以船员为修理主体,采用船内修理工具及备件且基本无牵连工程的维修作业。

(1) 日常保养和维护,外部检测、调整、记录减振装置等设备的运行状况;

(2) 进行以更换易损件和备配件为主要内容的定期预防性维修和一般故障修复性维修;

(3) 进行试验过程中突发故障的排除和应急抢修;

(4) 积累各类维修的实施资料;

(5) 实施需要专用设施才能进行的故障维修,全面测试和调整;

(6) 协助试验人员进行较大突发故障和一般破损装置、系统的抢修;

(7) 部件、组件或元件的修复。

4.1.3.2 中继级维修

中继级维修指在码头系泊时以基地专业修理人员或研制单位技术人员为修理

主体,采用码头设施及专用工装且包含少量牵连工程的维修作业。

(1) 实施需要专用设施才能进行的故障维修,全面测试和调整;

(2) 水下设施检查维修;

(3) 协助船员进行较大突发故障和一般破损装置、系统的临抢修;

(4) 设备部件、组件、元件及管系的修复。

4.1.3.3 基地级维修

基地级维修指在坞内以造船厂、研制单位技术人员为修理主体,采用坞内设施及专用工装且包含大量牵连工程,并根据需求拆开可拆板的维修作业。

(1) 重大故障及战斗破损的抢修;

(2) 定期进行系统、设备性能全面勘验鉴定,系统与设备性能恢复,设备大修和翻新;

(3) 进行设备、系统及船体的改装、换新施工;

(4) 支援舰员级、中继级的维修。

4.2 维修性要求

维修性设计要求反映了使用方对产品应达到的维修性水平的预期,是维修性技术的起点和目标。舰船维修性设计包括定量设计与定性设计,定量设计是采用量化指标的数值化设计;定性设计是采用语言描述对产品维修性提出设计原则,并将定性设计要求贯彻至产品研制过程。

舰船维修性的定量与定性设计需要在合适的范围内进行,指标过高,将增加维修性设计难度,增加研制费用,对总体设计带来负面影响。反之,要求或指标过低,将增加装备使用过程中的维修和保养时间,增加船员负担,使维护保养费用增多,甚至影响装备任务完成。因此,合理的舰船维修性定量与定性设计是装备维修性设计的关键,需要在研制阶段初期或论证阶段反复协调与迭代,确保指标可控、可实现。

4.2.1 定量要求

4.2.1.1 基本指标

缩短维修时间,确保装备的正常使用,是装备维修性最主要的目标,它直接影响装备的可用性、战备完好性,又与维修保障费用有关。目前,为便于对维修时间进行衡量,舰船装备维修性定量设计多采用平均修复时间(mean time to repair, MTTR)衡量。

平均修复时间即排除故障所需实际修复时间平均值,一般用 T_{CT} 表示。平均修复时间是舰船装备维修性的一种基本参数,其度量方法是装备在规定的时间内,规定的维修级别下,排除故障所需实际时间的平均值。其计算公式为

$$T_{CT} = \int_0^{\infty} tm(t)\,dt \tag{4-1}$$

在实际工作中, T_{CT} 用单次修复时间 t_i 的总和与修复次数 n 之比表示:

$$T_{CT} = \frac{\sum_{i=1}^{n} t_i}{n} \tag{4-2}$$

当装备有 n 个可修复项目时,平均修复时间为

$$T_{CT} = \left(\sum_{i=1}^{n} \lambda_i T_{CTi}\right) / \left(\sum_{i=1}^{n} \lambda_i\right) \tag{4-3}$$

式中: λ_i 为第 i 个项目的故障率; T_{CTi} 为第 i 个项目故障的平均修复时间。

应当注意的是, T_{CTi} 所考虑的只是实际修理时间,包括准备时间、故障检测和诊断时间、拆卸时间、修复(更换)失效部分的时间、重装时间、调校时间、检验时间、清理和启动时间等,而不计及供应和行政管理延误时间。

不同的维修级别(或不同的维修条件),同一装备也会有不同的平均修复时间,在提出此指标时,应指明其维修级别(或维修条件)。

平均修复时间是使用最广泛的维修性量度指标,其中的修复包括对装备寿命剖面各种故障的修复,而不限于某些部分或任务阶段。

舰船定量指标包括总体及系统、设备的定量指标,一般总体采用统一分配的原则将指标分配至设备,同时对重点系统的分配指标进行约束。

4.2.1.2 维修可达性量化指标

维修可达性指产品或零部件按一定的拆卸顺序沿着维修路径进行维修时,维修工人或船员的身体、肢体或维修工具能否到达维修拆卸位置,完成维修性任务的验证过程。维修可达性主要以待维修设备为研究对象,验证维修人员可达性、维修工具可达性。

1) 维修人员可达性

维修人员可达性指维修人员能否顺利到达维修位置。结合虚拟维修开展舰船设备维修工艺流程进行维修人员可达性评估时,首先要确定维修人员到达维修位置的过程中是否发生碰撞,即判断虚拟人模型与周围模型是否占用了同一虚拟空间。若维修人员到达维修位置的过程中发生碰撞,则表明该维修工艺中维修人员实际无法正常到达维修位置,可达性评分为0,此时后续的维修工艺难以进行,需要对维修工艺进行修改;若不发生碰撞,则维修人员能够顺利到达维修位置,满足维修可达性要求,该指标的可达性评分为1,可以继续进行维修可达性评估。

2）维修工具可达性

维修工具可达性指维修工具在有限维修空间内的可用程度，维修工具可用程度越高，维修工具可达性越好。舰船船内设备周围障碍较多，在进行船内设备维修时，维修工具在其运动轨迹上具有的运动范围十分有限，以侧面孔扳手为例，其运动范围示意图如图 4-2 所示。理想情况下该运动范围需达到 120°以上，而实际维修场景往往因为结构限制无法满足，运动范围的减少会增加维修时间以及维修难度，因此维修可达性较理想状态下存在不足。

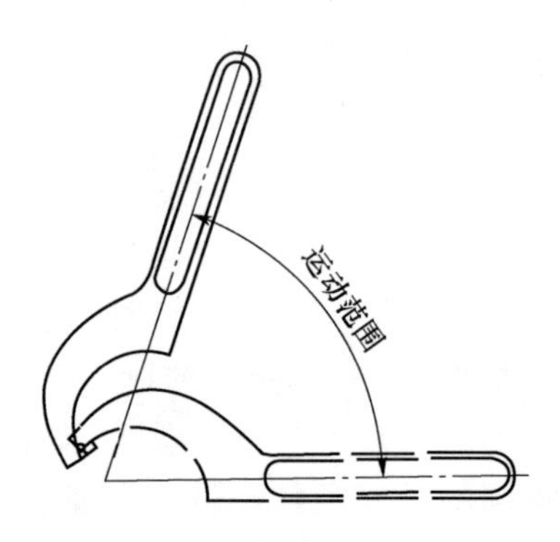

图 4-2　侧面孔扳手运动轨迹上的运动范围

将实际维修场景下维修工具的可运动范围与理想情况下的维修工具所需要的可运动范围进行对比，其比值可作为维修工具可用程度的量化评估值。参考 GJB/E 91—97《维修性设计技术手册》中涉及的维修工具，选取舰船设备常用的 4 类维修工具进行分析，如表 4-1 所列。

表 4-1　常用工具及其运动形式分类

类别	工具运动形式	举例	说　明
1	绕中心轴转动	螺丝刀 电动扳手	工具转动轴线为自身转动部分的对称轴，转动时所需要的空间与自身静止时相同，需要能够回转 360°才能正常工作
2	绕非中心轴转动	普通扳手 侧面孔扳手	工具主体一般由单一部分组成，转动轴线不是工具中心轴线，转动时需要比自身更大的空间，通常为扇形空间，一般理想情况下能够旋转 120°即可
3	绕接合处转动	剪刀 断线钳	工具主体一般由对称的两部分组成，两部分共同绕着接合部分的轴线转动，转动时需要比自身更大的空间，但一般有最大张角限制，不超过 60°

续表

类别	工具运动形式	举例	说　明
4	沿某一方向平动或往复运动	电工刀 手工锯 手推式油枪	工具主体在运动方向上具有较长尺寸,工具运动时在垂直于运动方向的空间上不需要过多空间,理想平动长度一般为自身长度

维修工具的碰撞干涉分析不具有确定的运动路径和时间范围,因此进行维修工具的离散碰撞干涉分析需要将维修工具的运动进行分解,将工具在空间中运动时的各位置作为离散点分析,其具体步骤如图 4-3 所示。

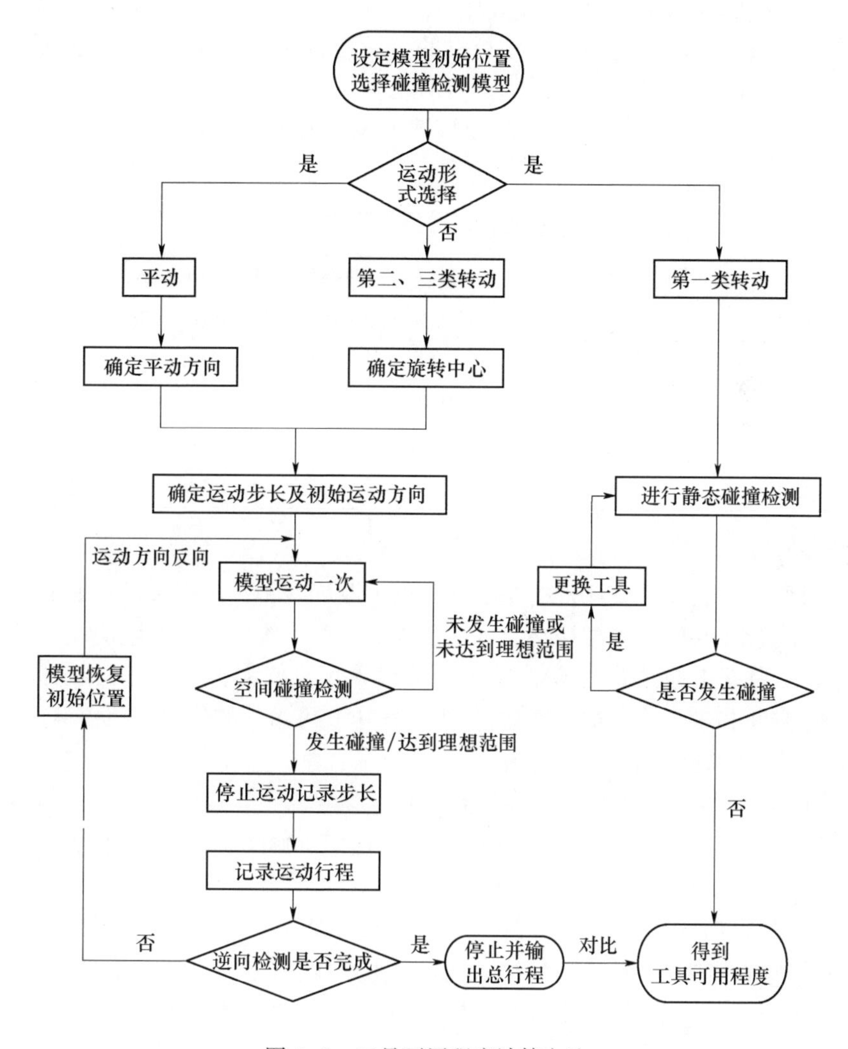

图 4-3　工具可用程度计算方法

对于确定位置的维修工具进行碰撞检测时，首先根据工具类型确定对应的运动形式：当运动形式为绕中心轴转动，只进行静态碰撞检测即可得到工具可用程度；当运动形式为其余类别时，可设置离散碰撞检测的间隔（运动距离步长），通过坐标变换的方法使维修工具按照确定的步长运动，当维修工具向某一方向运动到发生碰撞或是达到极限范围时就得到了该运动方向的可运动范围，之后将维修工具恢复初始位置进行反向检测得到反向可运动范围，两个方向的运动范围之和即为全部的可运动范围，全部的可运动范围与该工具的理想运动范围之比即为工具可用程度的值。

绕中心轴转动的工具在旋转时不占据多余的空间，可达维修部位不发生碰撞就认为该工具能够满足使用要求，因此当发生碰撞时维修工具可达性评分为 0，否则维修工具可达性评分为 1；对其余类型的工具进行评估时，需要根据碰撞检测得到的工具可用度确定维修工具的可达性评分。根据专家打分得到的工具可用程度，与维修工具可达性评分相对应的模糊评价表如表 4-2 所列。

表 4-2　工具可用程度对应维修工具可达性评价表

工具可用程度	维修工具可达性评分/分	说　明
0.2 以下	0	工具实际运动幅度不足理想情况的 20%，无法进行维修
0.2~0.3	0.2	工具实际运动幅度不足理想情况的 30%，维修操作困难
0.3~0.5	0.4	工具实际运动幅度仍较少，维修操作需要较多复位操作
0.5~0.7	0.6	工具实际运动幅度为可接受范围，维修所需复位操作较少
0.7~1	0.8	工具实际运动幅度接近理想情况，完成维修操作较为轻松
1 以上	1	工具实际运动范围满足最佳情况，维修可达性最好

3）维修作业可达性

维修作业可达性主要评价的是维修人员上肢配合工具进行维修作业的空间大小，维修作业空间越大，则维修作业可达性越好。由于维修人员对舰船设备的维修操作大部分都是上肢结合工具完成，因而可以采用维修人员上肢配合工具的实际维修作业空间和最小作业空间之比，作为维修作业可达性的量化评估指标。

作业空间比通常用字母 r 表示，其公式为

$$r = V/V_{\min} \tag{4-4}$$

式中：V 为实际作业空间；$V_{\min}$ 为最小作业空间，在维修工具以及操作方法给定时一般为定值。

由于舰船设备的结构复杂多样且船内布置情况各不相同，为了简化分析，可以将维修空间假想为长方体进行分析，此时式（4-4）演化为

$$r = V/V_{\min} = \frac{ABH}{A_{\min}B_{\min}H_{\min}} = \frac{A}{A_{\min}} \times \frac{B}{B_{\min}} \times \frac{H}{H_{\min}} \tag{4-5}$$

式中：H 为作业空间高度，简称作业高，该高度为工具旋转轴方向（或平移方向）空间的高度；H_{min} 为最小作业高；A 与 B 为垂直于高度方向的平面上的矩形边长；A_{min} 与 B_{min} 分别为两边长的最小值。

针对表 4-1 所列出的工具类型，以相关标准中维修工具正常使用时的维修通道开口尺寸为依据设定最小作业空间的尺寸值，各类型工具最小工作空间尺寸，如表 4-3 所列。

表 4-3 工具最小作业空间尺寸

工具类别	参考标准 1	参考标准 2	A_{min}	B_{min}	H_{min}	说明
一	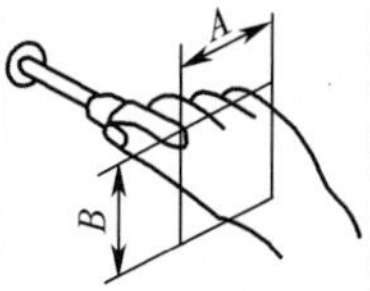 $A=105$，$B=115$	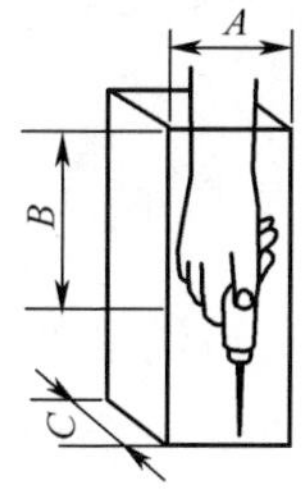 $A=135, B=125, C=145$	135	145	125	（1）参考标准分别为《维修性设计技术手册》和《工业设计人机工程》； （2）单位为 mm； （3）在参考尺寸有差距时选用较大的尺寸以保证能够完成维修； （4）参考标准中的参数 A、B 与本书定义的 A、B 并不完全对应，根据具体工具的使用特点有所区别； （5）第四类工具为平移运动形式，通常需要两只手协作，因此参考标准中双手抓取物体的情况，W 为工具最大长度尺寸方向上的值
二	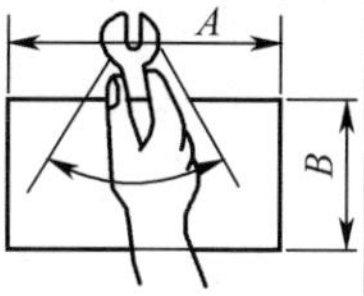 $A=265$，$B=205$	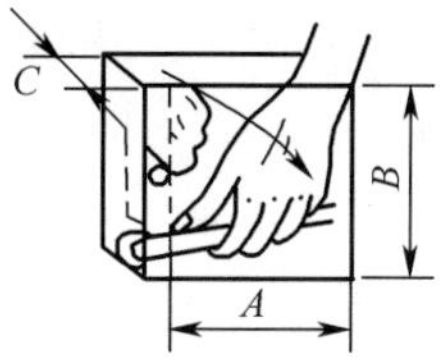 $A=135, B=125, C=145$	265	205	145	
三	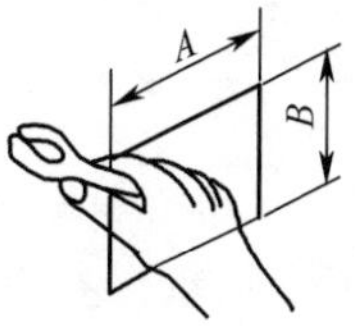 $A=135$，$B=155$	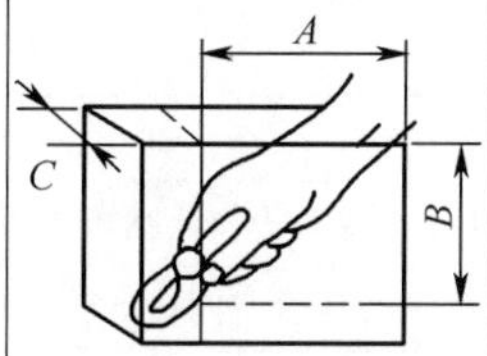 $A=215, B=130, C=115$	215	155	115	
四	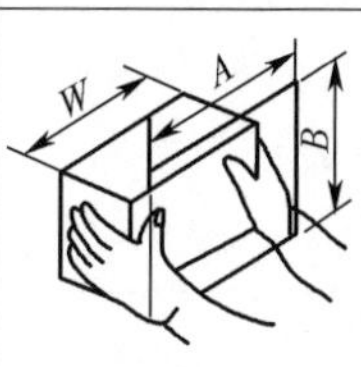 $A=W+150$， $B=125$	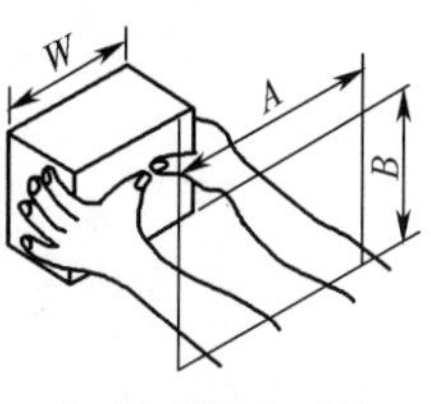 $A=W+150, B=130$	$W+150$	130	145	

以型号为S18的内六角形扳手为例,该工具属于第二类工具,其最小作业空间如图4-4所示。

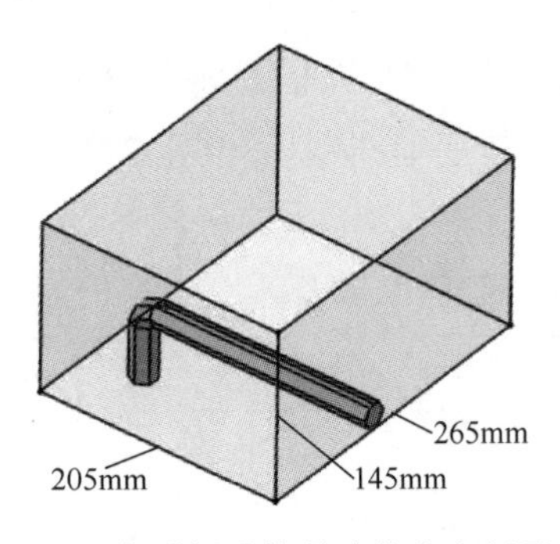

图4-4 六角形扳手的最小作业空间示意图

当最小作业空间内不存在障碍物时,即可满足最小作业要求。利用最小作业空间尺寸作为初始条件,不断增大作业空间进行碰撞检测,直到发生碰撞时得到的作业空间尺寸即为实际尺寸。

实际空间尺寸值与最小尺寸之比在某一方向大于1.5时可认为该方向的尺寸较好,因此可将最小作业空间3个方向尺寸值的2倍设为理想作业空间值(上限值)。以高度尺寸H为例,当实际的H值大于$2H_{min}$时,则设定$H=2H_{min}$,这样可以有效防止某一方向上的实际尺寸过大而干扰其他方向上的尺寸对作业空间比的影响。限制了理想尺寸之后,H/H_{min}的值不超过2,r/r_{min}的值不超过8,当A、B、H相等时可达性评分与作业空间比的关系为3次方关系。以此为依据进行区域划分,并建立作业空间比对应维修作业可达性评分的模糊评价表,如表4-4所列。

表4-4 作业空间比对应维修作业可达性评分表

作业空间比	维修作业可达性评分/分	说明
小于1	0	无法满足最小作业空间,需要修改设备结构或维修方案
[1,1.7]	0.2	实际维修空间接近最小作业空间,维修较为困难
(1.7,2.7]	0.4	实际维修空间相对最小作业空间增加不多,可达性较一般
(2.7,4.1]	0.6	实际维修空间较充足,维修操作难度较低,可达性可以接受
(4.1,5.8]	0.8	实际维修空间充足,维修操作较为简单,可达性较好
(5.8,8)	0.9	实际维修空间接近最佳情况,维修操作简单,可达性好
8	1	实际维修空间达到最佳情况,可达性极好

4.2.1.3 维修可视性量化指标

维修可视性指产品或零部件按一定的拆卸顺序沿着维修路径进行维修时,维修工人或船员对需维修的产品或零部件视野是否可达(能否看到维修操作部位)的维修验证过程。维修可视性更多的是采用GJB 2873—97《军事装备和设施的人机工程设计准则》中规定的人眼观测范围,视线中心线上15°~40°、下15°~20°、左右15°~35°的椭圆形区域,以待维修部位为观测对象,验证维修过程中人眼的可视性。

维修可视性的评估方法主要有两种,分别是基于可视锥的视觉可达性评估和基于维修对象的视觉可达性评估,其中基于可视锥的方法应用较广,但是可视锥只能反映维修部位在人体视野中的可视情况,没有考虑维修部位相对人体的视距对维修可达性的影响。因此,需在可视锥验证方法的基础上考虑视距的影响,并将维修视距与基于可视锥的维修可达性评估相结合,最终得到维修可视性评分。

基于可视锥的维修可视性评估过程,首先要根据人的生理视野构造出可视锥,视野指的是规定条件下人眼所能看见的水平和铅锤范围内的所有空间范围,区域1到区域3分别为视野的中心视区、最佳视区和有效视区,如表4-5所列。例如,当头部固定保持水平而眼球可动时,铅垂方向上视野在水平线以上40°至水平线以下20°范围内;水平方向则在左右两侧各35°的范围内,以人眼为顶点,该空间范围区域所构造出的锥形区域即为可视锥,可视锥的截面为椭圆,如图4-5所示。

表4-5 不同视区的空间范围及辨认效果

视区	范围		辨认效果
	铅垂方向	水平方向	
中心视区	1.5°~3°	1.5°~3°	辨别形体最清楚
最佳视区	视水平线下15°	20°	在短时间内能辨认清楚物体
有效视区	上10°,下30°	30°	需要集中精力才能辨认清楚物体
最大视区	上60°,下70°	120°	可感受到形体存在,但轮廓不清楚

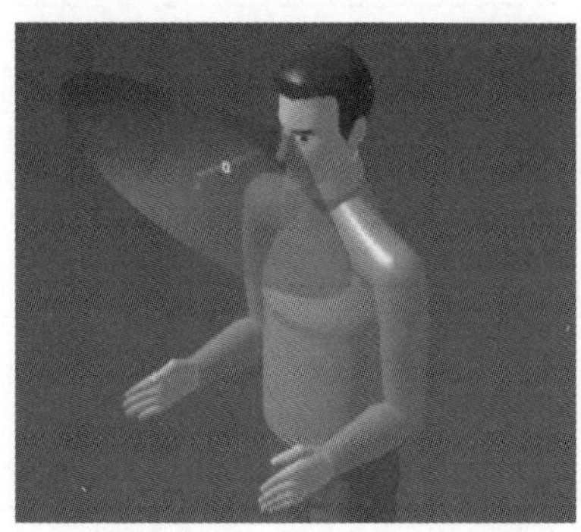
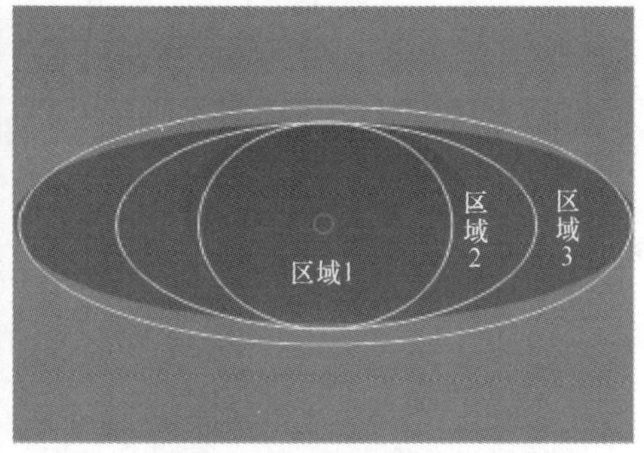

图4-5 虚拟人可视锥图

按照辨认的清晰度将人体的视区分为 4 种:中心视区、最佳视区、有效视区和最大视区,水平方向参考最大视区设定范围为 120°,越靠近中心的区域视觉可达性越好,由内至外将维修部件在可视锥中的分布情况划分为 7 种,建立视觉可达性基础评分模糊评价表,如表 4-6 所列。

表 4-6　基于区域分布的视觉可达性基础评分表

序号	维修部件分布情况	视觉可达性评价情况	基础评分/分
1	整体分布在区域 1	维修部件整体辨认效果最佳	1
2	分布在区域 1 与 2 之间	能够辨认清楚维修部件整体	0.9
3	整体分布在区域 2	集中精力能够辨认清楚维修部件整体	0.7
4	分布在区域 2 与 3 之间	维修部件整体的辨认效果一般	0.5
5	整体分布在区域 3	维修部件整体都能看到,但部分无法看清	0.3
6	部分分布在区域 3 之外	能看到维修部件整体,却都无法看清	0.1
7	整体都在区域 3 之外	无法看到维修部件整体	0

维修人员是否能够看清维修部件不仅仅取决于维修部件在视野中的位置,还与维修部件的视距有关,GJB 2873—97 中对于不同维修任务的视距推荐值如表 4-7所列,由于舰船设备维修的精细程度与维修部件的大小有一定的关系,而维修部件的大小与其在视野里是否清晰有着紧密的联系,因此需要在表 4-7 的基础上进行改进,通过判断维修部件的大小来判断维修任务的精细程度要求,建立与虚拟维修人员视距值对应的维修辅助可达性模糊评估表,如表 4-8 所列。

表 4-7　不同维修任务的视距推荐值

维修任务要求	举　例	视距推荐值/mm
最精细工作	维修电子元件	12~250
精细工作	维修部件级	250~350
中等粗活	维修系统级	<500
粗活	维修包装、粗磨	500~1500

表 4-8　视觉可达性辅助评分表

维修部件体积/mm³	实际视距距离/mm	辅助评分/分	维修部件体积/mm³	实际视距距离/mm	辅助评分/分
0~10	12~250	1	1000~125000	12~250	0.4
	250~350	0.8		250~350	0.8
	350~500	0.5		350~500	1
	500~1000	0.2		500~1000	0.8
	其余值	0.1		其余值	0.1

续表

维修部件体积/mm^3	实际视距距离/mm	辅助评分/分	维修部件体积/mm^3	实际视距距离/mm	辅助评分/分
10~1000	12~250	0.5	>12500	12~250	0.2
	250~350	1		250~350	0.6
	350~500	0.8		350~500	0.8
	500~1000	0.6		500~1000	1
	其余值	0.1		其余值	0.1

4.2.1.4 人机工效量化指标

人机工效主要以维修过程中的维修人员为验证对象,分析与评价维修人员工作姿态及维修人员上肢受力情况。

维修人员作业姿态分析主要开展拆装姿态对身体躯干部分产生的影响分析。维修人员上肢评价是指通过人体各部分的姿势、用力情况和肌肉使用情况分析,研究与评估维修工作对人体上肢肌肉骨骼损伤风险。维修人员作业姿态分析以手工提举分析为主,评价方法包涵美国职业安全与卫生研究所(The National Institute for Occupational Safety and Health,NOSH)提出的 NIOSH81 和 NIOSH91。NIOSH81 用于分析人体双手对称提举负荷,身体没有弯曲,且双手与负荷之间保持紧密接触的问题。NIOSH91 处理双手提举的“提举修正方程”,该方程可用于处理双手不对称提举的问题。运用 NIOSH 理论对人体双手提举进行分析,旨在减少与手工操作相关的腰痛或者别的肌肉骨骼紊乱,同时满足生物力学极限,生理学极限以及心理学极限。

维修人员上肢评价以快速上肢评估(rapid upper limb assessment,RULA)分析为主,RULA 分析通过给工人上肢的某个整体姿态以及身体各部位姿态打分,从而判断该姿势是否可以被接受,为姿势的改善提供了参考依据。RULA 分析的整体得分与部分得分表如表 4-9 和表 4-10 所列,表中也可通过颜色区分 RULA 分析结果,姿态分值越高,该姿态越需要改变与优化。

表 4-9 人体 RULA 分析得分表

得分/分	颜色	可接受程度
1~2	绿	可接受
3~4	黄	进一步研究
5~6	橙	进一步研究和尽快改变姿态
7	红	立即研究并改变姿态

表 4-10　身体各部位 RULA 分析得分范围表

部位	分值/分	对应分值颜色					
		1	2	3	4	5	6
上臂	1~6	绿	绿	黄	黄	红	红
前臂	1~3	绿	黄	红	—	—	—
手腕	1~4	绿	黄	橙	红	—	—
手腕扭曲	1~2	绿	红	—	—	—	—
颈部	1~6	绿	绿	黄	黄	红	红

4.2.2　定性要求

定性要求是对维修简便、迅速、经济性要求的具体化。定性要求有两个方面的作用:一是实现定量指标的具体技术途径或措施,即需要按照定性要求去设计实现定量指标,二是定量指标的补充,即无法用定量指标反映的产品维修性要求,采用定性描述说明。

4.2.2.1　简化设计

“简化”本来是产品设计的一般原则。装备构造复杂,将带来装备使用和维修的复杂性,随之而来的是对人员技能、设备、技术资料、备件器材等要求提高,并造成人力、时间及其他各种保障资源消耗的增加,维修费用的增长,同时降低了装备的可用性。因此,简化装备设计、简化维修是最重要的维修性要求。简化设计可从以下方面实施。

(1) 简化功能。简化功能就是消除产品不必要的功能。通过逐层分析每一产品功能,找出并消除某个或某些不必要或次要的功能,就可能省掉某个或某些零部件甚至装置和分系统,使装备构造简化。如果某项产品价值很低(功能弱、费用高或能用装备上的其他产品完成该产品的工作),则宜去掉该产品。简化功能,不仅适用于主装备,也适用于保障资源(尤其是检测设备、操纵台、运输设施等)的分析,特别适用于直觉上需要新的保障资源,而实际上现有的资源(或稍加改进)即可满足新装备要求的情况。

(2)合并功能。合并功能就是把相同或相似的功能结合在一起来执行。显然,这可以简化功能的执行过程,从而简化构造与操作。合并功能,需要对各组成单元要执行的各种功能和完成规定任务所需的产品类型进行分析,从简化操作或硬件来达到简化维修、节省资源的目的。合并功能常用的办法就是把执行相似功能的硬件集中在一起,方便人员操作。

(3) 减少元器件的品种与数量。减少元器件、零部件的品种与数量,不仅有利于减少维修,使操作简单、方便,降低对维修技能的要求,而且可以减少备件、工具和设备等保障资源。但是,从满足功能使用需求的角度出发,产品设计常常又需要增加元器件、零部件的品种与数量。因此,在产品维修性设计时必须进行综合权衡,分析某种零部件、元器件的增减对维修性及其他质量特性,包括对系统效能与费用的影响。

4.2.2.2 维修可达性设计

维修可达性是指维修产品时,接近维修部位的难易程度。可达性好,能够迅速方便地达到维修的部位并能操作自如,而不需要过多拆装、搬动产品或部件。显然,良好的可达性,能够提高维修的效率,减少差错,降低维修工时和费用。

实现舰船装备的可达性主要措施包括两个方面:一是合理的设备布置,并要有适当的维修操作空间,包括工具的操作转动空间;二是要提供便于观察、检测、维护和修理的通道。

4.2.2.3 标准化和互换性设计

实现标准化有利于产品的设计与制造,有利于零部件的供应、储备和调剂,从而使产品的维修更为简便,特别是便于装备在战场快速抢修中采用换件和拆拼修理。

标准化的主要形式是系列化、通用化、组合化。系列化是对同类的一组产品同时进行标准化的一种形式。即对同类产品通过分析、研究,将主要参数、式样、尺寸、基本结构等做出合理规划与安排,协调同类产品和配套产品之间的关系。通用化是指同类型或不同类型的产品中,部分零部件相同,彼此可以通用,通用化的实质,就是零部件在不同产品上的互换。组合化又称模块化设计是实现部件互换通用、快速更换修理的有效途径。模块是指能从产品中单独分离出来,具有相对独立功能的结构整体。电子产品更适合采用模块化,例如一些新型雷达采用模块化设计,可按功能划分为若干个各自能完成某项功能的模块,如出现故障时则能单独显示故障部位,更换有故障的模块后即可开机使用。

互换性是指同种产品之间在实体上(几何形状、尺寸)、功能上能够彼此互相替换的特性。当两个产品在实体上和功能上相同,能用一个代替另一个而不需改变产品或母体的性能时,则称该产品具有互换性;如果两个产品仅具有相同的功能,那就称之为具有功能互换性或替换性的产品。互换性使产品中的零部件能够互相替换,便于换件修理,并减少了零部件的品种规格,简化和节约了备品供应及采购费用。

4.2.2.4 防差错设计

产品在维修中,常常会发生漏装、错装或其他操作差错,轻则延误时间,影响使用;重则危及安全。因此,应采取措施防止维修差错。墨菲定律指出:“如果某一事件存在着搞错的可能性,就肯定会有人搞错”。实践证明,产品的维修也不例外,由于产品存在发生维修差错的可能性而造成重大事故者屡见不鲜。例如,某型飞机的燃油箱盖,由于其结构存在着发生油滤未放平、卡圈未装好、口盖未拧紧等维修差错的可能性,曾因此而发生过数起机毁人亡的事故。因此,防止维修差错主要是从设计上采取措施,保证关键性的维修作业“错不了”“不会错”“不怕错”。所谓“错不了”,就是产品设计使维修作业不可能发生差错,比如零件装错了就装不进,漏装、漏检或漏掉某个关键步骤就不能继续操作,发生差错立即能发现。从而从根本上消除人为差错的可能。“不会错”,就是产品设计应保证按照一般习惯操作不会出错,比如螺纹或类似连接向右旋为紧,左旋为松。“不怕错”就是设计时采取种种容错技术,使某些安装差错、调整不当等不至于造成严重的事故。

除产品设计上采取措施防差错外,设置识别标志,也是防差错的辅助手段。识别标记,就是在维修的零部件、备品、专用工具、测试器材等上面做出识别记号,以便于区别辨认,防止混乱,避免因差错而发生事故,同时也可以提高工效。

4.2.2.5 维修安全性设计

维修安全性是指能避免维修人员伤亡或产品损坏的一种设计特性,维修性中所说的安全是指维修活动的安全,它比使用时的安全更复杂,涉及的问题更多。维修安全与一般操作安全既有联系又有区别,因为维修中要启动和操作装备的过程,维修安全包括对操作安全的要求。但是,操作安全并不一定能保证维修安全,这是由于维修时产品往往处于部分分解状态,而且又处于一定的故障状态,维修时产品有时还需要在这种状态下进行部分的运转或通电,以便诊断和排除故障。维修人员在这种情况下工作,应保证不会引起电击,以及有害气体泄漏、燃烧、爆炸、碰伤或危害环境等事故发生。因此,维修安全性要求是产品设计中必须考虑的一个重要问题。

4.2.2.6 人因工程

人因工程主要研究如何达到人与机器的有效结合及对环境的适应性,以实现人对机器有效利用的技术方法。维修的人因工程是研究在维修中人的各种因素,包括生理因素、心理因素和人体的几何尺寸与装备和环境的关系,以提高维修工作效率、质量和减轻人员疲劳等方面的问题。

4.3 维修性设计

舰船因受制于空间限制因素,设备往往布置紧密、管路复杂、集成度高。由于舰船设备空间布局紧张,舰船维修性设计与分析一般从总体、系统、设备层面,开展维修通道、维修空间、维修面等方面的工作,同时兼顾考虑“三化”设计、人因工程、维修安全性等设计工作。

4.3.1 可达性

可达性是指维修产品时,接近维修部位的难易程度,主要设计准则如下。

1) 船体内的通道

(1) 主通道:应设置主通道、圆门、长圆门,并尽量减少水平面的弯曲和垂直面起伏,保证设备可以运输通行。

(2) 舱室通道:应设置舱室通道、梯口,能使人员方便到达工作场所,若兼作设备操作空间时应按设备使用要求适当加大。

(3) 维修专用通道:设置维修专用通道,确保舰员级维修人员可达,部分设备背面或侧面维修需求能够满足,同时保证设备门盖能够开启及更换单元能够取出。

(4) 天花板和护壁板:居住舱室及其他专业舱室应加装天花板和护壁板等装饰,需经常操作和维修的阀件、管系接头,需设置可拆板并加以标识。其他船内工作场所不允许加装天花板和护壁板等装饰,阀件、管系法兰或接头应予裸露。

(5) 内部液舱人孔盖:在通道上的人孔盖应设为内嵌式,不得凸出水舱壁板,其他人孔盖结构视具体情况确定。人孔盖应设置在较容易接近处,深舱人孔盖下还应有梯子或踏步,液船内部结构肋板、纵桁板均应有人员通孔。

(6) 大型基座的人孔:设备基座应设计人孔,以确保人员进入后对基座区域里的设备、附件、船体进行维修及维护保养。

2) 系统与设备

(1) 设备应通过提高零部件可靠性、内部优化布置、维修单元模块化设计等手段减少自身维修面,避免多面维修。

(2) 设备的维修面应尽量与操作面保持在同一方向,并多采用正面维修,减少背面维修,避免底面、侧面维修。维修空间与设备操作空间尽量合并。

(3) 设备的维修面设计应充分与总体沟通,尤其对于研制类和改进类设备、设备安装位置发生重大变化的设备、大型机械设备等。

(4) 机柜门应尽量设计成整体可拆卸式或对开式,考虑舱室通道,避免单侧拉开式。

(5) 设备应通过标准化、模块化等设计手段减少专用工具的种类和数量,各系统、设备应提供与其维修级别相适应的专用工具或设施。

(6) 电气设备进、出电缆接口应尽量设置在同一侧。

(7) 管路接头尽可能不布置在设备背后,管路阀件(尤其是舱底的管路阀件)的维修空间和操作空间应统一。

(8) 管路穿出内部液舱处的法兰,例如,遇液舱外设备的干涉,可通过选用长焊接件的方式为法兰留出所要求的安装空间和维修空间。

(9) 对顶部、侧面、平台下方等多层管路重叠部位,应根据管路的可靠性水平、维修难易程度等综合决定管路的重叠次序。

4.3.2 标准化、互换性、模块化设计

标准化是制定产品统一的标准和模式的活动,采用共性条件约束产品设计,用于减少元器件与零部件、工具种类;互换性是一种产品代替另一种产品且能满足同样要求的能力,产品设计中考虑通过整机与部件的功能、几何形状相互替换,用于提高维修保障效能;模块化是划分、产生一系列功能模块的活动,产品设计中通过划分为可单独分离、具有相对独立功能的模块,实现模块(部件)互换通用、快速更换修理。主要设计准则如下。

(1) 应优先选用标准化的设备、工具、元器件和零部件。

(2) 在不同产品中最大限度地采用通用的零部件,对使用要求相同或相近的管路、附件、通用阀门、泵等,应全船统一选用,减少其品种、规格。

(3) 设计产品时,必须使故障率高、容易损坏、关键性的零部件具有良好的互换性、可视可达性和必要的通用性。

(4) 具有安装互换性的项目,必须具有功能互换性。当需要互换的项目仅具有功能互换性时,可采用连接装置来解决安装互换性。

(5) 产品上功能相同且对称安装的零件部件组件,应尽量设计成可以互换通用。

(6) 修改零部件设计时,不要任意更换安装的结构要素,以免破坏互换性而造成整个产品或系统不能配套。

(7) 产品需作某些更换或改进时,要尽量做到新老产品之间能够互换使用。

(8) 需要出舱修复的模块,其尺寸和形状应考虑出入舱口的约束条件。

(9) 模块化设计中单个模块的重量应考虑船内搬运的要求。

4.3.3 防差错措施及识别标志

防差错措施及识别标志具体如下。

(1) 对于外形相近而功能不同的零件、重要连接部件和安装时容易发生差错的零部件,应从结构上加以区别或有明显的识别标记。

(2) 产品上应有必要的防止差错、提高维修效率的标记。

(3) 产品上与其他有关设备连接的接头、插头和检测点均应标明名称、用途及必要的数据等,需要分清流向或位置的插头插座,应从设计上采取措施使之不能插错。

(4) 管道应在显著位置上做出永久性标记,指明其功能和工质流动方向。记

号应位于舱室的管道入口及出口处,为了便于跟踪检查,应每隔一段距离重复标记一次。

(5) 基线、安装基准等需要进行保养的部位应设置永久性标记,必要时应设置标牌。

(6) 加油口盖应设置表明其确实盖好的明显标志或听觉、触觉指示。

(7) 对可能发生操作差错的设备、管路附件等应有操作顺序号码或操作方向等标记。

(8) 各种调整、紧定装置的操作方向应与习惯一致。例如,顺时针方向旋为紧或增强功能,反之则为松或减弱功能。

(9) 多个控制柄(钮、键)的排列应与操作的正常顺序相一致。

(10) 显控台、监视台、显示台等台屏上的重要按钮应设置保护措施,如在不连续位置设置掣子、卡榫或其他装置,以防止使用和维修人员无意间触动。

(11) 贵重零部件与维修有关的物理性质(如是否可焊、可加热等)应有标记或说明。

(12) 对于间隙较小,周围设备或机械较多且安装定位困难的组合件、零部件等,应有安装位置的标记。

(13) 标记应根据产品的特点和使用维修的需要,按照有关标准的规定,以文字、数据、颜色、形象图案、符号或数码等表示。标记在产品使用、存放和运输条件下都应能长久保存。

(14) 标记的大小和位置应适当、鲜明醒目,容易看到和辨认。

(15) 如果错误连接可能造成故障,则线路和连接器的设计应保证两种不同线路之间不可能进行交叉连接。

(16) 对于有特殊安装要求的系统管路附件,应在施工设计图纸技术要求中明确。

4.3.4 人因工程

人因工程考虑了维修作业过程中人的生理、心理因素,并有针对性地开展设计,使得维修工作建立在人的正常生理心理约束下完成,主要设计准则如下。

(1) 设计时应按照使用和维修时人员所处的位置、姿势与使用工具的状况,并根据人体量度,提供适当的操作空间,使维修人员可以有比较合理的维修姿态,尽量避免以跪、卧、蹲、趴等容易疲劳或致伤的姿势进行操作。

(2) 设计时应进行防振动、冲击、化学物质、生物、核辐射等维修环境适应性设计。

(3) 电磁、辐射、噪声不允许超过国家标准的规定,如局部难以避免,对维修人员应有保护措施。

(4) 对维修部位应提供适度的照明条件。

(5) 设计时,应考虑维修操作中举起、推拉、提拉及转动时人的体力限度。对于超出人体力范围的设备(主机、齿轮箱、发电机等),在吊运开盖处应设置固定吊耳,配备手拉葫芦等吊具。

(6) 设计时,应考虑维修人员的工作负荷和维修难度,尽量减少笨重、繁重的维修项目,特别是在设备旋转条件下技巧性强的检测和维修工作,以保证维修人员的持续工作能力、维修质量和效率。

4.3.5 维修安全性

维修安全性通过安全性设计避免了维修期间维修人员伤亡或产品损坏,主要设计准则如下。

(1) 对涉及安全性的关键设备和系统应充分考虑故障的隔离和控制,易于故障分离和定位。

(2) 进行拆卸、通电等维修工作时,在可能发生危险的部位上,应提供醒目的标记和声、光警告等辅助预防手段。

(3) 严重危及安全的部分应有自动防护措施,不要将损坏后容易发生严重后果的部分布置在易被损坏的位置。

(4) 凡与安装、操作、维修安全有关的地方,都应在技术文件资料中提出注意事项。

(5) 对于承装高压气体、弹簧、带有高电压等高能量储能装置,且维修时需要拆卸的该类装置,应设有备用释放能量的结构和安全可靠的拆装设备、工具,保证拆装安全。

(6) 运行部件应有防护遮盖。对通向转动、摆动机件的通道口、盖板或机壳,应采取安全措施并做出警告标记。

(7) 维修时肢体必须经过的通道、手孔等,不得有尖锐边角。工作舱口的开口或护盖等的边缘,均应制成圆角或覆盖橡胶、纤维等防护物。舱口应有足够的宽度,便于人员进出或工作,以防损伤。

(8) 维修时需要移动的重物,应有合适的把手或类似的装置,需要挪动但并不完全卸下的机件,挪动后应处于安全稳定的位置。通道口的铰链应装在下方或设置支撑杆将其固定在开启位置,而不应用手托住。

(9) 产品各部分的布局应能防止维修人员接近高压电。带有危险电压的电气系统的机壳、暴露部分均应接地。为使产品维修时能自动切断电源,可在通道盖板或机罩上设置联锁开关,打开通道时,自动断开电源。

(10) 对于维修内容较多的设备,应考虑有适当的地方或专用容器暂存拆卸下来的零部件和工具,防止上层作业时有下落物砸伤下层工作人员。

4.4 维修性分析

舰船维修性分析主要在各系统及重要设备的技术设计阶段开展维修性设计与分析工作。主要包括维修性任务分析、维修性设计分析和维修性评估等。

4.4.1 维修性任务分析

各系统、重要设备应结合三级维修等级的划分,开展系统、设备的维修任务分析,为后续开展维修性优化设计和验证提供支撑。维修任务分析在方案设计、技术设计和施工设计阶段均应开展,方案设计阶段开展维修任务初步分析与验证,技术设计阶段应结合技术状态进一步完善与验证,表 4-11 列出了各系统设备预防性维修任务分析的示例。

表 4-11 各系统设备预防性维修任务分析表

序号	设备(或零部件)	维修单元		维修任务	维修间隔期	维修级别	维修空间与维修面	是否出舱维修	维修时间	维修工具
		名称	尺寸							
示例	液压站	螺杆泵吸油滤芯	吸油滤芯 100mm×φ10mm	更换螺杆泵吸油滤芯	××天	舰员级	液压站正面 500mm 检修空间	否	0.5h	通用扳手
说明	系统的分析范围应涵盖本系统的主要设备、主要附件	填写对应设备/附件的需维修单元及尺寸。一个设备有多个需维修单元时应分条描述		填写对应维修单元的维修任务名称	指两次预防性维修的间隔周期,一般用“天”表示	填写维修级别,如“舰员级”“中继级”“基地级”	填写需要的维修空间与维修面,如设备正面××mm,设备上方××mm,设备左侧××mm,设备右侧××mm,设备后部××mm	填写该维修任务所涉及的设备(或维修单元)是否需要出舱进行维修	仅舰员级维修任务需填写	填写主要维修工具,如扭矩扳手等

技术设计阶段,各系统应进一步针对所属设备及附件清理潜在的各类维修任务,明确维修级别,分析维修设计情况,分析内容涵盖维修单元及尺寸、维修空间与维修面、是否出舱维修、维修时间、主要维修工具等。分析对象涵盖系统所属的所有设备、主要附件,修复性维修任务类型应在 FMECA 等“六性”分析表中全部涵盖。

4.4.2 维修性设计分析

为减少舰员级维修时间，提升舰员级维修比例，快速恢复系统、设备的战技术性能，各系统应在技术设计阶段，进一步开展维修性设计分析。针对故障率高、维修更换频繁的系统、设备部件，从故障模式、功能模块化、标准化、通用性、系列化、便携性等角度出发开展维修性设计分析与改进设计，表4-12给出了各系统设备维修性设计分析表。

表4-12 维修性设计分析表

序号	系统名称	设备名称	维修任务	维修单元名称	维修单元布置设计	接口标准化设计	维修工具标准化设计	牵连工程
示例	推进系统	冷凝器	换热管堵管	冷凝器换热管	换热管布置在冷凝器设备内部	非标设计	GB/T 15729—2008的扭力扳手	需拆除冷凝器端板、共用冷凝器挠性接管
说明	填写一级系统名称	填写设备名称，如外加电流阴极保护装置	填写设备的舰员级维修任务，如更换恒电位仪备用模块	填写该更换的维修单元的详细名称，如恒电位仪备用模块	填写该维修单元是否布置在设备维修面外侧，便于人员更换维修，如“布置在设备正面维修面外侧”	填写更换的维修单元与设备之间接口是否标准化，如“××设备采用××标准的××接口，人员可通过简单的××操作完成接口连接”	填写针对维修任务的维修工具是否采用标准化设计，如采用GB/T 15729—2008的扭力扳手	填写更换过程是否有自身设备的牵连工程，应尽量通过设备内部布置设计避免舰员级维修的牵连工程

系统维修性设计过程中，应充分考虑维修空间、维修面等制约总体设计的维修性要素，尽量确保系统及所属设备维修空间与操作空间合并，维修面采用正面维修，避免多面维修，以及维修性设计不足带来的设备自身维修牵连工程。

4.5 虚拟维修及量化评估

舰船维修性设计分析工作，应结合型号三维设计开展虚拟维修验证，同时辅以实物样机验证，以补充完善关键设备的维修性设计分析。一般而言，虚拟维修是舰船维修性验证的关键，同时也是总体、系统、设备得以在设计阶段深化开展维修性设计分析的关键。

4.5.1 技术概述

虚拟维修是指以三维建模技术、虚拟现实技术、计算机技术等为依托，利用计算机生成维修环境和维修工艺的虚拟场景，通过人机交互的方式进行维修工作，以分析、评价产品维修性的好坏，及时将信息反馈给产品设计人员，便于产品维修性的改进与提高。

虚拟维修技术源于20世纪80年代中后期。随着虚拟现实技术的快速发展与应用，虚拟维修在军事与工业方面的研究获得了巨大的成功。目前，较为通用的设计软件包括法国达索公司的计算机辅助三维交互应用（computer aided three-dimensional interactive application，CATIA）与数字化企业精益制造互动应用（digital enterprise lean manufacturing interactive application，DELMIA）软件系统。

CATIA是法国达索公司推出的三维参数化设计软件，可以用它进行三维机械设计、机械制造和工程分析等，它具有统一的用户界面、数据管理和应用程序接口，吸收并综合了其他优秀三维软件的特点，成为最先进的三维设计和模拟软件之一，广泛应用于汽车制造、航空航天、船舶制造、厂房设计、电力与电子、消费品和通用机械制造等。自1999年以来，市场上广泛采用它的数字样机流程，从而使之成为世界上最常用的产品开发系统。作为协同解决方案的一个重要组成部分，CATIA可以通过建模帮助制造厂商设计他们未来的产品，并支持从项目前阶段、具体的设计、分析、模拟、组装到维护在内的全部工业设计流程。

DELMIA是一款数字化企业的互动制造应用软件。DELMIA数字制造解决方案可以使制造部门设计数字化产品的全部生产流程，在部署任何实际材料和机器之前进行虚拟演示。它们与CATIA设计解决方案、ENOVIA和SMARTEAM的数据管理和协同工作解决方案紧密结合，使企业能够提高贯穿产品生命周期的协同、重用和集体创新的机会。

组件应用架构（component application architecture，CAA）技术是达索公司提供的Dassault Systemes产品扩展与二次开发工具。CAA作为可扩展、模块化以及开放式的一种开发架构，它使得Dassault Systemes产品的扩展不再是封闭的，其他软件开发商甚至用户均可参与Dassault Systemes的研发。采用CAA技术进行CATIA/DELMIA系统二次开发，需要快速应用开发环境（rapid application development environment，RADE）的支持。RADE可直接安装到Visual Studio. Net开发平台中，它包含了CAA开发所需要的一整套编程工具集，可实现调用CATIA/DELMIA包含的所有接口函数。

舰船设计为巨系统工程，因此为提高设计效率，虚拟维修更多的是采用静态仿真与动态仿真等维修性设计方法，结合维修可达性、人员可视性、维修通道、牵连工程、人因工程等方面开展基于验证要求的维修性设计分析。同时,为进一步提高验证效率,一般分别在总体、系统、设备层次分别开展。

(1) 在总体层面,开展设备维修任务虚拟维修验证、重点区域设备维修任务虚拟维修验证、大型设备出舱虚拟维修验证、通道虚拟维修验证、常操及应急阀门虚拟维修验证、观测点虚拟维修验证。

(2) 在系统层面,需开展系统所属设备维修任务虚拟维修验证、系统所属常操及应急阀门虚拟维修验证、系统所属观测点虚拟维修验证。

(3) 在设备层面,需开展设备维修任务虚拟维修验证。

通过上述总体、系统、设备的虚拟维修验证,逐步实现自上而下的虚拟维修验证与迭代,构建型号工程的虚拟维修验证体系。

4.5.2 虚拟维修验证任务

4.5.2.1 总体虚拟维修验证任务

在总体层面,虚拟维修验证要求从全船设备维修任务虚拟维修验证、重点区域设备维修任务虚拟维修验证、大型设备出舱虚拟维修验证、全船通道虚拟维修验证、全船常操及应急阀门虚拟维修验证、全船观测点虚拟维修验证等方面开展研究工作。

1) 全船通道虚拟维修验证

全船通道虚拟维修验证包括舱内部分的主通道、舱室通道、维修通道、大型基座、浮筏人孔与手孔等,以及舷间区域的液舱等部分的维修任务验证。其中,又以舱内区域的通道通畅性检查尤为重要。各部分的虚拟维修验证要求如下。

(1) 全船主通道。采用人因动态仿真与静态仿真相结合的方法开展通道通畅性虚拟维修验证:一是针对通道的宽度采用尺寸测量的方法对各类型通道开展验证;二是针对通道的通畅性,采用人员动态行走的方法开展验证检查。

(2) 舱室通道通畅性虚拟维修验证要求能使人员方便到达工作场所,若兼作设备操作空间时应按设备使用要求适当加大。

(3) 维修专用通道虚拟维修验证要求确保全船设备舰员级维修人员可达,部分设备背面或侧面维修需求能够满足,同时保证设备门盖能够开启及更换单元能够取出。

(4) 大型基座的人孔虚拟维修验证要求确保推进电机等设备基座应设计人孔,以便人员进入后对基座区域里的设备、附件、船体进行维修及维护保养。

(5) 舷间液舱虚拟维修验证要求以确保进坞后,人员可以进入,并可到达底部。

2) 全船设备维修任务虚拟维修验证

设备维修任务是虚拟维修关注的重点,针对舰员级、中继级、基地级三级维修任务,其虚拟维修验证要求均不相同。

(1) 在舰员级方面,虚拟维修验证需满足维修人员可达、维修过程人眼可视、维修过程无牵连工程,以确保在实船状态下的舰员级维修人员可达。

(2) 在中继级方面,虚拟维修验证需满足维修人员可达、维修过程人眼可视、维修过程牵连工程可控,以确保在实船状态下的中继级维修人员可达。

(3) 在基地级方面,虚拟维修验证需满足维修过程牵连工程可控,维修单元可出舱维修,以确保在实船状态下的基地级维修可行。

3) 重点区域设备维修任务虚拟维修验证

重点区域一般面向设备集中布置区域、舱底区域、舷侧区域,集中反映了设备集中布置、舱底、舷侧等多种因素。

(1) 在舰员级方面,虚拟维修验证需满足维修人员可达、维修过程人眼可视、维修过程无牵连工程,以确保在实船状态下的舰员级维修人员可达。

(2) 在中继级方面,虚拟维修验证需满足维修人员可达、维修过程人眼可视、维修过程牵连工程可控,以确保在实船状态下的中继级维修人员可达。

(3) 在基地级方面,虚拟维修验证需满足维修过程牵连工程可控,维修单元可出舱维修,以确保在实船状态下的基地级维修可行。

(4) 针对重点舰员级维修任务,需要开展基于虚拟维修的动态仿真验证,结合人因工程确定维修任务的可行性,以确保在实船状态下的舰员级维修可行。

4) 大型设备出舱虚拟维修验证

大型设备出舱是在可拆板尺寸规划的基础上,针对中修期需返厂维修及调试的设备(如发电机组、柴油机组等),开展出舱路径可行性验证。

(1) 遵循尽量减少设备转运的原则,针对设备出舱顺序开展可行性验证分析,以对设计阶段规划的维修顺序开展验证,释放设计风险。

(2) 遵循尽量减少牵连工程与维修时间、提高经济性的原则,针对设备出舱牵连工程开展验证分析,以减少中修期出舱牵连工程。

(3) 遵循尽量减小可拆板尺寸的原则,针对设备出舱可拆板尺寸规划开展验证分析,以减少中修期可拆板开口尺寸,降低风险。

5) 全船常操及应急阀门虚拟维修验证

(1) 针对设备及系统所属的全船常操开展虚拟维修验证,以确保在实船状态下全船各区域常操阀门人员可达、可操,无牵连工程。

(2) 针对设备及系统所属的全船应急阀门开展虚拟维修验证,以确保在实船紧急状态下的全船应急阀门人员可达、可操,无牵连工程。

6) 全船观测点虚拟维修验证

针对设备及系统所属的观测点开展人眼可视性虚拟维修检查,以确保在实船状态下的油位、液位等观测点可观测。

4.5.2.2 系统虚拟维修验证任务

1）系统所属设备维修任务虚拟维修验证

在系统层面，系统所属设备的3级维修任务是在总体统筹安排下结合三维数字样机开展的，其要求与总体对系统设备的要求类似。

（1）在舰员级方面，虚拟维修验证需满足维修人员可达、维修过程人眼可视、维修过程无牵连工程，以确保在实船状态下的舰员级维修人员可达。

（2）在中继级方面，虚拟维修验证需满足维修人员可达、维修过程人眼可视、维修过程牵连工程可控，以确保在实船状态下的中继级维修人员可达。

（3）在基地级方面，虚拟维修验证需满足维修过程牵连工程可控，维修单元可出舱维修，以确保在实船状态下的基地级维修可行。

2）系统所属常操及应急阀门、观测点虚拟维修验证

在系统层面，系统所属设备的常操及应急阀门、观测点是在总体统筹安排下结合三维数字样机开展的，其要求与总体对系统设备的要求类似。

系统所属的常操与应急阀门是系统维修性设计的重点。针对系统所属的全船常操与应急阀门，以确保在实船状态下全船各区域常操与应急阀门人员可达、可操，无牵连工程为原则要求开展虚拟维修验证。

系统所属的观测点开展人眼可视性虚拟维修检查，以确保在实船状态下的油位、液位等测点可观测。

3）设备虚拟维修验证

设备维修任务验证是设备维修性设计的重点，设备应重点针对舰员级维修任务开展虚拟维修验证，并针对中继级、基地级维修任务开展分析。

（1）在舰员级方面，设备虚拟维修验证需满足维修人员可达、维修过程人眼可视、维修过程无牵连工程，以确保在实船状态下的舰员级维修人员可达。

（2）在中继级与基地级方面，虚拟维修验证重点从维修空间与维修面开展，以确保设备在总体中的维修可行性。

4.5.3 虚拟维修验证基础库构建

4.5.3.1 人体维修基础动作库构建

在DELMIA虚拟人体的关节模型中，运动坐标系的基准坐标系位于髋骨（pelvis）的下端，基本坐标点是虚拟人运动的根节点（root），根节点具有6个自由度，其余关节的自由度数小于或等于3，运动链关系用于描述虚拟人的位置与姿态。

关节作为相邻人体环节的运动连接，关节运动是人体动作的基本组成单元。在虚拟人的关节运动类型中，关节自由度的运动形式被划分为3类，分别为屈伸运动、内收与外展运动以及旋转运动，各关节自由度运动形式如图4-6所示。关节自由度运动形式的具体描述如下。

(1) 屈伸运动:关节沿矢状面运动,使相邻关节的两环节逐渐合拢,环节间夹角缩小的运动称为屈,反之为伸。如图 4-6(a)所示,大腿向正前方运动时,大腿与躯干之间的夹角减小,此时为屈腿,反之为伸腿。

(2) 内收与外展运动:关节在冠状面上移动,靠近到正中矢状面的运动称为“内收”,相反则称为“外展”。如图 4-6(b)所示,显示了大腿的内收与外展运动。此外,位于正中矢状面上的环节,如头部、胸椎和腰椎,对应的关节运动分为向左侧弯和向右侧弯。

(3) 旋转运动:体段环节环绕垂直轴的转动称为旋转运动。环节旋向正中矢状面一侧时称为“内旋”,旋向外侧时则称为“外旋”。如图 4-6(c)所示,展示了小腿环节绕垂直轴进行内旋、外旋运动。同理,位于正中矢状面上的环节,关节的旋转运动则分为左、右旋转。

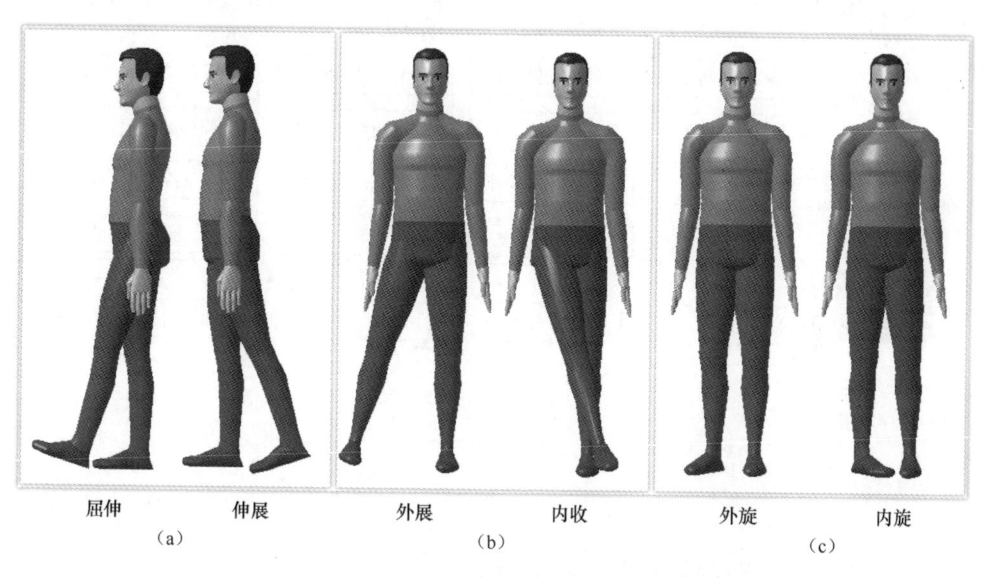

图 4-6 虚拟人关节三大运动形式示意图
(a)屈伸运动;(b)内收与外展运动;(c)旋转运动。

关节的运动受到生理结构约束的限制,包括关节运动角度的范围与关节运动的自由度数。关节转动范围限定了关节的最大角度 θ_{max} 和最小角度 θ_{min},关节自由度数则指明了该关节具有的运动自由度(degree of freedom,DOF)数,不同关节的运动范围和自由度数均不一样。根据关节具有的不同角度运动形式,可将除根关节之外的关节,依次划分为 3 种情况分析,具体包括:①单自由度关节,如手指指尖环节处的关节;②双自由度关节,如小腿与大腿连接处的膝关节;③三自由度关节,如头部和颈部位的颈关节。

虚拟人需要实现一定的维修动作姿态,需要相应运动链的各个关节的协调运动,将虚拟人执行运动链整体指定到相应的操作姿势。因此,虚拟人维修动作的构建关键是确定运动链关节运动的角度。

根据不同的维修动作及维修任务,这里设计了分层结构的维修动作库框架,如图4-7所示。从底部到顶部的动作库层次依次为基本动素层、动作状态层、肢体动作层和整体动作层。在基本动素层中,将自由度变量的数据信息封装成为动作数据的形式,实现了动作姿态基本动素数据的结构化与可扩展性。动作状态层由不同的运动链状态向量组成,是实现动作数据封装与动作姿态重用的控制单元集。肢体动作层和整体动作层是具有具体含义的动作单元层,这使得维修动作的构建过程更为直观,它还更好地满足维护模拟任务的实际需求。

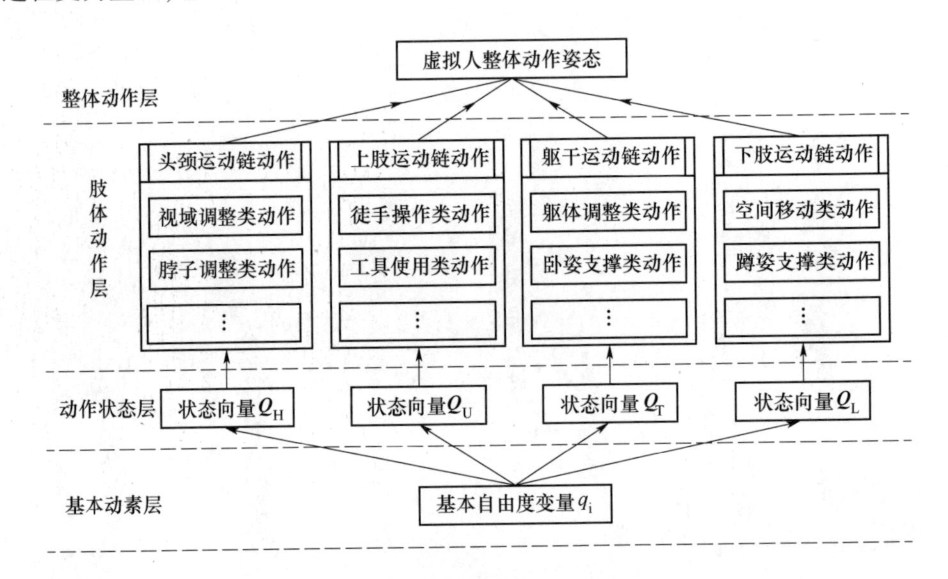

图4-7 维修动作库的结构框图

4.5.3.2 人体维修基础动作库实现

在DELMIA的虚拟维修仿真场景中,对于涉及人员操作的虚拟维修任务,需要设计人员对虚拟人执行各种交互命令进行设置,例如维修动作关键帧设置、空间行走路径规划以及局部动作仿真的命令选择等。

采用CAA命令中的状态对话命令(state chat commands),该类命令派生自CATStateCommand,通过添加Command命令的方式,利用命令来实现虚拟人的状态信息的获取。状态对话命令被模拟为状态机的命令形式,是一种由状态和迁移组成的高级对话命令。状态机可以设置多个状态,状态包括对象选择、参数输入或选项选择等,并通过状态进行条件判断,如果满足条件,则启动迁移并执行迁移功能中包含的命令。

对话代理(CATDialogAgent)是处理与界面命令相关的一个接口,与人机交互有关的代理接口大致分为两类,分别为选择代理(CATPathElementAgent)和指定代理(CATIndicationAgent)两种。通过点选的方式获取虚拟人需要通过选择代理(CATPathElementAgent)来实现。首先根据SWKIManikin接口类定义spManikin指针,通过定义的spManikin指针调用GetBody函数获取属于SWKIBody接口类的指针,即为图中定义的spBody指针;同理通过活动spBody指针调用GetSegment函数获得属于SWKISegment接口类的spSegment指针。依次进行调用,最终通过spDOF指针调用GetValue函数获取Double类型的关节自由度值。具体流程如图4-8所示。

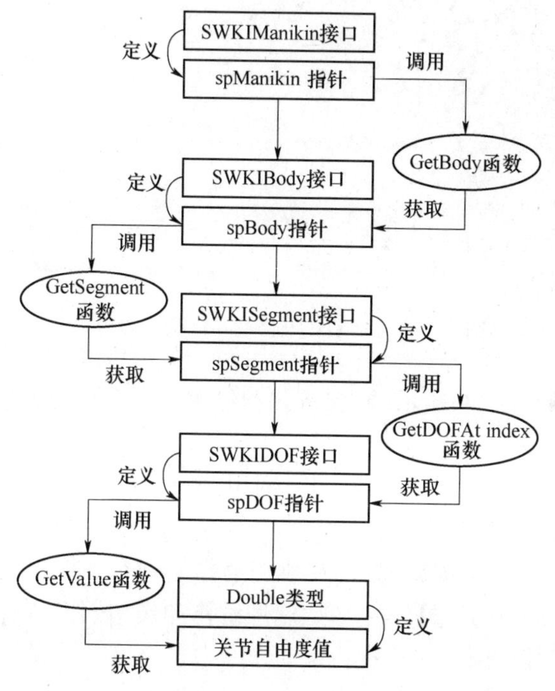

图4-8　虚拟人自由度变量获取及封装

人体动作由状态向量的旋转自由度确定,将这些自由度变量封装成为动作数据的形式,实现了人体运动动作的结构化,通过统一管理和控制可构造出不同的人体动作。最终开发出的维修性基础动作库如图4-9所示。

第一部分为实例名的选择,在建立人体维修姿态之前需要先选择一个人体模型,点击“请选择一个人”选择之前建立的Manikin1。

第二部分为设置部位姿态,可选择人体某一侧生成相应动作或者双侧均生成相应动作。这里将维修动作的生成分为头颈、躯干、下肢、手掌和上肢五大运动链,每个运动链中包含各自部位不同的动作姿态,可点击下拉菜单进行自由组合。

第三部分为动作姿态名称的命名,可在组合后自己命名维修动作。组合之后

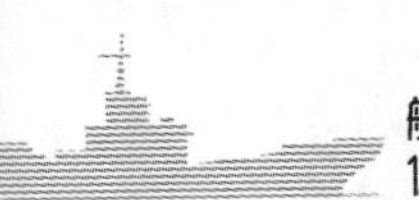

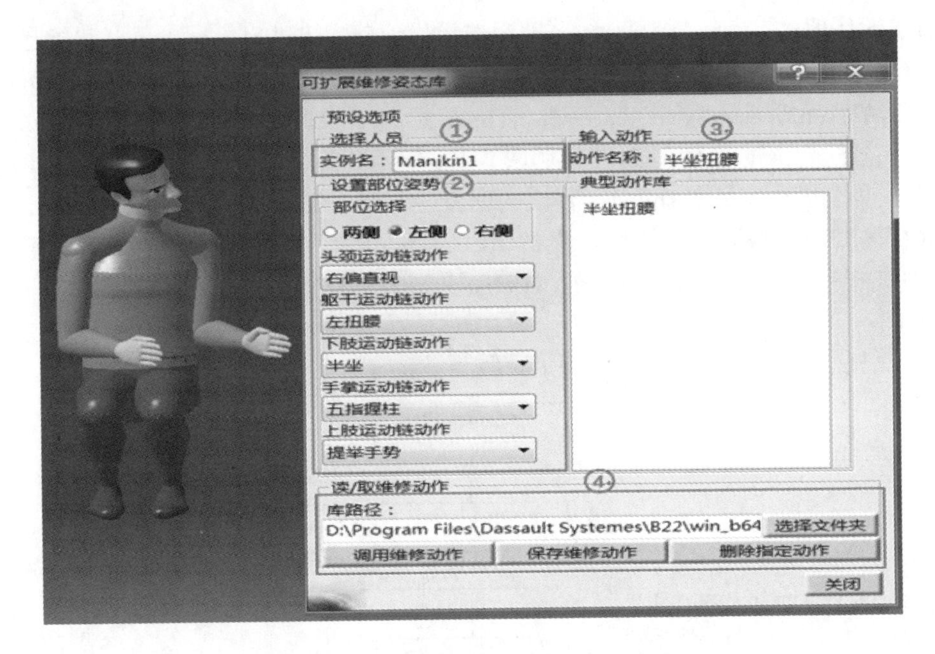

图 4-9　可扩展式维修性基础动作库界面

的某一维修动作如图 4-9 所示，要想将此动作保存下来可点击“请输入名称”处，输入“半坐扭腰”。

第四部分为维修动作姿态的读取与调用，输入“半坐扭腰”后，需要在图 4-9 中标注为④的库路径输入框中输入路径或点击“选择文件夹”按钮选择保存的路径，点击“保存维修动作”按钮，就可在典型动作库中看到保存的动作。之后再点击“半坐扭腰”动作，然后选择④中的“调用维修动作”按钮，人体模型即可直接生成此动作。若想删除此动作，可在典型动作库中点击该动作，然后点击④中的“删除”删除指定动作。

维修性基础动作库封装了五大类的人体运动链的典型动作姿势，分别为头颈运动链动作 15 个，躯干运动链动作 18 个，下肢运动链动作 17 个，手掌运动链动作 27 个，此外还有全身动作 22 个，合计可以组合出 123930 种动作类型，如表 4-13 所列。

表 4-13　动作链名称列表

动作链名称	数量/个
头颈运动链动作	15
躯干运动链动作	18
下肢运动链动作	17

续表

动作链名称	数量/个
手掌运动链动作	27
全身动作	22

在选定人体模型后,可直接调用封装好的动作命令,从而实现局部肢体动作姿势的快速创建,另外它能将当前选定的虚拟人体全身动作姿势直接保存到典型动作库中,使得那些有重用价值的典型人体动作姿势可被后续的维修工艺设计所用,这样极大地提高了舰船维修工艺设计的效率,同时还为相同类型的维修任务储备了丰富的动作库资源。

4.5.4 维修性量化评估与实现

4.5.4.1 维修性综合量化评估

维修性综合量化评估是将维修可达性、维修可视性、人因工效综合评价,基于专家打分法或运用模糊综合评判方法对维修性进行的综合评估,维修性综合量化评估体系图如图 4-10 所示。基于模糊理论的评估方法适于评估要素为主观评估指标的系统,能够对总体性能或表现的优劣受多种因素影响的事物给出合理、综合的总体评判。该评估方法的基本原理是通过比较设计方案中各因素与维修性设计准则目标要求之间的相似程度,并进行评分,然后由底层影响因素逐步向上层指标进行模糊运算,得到设计方案的维修性水平。综合评分越高,说明方案与初始设定的维修性设计准则的契合度越高,即该方案拥有较高的维修性水平。利用模糊层次分析法可以降低维修性评估的成本,能将舰船设计中常用的维修性设计准则的内容进行量化处理,实现舰船装备的维修性评估由定性向定量的转变。

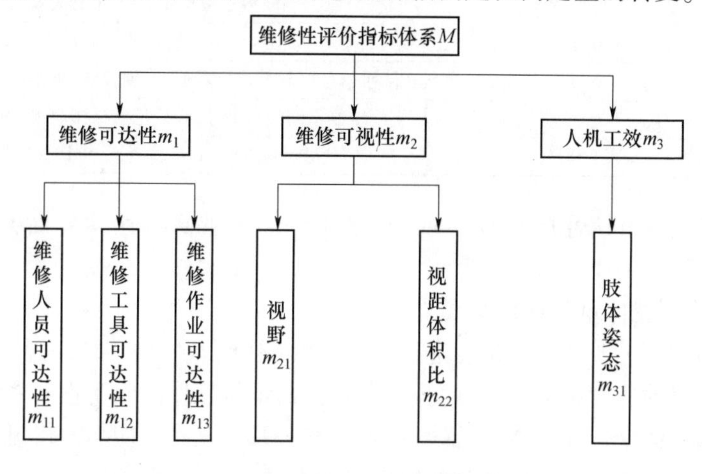

图 4-10 维修性综合量化评估图

4.5.4.2 综合量化评估实现

1）维修可达性量化评估实现

维修可达性量化评估主要包括维修人员可达性和维修位置可达性两部分，利用包围盒之间的碰撞检测可以计算维修工具的作业空间比。根据作业空间比进行维修可达性评价的具体步骤如下。

（1）将工具调整到工具可运动范围的中间位置，保证左右两侧的可运动范围大致相同。

（2）根据维修工具所需要的最小作业空间，在局部坐标系的坐标平面建立代表最小作业空间的包围盒。

（3）对工具离散后得到的三角形面单元构造包围盒，建立工具包围盒以及作业空间包围盒的循环碰撞检测语句，将作业空间的包围盒移到维修工具表面。

（4）对 Process 文件中的所有产品建立包围盒，一个包围盒包围一个产品，并与作业空间的包围盒进行碰撞检测，筛选出可能发生碰撞的产品。

（5）对可能发生碰撞的产品进行离散，对离散后的单元建立包围盒后再次进行碰撞检测。

（6）若没有发生碰撞则增大作业空间的包围盒，重复（4）和（5），直到发生碰撞，获得最大的作业空间。

（7）根据最大及最小的作业空间尺寸得到作业空间比，输出可达性评分。

根据作业空间比进行维修可达性评价如表 4-14 所列。

表 4-14 工具可用程度对应可达性评价表

作业空间比	可达性评分/分	说　明
小于 1	0	工具无法满足最小作业空间，需要修改维修方案
1~3	0.2	工具实际维修空间接近最小作业空间，维修操作困难
3~5	0.4	工具实际维修空间相对最小作业空间增加不多，可达性一般
5~7	0.6	工具实际维修空间较大，维修操作难度较低，可达性可以接受
7~8	0.8	工具实际维修空间接近最佳情况，维修操作简单，可达性好
大于 8	1.0	工具实际维修空间达到最佳情况，可达性极好

通过对上述可达性的系统实现，其量化评估的维修可达性界面，如图 4-11 所示。

2）维修可视性量化评估实现

可视性分析一般从三个角度进行，即视距、视野、遮挡物。视距过远或者过近都会影响认读的速度和准确性，而且观察距离与维修工作的精密程度密切相关；视野直接影响物体是否在人体的视线视野之中，关系到人是否能够看得见维修对象；遮挡物直接反应的是视野中看到的物体是否有效。

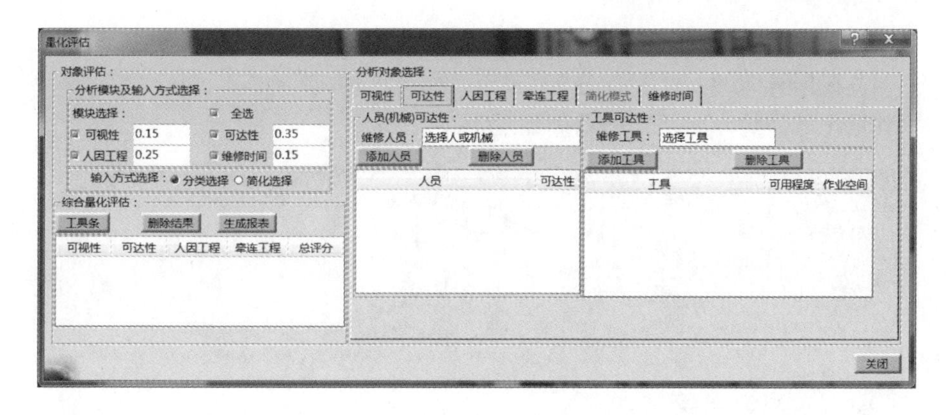

图 4-11　维修可达性量化评估界面图

软件实现步骤如下：

(1) 在 DELMIA 中，运用 HumanBuilder 模块，导入正确合适的虚拟人模型；

(2) 根据维修任务，对虚拟人可视锥的参数进行调节；

(3) 根据实际情况，调节虚拟人模型，使得维修部件在可视锥范围内；

(4) 根据具体的坐标值计算出维修可视性的评估值。

量化评估的维修可视性界面及典型示例如图 4-12 所示。

图 4-12　维修可视性量化评估软件开发界面

3) 维修人体舒适度量化评估实现

人体工效模块是量化评估中的重要部分，良好的维修姿势是维修操作人员顺利进行维修的基础，不良的姿势容易引起操作疲劳，甚至引起维修事故。在设计过程中对维修时维修人员的姿势进行评价。

软件开发与实现步骤如下：

(1) 在 DELMIA 中，运用 HumanBuilder 模块，导入正确合适的虚拟人模型；

(2) 根据维修任务，对虚拟人可视锥的参数进行调节；

（3）根据实际情况，调节虚拟人模型，开展人体舒适度等分析；

（4）根据具体的人体姿态分析人因工效。

其量化评估的界面及典型示例如图 4-13 所示。

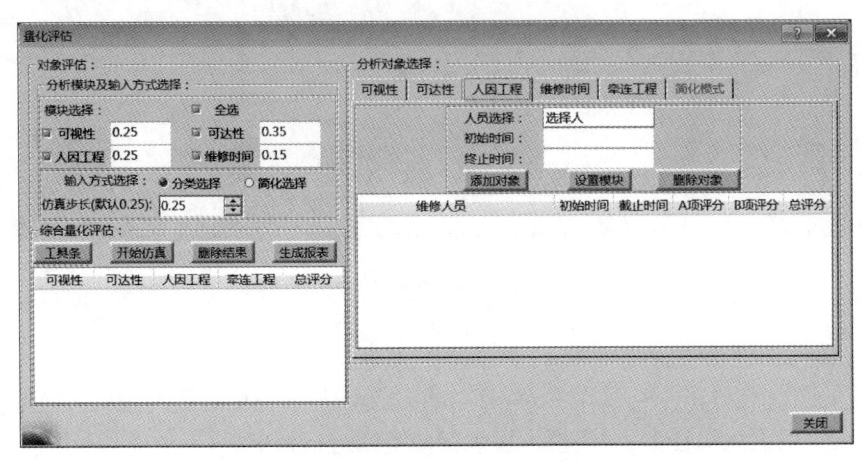

图 4-13　人因工程界面

综合上述评估过程，最终的综合量化评估结果涵盖了维修人员可达性、维修工具可达性、维修作业可达性、维修可视性、人因工效。同时，为进一步提升综合量化评估的水平和质量，可继续开展拆卸时间、维修作业空间比等评估工作，如图 4-14 所示。

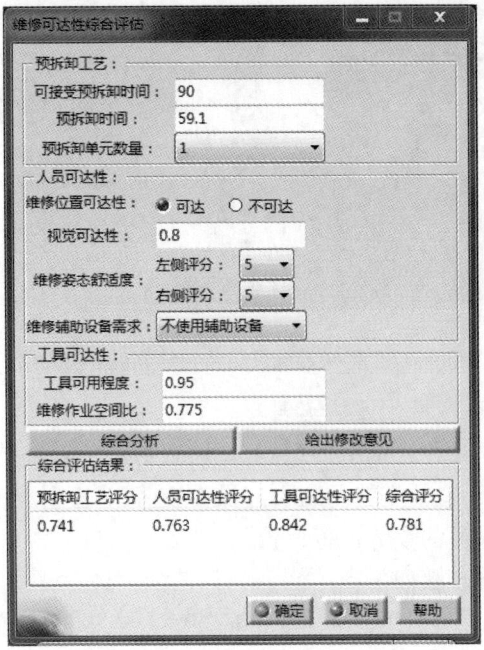

图 4-14　维修可达性综合评估

第5章

舰船测试性技术及工程实践

舰船测试性工程技术体系包括测试性要求、测试性设计、健康管理系统、测试性管理等工程工作,如图5-1所示。其中,测试性要求主要指测试性的定量要求与定性要求,测试性设计主要指电子设备测试性建模、机内诊断设计,以及机械设备测点布置与诊断方案设计,健康管理系统是测试性设计在装备实体系统中的集中应用体现。测试性管理工作包括测试性管理组织的建立、人员的培训和相关测试性技术工作落实的监督管理等。

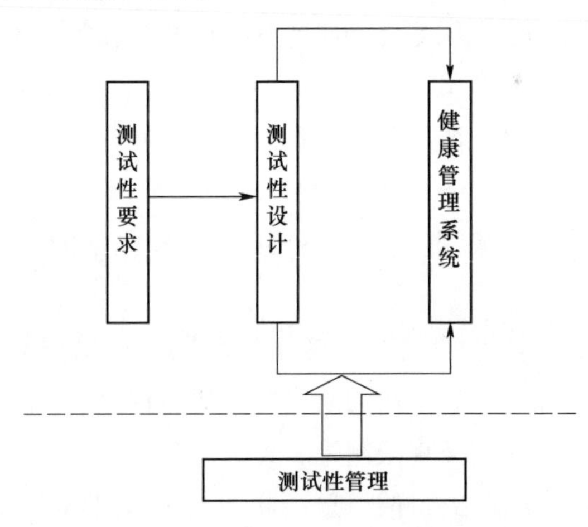

图5-1　舰船测试性工程技术体系

5.1　测试性要求

5.1.1　定量要求

舰船装备常用的测试性定量指标主要有故障检测率(fault detection rate,

FDR)、故障隔离率(fault isolation rate,FIR)、虚警率(false alarm rate,FAR)等。

5.1.2 定性要求

(1) 电子设备应具备对产品关键特性参数监测、主要故障模式检测和隔离(定位)的机内测试(BIT)功能,主要故障模式一般应涵盖在役舰船常发故障、FMECA 中严酷度Ⅱ级以上的故障,机内测试对象至少涵盖所有关键电路板/模块,用以支持舰员对设备可靠性状态监测及维修更换的需求。

(2) 电子设备应根据其使用需求,确定其机内测试工作模式,一般应同时具备设备运行前 BIT(启动自检)和运行中 BIT。

(3) 电子设备一般应具有机内测温和温升异常报警功能。

(4) 电子设备至少要实现对故障有关数据、故障发生时间等信息的自动采集。上述信息的显示、传输与存储方式应满足系统要求。

(5) 电源类设备的负载情况应实时检测。

(6) 机电机械设备自带传感器(如温度、压力、液位等)的选型、布置位置、输出形式需根据故障模式—测试性分析结果,由设备与上级系统、总体等共同确认。其中介质流量、电机电流、电压等传感器一般应布置于系统管路、配电箱等位置,其余传感器应尽量布置于设备本体。

(7) 系统要实现对系统所属重要设备的关键特性参数和异常状态报警参数,机电、机械设备启停时间,电子设备故障检测数据、故障定位(隔离)数据、故障发生时间等信息进行自动采集,并按照总体接口要求将采集的信息上传至全船健康监测及诊断系统。

(8) 系统、设备故障诊断策略中应考虑防虚警设计,单独设置的故障诊断模块失效不能影响系统正常工作。常用的防虚警方法包括提高 BIT 的工作可靠性、测试容差设置故障指示与报警条件限制等。

(9) 系统、设备一般应结合样机试验、联调试验,对照故障模式—测试性扩展分析结果,对其测试性水平进行试验验证。

5.2 电子设备测试性设计

电子设备测试性设计包括设备测试性建模、测试性诊断方案制定、BIT 设计等内容,可用多信号流测试性模型准确描述这种关系。利用计算机仿真方法对多信号测试性模型进行仿真分析后,可生成测试点方案与诊断策略,通过 BIT 设计与诊断程序软件,实现电子设备的故障诊断。

5.2.1 测试性建模

5.2.1.1 建模一般程序

1) 建模目标

建模目标主要体现在以下几个方面。

(1) 使装备的测试性相关信息按照统一的标准进行描述;

(2) 进行基于模型的测试性分析,验证测试性指标是否达到规定要求,并对测试性设计提出改进建议,为测试性增长提供依据;

(3) 由模型可以直接形成优化的诊断测试策略;

(4) 直观了解测试性设计方案,传递装备的测试性信息,支持测试信息的统一规划;

(5) 生成基于测试性模型的相关性矩阵。

2) 建模原则

建模原则一般包括以下几种。

(1) 真实性:模型应客观真实地反映所研究对象的本质,即必须准确地反映装备中影响测试性的有关因素与测试性参数的关系。

(2) 目的性:模型的建立要针对研究的目的,如隔离到不同层次时所对应的模型就不尽一致。

(3) 可追溯性:模型的建立、完善、修改等必须归档,使整个建模管理过程有明确的记录。

(4) 清晰性:模型应清楚、明确地描述所研究的测试性问题,并易于被人们所理解和掌握。

(5) 适应性:模型要适应装备内部结构的变化,便于修改完善。

3) 建模流程

测试建模基本流程包括建模数据准备、图形化建模、模型校验、模型集成以及模型分析等步骤,测试性建模基本流程如图 5-2 所示。测试性建模流程适用于装备、系统、子系统以及设备任意一级成品建模。

5.2.1.2 数据准备

建模数据的准备应包括结构组成、故障模式及其属性信息、交联影响关系、测试等内容。数据准备方式包括以下 7 种。

(1) 根据各类表格进行梳理准备,形成建模数据包。

(2) 在成品建立的故障模型的基础上,按照分析表格补充关于信号、测试等方面的内容,形成建模数据包。

(3) FMECA 数据包及扩展分析。

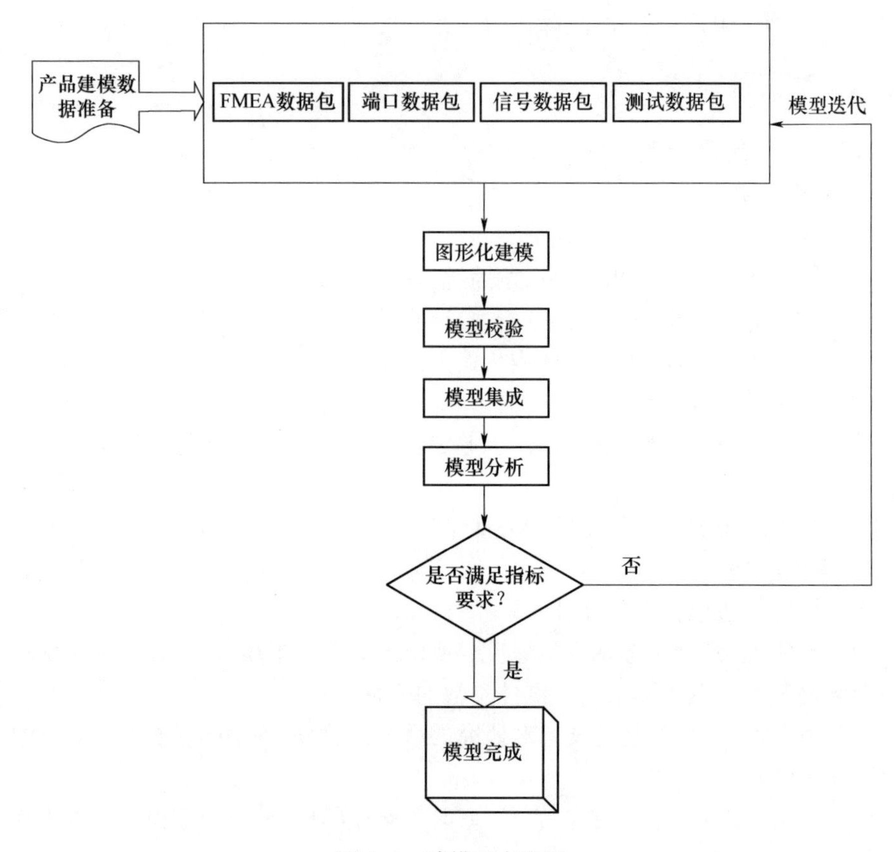

图 5-2　建模基本流程

FMECA 扩展数据包用于对应生成成品模型图中的故障模式模块信息。故障模式分析是整个测试性建模工作开始之前的关键环节。

测试性建模的 FMECA 数据包应在可靠性分析得到 FMECA 基础上,相关设计人员应围绕测试性建模要求,对 FMECA 表格内容进行补充。其中,对 FMECA 中满足建模要求的部分属性内容直接引用,对缺少的属性类型及其内容进行补充。

面向测试性建模需求的成品 FMECA 扩展分析见表 5-1。

表 5-1　FMECA 测试性扩展分析表

序号	产品或功能标志	功能	故障模式编码	故障模式	故障原因	任务阶段与工作方式	故障影响			严酷度等级	故障影响概率	故障检测方法	设计改进措施	使用补偿措施	备注
							局部影响	高一层次影响	最终影响						

对于测试性建模,具体建立哪一范围和层次的故障模式,应根据故障检测和隔离的要求,至少在隔离层次的那一层添加故障模式。

如果是隔离到车间可更换单元(SRU)的需求,则应在 SRU 层下建故障模式,相应采用 FMECA 扩展表中 SRU 的故障模式。

如果是隔离到现场可更换单元/现场可更换模块(LRU/LRM)的需求,则应在 LRU/LRM 层下建故障模式,相应采用 FMECA 扩展表中 LRU/LRM 的故障模式。

基于表 5-1 所述 FMECA 测试性扩展分析表,形成建模故障模式数据表,格式如表 5-2 所列。支持测试性建模的故障模式属性含义见 GJB/Z 1391—2006。

表 5-2 为测试性建模新增的一栏为故障症状,故障症状分析可为成品的测试性设计提供依据。

故障症状分析应分析故障出现后会影响成品的哪些功能或信号,怎样影响这些信号。如果可能,需要给出对信号的影响程度的定量数据,为测试的判据提供信息。

例如,输入 115V 交流电压,如电压低于 100V,则电机离合器脱开,反馈信号输出电压低于 0.5V。

表 5-2　建模故障模式信息表

序号	成品名称	故障模式	故障率	故障症状	故障检测方法
1					
2					
⋮					

(4) 层次结构及组成数据包。

通过成品各个层次的 FMECA 报告或故障模型,可以分析得到成品的层次结构以及每个层次包含哪些模块。用于对应生成成品模型图中的各层次模块。

如图 5-3 所示的层次结构示例,一个接收机系统包含两个 LRU,即外设的电源开关和接收机。其中,接收机中包括 4 个 SRU 和一个功能电路,4 个 SRU 分别是电源板、调谐板、预放板和放大板,一个功能电路是 LED 灯。电源板包含 3.3V 电源和 1.5V 电源两个功能电路。

如果成品包含多个相同型号的设备(冗余情况,热备份),应统计设备数量,便于在建模时设置与门。

根据成品的 FMECA 报告,可以对应生成成品结构组成表,如表 5-3 所列。成品结构组成应从成品整体至建模的最底层故障模式所属单元依次罗列,并注明对应约定层次。

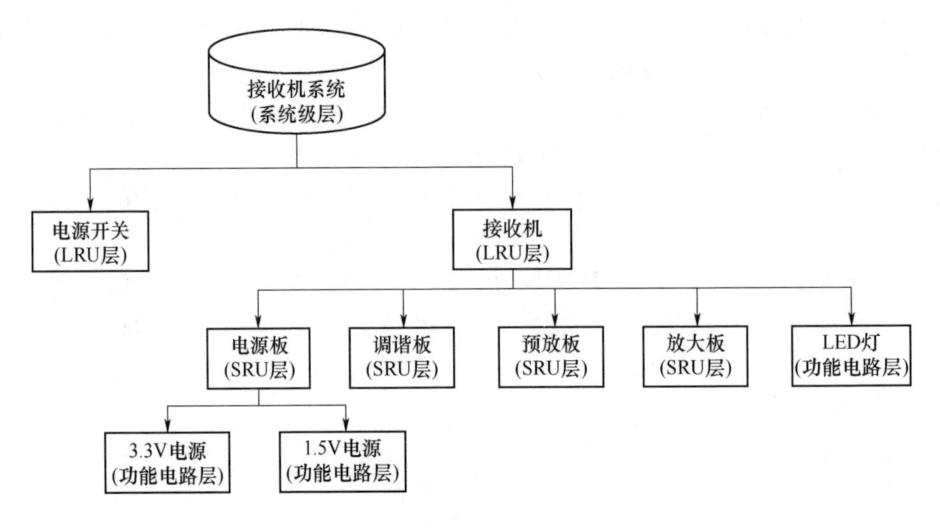

图 5-3　层次结构示意图

表 5-3　结构组成表

序号	编码	名称	约定层次	数量	功能	备注

(5) 任务重构及工作模式数据包。

任务重构是指成品出故障的情况下,能够重新配置成品资源,由其他硬件资源代替完成任务预期目标或降额完成任务目标。任务重构的基础是对成品内各类故障的准确诊断和隔离,只有当准确获知某一硬件资源功能丧失时,才能有效启动备用硬件资源并重新配置已丧失功能。

工作模式是指成品软硬件资源通过不同组合和配置完成多项模式下的工作任务的情况。

建模前,应认真分析成品及其包含的层次模块的任务重构方式和存在的多种故障模式,图形化建模时通过“开关”及系统配置来表达。

任务重构的情况,应根据具体重构机制,用表格形式表达。

工作模式的情况,应在表 5-3 的备注中表达。即针对每一个模块,注明其属于哪些工作模式。

(6) 端口数据包。

成品及各层次模块的端口数据包用于对应建立成品模型图中的各模块的端口。

① 端口定义遵守的规则。

a. 模型图中的模块端口是表达模块功能信号传播路径的逻辑端口，不一定是实际的物理端口。

b. 端口名称定义时，应具有可阅读性。端口定义能说明端口大致传递的功能信号是什么，如端口名称可以定义为“429 信号”“28V”等。

c. 端口以其需要传递的功能作为划分或合并依据，并且端口命名应能表达此功能。

d. 端口上可以传输一个或多个不同的功能/信号（该功能/信号指从故障模式症状/表征信息提取的信号，也即是测试所关注的功能信号，信号类型可以是模拟量、离散量、数据总线、机械位移、液压、电角度同步信号，光、温度、声音等）。对于传递路径相同且功能类似的信号可以合并通过一个端口传输。

e. 各级单位应协调好成品包含的各层次模块的端口定义。例如：设备单位建立的自身设备外围端口和子系统单位建立的内部该设备端口保持一致，最终便于设备单位的模型图集成到系统模型图中，保证模型集成后信号传递的有效性（要求同一信号在不同的承研单位的设备模块中传递时，名称应一致），以及最终模型图依存关系的正确性。

② 端口定义的过程要求。

a. 成品的端口应由总师单位或成品的上一级承制单位定义好并下发。

b. 端口定义的过程应是一个协调一致的过程，承制单位应对端口信息进行确认，若需更改，应及时反馈协调。某成品输入/输出端口信息分析表如表 5-4 所列。

表 5-4　某成品输入/输出端口信息分析表

<table>
<tr><th>序号</th><th>端口方向</th><th>端口名称</th><th>信号名称</th><th>信号描述</th></tr>
<tr><td rowspan="2">1</td><td rowspan="4">输入端口</td><td rowspan="2"></td><td></td><td></td></tr>
<tr><td></td><td></td></tr>
<tr><td rowspan="2">2</td><td rowspan="2"></td><td></td><td></td></tr>
<tr><td></td><td></td></tr>
<tr><td rowspan="2">3</td><td rowspan="4">输出端口</td><td rowspan="2"></td><td></td><td></td></tr>
<tr><td></td><td></td></tr>
<tr><td rowspan="2">4</td><td rowspan="2"></td><td></td><td></td></tr>
<tr><td></td><td></td></tr>
</table>

注：对于成品中包含多个同型号模块的情况，如果各层次模块所起作用不同（物理电路构成一致，但因配装软件不同，造成功能不同，端口上传递信号不同），应分别列举。

(7) 连接关系数据包。

成品结构及故障模式的连接关系数据包用于对应生成成品模型图中的各层次连线信息。

① 成品结构连接关系数据包。

成品结构连接关系指成品包含的各层次模块(组成单元及故障模式)的连接关系,即表示为模型中的连线。该连接关系可通过成品的功能框图和原理图得到。

所需功能框图的要求如下:

a. 成品功能框图应能够说明成品包含的所有组成模块的端口信息;

b. 成品功能框图应能够说明成品包含的所有组成模块层次之间和同层之间的交联关系;

c. 如果成品存在多个不同的工作模式,在这些工作模式下约定层次间的功能逻辑、数据流、接口不同,应对各个工作模式下的功能框图分别进行描述。

某成品内结构连接关系表如表 5-5 所列。

表 5-5　某成品内结构连接关系表

序号	起始模块		到达模块	
	名称	端口名称	名称	端口名称

注:表中的起始模块和到达模块可以是成品下层包含的同级别的模块,也可以是成品本身,因为成品自身也有输入输出端口,所以除了建立成品内部模块之间的端口连接关系,还需要建立成品输入端口和其内部模块端口的连接关系(建立外部输入信号对成品内部模块的功能故障影响关系),以及成品输出端口和其内部模块端口的连接关系(建立成品输出信号对其他成品的功能故障影响关系)。

② 故障模式连接关系数据包。

故障模式连接关系数据包分故障模式输入端口的连接和故障模式输出端口的连接。

a. 故障模式输入端口的连接。

故障模式输入端口的连接分两种情况:可以和包含该故障模式的模块的一个或多个输入端口相连;也可以和模块内其他故障模式的输出端口相连,根据分析实际故障传递的影响关系来定。

(a) 故障模式输入端口连接模块的输入端口。

(b) 如果此故障模式所引起的故障效应也可能由模块输入端口从模块的上游传递而来,则需要在故障模式和输入端口之间建立连接,说明故障模式受模块哪些输入信号的影响。

(c) 故障模式不与输入端口进行连线表示此故障模式所引起的故障效应与本

模块的外部输入无关。

(d) 故障模式输入端口连接其他故障模式输出端口。

(e) 如果与其同处于一个模块的其他故障模式所引起的故障效应会传递给该故障模式,则需要在该故障模式输入端口和其他故障模式输出端口之间建立连接,表示哪些上游故障模式的故障影响会传递给下游的哪些故障模式。

b. 故障模式输出端口的连接。

故障模式输出端口的连接分两种情况:可以和包含它的模块的一个或多个输出端口相连;也可以和模块内其他故障模式的输入端口相连,根据分析实际故障传递的影响关系来定。

(a) 故障模式输出端口连接模块输出端口。

如果此故障模式所引起的故障效应可以通过模块输出端口传递出去,则需要在故障模式和输出端口之间建立连接,故障模式不与模块输出端口进行连线表示此故障模式所引起的故障效应不会从模块的输出端口传递出去,不会影响到本模块之外的模块。

(b) 故障模式输出端口连接模块内其他故障模式输入端口。

如果该故障模式所引起的故障效应会传递给与其同处于一个模块的其他故障模式,则需要在该故障模式输出端口和其他故障模式输入端口之间建立连接,表示哪些上游故障模式的故障影响会传递给下游的哪些故障模式。故障模式连接关系数据包分析表如表5-6所列。

表5-6 故障模式连接关系数据包分析表

序号	故障模式	端口方向	上层模块		其他故障模式	
			输入端口	输出端口	输入端口	输出端口
1	FM1	输入端口		×	×	
				×	×	
		输出端口	×			×
			×			×
2	FM2	输入端口		×	×	
				×	×	
		输出端口	×			×
			×			×
3						

注:划“×”表示不填。

③ 测试连接关系数据包。

测试连接关系根据测试部署的位置和测试的信号而定。

a. 信号数据包。

信号数据包定义了测试性建模所关心的故障症状及相应信号名称。通过故障模式的故障症状,梳理出成品建模时需要的所有信号,见表5-7。建模中的信号名称在定义时要清晰明确,避免产生歧义。例如,对于直流电压信号可以表达为"28V电源""12V电源"等,不能不清楚地表达为"电源电压"。

表5-7 某成品(装备、系统、子系统、设备)信号表

序号	故障症状	信号名称
1		
2		
3		

注:测试性建模中的信号可以表达为故障模式影响的功能、故障模式影响的信号参数(如交流信号的直流偏移参数)或故障模式产生的其他故障效应等。

b. 测试数据包。成品及各层次模块的测试数据包用于对应生成成品模型图中的测试和测试点信息。通过给出测试可以检测的功能/信号,可以建立测试和故障模式之间的依存关系。

成品测试信息输入表的填写要求如下。

(a) 测试名称是一个测试的唯一描述符,该测试应与成品已实现的测试相对应。

(b) 测试类型应按照总体规范统一定义。

(c) 测试判定条件应描述测试是否通过的判定条件,可选填。

(d) 对于交互测试或外场测试,测试所需资源应列出该测试所需的外场检测设备。对于内场测试,测试所需资源应列出该测试所需的测试仪器及数量。

(e) 测试位置需要填写测试位于设备内哪些端口后面或故障模式后面,并将相同位置的测试合并到一个测试点,如表5-8所列。

表5-8 某成品测试信息输入表

序号	测试名称	测试判定条件	测试类型	测试信号	测试所需资源	测试位置
1						
2						

注:测试类型应按照总体规范进行统一定义。

5.2.1.3 图形化建模

1) 图形化建模流程

根据准备好的建模数据,利用建模软件进行图形化建模,分别建立模型图上各

个层次的模型元素以及模型元素之间的连接关系(相关性)。

图形化建模流程如图 5-4 所示。

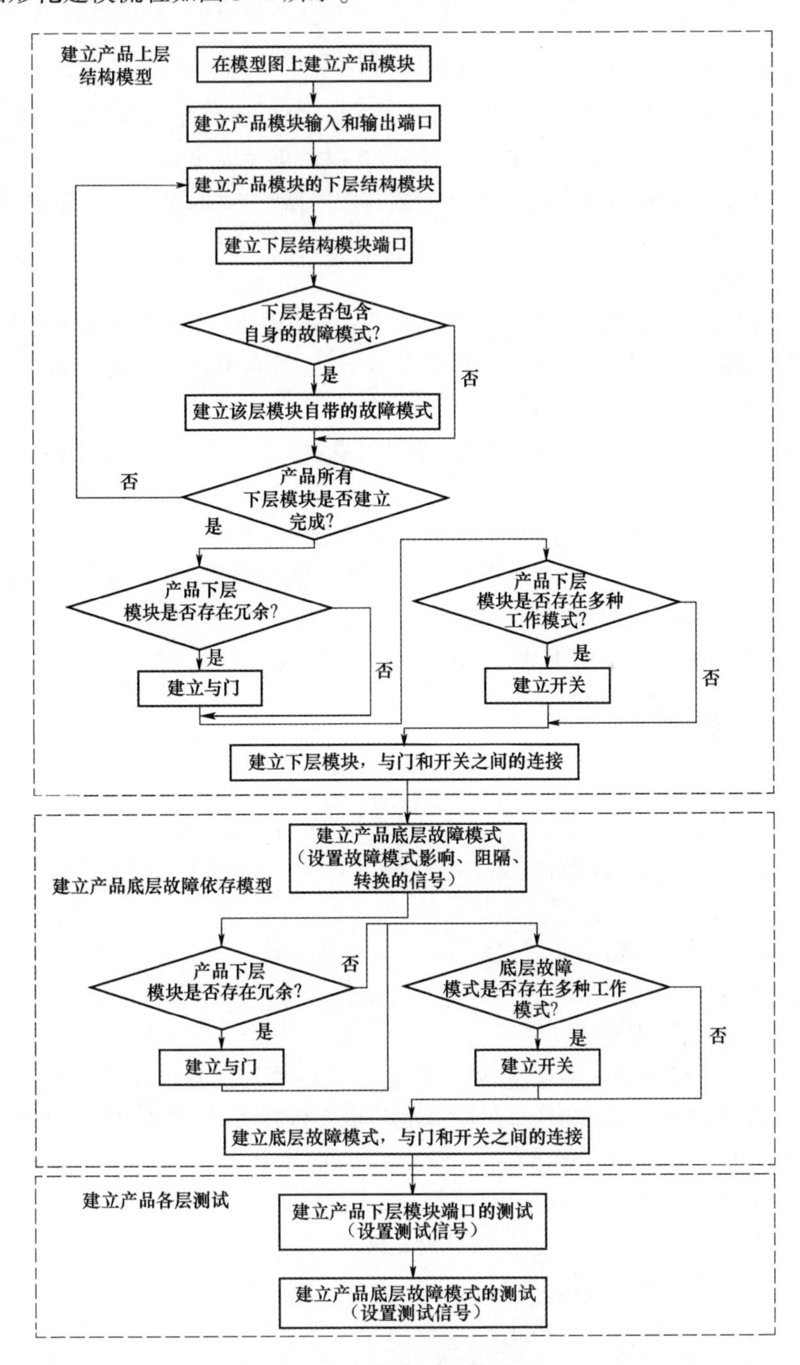

图 5-4　图形化建模流程

2）建立结构模型图

结构模型图说明成品内部各模块之间的相互影响关系，类似于系统和设备的功能框图。

建立结构模型图的步骤如下。

（1）建立顶层成品模块：在模型图上建立一个顶层成品模块（如果成品是系统，建立系统单元模块，如果成品是设备，建立设备单元模块）。

（2）建立顶层成品模块的输入/输出端口：根据输入/输出端口信息表，建立顶层成品模块的输入输出端口。

（3）建立成品下层结构模型：

① 根据成品层次结构组成，建立成品下层结构模块（下层模块可能是多层的，根据实际的隔离层次决定。如成品层次结构，接收机系统是顶层成品，包含3层下层模块：LRU、SRU和功能电路）。

② 根据成品下层模块的输入输出端口信息表，建立成品下层结构模块的输入输出端口。

③ 根据成品故障模式表，建立成品各层自身的故障模式，即故障模式不是由成品底层故障模式引起，而是成品各层自带的一些故障模式（如模块之间连接导线产生的故障模式，或数据总线产生的故障模式）。

④ 根据成品层次结构组成，建立表达成品不同工作模式的开关模块（如果不同的工作模式选择不同的模块）。

⑤ 根据成品层次结构组成，建立表达冗余（多个模块失效才会造成整个成品功能失效）的与门模块。

⑥ 建立下层模块、故障模式、开关和与门之间的连接关系。

（4）在成品各层建立测试：

① 在模块的外部端口建立测试；

② 在故障模式的输出端建立测试。

结构模型示意图如图5-5所示。

3）建立底层故障模式图

根据需要隔离到的成品层次，可以判定应该在哪一层建立故障模式。如果要求故障隔离到LRU，则在LRU以下建立故障模式依存关系，在LRU以上各层建结构模型图；如果要求故障隔离到SRU或功能电路，则在SRU或功能电路以下建立故障模式依存关系，SRU或功能电路以上层次建立结构模型图。

根据成品FMECA报告，建立底层故障模式的步骤如下。

（1）建立底层故障模式。

（2）建立故障模式相关属性：

① 根据故障模式影响，转换或阻隔的功能/信号，给故障模式定义功能信号；

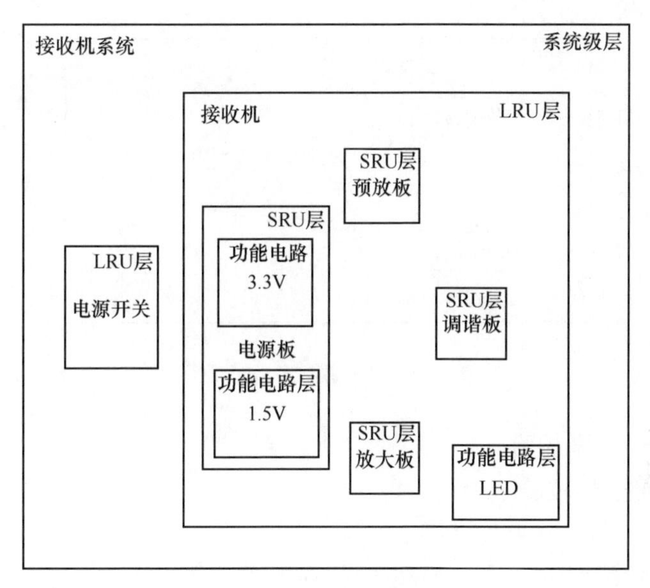

图 5-5　结构模型示意图

② 建立故障模式的可靠性参数,输入故障模式的故障率(指数分布、对数分布、正态分布、威布尔分布和 MTTF)。

(3) 建立开关:根据故障模式所处的不同工作模式,在故障模式之间添加开关。

(4) 建立与门:根据是否多个故障模式发生才会影响某功能失效,在故障模式之间添加与门。

(5) 建立连接:根据成品相关技术资料,判断故障的传递关系,即判断该故障会受哪些输入信号的影响,故障会影响哪些输出信号,故障与故障之间的传递关系是什么,然后建立故障模式和输入信号(输入端口,信号通过端口传输)之间的连接,故障模式之间的连接,故障模式和输出信号(输出端口,信号通过端口传输)之间的连接。

4) 建立测试点及测试

测试用于检测故障是否发生,可以是硬件电路 BIT,软件形式,或软硬件结合的形式。测试通过测试点确定自己的位置,另外,每个测试还要确定测试结果、测试时间、测试费用、测试步骤等信息。

在成品模型图的各层(如系统模型图、设备模型图),根据测试数据包,建立测试和测试点的步骤如下。

(1) 建立测试点。测试点决定测试的位置,每个测试点上可以添加多个测试。

(2) 建立测试及测试属性。在测试点中添加测试,并给测试分配该测试可以测到的信号。

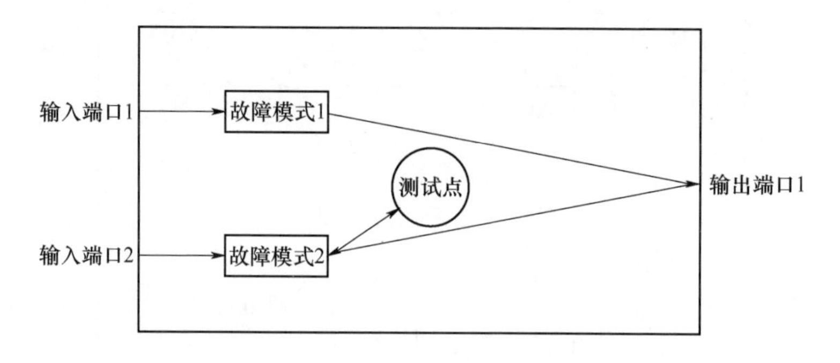

图 5-6　故障模式模型示意图

5.2.1.4　模型校验

1）模型完整性校验

模型完整性校验主要检查以下方面：

（1）成品模型组成是否与成品实际组成设计一致；

（2）所有底层模块是否都包含了故障模式；

（3）故障模式是否关联了信号,设置了可靠性数据；

（4）测试是否关联了信号,设置了测试类型；

（5）模型交连关系是否完整,是否有未连接的端口,故障模式,测试点,与门,开关等。

2）模型合理性校验

模型合理性校验主要检查以下方面：

（1）成品的层次划分定义是否与总体要求一致；

（2）成品下层模块对外的端口设置是否与成品要求一致；

（3）模型图信息是否与成品当前技术状态一致；

（4）组成单元之间的交连关系是否与成品设计方案一致；

（5）模型图中表达的故障模式之间的交连关系是否与 FMECA 中的故障传递关系一致；

（6）模型中故障模式分配、转换和阻隔的信号与实际电路设计逻辑是否一致；

（7）成品下层模块传递给成品的信号是否符合设计约定(例如:如果成品是系统,成品下层模块是设备,则设备传递给系统的信号应符合设计约定)；

（8）若成品存在不同工作模式,是否在模型中体现；

（9）成品在不同的工作模式下,模型中故障模式和测试的依存关系是否正确。

3）模型测试信息校验

模型测试信息校验主要检查以下方面：

（1）模型图中反映的测试是否是真实成品中已有的测试；

(2) 测试名称定义是否具体,是否反映测试内容;

(3) 测试信号是否真实反映成品的设计;

(4) 测试类型定义是否真实反映成品的设计;

(5) 测试判据是否反映在模型数据中;

(6) 如果是人工测试,测试步骤是否反映在模型数据中。

5.2.1.5 模型集成与状态控制

模型集成指将成品组成模块(成品配套单位设计的从属于该成品的模块)的模型图导入到成品模型图中,并进行端口对接、检查、迭代与测试优化的过程。

在初步的成品模型图中,涉及配套分工,可只定义组成模块的输入输出端口,及其与其他组成模块的交联关系,需要通过导入组成模块内部的模型图的过程来实现成品完整的模型。

1) 集成前检查

(1) 故障模式数据包集成检查。

针对成品配套单位提交自己的故障模式数据包,成品单位应在集成前做如下检查:

① 上层故障模式的名称是否对应下层故障模式的故障影响;

② 上层故障模式的故障原因是否对应下层故障模式的名称;

③ 故障影响关系是否正确合理;

④ 故障模式严酷度定义是否恰当;

⑤ 故障模式是否给出了故障症状、测试方法。

(2) 模型图版本检查。

成品单位在模型图集成时,负责管理各个配套单位的模型图。因此,除了成品模型图自身有一个版本外,管理的各个配套单位的模型图也有各自的版本。

① 如果是首次集成,无论是成品模型图还是成品配套单位模型图,版本都是初建,只需将各个配套单位的模型图集成到成品模型图中即可,不用做版本检查。

② 如果不是首次集成,成品模型图应检查各配套单位提交的模型图的版本,如果版本比上一次提交的版本低,则不能集成。

(3) 模型图所含下层模块的 SNS 码(标准编码体系)匹配检查。

成品单位在模型图集成时,要检查确认成品模型图中包含的下层模块的 SNS 码与配套单位实际提交的模块的 SNS 码一致,否则不能集成。

(4) 模型图端口检查。

模型图端口检查主要包括以下几种。

① 成品模型集成时,成品下层模块的模型图集成为成品的下层图。成品单位向成品配套单位分配建模任务时,应与配套单位协调和商定下层模块的输入输出端口定义。集成时,如果成品模型图中包含的下层模块的输入输出端口定义和配

套单位提交的模块的输入输出端口不一致,不能集成。

② 配套单位在建模过程中,如果需要修改所负责模块的端口定义,应向成品单位说明情况并提出申请,成品单位如果同意修改,应同时修改自身成品模型中的相应模块端口,以及通知该模块的端口更改影响到的其他模块的配套单位进行相应修改。集成时,配套单位提交的模块端口和成品模型图中已建的下层模块端口应取得一致。

(5) 成品内各下层模块传递的功能信号匹配检查。

成品内各下层模块传递的功能信号匹配检查主要包括以下几种。

① 成品单位向配套单位分配建模任务时,应协调和商定成品内各下层组成模块的输入输出信号定义。集成时,如果组成模块的输入输出信号定义和当初协商的不一致,不能集成。

② 配套单位在建模过程中,如果需要修改之前的信号定义,应向成品单位说明情况并提出申请,成品单位如果同意修改,应通知其他配套单位(和该配套单位模块有交连关系的其他模块的设计单位)也做出相应修改,否则,集成后的模型无法表达正确的依存关系。

③ 成品模型图中,不同组成模块之间的连线对应的输入输出端口信号定义应保持一致,保证模型集成后,信号传递的有效性(即同一信号在不同的成品设备中传递时,名称一致),以及最终模型图依存关系的正确性。该检查应根据端口信号定义数据表进行检查。

(6) 测试性指标检查。

对于配套组成设备提交的模型,应检查其模型分析结果是否符合测试性指标要求,如果不满足要求,应对配套单位提出测试性优化更改的要求。

2) 模型集成和迭代

(1) 集成过程说明。

模型集成过程中,应根据实际情况分析不同成品层次中哪些测试能够合并优化。优化原则是:在不影响隔离的情况下,将有相同故障影响的故障模式的测试合成为一个(在不影响故障隔离的前提下,减少测试的数量)。

模型图的集成采用将模型图数据包导入到模块节点的方式,同时应对模型图数据包进行校验,校验通过的数据包必须记录版本信息。成品单位可对其配套单位导入的模型数据包提出修改建议,重新编辑后的模型数据包添加修订版本信息,导出给配套单位;配套单位如果对模型数据进行了修改,应更新版本并将数据包提交给成品单位,成品单位重新进行集成。模型图主要集成各配套单位模型的故障传递关系模型(即故障模型)及测试信息。

(2) 建立集成时的系统级连接。

根据系统级设计相关技术资料,判断系统级各组成子系统或设备之间的传递关系。根据各组成单元内故障模式及其传递关系,分析其在系统层面上的故障影响、信号流向和传递,建立各组成子系统或设备的各端口之间的连接。

(3) 集成时的系统级测试补充。

根据系统级设计相关技术资料,在集成设备级模型的基础上,按照数据准备要求和测试建模要求,补充建立系统层级测试点,并建立测试及测试属性。

(4) 集成时测试优化。

测试优化的实现目标是在不影响隔离的情况下,减少测试点的数量,降低总的测试费用和成本。测试优化的过程是成品和配套单位结合测试性模型进行权衡分析的过程。

测试优化的具体过程如下。

① 模型集成过程中,成品单位应在成品总体层面上,考量在成品层能完成的功能测试;结合各配套单位提交的测试性模型,分析各组成单元的测试性水平;根据实际情况,对成品的测试性设计进行层次化的权衡分析,分析不同层次中哪些测试能够合并优化。

② 如果成品单位在成品模型图中优化合并了下层模块中的某些测试,则成品单位应通知配套单位修改其模型图中相应测试,并将修改后的模型图提交给成品单位。

示例:如果有测试 T_1 可以直接测 LRU 的失效模式 FM1011,在隔离到 LRU 的情况下,可以不使用功能模块失效模式的测试点 t_1 和 t_2,如图 5-7 所示。

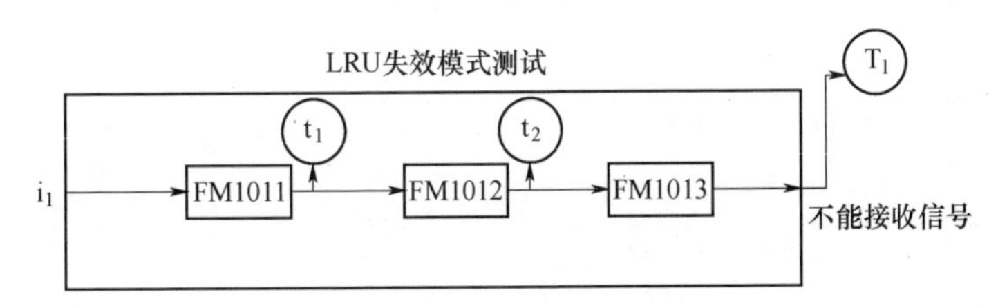

图 5-7　LRU 失效测试优化图

3) 集成后检查

(1) 关键故障模式的可测性检查。

成品模型集成后,应检查成品模型中所有故障率高、严酷度等级高、危害度大、影响安全的故障模式是否可测,以及其检测方法是否完备。

(2) 集成后的测试性指标检查。

成品模型集成后,应检查成品模型的整体测试性指标是否满足成品设计要求,如果不满足要求,应对整个成品的测试性设计提出改进和优化要求。

(3) 模型文件格式要求。

建模过程应保证各层次输出内容格式一致的模型文件,便于最后整个成品模型的集成。

5.2.2 测试性分析与设计

1）测试性分析与预计

承研单位应基于建立的测试性模型，开展测试性分析工作。应给出定性分析、定量指标分析和相关行矩阵及诊断策略分析的结果，并形成相关测试性建模分析报告。

（1）相关性矩阵。

矩阵 $\boldsymbol{D}$ 即为相关性矩阵（dependency matrix），其以矩阵的方式描述了故障与测试之间的相关性逻辑关系，是以图形化形式建立的测试性模型的一种数学形式的表达，其数学形式的表达可以为矩阵或表格。

基于相关性矩阵，可得到未检测故障、模糊组、冗余测试；并可进行简化及测试点的优选，得到成品的诊断策略，生成用于诊断设计的故障字典。

其中第 i 行 F_i 表示的是第 i 个故障单元在每一个测试点上的反映信息，它表明了每一个测试点和第 i 个组成单元之间的相关性。而第 j 列表示第 j 个测试点和每个组成单元之间的相关性。其中，0 表示 F_i 和 T_j 不相关，1 表示 F_i 和 T_j 相关。

对于相关性矩阵的生成基于图示化建模实现，表达为表格形式，如表 5-9 所列。

基于测试性模型输出的矩阵 $\boldsymbol{D}$ 应作为输出报告的附件之一提交。

表 5-9　矩阵 $\boldsymbol{D}$ 表格

故障	测试 1(T_1)	测试 2(T_2)	…	测试 3(T_i)	…	测试 n(T_n)
故障 1(F_1)	1	1	…	1	…	1
故障 2(F_2)	0	1	…	1	…	1
⋮	⋮	⋮	…	⋮	⋮	⋮
故障 i(F_i)	0	0	…	1	…	1
⋮	⋮	⋮	⋮	⋮	⋮	⋮
故障 n(F_n)	0	0	…	0	…	1

（2）定性分析。

定性分析主要是依据建立的成品测试性模型，分析测试性设计的故障检测覆盖和隔离情况，以发现测试性检测与隔离的缺陷，支持设计的权衡优化。

定性分析主要包括：

① 根据建模对象的诊断需求，分析使用所有测试手段下的不可检测故障、模糊组、冗余测试等的分析结果。

a. 不可检测故障。在成品设计过程中,可针对分析得到的不可检测故障,通过优化分析,增加相应测试的方法来改进测试性设计。

b. 模糊组。针对分析得到的模糊组,可通过优化分析过程,采取增加测试或断开反馈环等方法减少模糊组。

c. 冗余测试。在设计过程中,可根据实际需求,权衡选取冗余测试中的一个测试作为设计用测试点,例如选择设计可行性高或设计成本低的测试。

② 根据工程实际,分别分析不同测试手段及其组合情况下的不可检测故障、模糊组和冗余测试。

③ 对于有重构功能的成品,应针对其不同功能构型或工作模式,得到不同构型或模式下的不可检测故障、模糊组和冗余测试。

(3) 定量指标分析。

定量指标分析主要是指根据成品测试性设计方案,通过分析和计算来估计测试性设计可能达到的量值,并与规定的指标要求进行比较,分析是否满足指标要求的过程。

定量指标分析的主要目的是通过估计测试性指标是否满足规定要求,来评价和确认已进行的测试性设计工作是否满足要求,找出不足、改进设计。定量指标分析主要包括以下内容。

① 根据建模对象的诊断需求,分析使用所有测试手段下的故障检测率和隔离率的分析结果。

② 定量指标分析应分别给出使用各种测试手段下(如上电 BIT、周期 BIT、测试设备、人工测试等)的成品的故障检测率和故障隔离率(隔离到 1、2、3 个可更换单元)。

故障检测率:

$$R_{\mathrm{FD}} = \frac{\lambda_{\mathrm{D}}}{\lambda} \times 100\% = \frac{\sum \lambda_{\mathrm{D}i}}{\sum \lambda_i} \times 100\% \tag{5-1}$$

式中: λ_{D} 为被检测出的故障模式的总故障率; λ 为所有故障模式的总故障率; λ_i 为第 i 个故障模式的故障率; $\lambda_{\mathrm{D}i}$ 为第 i 个被检测出故障模式的故障率。

故障隔离率:

$$R_{\mathrm{FI}} = \frac{\lambda_L}{\lambda_{\mathrm{D}}} \times 100\% = \frac{\sum \lambda_{Li}}{\lambda_{\mathrm{D}}} \times 100\% \tag{5-2}$$

式中: λ_L 为可隔离到小于等于 L 个可更换单元的故障模式的故障率之和; λ_{Li} 为可隔离到小于等于 L 个可更换单元的故障中,第 i 个故障模式的故障率;L 为隔离组内的可更换单元数,也称故障隔离的模糊度。

③ 对于有重构功能或多工作模式的成品,应针对其不同功能构型或工作模

式,得到不同构型或模式下的故障检测率和隔离率。

④ 对于有外场级测试性要求的成品,应分析给出外场的故障检测率和故障隔离率(隔离到1、2、3个外场可更换单元)。

⑤ 对于有内场级测试性要求的成品,应分析给出内场的故障检测率和故障隔离率(隔离到1、2、3个内场可更换单元)。

(4) 测试性分析报告。

在对系统进行测试性建模分析后,应编写测试性建模分析报告。测试性建模分析报告主要内容如下。

① 概述。说明当前产品设计所处的阶段,及当前建模分析的目的、作用等。

② 系统介绍。对系统整体结构组成及功能进行简略介绍。

③ 建模依据。说明进行测试性建模参考的标准/规范、资料文件,以及建模的假设与前提等。

④ 系统建模。说明进行测试性建模使用的工具软件及建立的模型。

⑤ 当前测试方案。说明当前的测试方案及对模型进行分析的测试性参数、测试性分析项、测试性分析输出等,并可针对结果给出改进建议。

⑥ 优化测试方案。针对当前的测试方案,给出优化的方案并进行分析,并列出分析的测试性参数、分析项、分析输出等分析结果。

⑦ 结论及建议。说明进行测试性建模分析工作的结论及建议。

2) 测试性设计

在测试性建模与指标预计分析基础上,新研、改进类电子设备应根据GJB 2547A—2012《装备测试性工作要求》开展BIT设计、诊断方案制定等测试性设计工作。其中BIT设计技术相对成熟,可参考相关文献,以下给出诊断策略与方案内容。

诊断策略用于表征对被测对象进行故障检测和故障隔离的测试顺序及诊断分支。即通过对故障检测与隔离的顺序进行分析,从而确定成品故障原因的一种策略方法。

诊断策略组成一般如下:

(1) 测试(或测试点)及测试执行次序;

(2) 测试结论;

(3) 故障源及对应的诊断结论;

(4) 诊断输出。

诊断策略一般有3种输出形式:图形形式、表格形式、XML文件形式。诊断策略应至少选择一种可清晰表达的形式,在报告中以附件形式提交。

(1) 图形形式。

图形形式的诊断策略在组成和形式上包括方框标志、测试标志、连线、“通过

YES”/“失败 NO”判据等。其中方框表示故障诊断的中间结果和故障诊断的最终结果(故障源);测试标志用于标识所用的测试(测试点);连线用于表达测试执行次序或者测试跳转关系;“通过 YES”/“失败 NO”表示测试结果。图形形式的诊断策略示例如图 5-8 所示。

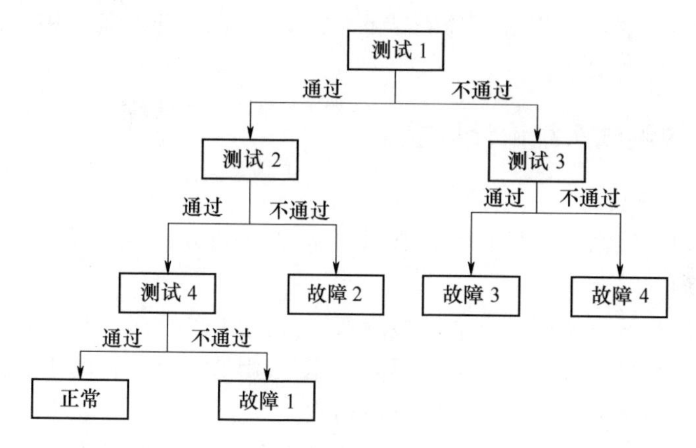

图 5-8 图形形式的诊断策略示例

(2) 表格形式。

表格形式的诊断策略在组成上一般包括测试步骤、上一测试步骤、测试内容或诊断结果、测试结果及下一测试步骤等。表 5-10 为表格形式的诊断策略示例。

表 5-10 表格形式的诊断策略示例

测试步骤	上一测试步骤	测试内容或诊断结果	测试结果	下一测试步骤
1	—	测试 2($T2$)	正常	2
			不正常	3
2	1	系统正常		结束
3	1	测试 1($T1$)	正常	4
			不正常	5
4	3	维修或更换 $F2$	—	结束
5	3	维修或更换 $F1$	—	结束
结束	诊断结束			

(3) XML 文件形式。

XML 文件形式的诊断树由 XML 元素和属性组成。XML 形式的诊断策略基本不具有直观性,但其结构化更强,更方便于计算机的自动化处理操作,从而可以更有效地支持基于模型的诊断设计的实现。生成的 XML 文档格式的诊断策略从语法上应正确、符合 XML 规定,可以通过 XSD 模式的文档验证。其中,典型的属性字包括:SEPRARATE_LEVEL——该诊断策略的分析隔离层次;TEST_TYPE——该诊断策略所使用的测试类型; NODE LABEL——节点标签、TYPE——节点类型(如TEST 测试和 FM 故障源)、PARENT——父节点;NAME——名称;TESTOUTCOME PASS——诊断结果等。诊断策略的生成和输出可以通过相关测试性建模与分析软件工具来实现。

5.2.3 机内测试系统设计要求

1) 总体功能设计

(1) 机内测试系统应具有状态监测功能,对关键功能和系统的状态和参数进行采集和监测;

(2) 机内测试系统应具有故障检测功能,采用 BIT 完成自动化的故障检测;

(3) 机内测试系统应具有故障隔离功能,采用 BIT 完成自动化的故障隔离;

(4) 机内测试系统应具有健康管理功能;

(5) 机内测试系统应具有状态监测、BIT 和故障信息处理功能,能够完成信息的记录、报警指示和导出。

2) 测试架构布局设计

(1) 机内测试系统应进行结构化设计,确定装备级、系统级、分系统级、设备级的测试配置,以及相互之间的通信方式;

(2) 电子类系统在系统级、分系统级、LRU/LRM 级都应配置有相应的 BIT,完成状态监测、故障检测和故障隔离;

(3) 机电类系统在传感器配置基础上,至少在分系统级设有 BIT,完成状态监测、故障检测和故障隔离。

5.2.4 故障上报与指示

(1) 告警指示需便于使用人员/维修人员监视和理解系统工作状态和故障发生的位置;

(2) 记录的信息内容至少包括故障检测信息、故障隔离信息、故障发生时间;

(3) 测试性的故障指示应能连续显示故障信号,故障信息报警级别应分为提示级、注意级和警告级,以区分对于不同级别故障的显示、报告与处理方法;

(4) 系统设计单位应明确其下级产品的故障上报要求,包括上报时机、形式、类型、分级规则等。

5.2.5 测试点

系统测试点设置的要求包括两方面:一是必须满足故障检测与隔离、性能测试以及调整和校准的测试要求;二是必须保证系统与 ATE 的测试兼容性要求相一致。具体地讲,选择与设置的测试点应有如下特性和功能:

(1) 测试点的设计应作为系统/设备设计的一个组成部分,所提供的测试点应能进行定量测试、性能监控和故障隔离;

(2) 测试点的设置应根据系统/设备测试性模型统一进行规划;

(3) 能够确认系统是否存在故障,或确定性能参数是否有不允许的变化;

(4) 被测单元的测试点应根据故障隔离要求选择,测试点应与 ATE 进行电路隔离;

(5) 在满足故障检测与隔离要求的条件下,测试点的数量应尽可能少;

(6) 设置的测试点在相关资料和产品上应有清楚的定义和标记;

(7) 测试点的选择和数量必须满足故障检测与隔离、性能测试以及校准的测试要求;

(8) 检测与隔离用测试点的选择应一起考虑,优先选用提供诊断信息量大的测试点;

(9) 测试点的选择应保证人员安全和设备不受损坏;

(10) 测试点应具有良好的可达性,重要的内部连接点有安全通路或入口,为评价或查找故障提供测量或注入有用参数;

(11) 测试点的设置应保证与 UUT 和 ATE 的兼容性要求相一致。

5.2.6 系统和设备测试性设计

系统和设备测试性设计应按照要求开展系统及设备测试性建模工作,通过测试性模型进行测试性设计(测试点安排、传感器的选取等),以便使不同维修级别测试诊断等共用一套基于产品测试性建模的数据源,以最佳的费效比达到所要求的测试性水平,主要要求如下:

(1) 系统及设备的 BIT 及 ATE 的设计应满足通过测试性模型建立的诊断策略要求;

(2) 测试性模型的建立应在系统初步设计阶段开展;

(3) 在系统状态发生变化后,应该逐步迭代模型;

(4) 应基于建立的测试性模型对系统进行静态分析,识别系统的设计缺陷,为提高故障诊断能力提出建议;

(5) 应基于建立的测试性模型对系统进行动态分析,生成最优测试序列,同时计算故障覆盖率、检测率和隔离率;

(6) 当通过测试性建模和分析预计出诊断策略的故障检测率、故障隔离率不满足测试性要求时,应通过调整/增补测试点,优化系统/设备的测试性设计。

5.2.7 某控制台测试性设计案例

1）测试性建模

依据某舰船控制台的配置组成表，部件细化至功能模块，由于目前传感器等部件尚未选型，因此控制台的测试性建模，重点针对核心部件，包括主控制台以及就地智能控制装置，并结合相应的工况流程开展测试性建模工作。

为了得到测试性建模所需要的系统层次模型，需要根据主控制台以及就地智能控制装置的体系结构进行分析与层次划分，系统按功能进行划分，可划分为系统级、子系统级、LRU、SRU、部件等层次。系统进行功能层次的划分，有两个主要优点：一是有助于测试程序的定义；二是便于系统故障定位。

2）测试性系统架构

根据使用、维护及保障需要，控制台测试性设计包括机内自测试（BIT）、ATE测试和人工测试3种测试方式。其中机内测试设计为能实现设备关键部件及通道的测试，ATE测试可实现板级功能、性能的正确性检查，人工测试为模块内部维修提供测试依据。其中，ATE和人工测试性设计按HJB 202—99《电子设备测试性规范》的要求进行，下面主要介绍机内自测试设计。

作为复杂的电气控制类设备，机内测试（BIT）是控制台的主要手段，控制台的机内测试BIT体系为三级架构，分别是①中央BIT；②就地BIT；③板级BIT，如图5-9所示。各功能模块对自身功能进行测试、初步处理后，通过数据总线传送至设在主控制台的中央BIT控制单元，由中央BIT进一步诊断处理和故障申报。

3）BIT设计

（1）中央BIT。

中央BIT位于控制台机内测试体系的第Ⅰ级，是设备机内测试控制中心。控制台的中央BIT主控制台由BIT中央控制箱与诊断维护单元组成，是整机BIT控制中心，其主要任务包括协调、控制模块级BIT的实施，实时收集测试结果及其他任务。

（2）就地BIT。

就地BIT位于控制台机内测试体系的第Ⅱ级。就地BIT布置在各舱的就地控制装置中，运行于主控计算机单元，在中央BIT控制下，实时或者周期性地监测各单元/组件的关键工作状态，并将自检结果送回至中央BIT，容错计算机作为功能冗余备份，兼顾数据记录单元功能。

在就地BIT设计过程中，模块BIT及传感器数据的处理、检测与判决尽量利用现有硬件资源、采用软件方式实现，通路测试尽量采用环绕BIT等模式，这样确保整个BIT系统增加的硬件资源最少，同时使这些增加的硬件资源对原系统在各方面的影响减到最小，并满足测试需求。在传感器设计方面，设计过程中将尽量使用

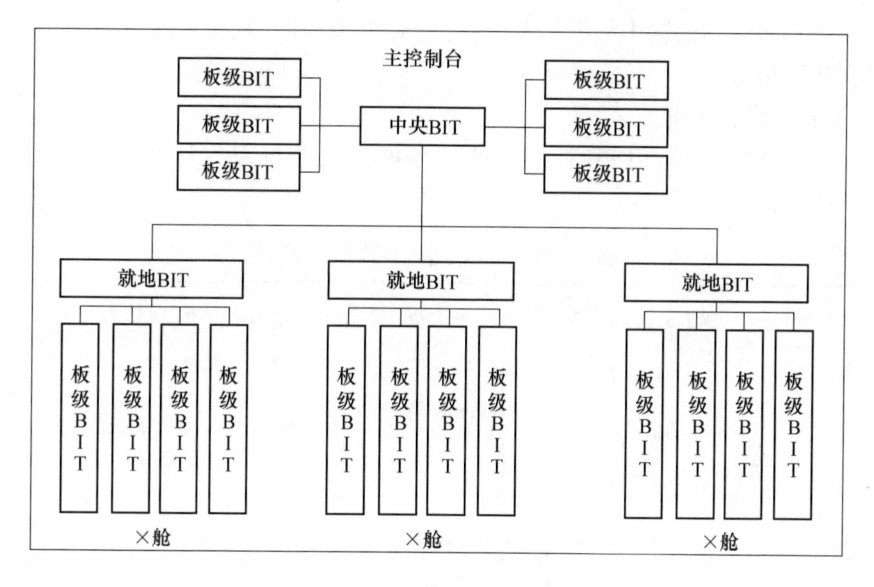

图 5-9　控制台内测试体系架构

已有的传感器进行故障检测和隔离。对于经过测试性分析后必须增加的传感器，则在设计过程中，分析其对系统的影响、增加资源等因素，进行权衡设计，使得最后整个系统 BIT 的设计不会增加太多的硬件资源。

（3）板级/模块级 BIT。

板级/模块级 BIT 位于控制台机内测试体系的第Ⅲ级。板级/模块级 BIT 设计基本方法为：针对各子系统的功能、结构及约束，采用环绕 BIT、余度 BIT、基于边界扫描的 BIT 等技术，提出合适的、可实现性好的就地 BIT 方案。根据各子系统测试集布置测试点，设计相应的 BIT 策略。

通信接口 BIT。设备中存在 SR-422、CAN 总线接口等，采用环绕 BIT 的形式，即在电路上分别将 SR-422/SR-485 总线驱动器的输出端连接至其输入端，接收结果隔离后连接至串行接口芯片的输入端，将输出数据同时反馈回 CPU，将输出数据与检测数据进行对比。

输入通道的 BIT。设备中存在的开关量、模拟量等，通过余度 BIT 设计，在电路中为每一路输入通道增加冗余测试通道，对两路输入信号进行对比，如果结果相同则认为开关量输入电路工作正常。如果任意两路输入通道信号不同则认为开关量输入电路故障，可进行故障报告。

伺服阀控制 BIT。采用余度 BIT 方式，指令电压信号和功能电路输出的控制信号经测试电路的 A/D 转换电路模数转换进入测试 MCU，通过与功能 MCU 进行比对，确定相应信号是否存在故障，测试结果经测试 CAN 总线发送至内部网络。

输出通道的 BIT。在电路中为每一路输出通道增加信息采集通路，通过比较输出指令和采集到的输出数据,若在规定的容差范围内,则任务输出通道正常,反之进行故障报告。

4) 测点设置情况

针对控制台关键部件和控制回路开展的关键测试点设计情况清理内容如表 5-11所列。

表 5-11 测点设计情况清理表

序号	设备名称	测点名称	监测参数类型	监测对象	传感器类型	监测信号输出接口	监测信号存储位置
1	控制台	××指令信号	数字信号	数据交换单元	通信校验模块	数字总线	主控制台数据存储单元
2		××指令信号	数字信号	数据交换单元	通信校验模块	数字总线	主控制台数据存储单元
3		…	…	…	…	…	…

5) 故障检测及隔离方案

按照控制台的设备组成,开展了设备的故障检测与隔离设计,采用的方法是针对控制台主要功能模块,结合控制台功能性能要求,清理相关的故障失效模式及其检测手段。控制台故障监测与隔离设计情况清理表如表 5-12 所列。

表 5-12 控制台故障监测与隔离设计情况清理表

序号	故障模式	故障率	故障检测方法		故障隔离方法		维修性级别
			监测参数	故障判别依据	监测参数	故障件定位依据	
1	触摸显示一体机显示、输入控制信号无输出	0.3×10^{-6}	输出电压	阈值法 BIT	输出电压	通过阈值法 BIT 进行判断	舰员级
2	…	…	…	…	…	…	…

控制台的故障检测率预计值:

$$R_{FD} = \frac{\lambda_D}{\lambda} \times 100\% = \frac{\sum \lambda_{Di}}{\sum \lambda_i} \times 100\% = 92\%$$

92%大于系统分配的 80%。

控制台的故障隔离率：

$$R_{\mathrm{FI}} = \frac{\lambda_L}{\lambda_{\mathrm{D}}} \times 100\% = \frac{\sum \lambda_{Li}}{\lambda_{\mathrm{D}}} \times 100\% = 86\%$$

86%大于系统分配的80%。

6）测试性总结评价

根据以上论证情况，给出本设备技术设计阶段测试性设计要求的满足情况等。

5.3 机械机电设备测试性设计

机械机电设备测试性与诊断设计一般基于监测诊断技术原理，包括测点布置要求制定、传感器布置方案制定、健康监测传感器信号处理算法研究、典型机电设备故障诊断算法研究等内容，通过上述工作，实现机械机电设备健康监测及故障诊断。

5.3.1 监测诊断技术概述

5.3.1.1 常用状态监测技术原理

设备状态监测技术如表5-13所列。下面简单介绍几种常用状态监测技术工作原理。

表5-13 设备监测诊断技术一览表

监测技术	监测方式	操作人员技术水平	说　　明
振动监测			
（1）总能量监测法	定时或连续	中等	方法有简单的，也有复杂的，定时的常规测量时间很短，不影响机器运行 脉冲振动法，方法简单，迅速，有效，适用滚动轴承检测
（2）频率分析法	定时	中等	
（3）脉冲振动法	定时	一般	
温度监测			
（1）接触式检测温度法	定时或连续	一般	有一般直读式温度计，也有电阻湿度计和热电偶测温计，可作连续和在线温度监测
（2）非接触式检测温度法	定时或在线	中等	有光学高温测温计，辐射高温计以及红外测温仪和红外成像仪

续表

监测技术	监测方式	操作人员技术水平	说　明
裂纹监测			
(1) 染色法	定时	中等	只能查出表面断开的裂纹
(2) 磁粉法	定时	中等	限于磁性材料,对裂纹取向敏感
(3) 电阻法	定时	中等	对裂纹取向敏感,可估计裂纹深度
(4) 涡流法	定时	专门技术	可查出多种疵病,如裂纹、杂质等
(5) 超声探伤法	定时	专门技术	对方向性敏感,寻找时间长
(6) 射线探测法	定时	检查、判断均需较高技术	通常用作验证其他诊断结果,可同时检查较大面积有放射性危险
(7) 声发射检测法	连续或在线	较高的操作技术和一定的判别水平	能找出声发射源位置,能进行动态检测,评定缺陷等级
润滑油液监测			
(1) 常规理化指标检测	定时	中等	能分析判断油品本身的性能指标的衰败变质的程度和速度
(2) 油样光谱分析法	定时	需要较高的技术水平和识别能力	光谱法精度高,灵敏度高,适应范围广,取样量少,但只对 10μm 以下的磨粒有效
(3) 油样铁谱分析法	定时或连续	专门技术	铁谱法能监测磨损微粒的形态、大小和数量及元素成分,对 10~100μm 磨粒有效
(4) 污染度监测法	定时或连续	中等	对油液中的污染程度做出定量分析
(5) 磁塞检查法	连续在线	一般	适宜于磁性材料磨损监测,常测微粒尺寸大于 50μm
(6) 滤器检查法	定时	中等	适宜对所有污染物的一般性监测
泄漏监测			
(1) 皂液检测法	定时	一般	用观察有无皂泡发生为判断依据,方法简单,效率低,灵敏度差
(2) 超声检漏法	定时	一般	超声波泄漏探测仪,灵敏度高
(3) 高频火花检漏法	定时	中等	适宜检测气体处于低真空的泄漏

续表

监测技术	监测 方式	操作人员 技术水平	说　　明
泄 漏 监 测			
（4）卤族气体检漏法	定时	一般	适宜于检测空调系统中制冷剂泄漏
（5）氦质谱检漏法	定时	中等	有“喷氦法”“吸氦法”和“背压法”等多种操作方法，检漏最小值可达 10^{-12}L/s
腐 蚀 监 测			
（1）腐蚀检查仪	定时	中等	能查出1μm的腐蚀量
（2）极化电阻及腐蚀电位法	定时	中等	只能查出有无腐蚀现象
（3）探极指示孔法	定时	需较高技术	能指出什么时候达到预定的腐蚀量
（4）超声波探测法	定时	专门技术	能探测管材容器内壁缺陷
（5）超声测厚法	定时	一般	可查出0.5mm的厚度变化
噪 声 监 测			
（1）声压级检测法	定时或连续和在线	专门技术	有精密声级计和普通声级计两种，与频率分析进行综合分析时需用精密级仪器
（2）器材声频谱分析	定时或连续	中等	可进行声功率谱、自回归谱等分析和相关函数的判别，有利于改善和降低噪声
应力、应变监测			
（1）直接测量法	定时	一般	带放大装置的应变计，体积大，精度不高，适宜于单向变形检测
（2）脆性涂层法	定时或在线	一般	用涂粉裂纹反映应变，只能是定性监测
（3）应变电阻测量法	定时或连续和在线	专门技术	用电阻受应变发生阻值变化来反映应变大小量，有各种形式传感器，如力和扭矩、压力、加速度等参数检测的应变传感器

1）振动监测

含有运动部件的装备会在各种频率下产生振动，振动的频率取决于振源的性质，其频带或频谱的变化范围很大。例如，与齿轮箱相关的振动频率包括轴转动的基频及其谐振频率、各齿轮的啮合频率以及轴承中滚珠的转动频率等。如果装备中任何一个部件发生故障，其振动特性就可能发生变化。可供测量的振动特性有3种，分别为振幅、速度和加速度。一般来说，振幅（或位移）传感器在低频时较为灵敏，速度传感器在中频带较为灵敏，而加速度传感器在高频时较为灵敏。某频率的信号强度还受传感器安装在发出该频率信号的部件上的紧密程度的影响。

振动的另一个重要特性是"相位"。相位是指在给定瞬时，振动件相对于一个固定的参考点或另一振动件的位置。作为一般惯例，在常规的振动测量中不进行相位的测量，但在检查问题时它能提供有价值的信息（如不平衡、弯曲轴、不同心、机械松动、摆动力和离心的滑轮和齿轮）。

傅里叶分析在振动分析中起着重要作用。通过进行傅里叶分析可将复杂的振动曲线（强度对时间）分解为许多简单的正弦曲线。在振动分析中，专家系统发展十分迅速，有些系统现在能够发现和诊断与经验的振动分析一致的问题，不仅能够大大地节省时间，而且能够读到各种量度数据。

常用的振动分析是宽频带振动分析、倍频程带分析、恒宽带分析、恒百分比带宽分析、实时分析、时间波形分析、时间同步平均分析、频率分析和超声分析等。

2）颗粒监测

用于颗粒监测的技术有很多。如铁谱分析、压力差分析、金属碎屑探测等。采用这些技术可以监测因磨损、疲劳、腐蚀等产生的颗粒，可用于监测油脂以及用于压缩机、齿轮箱、变速箱、汽轮机、汽油发动机、柴油发动机及液压系统的油。

铁谱分析的工作原理是，将样品掺入定影剂四氯乙烯，使其流过倾斜放置在分级磁场内的玻璃板。在磁场影响下，颗粒按尺寸大小沿玻璃片纵向分布，大的颗粒接近玻璃片的入口，细小的颗粒接近玻璃片的出口，这样的玻璃片就称为铁谱。经过处理，油质被清除，颗粒黏附在表面上，铁质颗粒被磁性分离，按照它们对磁力线的一致性分类，非磁性和非金属颗粒按自由的形态分布在整个玻璃片上，颗粒的总密度和大小颗粒比可显示出磨损类型和磨损程度。然后可应用双色显微检查技术进行分析，也可用电子显微镜确定颗粒的形状并确定出原因。

铁谱检测技术的优点是，在机械磨损早期比发射光谱更灵敏，可测量颗粒形状和大小，可提供永久的图形记录。缺点在于不是在线监测技术，耗时较长，需要昂贵的分析保障设备，只能测量铁磁颗粒，深入分析时需要有电子显微镜。

压力差分析法的工作原理是，利用3种高精度（5pm、15pm、25pm）筛网（每一种筛网的孔数是已知的）的压差，当油液流过筛网时，比孔大的颗粒将堵在网眼上，这就会降低筛网的通过面积，使油液流过筛网的压力增大。用传感器测量这种压力变化，并将其转换成颗粒数目，这种转换结果可用 ISO 4406 纯净度标准来评定。

该技术的优点是，不需要油样准备，设备可以便携，在野外和实验室均可使用，在线型的设备能够用于实时连续监测，颗粒数可用 ISO 4406 纯净度标准校验，大多数油样可在几分钟内完成分析，不受泡沫、乳化剂、浓油等的影响。其缺点是不能提供颗粒的化学构成，仅能用于循环油系统，设备较贵。

3）化学监测

通过检测流体（通常是润滑油）中污染物元素、流体特性或湿气，可以检测出流体中的磨损金属、基本流体及添加物的特性或油中的水分，从而发现潜在故障。例如，油中的水分能急剧降低机械和构件的寿命，它能减少滚柱轴承的寿命达 100 倍。它还能严重影响油的润滑性能，5L 油中的一滴水在 85℃时能使防磨损添加剂中的锌失效。水还会加速油的氧化，并形成残渣和树脂类沉淀物，促进微生物生长，使油的黏度发生变化，使金属表面氧化、腐蚀等。通过采用诸如水分检测、爆声检测、清亮检测等，可以检测出上述影响。例如，水分检测油中的水，其工作原理是，测试试样与碘的卡氏试剂反应。当有碘存在时，两个铂极间就有电流通过。样品中的水与碘起反应，直到试样中再没有水与剩余的碘反应，检测即告结束。电极被碘去极化，相应的电势变化用来确定滴定量和计算水的浓度，检测的过程显示出水的含量。该检测技术的优点是检测少量的水即可，精度较高，检测速度较快。缺点是难以得到足够的样本作精确分析，设备不能便携。可检测发动机、齿轮箱、变速箱、压缩机、液压系统、涡轮机等封闭系统的油。

4）物理效应监测

通过诸如超声脉冲回波、超声透射、超声共振和射线成像等物理监测技术，可以检测出因疲劳、磨损、表面皱缩、研磨、热处理、疲劳腐蚀、应力腐蚀和表面断裂等潜在故障。例如，采用超声脉冲回波技术可以检测因热处理，夹杂、焊缝未焊透、气孔和叠合造成的表面和次表面断裂，因磨损和腐蚀造成的材料厚度降低。可用于与焊接有关的黑色金属和有色金属材料、钢结构、塑性结构、轴和压缩机气瓶等。其工作原理是发射机向测试表面发射超声脉冲。接收放大器将返回脉冲输入示波器，回波是从工件对面反射脉冲与从中间的断层反射脉冲。初始信号与返回信号的间隔时间和幅度比可显示出断层的位置和严重程度，通过三角测量可粗略判断缺陷的尺寸和形状。该技术的优点是适用于大多数材料，缺点是难以区分缺陷种类。

5）温度监测

采用诸如热成像技术的温度检测可以测量物体表面放出的辐射，并生成不可见的红外辐射的可视图像。这是基于一切物体在高于绝对零度（-273℃）都辐射红外线的原理。

热成像系统的电子摄像机,能够将热辐射转换成可见的不同颜色(或灰度)的图像。这些图像可用常用的录像带或电子媒体记录。例如,采用焦点平面排列技术,可以检测与电流电阻有关的连接件的松动、氧化、腐蚀及其部件故障;由于正常磨损、违犯操作规程、不对中、缺乏润滑轴承故障引起的摩擦热。热成像系统的电子摄像机可用于电容器组的连接、可控硅组、断开器、延迟电路开关装置、测量控制的连接、电路开关触点、汽车保险的连接、保险夹、空气开关、电机绕组、过载产生的热;发电机初级馈线、激励器、电压调节器、电机控制板;柴油机排气总线、液压系统、气总管、轴承、轴承的润滑、传送带、传动带、传动齿轮、联轴器、塑料、金属、齿轮、轴、铸造、挤压、涡轮叶片、焊接、凝汽阀、耐火层、绝缘墙管道、转动干燥器、轮胎缺陷等。其工作原理是其透镜将辐射聚焦在传感器的矩阵变换电路。传感器具有转换空间热的能力。每个传感器由许多元件组成,传感器探针将辐射转换成电信号,经放大处理后转换成可视图像在监测器上显示。其优点是通用性强,能看出0.05℃或更小的温差,小而轻便,能测量辐射。缺点是与红外析像仪相比价格较贵,需要专家进行结果分析。

6) 电学效应监测

采用线性极化电阻、电位检测、磁力线分析等技术,可以检测装置在导电腐蚀液体中的腐蚀速率、腐蚀状况(如应力腐蚀裂纹、点蚀等)。例如,电位检测可用于检测电解质环境、发电装置等,最适用于不锈钢、镍基合金和钛基合金等材料。其工作原理依据这样一个事实,即从腐蚀的观点看,处于钝态(低腐蚀速度)的金属具有惰性腐蚀电位,而处于活态(高腐蚀速率)的同样金属很少具有惰性腐蚀电位。当钝态被破坏后,电位会发生变化,这可用输入阻抗为10Mn、量程为0.5~2V的电压表进行测量。该技术的优点是可监测局部腐蚀,对变化的响应很快。缺点是微小电位的变化会受温度和酸度变化的影响,不能直接测量腐蚀速率和总的损耗量,分析结果需专家协助。

5.3.1.2 诊断技术分类

1) 按所利用的状态信号的物理特征分类

按所利用的状态信号的物理特征分类,也就是按诊断方法(或称技术)分类,包括以下内容。

(1) 振动诊断方法(也可以称为振动诊断技术):以平衡振动、瞬态振动、机械导纳及模态参数为检测目标,进行特征分析、谱分析和时频域分析,也包括含有相位信息的全息谱诊断法和其他方法。

(2) 声学诊断法:以噪声、声阻、超声、声发射为检测目标,进行声级、声强、声源、声场、声谱分析。超声(ultrasonic diagnosis,UD)诊断法、声发射(acoustic emission,AE)诊断法属于此类,应用较多。

(3) 温度诊断法:以温度、温差、温度场、热象为检测目标,进行温变量、温度场、红外热像识别与分析。红外热像(infrared thermal imaging,ITI)诊断法就是其中一种。

(4) 强度诊断法:以力、扭矩、应力、应变为检测目标,进行冷热强度变形、结构损伤容限分析与寿命估计。

(5) 润滑油液诊断法:以润滑油液本身的性能指标及油液中所含的污染物为检测目标,进行油品变化及磨损状态等的分析。

(6) 压力流量诊断法:以压差、流量压力及压力脉动为检测目标,进行气流压力场、油膜压力场、流体喘动流量变化等分析。

(7) 电参数诊断法:以电功率、电信号及磁特性等为检测目标,进行物体运动、系统物理量状态、机械设备性能等分析。

(8) 光学诊断法:以亮度、光谱和各种射线效应为检测目标,研究物质或溶液构成、分析构成成分量值,进行图形成像识别分析。

(9) 表面形貌诊断法:以裂纹、变形、斑点、凹坑、色泽等为检测目标,进行结构强度、应力集中、裂纹破损、气蚀、化蚀、摩擦磨损等现象分析。

(10) 性能趋向诊断法:以设备各种主要性能指标为检测目标,研究和分析设备的运行状态,识别故障的发生与发展,提出早期预报与维修计划,估计设备的剩余寿命,有时参与产品质量控制与管理。

2) 按诊断的目的、要求和条件的不同分类

(1) 性能诊断和运行诊断。

性能诊断是针对新安装或刚维修后设备或其组件,需要诊断它的性能是否正常,并且按诊断(也包括一般检查)的结果对它们进行调整。而运行诊断是针对正在工作中的设备或组件,进行运行状态监视,以便对其故障的发生和发展进行早期诊断。

(2) 定期诊断和连续诊断。

定期诊断是每隔一定时间(例如一月或数月)对设备运行状态进行一次检查和诊断,而连续诊断则是采用仪表和计算机、信号处理系统对设备运行状态进行连续监测、分析和诊断。两种诊断方式的采用,取决于设备的关键程度、设备事故影响严重程度、运行过程中性能下降的快慢以及设备故障发生和发展的可预测性,如表 5-14 所列。

表 5-14　定期诊断和连续诊断方法采用的条件

诊断方法	分析情况				
	性能下降速度	故障可预测性	故障发生可能性	设备关键程度	事故影响
定期诊断	慢	强	小	重要	可控制
连续诊断	快	弱	大	次重要	严重

(3) 直接诊断和间接诊断。

直接诊断是根据关键零部件的信息直接确定其状态,如轴承间隙、齿面磨损、叶片的裂纹以及在腐蚀环境下管道的壁厚等。直接诊断有时受到设备结构和工作条件的限制而无法实现,这时,就不得不采用间接诊断。

间接诊断是通过二次诊断信息来间接判断设备中关键零部件的状态变化。多数二次诊断信息属于综合信息,因此,容易发生误诊断,或出现伪警和漏检的可能。

(4) 常规诊断和特殊诊断。

在常规情况下,也就是设备在正常服役条件下进行的诊断称为常规诊断,大多数诊断属于这类。但在个别情况下需要创造特殊的工况条件来采集专用信息,例如,在动力机组的启动和停车过程中要跨越转子扭转、弯曲的几个临界转速,利用启动和停车过程的振动信号,制出转速特征谱图,常常可以得到常规诊断中所得不到的诊断信息。特殊诊断也包括事故判定。

(5) 在线诊断和离线诊断。

所谓在线诊断一般是指对现场正在运行的设备进行自动实时诊断。一般说这类诊断对象都属重要关键设备。

而离线诊断是通过磁带记录仪将现场的状态信号记录下来,带回实验室,结合机组状态的历史档案资料,做离线分析诊断。周期性工作的诊断,一般是属定期诊断。

(6) 简易诊断和精密诊断。

简易诊断相当于人的初级健康诊断,使用便携式监测与诊断仪表,一般由现场管理人员实施,能对机械设备的状态迅速有效地做出概括的评价,它具备下列功能:

① 机械设备的应力状态和趋向控制,超差报警,异常应力的检测(强度方面);

② 机械设备的劣化和故障的趋向控制,超差报警及早期发现(性能和效率方面);

③ 机械设备的监测与保护,及早发现有问题的设备并采取正确的措施。

精密诊断的目的是对简易诊断难以确诊的机械设备进行专门的精密诊断,精密诊断由专家来进行,它具备下列功能:

① 确定故障的部位和模式,了解故障产生的原因;

② 估算故障的危险程度,预测其发展趋势,估算剩余寿命;

③ 确定消除故障、改善机械设备技术状态的方法。

简易诊断与精密诊断技术之区别如表 5-15 所列。

表 5-15　简易诊断和精密诊断的区别

区别方面	简 易 诊 断	精 密 诊 断
目的与要求	(1) 初级诊断; (2) 有限指标、有限测点、超标性检查与诊断	(1) 精密诊断; (2) 全部或必要指标、多测点。定量和定性的监测与诊断
任务与职能	(1) 设备状态和劣化倾向诊断; (2) 超差报警和异常早期报警; (3) 设备监视和保护性管理	(1) 确定故障性质、程度、部位和产生原因,具有精确诊断性; (2) 为确定设备最佳运行状态提供依据; (3) 故障趋势、剩余寿命预估早期故障预报; (4) 建议故障消除方案及改善设备状态方法
使用的诊断手段和方法	(1) 便携式或巡回监测设备,记录、分析和诊断仪器、初建费低; (2) 现场简易诊断方法(振、声、温、压等简易诊断方法); (3) 简易超差监视、保护装置(包括永久的或临时的、固定的或流动的)	(1) 完善的精密的设备状态监测、分析诊断系统和外围设备,初建费高; (2) 有在线诊断系统,也有诊断中心设备,进行实时或非实时诊断; (3) 采用多参数、多物理量和现代诊断理论方法进行综合诊断
人员培训	(1) 经过短期简单培训即能工作; (2) 多数由现场管理人员实施	(1) 对故障诊断技术要有一定知识基础,再经过专门培训,才能承担工作; (2) 由工程师或故障诊断工程师等专业人员实施

5.3.2　测点布置要求

为规范机电设备测点布置,下面提出典型机电设备的监测参数、监测位置及测点布置示意图。

1) 电机

(1) 监测参数。

① 振动参数:电机壳体振动加速度、转速(键相脉冲波形)。

② 电气参数:电机的电流、电压、功率等。

③ 运行参数:轴承温度。

(2) 监测位置。

① 加速度传感器:电机驱动端及非驱动端轴承座水平、垂直、轴向等位置。

② 转速传感器:垂直于轴向的合适位置正对转轴。

③ 电气传感器:可布置在电控箱内。

④ 振动信号及运行参数远传至全舰船健康监测及诊断系统。

电机传感器测点布置图如图 5-10 所示。

2）离心泵

（1）监测参数。

① 振动参数：转子振动位移、泵和电机壳体振动加速度、转速（键相脉冲波形）。

② 电气参数：电机的电流、电压、功率等。

③ 运行参数：轴承温度、泵进出口压差、介质流量等。

（2）监测位置。

① 位移传感器：垂直于轴向的同一截面上成对布置。

② 加速度传感器：电机驱动端及非驱动端轴承座、泵的轴承座水平、垂直、轴向等位置。

③ 转速传感器：垂直于轴向的合适位置正对转轴。

④ 电气传感器：可布置在电控箱内。

⑤ 振动信号及运行参数远传至全舰船健康监测及诊断系统。

离心泵传感器测点布置图如图 5-11 所示。

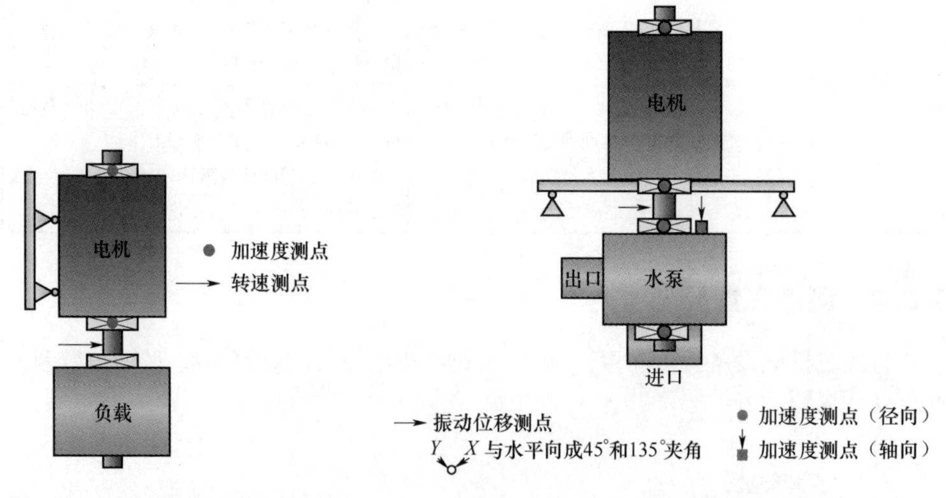

图 5-10　电机传感器测点布置图　　　图 5-11　离心泵传感器测点布置图

3）螺杆泵

（1）监测参数。

① 振动参数：泵和电机壳体振动加速度、转速（键相脉冲波形）。

② 电气参数：电机的电流、电压、功率等。

③ 运行参数：轴承温度、泵进出口压差等。

（2）监测位置。

① 加速度传感器：电机驱动端及非驱动端轴承座、泵的轴承座水平、垂直、轴向等位置。

② 转速传感器:垂直于轴向的合适位置正对转轴。

③ 电气传感器:可布置在电控箱内。

④ 振动信号及运行参数远传至全舰船健康监测及诊断系统。

螺杆泵传感器测点布置图如图 5-12 所示。

4) 往复泵

(1) 监测参数。

① 振动参数:往复泵机组壳体振动加速度、转速(键相脉冲波形)。

② 电气参数:电机的电流、电压、功率等。

③ 运行参数:轴承温度、泵进出口压差、介质流量等。

(2) 监测位置。

① 加速度传感器:电机、传动箱、泵的轴承座水平、垂直、轴向等位置。

② 转速传感器:垂直于轴向的合适位置正对转轴。

③ 电气传感器:可布置在电控箱内。

④ 振动信号及运行参数远传至全舰船健康监测及诊断系统。

往复泵传感器测点布置图如图 5-13 所示。

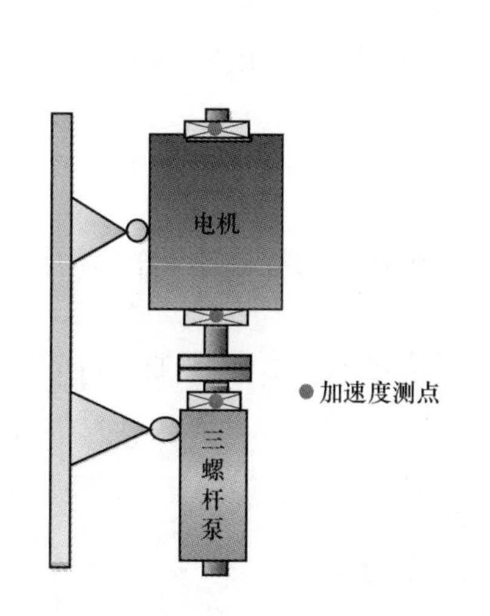

图 5-12　螺杆泵传感器测点布置图

电机
电机
主视图
俯视图
●单向加速度测点(径向)　单向加速度测点(轴向)

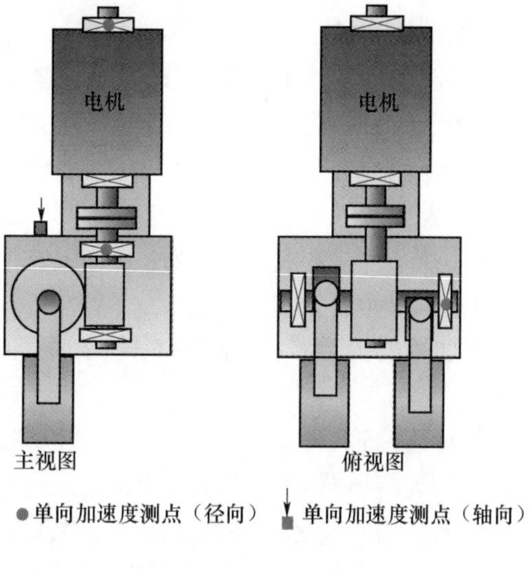

图 5-13　往复泵传感器测点布置图

5) 风机

(1) 监测参数。

① 振动参数:机组壳体振动加速度。

② 电气参数:电机的电流、电压、功率等。

③ 运行参数:轴承温度、风机风量与风压等。

(2) 监测位置。

① 加速度传感器:电机、风机轴承座等位置。

② 电气传感器:可布置在电控箱内。

③ 振动信号及运行参数远传至全舰船健康监测及诊断系统。

风机传感器测点布置图如图5-14所示。

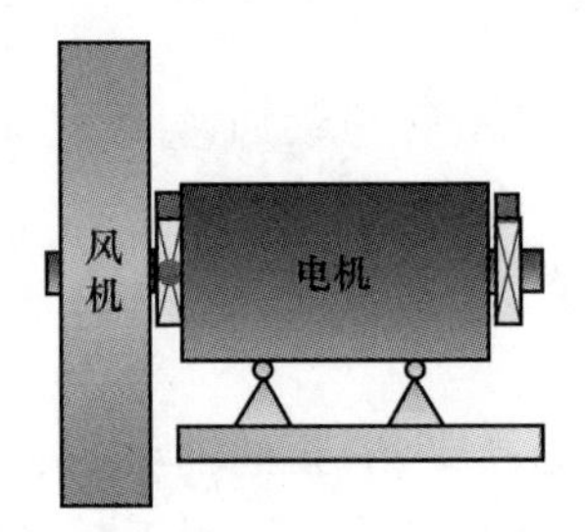

■ 单向加速度测点(垂直) ● 单向加速度测点(水平)

图5-14 风机传感器测点布置图

6) 汽轮发电机组

(1) 监测参数。

① 振动参数:转子振动位移、机组壳体振动加速度、转速(键相脉冲波形)等。

② 电气参数:发电机的电流、电压、功率等。

③ 运行参数:蒸汽温度与压力、轴承温度、润滑油温度、进出口压差等。

(2) 监测位置。

① 位移传感器:汽轮机、减速器、泵、发电机两端轴承座附近垂直于轴向的同一截面上成对布置。

② 加速度传感器:汽轮机、减速器、泵、发电机两端轴承座水平、垂直、轴向等位置。

③ 转速传感器:垂直于轴向的合适位置正对转轴。

④ 电气传感器:可布置在电控箱内。

⑤ 振动信号及运行参数远传至全舰船健康监测及诊断系统。

汽轮发电机组传感器测点布置图如图5-15所示。

7) 推进电机

(1) 监测参数。

① 振动参数:推进电机转子振动位移、电机壳体振动加速度、转速(键相脉冲波形)。

② 电气参数:推进电机的工作电流、电压、功率等。

③ 运行参数:绕组温度、轴瓦温度、空气温度、湿度等。

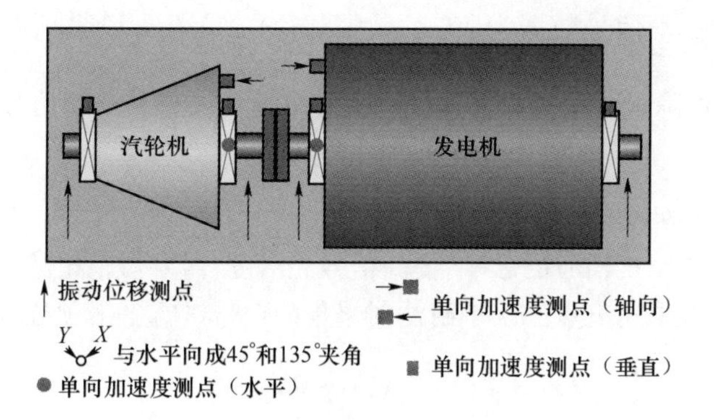

图 5-15 汽轮发电机组传感器测点布置图

（2）监测位置。

① 位移传感器：在电机非驱动端轴承座附近垂直于轴向的同一截面上成对布置。

② 加速度传感器：在电机驱动端及非驱动端轴承座水平、垂直、轴向等位置布置。

③ 转速传感器：在垂直于轴向的合适位置布置正对转轴。

④ 电气传感器：可布置在电控箱内。

⑤ 振动信号及运行参数远传至全舰船健康监测及诊断系统。

推进电机传感器测点布置如图 5-16 所示。

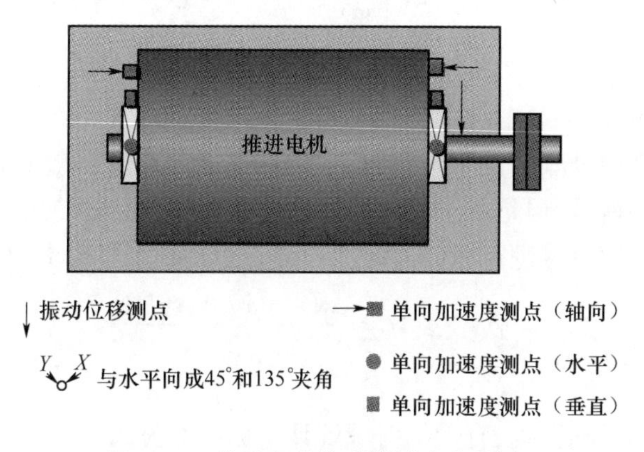

图 5-16 推进电机传感器测点布置图

5.3.3 预处理算法

1）预处理

（1）趋势项去除。

消除信号趋势项一般采用多项式最小二乘法消除信号的趋势项。加速度传感器采集的振动信号数据为 $X(x_1, x_2, \cdots, x_n)$，采用 m 阶多项式拟合数据序列 $\hat{X} = \sum_{j=0}^{m} a_j k^j$，消除趋势项即为 $X - \hat{X}$。通常取 $m = 1 \sim 3$ 对采样信号进行多项式趋势项消除。

(2) 平滑预处理。

为有效抑制干扰信号的影响，提高信号光滑度，需要对采集的信号数据进行平滑预处理。一般采用五点三次平滑法对采集的信号进行平滑预处理。

$$
\begin{cases}
y_1 = \dfrac{1}{70}[69x_1 + 4(x_2 + x_4) - 6x_3 - x_5] \\
y_2 = \dfrac{1}{35}[2(x_1 + x_5) + 27x_2 + 12x_3 - 8x_4] \\
\vdots \\
y_i = \dfrac{1}{35}[-3(x_{i-2} + x_{i+2}) + 12(x_{i-1} + x_{i+1}) + 17x_i] \\
\vdots \\
y_{m-1} = \dfrac{1}{35}[2(x_{m-4} + x_m) - 8x_{m-3} + 12x_{m-2} + 27x_{m-1}] \\
y_m = \dfrac{1}{70}[-x_{m-4} + 4(x_{m-3} + x_{m-1}) - 6x_{m-2} + 69x_m]
\end{cases}
\tag{5-3}
$$

式中：$i = 3, 4, \cdots, m - 2$。

(3) 信号积分。

由于加速度信号测量方便且耗散小，故在实际工程中一般测量设备的加速度信号作为其振动信号，但是由于在对信号处理时有时有必要使用到速度信号，这就需要我们对加速度信号进行积分。时域积分一般是利用梯形求积公式。

$$y(k) = \Delta t \sum_{i=1}^{k} \frac{x(i-1) + x(i)}{2} \tag{5-4}$$

2) 时域

对于离散的时间数据，有量纲时域统计指标计算公式如下：

(1) 最大值：

$$X_{\max} = \max\{x_i\} \tag{5-5}$$

(2) 最小值：

$$X_{\min} = \min\{x_i\} \tag{5-6}$$

(3) 峰值：

$$X_{\mathrm{p}} = \max|x_i| \tag{5-7}$$

（4）峰峰值：

$$X_{\mathrm{p-p}} = X_{\max} - X_{\min} \tag{5-8}$$

（5）均值：

$$\overline{X} = \frac{1}{n}\sum_{i=1}^{n} x_i \tag{5-9}$$

（6）平均幅值：

$$|\overline{X}| = \frac{1}{n}\sum_{i=1}^{n} |x_i| \tag{5-10}$$

（7）方根幅值：

$$X_{\mathrm{r}} = \left[\frac{1}{n}\sum_{i=1}^{n}\sqrt{|x_i|}\right]^2 \tag{5-11}$$

（8）标准差：

$$\sigma = \sqrt{\frac{1}{n}\sum_{i=1}^{n}(x_i - \overline{X})^2} \tag{5-12}$$

（9）均方幅值(常被称为有效值)：

$$X_{\mathrm{rms}} = \sqrt{\frac{1}{n}\sum_{i=1}^{n} x_i^2} \tag{5-13}$$

（10）峭度值：

$$K = \frac{1}{N}\sum_{i=1}^{N}\left(\frac{x_i - \overline{X}}{\sigma_i}\right)^4 \tag{5-14}$$

（11）波形指标：

$$S_{\mathrm{f}} = \frac{X_{\mathrm{rms}}}{|\overline{X}|} \tag{5-15}$$

（12）峰值指标：

$$C_{\mathrm{f}} = \frac{X_{\mathrm{p}}}{X_{\mathrm{rms}}} \tag{5-16}$$

（13）脉冲指标：

$$I_{\mathrm{f}} = \frac{X_{\mathrm{p}}}{|\overline{X}|} \tag{5-17}$$

（14）裕度指标：

$$CL_{\mathrm{f}} = \frac{X_{\mathrm{p}}}{X_{\mathrm{r}}} \tag{5-18}$$

（15）峭度指标：

$$K_{\mathrm{f}} = \frac{K}{X_{\mathrm{rms}}^4} \tag{5-19}$$

3）频域

信号的频域分析就是计算出信号的幅、相频特性曲线即信号的频谱，再对频谱进行分析，是工程中最为常用的方法。

离散傅里叶变换（DFT）的计算公式如下：

$$X(f) = X_n = \frac{1}{N}\sum_{k=0}^{N-1} X_k \mathrm{e}^{-\mathrm{j}2\pi nk/N}$$

式中：$X_k = X(kt)$，其中 $k = 0,1,2,\cdots,N-1$。

快速傅里叶变换（FFT）是对整个数据序列 X_k 分隔为若干个较短的序列的DFT计算。

对一个数据序列 $\{X_k\}$（$k = 0,1,2,\cdots,N-1$；其中 N 为偶数），把它分为两个较短的序列 $\{Y_k\}$ 和 $\{Z_k\}$，其中 $Y_k = X_{2k}, Z_k = X_{2k+1}$（$k = 0,1,2,\cdots,N-1$）。两个较短序列的DFT为

$$Y(f) = Y_n = \frac{1}{N/2}\sum_{k=0}^{\frac{N}{2}-1} Y_k \mathrm{e}^{-\mathrm{j}\frac{2\pi nk}{N/2}} \tag{5-20}$$

$$Z(f) = Z_n = \frac{1}{N/2}\sum_{k=0}^{\frac{N}{2}-1} Z_k \mathrm{e}^{-\mathrm{j}\frac{2\pi nk}{N/2}} \tag{5-21}$$

式中：$n = 0,1,2,\cdots,\frac{N}{2}-1$。

回到原始序列 $\{X_k\}$ 的DFT，并把累加过程重新整理成两个分量的累加，首先把 $\{X_k\}$ 序列的奇数项和偶数项分开，得

$$\begin{aligned} X(f) = X_n &= \frac{1}{N}\sum_{k=0}^{N-1} X_k \mathrm{e}^{-\frac{\mathrm{j}2\pi nk}{N}} \\ &= 1/N\left[\sum_{k=0}^{\frac{N}{2}-1} X_{2k} \mathrm{e}^{-\mathrm{j}\frac{2\pi n2k}{N}} + \sum_{k=0}^{\frac{N}{2}-1} X_{2k+1} \mathrm{e}^{-\mathrm{j}\frac{2\pi n(2k+1)}{N}}\right] \end{aligned} \tag{5-22}$$

$$X(f) = X_n = \frac{1}{N}\sum_{k=0}^{N-1} X_k \mathrm{e}^{-\mathrm{j}\frac{2\pi nk}{N}} = 1/N\left[\sum_{k=0}^{\frac{N}{2}-1} X_{2k} \mathrm{e}^{-\mathrm{j}\frac{2\pi n2k}{N}} + \sum_{k=0}^{\frac{N}{2}-1} X_{2k+1} \mathrm{e}^{-\mathrm{j}\frac{2\pi n(2k+1)}{N}}\right] \tag{5-23}$$

$$X_n = 1/N\left[\sum_{k=0}^{\frac{N}{2}-1} Y_k \mathrm{e}^{-\mathrm{j}\frac{2\pi nk}{N/2}} + \mathrm{e}^{-\mathrm{j}\frac{2\pi n}{N}}\sum_{k=0}^{\frac{N}{2}-1} Z_k \mathrm{e}^{-\mathrm{j}\frac{2\pi nk}{N/2}}\right] \tag{5-24}$$

$$X_n = \frac{1}{2}\left[Y_n + \mathrm{e}^{-\mathrm{j}\frac{2\pi n}{N}} Z_n\right] \tag{5-25}$$

式中：$n=0,1,2,\cdots,\frac{N}{2}-1$。

4）时频域

（1）小波变换。

设 $\varphi(t)\in L^2(R)$（$L^2(R)$ 表示平方可积的实数空间，即能量有限的信号空间），其傅里叶变换为 $\Psi(\omega)$。当 $\Psi(\omega)$ 满足可允许性条件 $c_\psi \triangleq \int_0^\infty \frac{|\Psi(\omega)|^2}{\omega}<\infty$ 时，称 $\varphi(t)$ 为一个基本小波或母小波。对基本小波 $\varphi(t)$ 进行伸缩和平移，就得到一个小波序列：

$$\varphi_{a,b}(t)=\frac{1}{\sqrt{a}}\varphi\left(\frac{t-b}{a}\right)\quad (a,b\in R;a>0) \tag{5-26}$$

式中：a 为尺度参数，决定小波变换中的频率信息；b 为位置参数，决定小波变换中的时域信息。

对于任意函数 $x(t)\in L^2(R)$，其小波变换为

$$WT_x(a,b)=\frac{1}{\sqrt{a}}\int x(t)\varphi^*\left(\frac{t-b}{a}\right)\mathrm{d}t=\int x(t)\varphi_{a,b}^*(t)\mathrm{d}t=\langle x(t),\varphi_{a,b}(t)\rangle \tag{5-27}$$

（2）短时傅里叶变换。

设函数 $x(t)$，若存在窗函数 $\gamma(t)\in L^2(R)$（$L^2(R)$ 表示平方可积的实数空间，即能量有限的信号空间），其频谱为 $\hat{\gamma}(\omega)\in L^2(R)$，并且满足 $t\gamma(t)\in L^2(R)$，$\omega\hat{\gamma}(\omega)\in L^2(R)$，即可定义函数 $x(t)$ 的短时傅里叶变换（short time Fourier transform，STFT）$\mathrm{STFT}_x(t,w)$

$$\mathrm{STFT}_x(t,w)=\int_{-\infty}^{+\infty}x(\tau)\,\gamma^*(\tau-t)\,\mathrm{e}^{-\mathrm{j}\omega\tau}\mathrm{d}\tau \tag{5-28}$$

或

$$\mathrm{STFT}_x(t,f)=\int_{-\infty}^{+\infty}x(\tau)\,\gamma^*(\tau-t)\,\mathrm{e}^{-\mathrm{j}2\pi f\tau}\mathrm{d}\tau \tag{5-29}$$

5.3.4 典型舰船用机械设备专家诊断

5.3.4.1 电动离心泵

1）故障模式分析

电动离心泵的故障类型多样，大致可分为两类：一是功能性故障，设备无法正常工作。当设备出现部套件损坏、操作不当等原因时设备性能偏离正常功能，无法正常使用，这类故障可以通过修正参数或更换部套件而使设备正常运行。二是振动偏大，也称声学故障。故障发生时，设备可运行，但振动噪声偏大，影响生活环境

甚至影响舰船总体隐身性能。声学故障是设备功能性故障的潜在表征，长期在声学故障下运行必将导致功能性故障。

目前舰船离心泵的故障模式除腐蚀以外，主要表现为振动噪声异常变大、电机负载加大引起电机烧毁、机械密封泄漏等。由于机组的复杂性，故障源与故障的表现形式并不是一对一的映射关系，故障具备复杂性和模糊性。因此需要对离心泵组可能出现的故障进行梳理，对机理进行分析，掌握机组的运行状态参数，进行多参数多信息的融合，才能准确确定设备的故障。

离心泵组主要的故障类型及特征如表5-16所列。

表5-16　离心泵典型故障表

序号	故障模式	故障部件	故障描述
1	转子不平衡	转子系统	转子不平衡是由于转子部件质量偏心或转子部件出现缺损造成的故障，它是旋转机械最常见的故障
2	偏心转子	转子系统	偏心是指定子与转子之间不同心的一种故障。当旋转泵有几何偏心时，除会产生一阶频率振动外，还会由于流体不平衡造成叶轮叶片通过频率倍频的振动
3	转子弯曲	转子系统	转子弯曲故障多发生在设备较长时间停用后重新开机情况下，转子有永久性弯曲和暂时性弯曲两种情况
4	转子不对中	转子系统	转动机器的转子之间通常用联轴器连接构成轴系，传递运动和转矩。由于安装误差、工作状态下热膨胀、承载后的变形以及机器基础的不均匀沉降等，会造成各转子轴线之间产生不对中
5	转子与定子碰摩	转子系统	转子与定子摩擦又分为轻微摩擦和严重摩擦。轻微摩擦，如联轴器罩摩轴；严重摩擦，如电动机转子与定子接触
6	滚动轴承损坏	转子系统	滚动轴承在运转过程中可能会由于各种原因引起损坏，如装配不当、润滑不良、水分和异物侵入、腐蚀和过载等都会导致轴承过早损坏
7	转子支承部件松动	转子系统	转子支承部件连接松动是指系统结合面存在间隙或连接刚度不足，造成机械阻尼偏低，机组运行振动过大的一种故障
8	转轴裂纹	转子系统	造成轴裂纹的因素有很多，如各种因素造成的应力集中、复杂的受力状态、恶劣的工作条件及环境等
9	叶轮损坏	离心泵	长期处于气蚀的状态下，或发生碰摩，导致叶轮损坏
10	叶轮气蚀	离心泵	进口管路堵塞，导致入口压力过低，产生大量空泡，空泡破裂时对叶轮产生较大冲击

续表

序号	故障模式	故障部件	故障描述
11	联轴器卡死的故障	泵组	齿式联轴器允许轴系存在一定的不对中,但对中量超过联轴器许用位移或联轴器内零件润滑不当,联轴器便会处于卡死状态,使转轴之间变为刚性连接引起振动
12	基座松动	泵组	结构或轴承座开裂、支承件长度不同引起的晃动;部件间隙出现少量偏差;紧固螺丝松动等
13	加工和装配不良	泵组	由于加工误差或装配不到位,导致机组振动过大

2) 故障特征分析

为实现离心泵组故障的监测与故障的早期诊断,需准确掌握离心泵典型故障的具体表征,获取泵组的运行状态参数与振动特性,建立特性与可能故障的映射关系。离心泵类设备的典型故障与性能表征映射关系如表5-17所列。

表5-17 离心泵类设备的典型故障与特征映射关系

序号	故障模式	故障特征	监测参数	所需传感器/仪表
1	转子不平衡	(1) 基频占主导,相位稳定,二倍频幅值与基频接近; (2) 两支承处,同方向振动相位差接近	转子振动位移、轴承座振动加速度、转速等	振动传感器
2	偏心转子	当旋转泵有几何偏心时,除会产生一阶频率振动外,还会由于流体不平衡造成叶轮叶片通过频率倍频的振动	转子振动位移、轴承座振动加速度、转速等	振动传感器
3	转子弯曲	(1) 转子弯曲的振动特征类似动不平衡,时域波形为近似的等幅正弦波; (2) 振动以基频为主,如果弯曲靠近联轴节,也可产生二倍频率振动; (3) 通常振幅稳定,轴向和径向均有很大的响应	转子振动位移、轴承座振动加速度、转速等	振动传感器
4	转子不对中	(1) 会产生较大的轴向振动,频谱为基频和二倍频为主;还常见基频和二倍、三倍频都占优势的情况; (2) 如果三倍频超过30%~50%,则可认为是存在角度不对中; (3) 联轴节两侧轴向振动相位相差180°	转子振动位移、轴承座振动加速度、转速等	振动传感器

续表

序号	故障模式	故障特征	监测参数	所需传感器/仪表
5	转子与定子碰摩	(1) 碰摩时振幅突然增大;频谱成分较丰富,谱线密集,呈齿形分布,以一倍频及其高次谐波为主; (2) 摩擦会造成功耗上升和效率下降,同时局部会有温升	转子振动位移、轴承座振动加速度、转速等	振动传感器
6	滚动轴承损坏	(1) 轴承外圈故障:外圈频率成分增大; (2) 内圈故障:内圈频率成分增大; (3) 支持架故障:支持架频率成分增大	转子振动位移、轴承座振动加速度、转速等	振动传感器
7	转子支承部件松动	(1) 主要以二倍频为特征(主要是径向二倍频超过基频的50%); (2) 幅值有时不稳定; (3) 振动只有伴随其他故障如不平衡或不对中时才有表现,此时要消除平衡或对中将很困难; (4) 在间隙达到出现碰撞前,振动主要是基频和二倍频,出现碰撞后,振动将出现大量谐频	转子振动位移、轴承座振动加速度、转速等	振动传感器
8	联轴器卡死	振动的幅值和相位不会总是重复的,轴向振动幅值相位数据明显变化	转子振动位移、轴承座振动加速度、转速、温度等	振动传感器 温度传感器
9	转轴裂纹	(1) 有非线性性质,出现二倍、三倍等高倍分量; (2) 随着裂纹扩展,刚度进一步下降,一倍、二倍等频率幅值随之增大	转子振动位移、轴承座振动加速度、转速等	振动传感器
10	叶轮损坏	(1) 叶频增大; (2) 同转速下,出口压力减小,效率变低	转子振动位移、转速、轴承座振动加速度、流量,进出口压力等	振动传感器、流量传感器、压力传感器
11	叶轮气蚀	(1) 叶频增大; (2) 泵内压力低	转子振动位移、转速、轴承座振动加速度、流量,进出口压力等	振动传感器、流量传感器、压力传感器

续表

序号	故障模式	故障特征	监测参数	所需传感器/仪表
12	基座松动	(1) 径向振动较大,尤其垂直方向振动大; (2) 有时含有电机转速的1/2倍、3/2倍等分数频分量; (3) 时域波形杂乱,有明显的不稳定的非周期信号; (4) 轴向振动较小	转子振动位移、转速、轴承座振动加速度等	振动传感器
13	加工和装配不良	(1) 振动幅值以轴向为最大; (2) 振动频率与转速频率相同	转子振动位移、转子转速、轴承座振动加速度等	振动传感器

5.3.4.2 电动往复泵

1) 故障模式分析

往复泵结构复杂、工作环境恶劣、振动源多、故障信号存在着很大的非平稳性、非线性和冲击性,往复泵主要的故障类型及特征如表5-18所列。

2) 故障特征分析

为实现往复泵组故障的监测与故障的早期诊断,需准确掌握往复泵典型故障的具体表征,获取泵组的运行状态参数与振动特性,建立特性与可能故障的映射关系。往复泵的典型故障与性能表征映射关系如表5-19所列。

表5-18 电动往复泵典型故障表

序号	故障模式	故障部件	描　　述
1	管路密封不严	泵组管路	密封材料填充不到位;管路焊接缺陷
2	管路堵塞	泵组管路	输送介质内含有杂质,通常是管理锈蚀产生的物质
3	弹簧失效	往复泵	弹簧长期工作,或超出屈服极限工作后失效
4	柱塞或活塞磨损	往复泵	油箱内滤网等保护措施不完整导致杂质进入缸内磨损
5	柱塞填料磨损	往复泵	柱塞表面镀层剥离、脱落
6	密封失效	往复泵	密封环过松、密封表面腐蚀甚至穿透、密封磨损
7	柱塞/活塞与拉杆不对中	往复泵	安装存在偏差,后工作中拉杆受到强烈冲击导致其错位

续表

序号	故障模式	故障部件	描　述
8	空气包损坏	往复泵	空气包皮囊老化
9	柱塞/活塞拉杆断开连接	往复泵	泵长期高负荷或超负荷运转,超过拉杆极限,导致断裂
10	柱塞/活塞螺栓松动	往复泵	长期受到周期性往复力作用,导致螺栓松动
11	基座松动	往复泵+电机	基座紧固螺栓未按安装要求拧紧
12	过滤器堵塞	泵组管路	油箱滤网破损,或管路腐蚀产生杂质
13	曲轴磨损	往复泵	曲轴润滑不足

表 5-19　往复泵典型故障与性能表征映射关系

序号	故障模式	故障特征	监测参数	所需传感器
1	管路密封不严	(1) 压力波动大; (2) 流量下降; (3) 管路振动总值增大	管路进出口压力、流量、管路振动	压力传感器、流量传感器、振动传感器
2	管路堵塞	(1) 压力波动大; (2) 流量下降; (3) 管路振动总值增大; (4) 进口真空度升高	管路进出口压力、流量、管路振动	压力传感器、流量传感器、振动传感器
3	弹簧失效	(1) 液力端工作异常; (2) 工作效率降低	人工巡检	人工巡检
4	柱塞或活塞磨损	(1) 排液量降低,泵组效率降低; (2) 摩擦时振幅突然增大;频谱成分较丰富,谱线密集,呈齿形分布,以一倍频及其高次谐波为主	管路进出口压力、流量、机组振动	压力传感器、流量传感器、振动传感器
5	柱塞填料磨损	(1) 缸体内部发热; (2) 振动总值增大	缸体温度、机组本体振动	温度传感器、振动传感器
6	密封失效	(1) 漏水,巡检发现; (2) 振动信号高频成分丰富	人工巡检	人工巡检
7	柱塞/活塞与拉杆不对中	会产生较大的轴向振动,频谱为基频和二倍频为主;还常见基频和二倍、三倍频都占优势的情况	机组本体振动	振动传感器

续表

序号	故障模式	故障特征	监测参数	所需传感器
8	空气包损坏	(1) 排除压力波动较大; (2) 振动总值增大	进出口压力、机组本体振动	压力传感器、振动传感器
9	柱塞/活塞拉杆断开连接	泵组空转,无法建立压力	进出口压力	压力传感器
10	柱塞/活塞螺栓松动	(1) 振动周期性增大; (2) 振动出现高次谐波	进出口压力、机组本体振动	压力传感器、振动传感器
11	基座松动	(1) 径向振动较大,尤其在垂直方向振动大; (2) 有时含有电机转速的1/2倍、3/2倍等分数频分量; (3) 时域波形杂乱,有明显的不稳定的非周期信号; (4) 轴向振动较小	机组本体振动	振动传感器
12	过滤器堵塞	(1) 排除压力剧烈脉动; (2) 振动增大	进出口压力、机组本体振动	压力传感器、振动传感器
13	曲轴磨损	(1) 曲轴箱温度过高; (2) 碰摩时振幅突然增大;频谱成分较丰富,谱线密集	箱体温度、机组本体振动	温度传感器、振动传感器

5.3.4.3 电动螺杆泵

1) 故障模式分析

螺杆泵对其零部件的加工和配合精度要求较高,对工作中的杂质较为敏感。在螺杆泵工作时,相互啮合的主从螺杆高速旋转,泵内零部件的故障会对设备的性能造成负面影响甚至导致设备的破坏。想要精确地把握螺杆泵的运行状态,首先需要明确螺杆泵故障模式,准确地对应其故障征兆和故障原因。螺杆泵典型故障表如表5-20所列。

表5-20 螺杆泵典型故障表

序号	故障模式	故障部件	故障原因
1	螺杆或衬套磨损	螺杆泵	一方面是由设备在运行过程中正常的机械损耗所致,另一方面是由工作介质内的杂质所致
2	螺杆或衬套变形	螺杆泵	工作环境温度高,导致热应力变形

续表

序号	故障模式	故障部件	故 障 原 因
3	机械密封故障	螺杆泵	机械密封环变形、表面损坏、密封圈失效、辅助部件失效
4	滚动轴承故障模式分析	螺杆泵	滚动轴承在运转过程中可能会由于各种原因引起损坏，如装配不当、润滑不良、异物侵入、腐蚀和过载等导致轴承过早损坏
5	安全阀故障模式分析	螺杆泵	安全阀弹簧损坏，或其内部存在杂质淤积导致阀门无法动作
6	吸入滤器堵塞/漏气	泵组管路	油箱滤网破损，管路腐蚀产生大量杂质等原因引起
7	泵与电机不同心	螺杆泵+电机	主要是由于轴承端盖和定子止口加工误差，装配时，转子和转子不在同一中心线上，容易造成定转子的磁拉力不均衡
8	泵内磨损	泵组管路	工作介质中存在杂质

2）故障特征分析

为实现螺杆泵故障的监测与故障的早期诊断，需准确掌握螺杆泵典型故障的具体表征，获取泵组的运行状态参数与振动特性，建立特性与可能故障的映射关系。螺杆泵的典型故障与性能表征映射关系如表5-21所列。

表5-21 螺杆泵的典型故障与性能表征映射关系

序号	故障模式	故障特征	监测参数	所需传感器
1	螺杆或衬套磨损	（1）泵流量不足； （2）泵的压力建立能力不足； （3）泵出现异常振动及噪声	泵流量、进出口压力、轴承座振动加速度	流量传感器、压力传感器、振动传感器
2	螺杆或衬套变形	（1）振动总值急剧变大； （2）泵功耗上升	轴承座振动加速度、电机功率	振动传感器、功率传感器
3	机械密封故障	人工巡检，有泄漏	人工巡检	人工巡检
4	滚动轴承故障	轴承外圈、内圈、支持架频率增大	轴承座振动加速度、轴承温度	振动传感器、温度传感器
5	安全阀故障模式分析	（1）高压腔内工作介质进入低压腔导致泵的吸入流量降低； （2）排出口压力也会降低导致泵的扬程减小	流量、进出口压力	流量传感器、压力传感器

续表

序号	故障模式	故障特征	监测参数	所需传感器
6	吸入滤器堵塞/漏气	(1) 压力波动大; (2) 流量下降; (3) 滤器振动总值增大	流量、进出口压力、管路振动	压力传感器、流量传感器、振动传感器
7	泵与电机不同心	(1) 功率增大; (2) 时域信号呈现明显的周期性; (3) 频谱成分较丰富,电机的二倍电源频率和齿槽频率幅值偏大	电机功率、轴承座振动加速度、转子振动位移	振动传感器
8	泵内磨损	(1) 功率增大; (2) 泵体温度升高; (3) 高频成分增大	电机功率、轴承座振动加速度、介质温度	振动传感器、温度传感器

5.3.4.4 电机

1) 故障模式分析

电机是集机械及电磁于一体的复杂整体,其故障类型多种多样,涉及机械、电磁、电网环境等诸多方面。电气故障主要通过对电流、电压、绝缘情况进行判断;电机的机械故障可以通过对机组振动噪声的监测进行识别和诊断。电机单个部件故障可能影响到电机的整体运行,故障所表现出的特征相互关联,不同的故障可能表现相同的特征,使得电机故障的梳理和诊断更加复杂。本部分将对电机故障前兆以及不正常运行状态时表现出的特征进行归类分析,确定电机故障的诊断特征参量,建立电机运行状态监测及故障诊断系统,保障全船电机类设备的安全稳定运行。电机典型的故障如表5-22所列。

表5-22 电机典型故障特征表

序号	故障模式	故障类型	故障描述
1	电子绕组开路	电气故障	电机定子绕组的导线、连接线、引出线等断开或接头松脱,就造成开路故障
2	转子断条	电气故障	转子断条指的是转子在铸铝时由于各种因素造成的缺陷,出厂时用检测仪测试合格的产品使用中由于离心力或其他原因造成转子铝断裂
3	电机匝间短路	电气故障	绕组短路通常有相间短路和匝间短路两种,引起定子绕组短路的原因:① 绕组绝缘受潮;② 绕组中经常流过大电流,使绝缘老化焦脆,失去绝缘作用,或受振动而脱落等

续表

序号	故障模式	故障类型	故 障 描 述
4	转子不平衡	机械故障	电机转子不平衡是指转子受材料质量、加工、装配以及运行中多种因素的影响,其质量中心和旋转中心线之间存在一定量的偏心距,在旋转过程中产生不平衡力,从而引起机器振动
5	轴系不同心	机械故障	主要是由轴承端盖和定子止口加工误差,装配时,转子和转子不在同一中心线上,容易造成定转子的磁拉力不均衡
6	转子碰摩	机械故障	转子与定子摩擦又分为轻微摩擦和严重摩擦。轻微摩擦如:联轴器罩摩轴;严重摩擦如:泵转子与定子接触
7	基座松动	机械故障	结构或轴承座开裂、支承件长度不同引起的晃动;部件间隙出现少量偏差;紧固螺丝松动等
8	滚动轴承损坏	机械故障	滚动轴承在运转过程中可能会由于各种原因引起损坏,如装配不当、润滑不良、异物侵入、腐蚀和过载等导致轴承过早损坏
9	轴承与基座配合不良	机械故障	轴承与轴承座装配不良
10	加工和装配不良	机械故障	由于加工误差或装配不到位,导致机组振动过大

2）故障特征分析

为实现电机故障的监测与故障的早期诊断,需准确掌握电机典型故障的具体表征,获取电机的运行状态参数与振动特性,建立特性与可能故障的映射关系。电机的故障可以通过检测电机轴承座振动加速度和电机的电流、电压等参数实现。电机设备的典型故障与性能表征映射关系如表5-23所列。

表5-23　电机典型故障与性能表征映射关系

序号	故障模式	故 障 特 征	监测参数	所需传感器
1	电子绕组开路	当定子绕组出现匝间短路时,三相绕组平衡被破坏,会出现负序电流分量和负序阻抗,同时会导致振动加剧	电机电流、电压、功率等	电流、电压仪表
2	转子断条	(1) 满载时转速比正常时低; (2) 电机温度升高	电机转速、电机温度等	转速传感器、温度传感器

续表

序号	故障模式	故障特征	监测参数	所需传感器
3	电机匝间短路	(1) 短路线圈电流增大; (2) 电机振动加剧; (3) 短路线圈发热严重	电机电流、温度、轴承座振动加速度等	电流、电压仪表,温度传感器、振动传感器
4	转子不平衡	(1) 振动频率与转速频率相等; (2) 振动值随转速增高而加大,与电机负载无关; (3) 振动值以径向为最大,轴向极小; (4) 频谱图中具有以转速频率为频率间隔的边频带特征	转子振动位移、轴承座振动加速度、转速等	振动传感器
5	轴系不同心	(1) 径向振动出现电机转速的一倍频,二倍频振动;其中,二倍频成分大; (2) 轴向振动出现电机转速的一倍频、二倍频、三倍频;转子轴向振动幅值为其径向振动的 50%以上; (3) 电机空载运行时,振动消失; (4) 气隙磁通畸变,振动及噪声增大,电流波动	转子振动位移、轴承座振动加速度、转速等	振动传感器
6	转子碰摩	(1) 碰摩时振幅突然增大; (2) 频谱成分较丰富,谱线密集,呈齿形分布,以一倍频及其高次谐波为主; (3) 摩擦会造成功耗上升和效率下降,同时局部会有温升	转子振动位移、转速、轴承座振动加速度等	振动传感器
7	基座松动	(1) 径向振动较大,尤其垂直方向振动大; (2) 有时含有电机转速的 1/2 倍、3/2 倍等分数频分量; (3) 时域波形杂乱,有明显的不稳定的非周期信号; (4) 轴向振动较小	转子振动位移、转子转速、轴承座振动加速度等	振动传感器

续表

序号	故障模式	故障特征	监测参数	所需传感器
8	滚动轴承损坏	(1) 轴承外圈故障:外圈频率成分增大; (2) 内圈故障:内圈频率成分增大; (3) 支持架频故障:支持架频率成分增大	转子振动位移、转子转速、轴承座振动加速度等	振动传感器
9	轴承与基座配合不良	(1) 常常出现大量的高倍频,有时是10倍,甚至是20倍倍频,松动严重时还会出现半频及谐频成分; (2) 半频及谐频往往随不平衡或不对中等故障出现; (3) 振动具有方向性和局部性; (4) 振动幅值变化较大,相位有时也不稳定	转子振动位移、转子转速、轴承座振动加速度等	振动传感器
10	加工和装配不良	(1) 振动幅值以轴向为最大; (2) 振动频率与转速频率相同	转子振动位移、转子转速、轴承座振动加速度等	振动传感器

5.3.4.5 汽轮发电机组

1) 故障模式分析

由于汽轮发电机组是机械、电磁、冷却系统的耦合统一体,发电机组的各功能部件之间是相互联系、相互影响的,一个功能部件的故障或失效会对部件本身及关联部件乃至整个汽轮发电机组产生影响。在汽轮发电机组的各种故障中,振动故障是一类对设备运行产生较大影响的故障,一方面振动故障的诊断比较复杂,处理时间较长;另一方面振动故障一旦发散酿成事故,所造成的影响及后果比较严重。

舰船汽轮发电机组在陆上调试过程中,曾发生过机组低频振动偏大现象。通过对机组的振动频谱进行分析,识别出振动偏大是由轴系不平衡和不对中双重因素引起。

汽轮发电机组典型的故障类型及特征如表5-24所列。

2) 故障特征分析

为实现汽轮发电机组故障的监测与故障的早期诊断,需准确掌握机组典型故障的具体表征,获取机组的运行状态参数与振动特性,建立特性与可能故障的映射关系。汽轮发电机组的典型故障与性能表征映射关系如表5-25所列。

表 5-24　发电机组典型故障表

序号	故障类型		故障描述
1	定子绕组接地	发电机	定子绕组接地故障是发电机最主要的一种绝缘故障。定子绕组接地故障会对定子铁芯造成巨大的威胁
2	定子绕组相间短路	发电机	定子绕组相间短路故障是发电机绝缘事故中最严重的一种。发生定子绕组相间短路故障时,会产生很大的短路电流并产生巨大的电磁力,电磁转矩将对定子绕组、转轴、基座等产生较大冲击损坏
3	定子线棒过热	发电机	定子线棒过热故障是汽轮发电机组较为常见的一种故障。定子绕组过热故障会加剧绕组绝缘的老化程度
4	定子端部绕组断股	发电机	定子端部绕组断股故障是由于定子端部整体性差,在磁力作用下发生振动疲劳断裂的故障
5	定子绕组绝缘	发电机	定子绕组绝缘故障是一种常见的汽轮发电机组故障,定子绕组故障会导致定子绕组接地故障和定子绕组相间短路故障
6	定子铁芯松动	发电机	发电机在运行过程中,长期的倍频振动引起铁芯松动,铁芯片间压力减小,振动加大,片间绝缘和主绝缘受到磨损,基座焊缝疲劳断裂,发电机本身和相连的基座产生低频振动
7	转子不平衡	转子系统	转子不平衡是指转子受材料质量、加工、装配以及运行中多种因素的影响,其质量中心和旋转中心线之间存在一定量的偏心距,在旋转过程中产生不平衡力,从而引起机器振动
8	转子弯曲	转子系统	主要原因有预负荷过大、暖机不充分、升速过快导致局部碰摩高温等
9	转子不对中	转子系统	由于机器的安装误差、工作状态下热膨胀、承载后的变形以及机器基座的不均匀沉降等,会造成机器工作时各转子轴线之间产生不对中
10	转子支撑部件松动	转子系统	结构或轴承座开裂、支承件长度不同引起的晃动;部件间隙出现少量偏差;紧固螺丝松动等

续表

序号	故障类型		故障描述
11	定转子碰摩	转子系统	转子与定子摩擦又分为轻微摩擦和严重摩擦。轻微摩擦如:联轴器罩摩轴;严重摩擦如:泵转子与定子接触
12	联轴器螺栓松动	转子系统	汽轮机端功率输入剧烈波动,冲击联轴器,导致螺栓松动
13	叶轮松动	汽轮机	叶轮受到较大冲击导致紧固螺栓松动
14	叶片断裂	汽轮机	长期高负荷工作导致叶片疲劳断裂
15	叶轮磨损	汽轮机	高压蒸汽中含有杂质,导致磨损
16	叶片裂纹	汽轮机	长期高温高压工作,导致叶片疲劳裂纹
17	安装松动	汽轮机	基座紧固螺栓未按安装要求拧紧
18	缸体开裂	汽轮机	缸体加工过程中含有杂质,性能不佳,长期工作后导致开裂
19	主汽阀堵塞	汽轮机	管路由于锈蚀等原因,使得蒸汽中含有杂质,造成堵塞
20	油动机失灵	汽轮机	油动机油压不足或管路破损等原因造成
21	主汽阀卡滞	汽轮机	主要原因有: (1)主汽阀连杆机构锈蚀,运行阻力大; (2)配合面有划伤
22	轴封漏汽	汽轮机	主要原因有: (1)轴封径向间隙过大; (2)轴封抽气设备工作不良或堵塞; (3)轴承齿磨损
23	轴封磨损	汽轮机	由于装配不良,转子抬升过高,导致轴承碰摩
24	轴承损坏	汽轮机	滑动轴承轴瓦磨损

表 5-25　汽轮发电机组的典型故障与特征映射关系

序号	故障类型	故障特征	监测参数	所需传感器
1	定子铁芯松动	定子铁芯松动故障会导致定子铁芯的刚度降低,当定子铁芯的固有频率接近两倍转子频率时,定子铁芯在电磁力的作用下会产生共振,并产生噪声	发电机轴承座振动加速度	振动传感器

续表

序号	故障类型	故障特征	监测参数	所需传感器
2	转子不平衡	(1) 基频占主导,相位稳定,二倍频幅值与基频接近; (2) 两支承处,同方向振动相位差接近; (3) 悬臂式转子可产生较大的轴向振动,轴向振动有时甚至超过径向振动	轴承座振动加速度、转子振动位移	振动传感器
3	转子弯曲	类似于不平衡故障	轴承座振动加速度、转子振动位移	振动传感器
4	转子不对中	(1) 基频和二倍频大小相当; (2) 径向振动较大; (3) 轴向振动较大	轴承座振动加速度、转子振动位移	振动传感器
5	转子支撑部件松动	主要以二倍频为特征(径向二倍频超过基频的50%)	轴承座振动加速度、转子振动位移	振动传感器
6	定转子碰摩	(1) 振幅突然增大; (2) 频谱成分较丰富,谱线密集,呈齿形分布,以一倍频及其高次谐波为主,时域波形有削顶现象; (3) 摩擦造成功耗上升和效率下降,同时局部会有温升	轴承座振动加速度、转子振动位移	振动传感器
7	联轴器螺栓松动	振动频谱中一倍频、二倍频的比重增加,并且与机组负荷有关	轴承座振动加速度、转子振动位移	振动传感器
8	叶轮松动	振动信号中半频分量可能比较大,同时还可能包含有多种高阶频率分量	轴承座振动加速度、转子振动位移	振动传感器
9	叶片断裂	轴承座振动加速度异常,可能出现转子不平衡信号特征,基频占主导,相位稳定	轴承座振动加速度、转子振动位移	振动传感器
10	叶轮磨损	—	轴承座振动加速度、转子振动位移	振动传感器
11	叶片裂纹	轴裂纹的振动带有非线性性质,出现一倍、三倍等高倍分量,随着裂纹扩展,刚度进一步下降,一倍、二倍等频率幅值随之增大	轴承座振动加速度、转子振动位移	振动传感器

续表

序号	故障类型	故障特征	监测参数	所需传感器
12	安装松动	(1) 频谱主要以一倍频为主; (2) 振动具有局部性,只表现在松动的转子上; (3) 同轴承径向振动垂直,水平方向相位差0°或180°	轴承座振动加速度、转子振动位移	振动传感器
13	缸体开裂	(1) 漏汽; (2) 高频成分丰富	轴承座振动加速度、转子振动位移	振动传感器
14	主汽阀堵塞	汽轮机无法达到额定转速	温度、压力	温度传感器、压力传感器
15	油动机失灵	汽轮机转速无法调整	转速	转速传感器
16	主汽阀卡滞	主汽阀执行到位迟缓	人工巡检	人工巡检
17	轴封漏汽	(1) 人工巡检; (2) 轴封附近测点高频成分密集,增大	人工巡检	人工巡检
18	轴封磨损	(1) 振幅突然增大; (2) 频谱成分较丰富,谱线密集,呈齿形分布,以一倍频及其高次谐波为主,时域波形有削顶现象; (3) 摩擦造成功耗上升和效率下降,同时局部会有温升	轴承座振动加速度、转子振动位移	振动传感器
19	轴承损坏	(1) 半频及谐频往往随不平衡或不对中等故障出现; (2) 振动具有方向性和局部性; (3) 振动幅值变化较大,相位有时也不稳定	油温、油位、轴承座振动加速度、转子振动位移	温度传感器、振动传感器

针对发电机部分的电气类故障,目前技术尚不成熟,故障特征分析仅针对发电机部分的机械类故障(不含表5-24的前五项故障模式),以及转子系统、汽轮机部分的故障。

5.3.4.6 汽轮给水泵

1) 故障模式分析

汽轮给水机组由汽轮机和离心泵组成,其故障模式与典型汽轮机和离心泵相同。汽轮给水泵典型故障如表5-26所列。

表 5-26　给水泵典型故障特征表

序号	故障模式	故障部件	故障描述
1	转子不平衡	汽轮机、离心泵	转子不平衡是指转子受材料质量、加工、装配以及运行中多种因素的影响，其质量中心和旋转中心线之间存在一定量的偏心距，在旋转过程中产生不平衡力，从而引起机器振动
2	转子弯曲	汽轮机、离心泵	主要原因有预负荷过大、暖机不充分、升速过快导致局部碰摩高温等
3	转子不对中	汽轮机、离心泵	由于机器的安装误差、工作状态下热膨胀、承载后的变形以及机器基座的不均匀沉降等，会造成机器工作时各转子轴线之间产生不对中
4	转子支撑部件松动	汽轮机、离心泵	结构或轴承座开裂、支承件长度不同引起的晃动；部件间隙出现少量偏差；紧固螺丝松动等
5	定转子碰摩	汽轮机、离心泵	转子与定子摩擦又分为轻微摩擦和严重摩擦。轻微摩擦，如联轴器罩摩轴；严重摩擦，如泵转子与定子接触
6	联轴器螺栓松动	汽轮机、离心泵	汽轮机端功率输入剧烈波动，冲击联轴器，导致螺栓松动
7	叶片松动	汽轮机	叶轮受到较大冲击导致紧固螺栓松动
8	叶片断裂	汽轮机	长期高负荷工作导致叶片疲劳断裂
9	叶片裂纹	汽轮机	长期高温高压工作，导致叶片疲劳裂纹
10	安装松动	汽轮机、离心泵	基座紧固螺栓未按安装要求拧紧
11	缸体开裂	汽轮机	缸体加工过程中含有杂质，性能不佳，长期工作后导致开裂
12	主汽阀堵塞	汽轮机	管路由于锈蚀等原因，使得蒸汽中含有杂质，造成堵塞
13	油动机失灵	汽轮机	油动机油压不足或管路破损等原因造成
14	主汽阀卡滞	汽轮机	主要原因有：①主汽阀连杆机构锈蚀，运行阻力大；②配合面有划伤
15	轴封漏汽	汽轮机	主要原因有：①轴封径向间隙过大；②轴封抽气设备工作不良或堵塞；③轴承齿磨损
16	轴封磨损	汽轮机	由于装配不良，转子抬升过高，导致轴承碰摩
17	轴承损坏	汽轮机	滑动轴承轴瓦磨损

2）故障特征分析

为实现汽轮给水泵故障的监测与故障的早期诊断，需准确掌握机组典型故障的具体表征，获取机组的运行状态参数与振动特性，建立特性与可能故障的映射关系。汽轮给水泵的典型故障与性能表征映射关系如表5-27所列。

表5-27 汽轮给水泵的典型故障与特征映射关系

序号	故障类型	故障特征	监测参数	所需传感器
1	转子不平衡	(1) 基频占主导，相位稳定，二倍频幅值与基频接近； (2) 两支承处，同方向振动相位差接近； (3) 悬臂式转子可产生较大的轴向振动，轴向振动有时甚至超过径向振动	轴承座振动加速度、转子振动位移	振动传感器
2	转子弯曲	类似于不平衡故障	轴承座振动加速度、转子振动位移	振动传感器
3	转子不对中	(1) 基频和二倍频大小相当； (2) 径向振动较大； (3) 轴向振动较大	轴承座振动加速度、转子振动位移	振动传感器
4	转子支撑部件松动	主要以二倍频为特征（径向二倍频超过基频的50%）	轴承座振动加速度、转子振动位移	振动传感器
5	定转子碰摩	(1) 振幅突然增大； (2) 频谱成分较丰富，谱线密集，呈齿形分布，以一倍频及其高次谐波为主，时域波形有削顶现象； (3) 摩擦造成功耗上升和效率下降，同时局部会有温升	轴承座振动加速度、转子振动位移	振动传感器
6	联轴器螺栓松动	振动频谱中一倍频、二倍频的比重增加，并且与机组负荷有关	轴承座振动加速度、转子振动位移	振动传感器
7	叶片松动	振动信号中半频分量可能比较大，同时还可能包含有多种高阶频率分量	轴承座振动加速度、转子振动位移	振动传感器
8	叶片断裂	轴承座振动加速度异常，可能出现转子不平衡信号特征，基频占主导，相位稳定	轴承座振动加速度、转子振动位移	振动传感器
9	叶片裂纹	轴裂纹的振动带有非线性性质，出现二倍、三倍等高倍分量，随着裂纹扩展，刚度进一步下降，一倍、二倍等频率幅值随之增大	轴承座振动加速度、转子振动位移	振动传感器

续表

序号	故障类型	故障特征	监测参数	所需传感器
10	安装松动	(1) 频谱主要以一倍频为主; (2) 振动具有局部性,只表现在松动的转子上; (3) 同轴承径向振动垂直,水平方向相位差0°或180°	轴承座振动加速度、转子振动位移	振动传感器
11	缸体开裂	(1) 漏汽; (2) 高频成分丰富	轴承座振动加速度、转子振动位移	振动传感器
12	主汽阀堵塞	汽轮机无法达到额定转速	温度、压力	温度传感器、压力传感器
13	油动机失灵	汽轮机转速无法调整	转速	转速传感器
14	主汽阀卡滞	主汽阀执行到位迟缓	—	—
15	轴封漏汽	(1) 人工巡检; (2) 轴封附近测点高频成分密集,增大	—	—
16	轴封磨损	(1) 振幅突然增大; (2) 频谱成分较丰富,谱线密集,呈齿形分布,以一倍频及其高次谐波为主,时域波形有削顶现象; (3) 摩擦造成功耗上升和效率下降,同时局部会有温升	轴承座振动加速度、转子振动位移	振动传感器
17	轴承损坏	(1) 半频及谐频往往随不平衡或不对中等故障出现; (2) 振动具有方向性和局部性; (3) 振动幅值变化较大,相位有时也不稳定	油温、油位、轴承座振动加速度、转子振动位移	温度传感器、振动传感器

5.3.4.7 电动离心风机

1) 故障模式分析

电动离心风机的故障类型多样,主要表现包括振动噪声偏大、叶轮磨损、卡涩、轴承温度高、喘振等。由于机组的复杂性,故障源与故障的表现形式并不是一对一的映射关系,故障具备复杂性和模糊性。因此需要对机组可能出现的故障进行梳理,对机理进行分析,掌握机组的运行状态参数,进行多参数多信息的融合,才能准确确定设备的故障。风机主要的故障类型及特征如表5-28所列。

表 5-28 风机典型故障表

序号	故障模式	故障部件	故障描述
1	转子不平衡	电机风机转子	转子不平衡是由于转子部件质量偏心或转子部件出现缺损造成的故障，它是旋转机械最常见的故障
2	喘振	风机	风机处在不稳定的工作区运行，出现流量、风压大幅度波动的现象
3	偏心转子	电机风机转子	偏心是指定子与转子之间不同心的一种故障。当旋转泵有几何偏心时，除会产生一阶频率振动外，还会由于流体不平衡造成叶轮叶片通过频率倍频的振动
4	转子弯曲	电机风机转子	转子弯曲故障多发生在设备较长时间停用后重新开机情况下，转子有永久性弯曲和暂时性弯曲两种情况
5	转子与定子摩擦	电机风机转子	转子与定子摩擦又分为轻微摩擦和严重摩擦。轻微摩擦，如联轴器罩摩轴；严重摩擦，如电动机转子与定子接触
6	转轴裂纹	电机风机转子	造成轴裂纹的因素有很多，如各种因素造成的应力集中、复杂的受力状态、恶劣的工作条件及环境等
7	转子支承部件松动	电机风机转子	转子支承部件连接松动是指系统结合面存在间隙或连接刚度不足，造成机械阻尼偏低，机组运行振动过大的一种故障
8	滚动轴承故障	电机轴承	滚动轴承在运转过程中可能会由于各种原因引起损坏，如装配不当、润滑不良、水分和异物侵入、腐蚀和过载等都会导致轴承过早损坏
9	叶轮磨损	风机	由于灰尘或杂物进入风道，或发生碰摩，对叶片进口端边缘产生严重的冲刷磨损
10	基座松动	机组	结构或轴承座开裂、支承件长度不同引起的晃动；部件间隙出现少量偏差；紧固螺丝松动等
11	加工和装配不良	机组	由于加工误差或装配不到位，导致机组振动过大

2）故障特征分析

为实现风机机组故障的监测与故障的早期诊断，需准确掌握风机典型故障的具体表征，获取机组的运行状态参数与振动特性，建立特性与可能故障的映射关系。风机的典型故障与性能表征映射关系如表 5-29 所列。

表 5-29 风机典型故障与特征映射关系

序号	故障模式	故障特征	监测参数	所需传感器/仪表
1	转子不平衡	（1）基频占主导，相位稳定，二倍频幅值与基频接近； （2）两支承处，同方向振动相位差接近	转子振动位移、转子轴承座振动加速度、转子转速等	振动传感器

续表

序号	故障模式	故障特征	监测参数	所需传感器/仪表
2	喘振	(1) 机体和轴承振动剧烈; (2) 喘振的特征频率为超低频率,常伴一倍频	转子振动位移、轴承座振动加速度、转速等	振动传感器
3	偏心转子	当旋转泵有几何偏心时,除会产生一阶频率振动外,还会由于流体不平衡造成叶轮叶片通过频率倍频的振动	转子振动位移、转子轴承座振动加速度、转子转速等	振动传感器
4	转子弯曲	(1) 转子弯曲的振动特征类似动不平衡,时域波形为近似的等幅正弦波; (2) 振动以基频为主,如果弯曲靠近联轴节,也可产生二倍频率振动; (3) 通常振幅稳定,轴向和径向均有很大的响应	转子振动位移、转子轴承座振动加速度、转子转速等	振动传感器
5	转子与定子摩擦	(1) 碰摩时振幅突然增大;频谱成分较丰富,谱线密集,呈齿形分布,以一倍频及其高次谐波为主; (2) 摩擦会造成功耗上升和效率下降,同时局部会有温升	转子振动位移、转子轴承座振动加速度、转子转速等	振动传感器
6	转轴裂纹	(1) 有非线性性质,出现二倍、三倍等高倍分量; (2) 随着裂纹扩展,刚度进一步下降,一倍、二倍等频率幅值随之增大	转子振动位移、转子轴承座振动加速度、转子转速等	振动传感器
7	转子支承部件松动	(1) 主要以二倍频为特征(主要是径向二倍频超过基频的50%); (2) 幅值有时不稳定; (3) 振动只有伴随其他故障如不平衡或不对中时才有表现,此时要消除平衡或对中将很困难; (4) 在间隙达到出现碰撞前,振动主要是基频和二倍频;出现碰撞后,振动将出现大量谐频	转子振动位移、转子轴承座振动加速度、转子转速等	振动传感器

续表

序号	故障模式	故障特征	监测参数	所需传感器/仪表
8	滚动轴承损坏	(1) 轴承外圈故障:外圈频率成分增大; (2) 内圈故障:内圈频率成分增大; (3) 支持架频率故障:支持架频率成分增大	转子振动位移、转子轴承座振动加速度、转子转速等	振动传感器
9	叶轮磨损	(1) 叶频增大; (2) 同转速下,出口压力减小,效率变低	转子振动位移、转子转速、轴承座振动加速度、流量,进出口压力等	振动传感器、流量传感器、压力传感器
10	基座松动	(1) 径向振动较大,尤其垂直方向振动大; (2) 有时含有电机转速的 1/2 倍、3/2 倍等分数频分量; (3) 时域波形杂乱,有明显的不稳定非周期信号; (4) 轴向振动较小	转子振动位移、转子转速、轴承座振动加速度等	振动传感器
11	加工和装配不良	(1) 振动幅值以轴向为最大; (2)振动频率与转速频率相同	转子振动位移、转子转速、轴承座振动加速度等	振动传感器

5.3.5 基于深度学习的故障诊断

5.3.5.1 基础理论

神经网络是一种在生物学启发下创建的计算机程序,能够学习知识,独立发现数据中的关系。神经网络就是一系列的神经元排列在网络层中,网络层以某种方式连接在一起,从而相互之间实现沟通。

神经元模型如图 5-17 所示,每个神经元会接受一系列的 x 值(从 1~n 的数字)作为输入,计算预测的 y-hat 值。向量 x 实际上包含了训练集 m 个样本中一个样本的特征值。而且每个神经元会有它自己的一套参数,通常引用为 $\boldsymbol{w}$(权重的列向量)和 b(偏差),在学习过程中偏差会不断变化。在每次迭代中,神经元会根据向量 $\boldsymbol{x}$ 的当前权向量 $\boldsymbol{x}$ 计算它的加权平均值,再和偏差相加。最后,计算的结果会传入一个非线性或函数 g 中。下面会提及一些最常见的激活函数。

将单个神经元组成如图 5-18 所示的结构,就是深度神经网络,它有若干个全连接层,每层有不同数量的神经元。对于隐藏层,我们会使用 ReLU 作为激活函数,在输出层中使用 S 型函数。

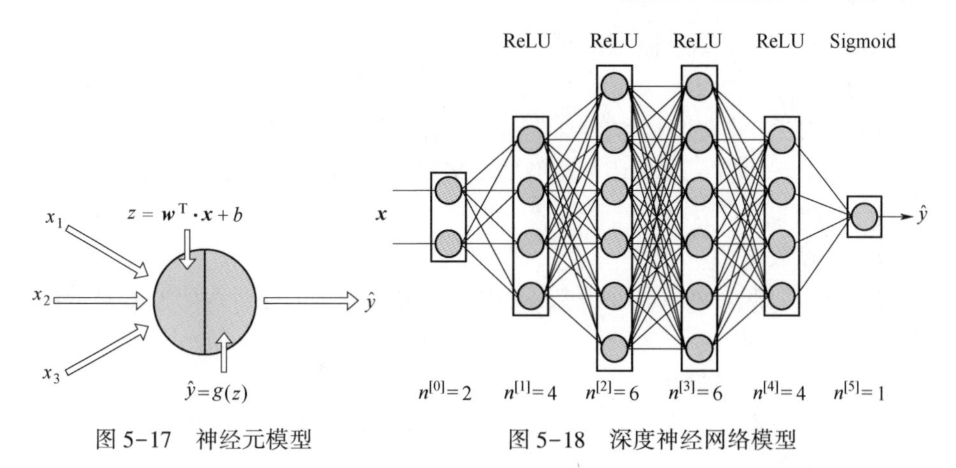

图 5-17　神经元模型　　　　图 5-18　深度神经网络模型

5.3.5.2　系统架构

通过获取设备运行状态数据,运用深度学习算法,充分分析数据信息,剔除无效数据,实现设备故障的实时预测,同时将故障数据进行保存,进而实现故障数据的离线查看等功能。

故障诊断系统主要包括数据获取模块、数据存储模块、深度学习算法模块、实时监测模块和离线监测模块五部分组成,其中数据获取模块为深度学习算法模块提供数据支持;数据存储模块可将训练数据和预测数据进行保存;深度学习算法模块主要通过分析和处理数据,得到最优的数学模型,从而预测故障种类;实时监测模块可将预测的结果进行可视化展示,更好地让设备使用人员了解到故障的发生;离线监测模块可帮助故障诊断工程师对已保存的历史故障数据进行查看和分析,从而减轻其调试负担。故障诊断软件结构如图 5-19 所示。

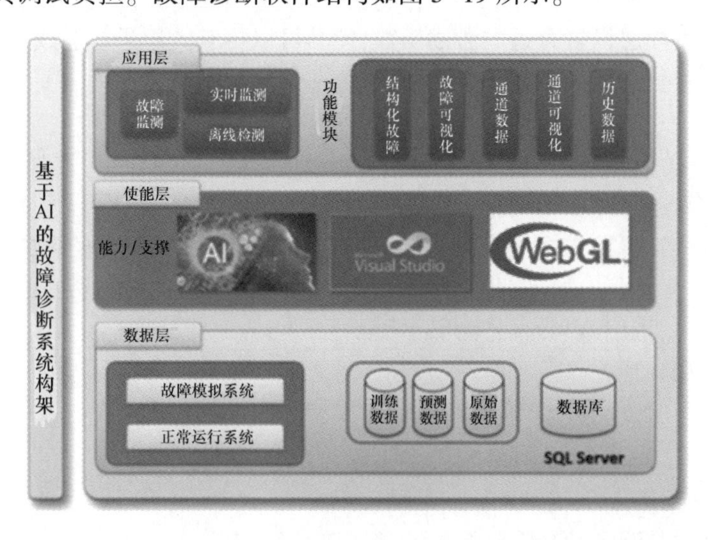

图 5-19　故障诊断软件结构

5.3.5.3 故障诊断模型实现

1）实现手段

（1）一般采用业界最主流的 TensorFlow 作为深度学习算法实现的框架；

（2）其编程语言一般采用人工智能领域最主流的编程语言 Python。

2）深度学习模型构建

（1）故障数值化。

由于故障数据为离散非数值数据，因此一般采用 one-hot 编码方式对故障数据进行数值化处理。

（2）采集数据向量化。

对于采集数据来说需要对其进行特征化处理，并且将特征化的数值组成向量。

（3）模型构建。

输出神经元构建：根据故障数值化的 one-hot 向量确定深度学习模型重点的输出神经元数量。

输入神经元构建：根据采集数据向量化中的向量维度确定深度学习模型中的输入神经元数量。

隐含层及隐含层神经元构建：由于隐含层以及隐含层神经元的不同，会使得深度学习模型不同，因此采用交叉验证的方式，最终确定隐含层与隐含层神经元数量。

（4）故障样本矩阵化。

将实现准备好的故障数据通过故障数值化与采集数据向量化的方式进行数值化处理；由于故障数据呈现多向量，需将故障样本进行矩阵化处理。

（5）激励函数选择。

深度学习之所以有效，除了因为其隐含层增多增加了其深度外，还在很大程度上是因其在不同层设置合适的激励函数，使其可以更有效地进行非线性拟合，所以可以实现非常复杂的模型构建；因此选择合适的激励函数将尤为重要，本例采用的激励函数如下。

输入层-隐含层：为了能实现非线性拟合，输入层到隐含层，选择 ReLU，作为其激励函数。

隐含层-隐含层：隐含层到隐含层依旧选择 ReLU 作为其激励函数。

隐含层-输出层：由于本例输出类型为离散数据类型的故障数据，因此在隐含层到输入层中，采用 Softmax 作为其激励函数。

（6）模型选择。

通过交叉验证的方式确定模型，诊断模型如图 5-20 所示。

5.3.5.4 深度神经网络模型

1）网络结构

网络结构与测点的数据量和提取的故障特征有关，水系统故障试验台架的测点布置如图 5-21 所示,振动传感器布置在设备机脚处。

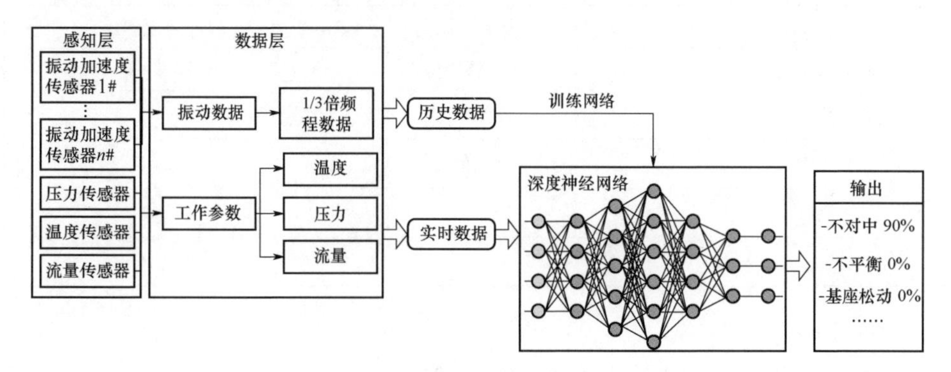

图 5-20　故障诊断模型图

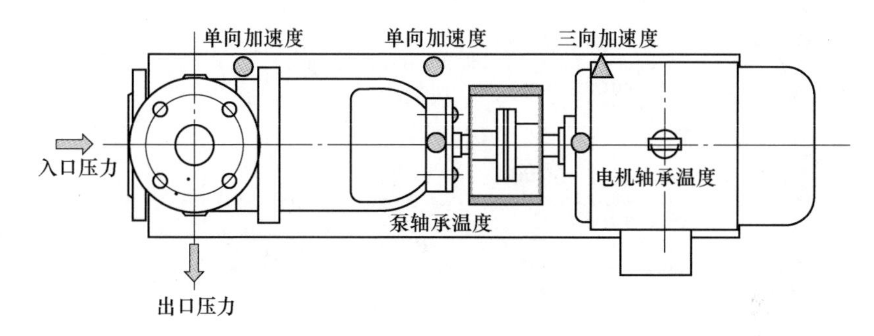

图 5-21　泵组测点布置图

基于上图的测点和故障模式的数量,确定深度神经网络的结构如表 5-30 所列。

表 5-30　模 型 结 构

特　征	层　级			
	输入层	中间层 1	中间层 2	输出层
函数	直连	ReLU	ReLU	Softmax
节点数量	160	23	11	10

具体如下:

(1) 输入层。

输入层测点(传感器)、故障特征及输入层节点数量的关系如表 5-31 所列。

表 5-31　输入层节点

测点	数量	故障特征	数量	节点数量
单向振动加速度传感器	2	1/3 倍频程值	31	2×31=62

续表

测点	数量	故障特征	数量	节点数量
三向振动加速度传感器	1	1/3 倍频程值	31×3	1×31×3=93
转速	1	原始值	1	1
压力	2	原始值	1	2×1=2
温度	2	原始值	1	2×1=2
合计				160

(2) 中间层。

中间层包含一个或多个隐藏层,各隐藏层节点采用经验公式计算,一般代码(config_ANN. py)定义如图 5-22 所示。

```
11  # 求第一层隐藏层的神经元个数
12  def caculate_hidden_layer1_num(input_num,output_num,alpha):
13      m = np.sqrt(input_num + output_num) + alpha
14      m = int(m)
15      return m
16
17  # 求第二层及其后的隐藏层神经元个数
18  def caculate_hidden_layer_num(before_layer_num):
19      return int(before_layer_num/2)
20
21  def judge_layer_num(input_num):
22      if input_num <= 10:
23          return 1
24      elif input_num <= 50:
25          return 2
26      else:
27          return 3
```

图 5-22 隐藏层节点数量计算

第一层隐藏层神经元个数 = $\sqrt{\text{输入层节点个数} + \text{输出层节点个数}}$ + 常数 α = 23。

第二层隐藏层神经元个数=第一层隐藏层神经元个数/2=11。

(3) 输出层。

输出层节点个数与故障模式一致,即 10 个神经元对应 10 种故障模式。

2) 模型参数

在模型参数的读取和训练算法实现 i 中,读取模型代码如图 5-23 所示。

(1) 参数定义。

根据上一节定义的模型结构,模型参数个数=160×23+23×11+11×10=40843。

模型参数在程序中使用 w1、w2、w3 表示,使用 TensorFlow 库函数 random_normal,参数初始化为符合正态分布的随机数,参数定义过程如图 5-24 所示。

```
training_path = 'C:/DeepX/training_data'
input_data,output_data = dt.read_txt(training_path, 'for_training_data')
# print(input_data.shape)
# print(output_data.shape)

x_input = tf.placeholder(tf.float32, shape = [None, 110],name='x_input')
y_output = tf.placeholder(tf.float32, shape = [None, 6],name='y_true')
```

图 5-23 模型参数的读取和训练算法

```
15 x_input = tf.placeholder(tf.float32, shape = [None, 110],name='x_input')
16 y_output = tf.placeholder(tf.float32, shape = [None, 6],name='y_true')
17
18 w1 = tf.Variable(tf.random_normal([110, 1024], stddev=0.1))
19 b1 = tf.Variable(tf.constant(0.1), [1024])
20
21 z1 = tf.add(tf.matmul(x_input,w1),b1)
22 # a1 = tf.nn.relu(z1)
23 a1 = tf.sigmoid(z1)
24
25 # keep_prob = tf.placeholder("float")
26 h1_drop = tf.nn.dropout(a1, 0.9)
27
28 w2 = tf.Variable(tf.random_normal([1024, 256], stddev=0.1))
29 b2 = tf.Variable(tf.constant(0.1), [256])
30
31 # output_pred = tf.add(tf.matmul(h_drop,w2),b2,name='output_pred')
32 z2 = tf.add(tf.matmul(h1_drop,w2),b2)
33 a2 = tf.sigmoid(z2)
34
35 h2_drop = tf.nn.dropout(a2, 0.9)
36
37 w3 = tf.Variable(tf.random_normal([256, 6], stddev=0.2))
38 b3 = tf.Variable(tf.constant(0.1), [6])
39 z3 = tf.add(tf.matmul(h2_drop,w3),b3)
40 output_pred = tf.nn.sigmoid(z3,name='output_pred')
```

图 5-24 参数定义

（2）训练过程。

本例中使用 Adam 算法训练模型，Adam 这个名字来源于自适应矩估计（adaptive moment estimation），也是梯度下降算法的一种变形，但是每次迭代参数的学习率都有一定的范围，不会因为梯度很大而导致学习率（步长）也变得很大，参数的值相对比较稳定。

Adam 算法利用梯度的一阶矩估计和二阶矩估计动态调整每个参数的学习率。TensorFlow 提供的 tf. train. AdamOptimizer 可控制学习速度，经过偏置校正后，每一次迭代学习率都有个确定范围，使得参数比较平稳。各种优化器用的是不同的优化算法（如 Momentum、SGD、Adam 等），本质上都是梯度下降算法的拓展，算法过程如图 5-25 所示。

模型训练与保存代码实现如图 5-26 所示。

算法过程：

1：在（0,1）区间内随机初始化网络中的所有连接权值和阈值

2：repeat

3：　for all $(x_k,y_k) \in D$ do

4：　　根据当前参数和公式计算输出

5：　　计算输出层神经元的梯度项g_j

6：　　计算隐藏层神经元的梯度项e_h

7：　　计算和更新连接权值ω_{hj}、v_{ih}和阈值θ_j γ_h

8：　end for

9：until 达到停止训练的条件

图 5-25　算法过程

```
46  opt = tf.train.AdamOptimizer()
47  # opt = tf.train.GradientDescentOptimizer(2)
48  train = opt.minimize(loss)
49
50  init = tf.global_variables_initializer()
51  sess = tf.Session()
52  sess.run(init)
53
54  loss_list = []
55  saver = tf.train.Saver()
56  for i in range(10001):
57      sess.run(train,feed_dict={x_input:input_data,y_output:output_data})
58      loss_value = sess.run(loss,feed_dict={x_input:input_data,y_output:output_data})
59      loss_list.append(loss_value)
60
61      if i %100 == 0:
62          print ("loss =",loss_value)
63
64      if loss_value <= 0.03:
65          print ("loss_ =",loss_value)
66  #           saver.save(sess, './models/Fail_Det.ckpt',global_step=i)
67          saver.save(sess, './models/Fail_Det.ckpt-000')
68          break
69      if i == 10000:
70          saver.save(sess, './models/Fail_Det.ckpt-000')
71  print('训练结束！')
```

图 5-26　模型训练与保存代码

5.4　故障预测与健康管理系统

5.4.1　技术概述

装备故障预测与健康管理(prognostics and health management,PHM)技术是通过引入综合诊断和预测能力,识别故障发生、规划维修保障的一种先进技术。该技术是基于装备故障机理,通过各类传感器实时监测装备运行的各类状态参数及特

征信号,借助各种智能推理算法和模型(如物理模型、专家系统、神经网络、模糊逻辑)来评估装备健康状态,在其故障发生前对故障进行预测,在故障发生时对故障进行准确定位,并可与维修保障资源信息相结合提供维修保障决策支持。

当前各类装备 PHM 技术可划分为 4 个技术等级:

第一级别为状态监测,通过有效的监检测手段,实时监测装备运行状态,并对运行异常参数报警。

第二级别为故障后诊断,利用各类传感器监测装备各类状态参数,在发生故障后,可准确定位到装备故障部位或故障件。

第三级别为故障前预警,基于各类先进传感器实时监测装备运行的各类状态参数及特征信号,并综合装备运行记录和历史故障,对装备未来时间或任务段内可能发生的故障进行预报、分析和判断,确定故障性质及部位,分析故障发展趋势及后果。

第四级别为剩余寿命预测及保障决策支持,在综合各种监检测手段的基础上,借助各种智能推理算法和模型不但能实现故障前预警,而且能预测薄弱部位或零部件的剩余寿命,评估装备健康状态,并结合可利用的资源信息提供维修保障决策,以实现装备基于状态的维修。

由于电子电气设备、机械设备等系统的故障特征、可监测参数不同,所以故障诊断及健康管理的形式也不同,具体表现为以下几点。

1) 电子类设备

电子设备主要由电子元器件、集成电路、电路模块组成,其故障模式主要包括开路、电参数漂移、引线断裂、短路等类型。

针对电子设备故障诊断,主要是在电路板上预先设置机内测试(BIT)电路模块,通过 BIT 电路模块的信号输出来判断设备故障部位,该方法需要在设计阶段详细分析各部件或器件故障可能性,设计嵌入式 BIT 电路模块,并建立 BIT 电路模块输出信号与各部件或器件故障的关联关系,该方法称为“多信号流建模及诊断”方法,如图 5-27 所示。

由于电子元器件故障规律主要表现为随机性故障,故障预警、寿命预测尚不成熟,故国内外电子类设备健康管理技术水平基本处于第二级别,即故障后诊断。

2) 电气类设备

电气设备包括电能的生产、传输、分配、使用过程中的设备,如蓄电池、逆变电源、配电板,以及发电机组、推进电机等设备中的电气部分,其故障模式主要有电路短路、断路,元器件过热烧毁、电气击穿、性能劣变等类型。

配电板等组成简单的电气设备故障诊断主要是通过对输入输出电压、电流、功率、开关状态、绝缘参数等电气信号阈值判断,进行故障诊断。

电源等复杂电气设备,可采用多信号流建模及诊断方法,通过增加 BIT 电路模

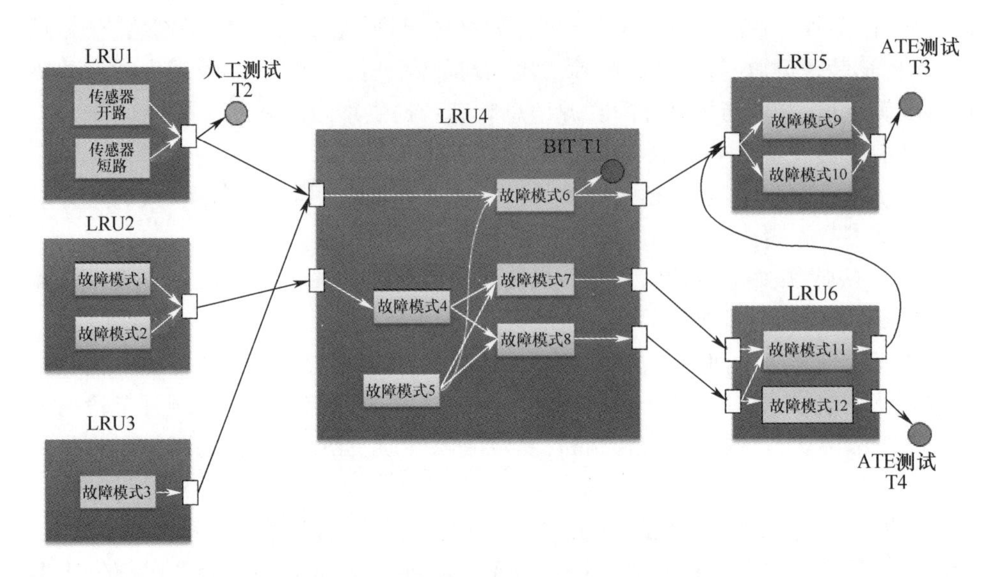

图 5-27　多信号流测试性模型示意图

块实现故障诊断。

由于电气设备的器件故障规律为随机性故障,故障预警及寿命预测尚不成熟,目前仅电池性能下降、连接件接触电阻变大等少量有性能退化规律的设备可实现故障预警及寿命预测,有工程应用,其他尚处在探索阶段。对于这部分性能劣变故障,目前在传统电气设备诊断基础上,可结合红外热像仪、振动传感器等监测手段,实现故障预警及寿命预测,如图 5-28 所示。

图 5-28　开关连接不良故障(局部温度异常升高)的可见光与红外对比监测示例

国内外电气类设备健康管理技术水平大部分处于第二级别——故障后诊断,个别处于第三级别——故障前预警。

3）机械类设备

机械类设备一般可分为旋转类机械、往复类机械、复合运动类机械、压力容器等。机械类设备故障监测方式包括振动、温度、压力、转速、光谱、铁谱、声发射、红外等，其中，温度、压力、转速一般是设备自带的运行监测手段；振动、声发射、红外是针对健康管理需求设置的在线监测手段；光谱、铁谱是针对健康管理需求采取的离线监测手段。机械设备健康管理的主要流程如图 5-29 所示。

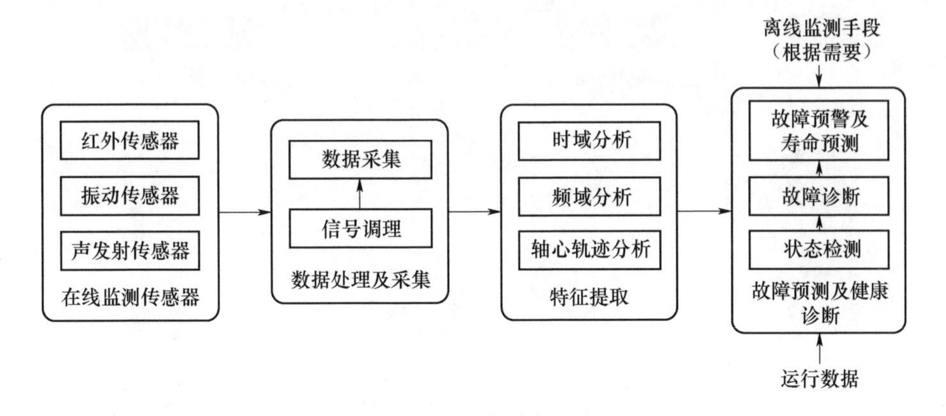

图 5-29　机械设备健康管理流程图

（1）监测手段。

旋转机械、往复机械的健康管理较为成熟，也是目前各类航空、兵器、石油化工等各类装备在线健康管理的主要对象。通过监测设备的振动参数，结合转速、轴功率、温度、压力、流量等热工参数，可实现大部分故障的诊断。振动参数监测是旋转机械故障诊断的重点，包括振动位移、振动速度、振动加速度 3 种参数，均有相应的传感器进行监测。

（2）数据处理及采集。

传感器输出的模拟信号通常需要经过放大、滤波、隔离直流等信号调理过程，再经数据采集变换为计算机可以直接处理的数字信号。数据采集过程中，需要根据传感器信号所有包含的信息特征及后续分析的需要，设置不同的采样频率、采样时长等采集参数。

（3）过程诊断分析。

经数据采集后得到的原始采集数据，数据量大，且包含了较多无用信息，难以直接用于故障诊断。通常需要根据设备的故障特点，对原始采集数据进行特征参数提取，特征参数主要提取方法包括波形分析、频率分析、轴系轨迹分析等，如图 5-30所示。

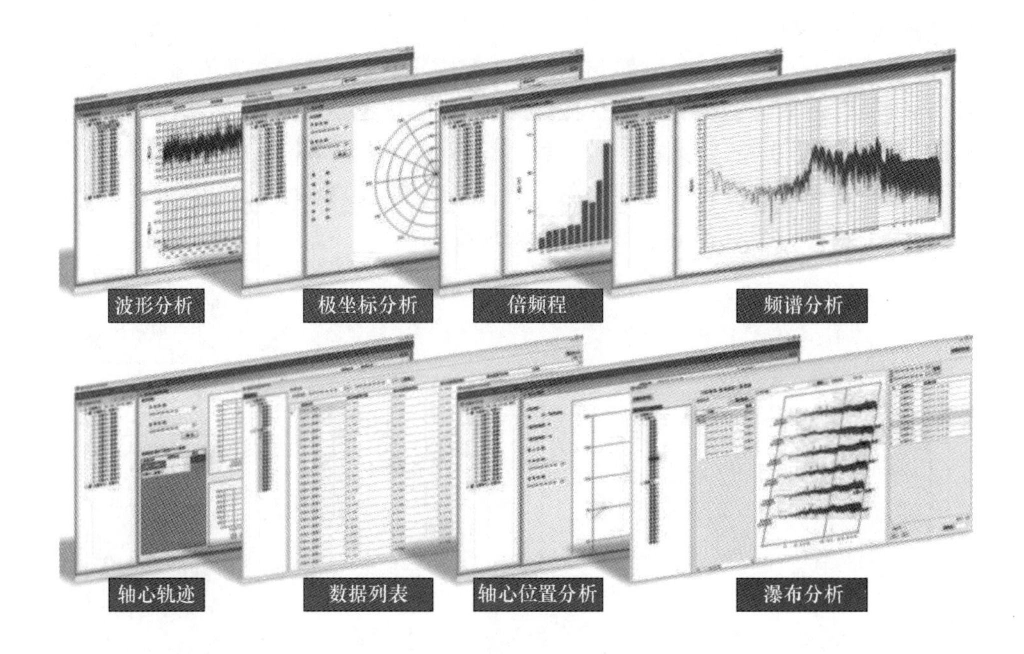

图 5-30　机械监测数据特征参数提取的主要手段

(4) 诊断算法。

机械设备的故障诊断方法主要包括:基于数据驱动的方法(如神经网络)、基于知识的方法(如专家系统),对于复杂机电系统也可采用基于解析模型的方法。

① 基于数据驱动的故障诊断方法。通过对过程运行数据进行分析处理,从而在不需要知道系统精确解析模型的情况下完成系统的故障诊断。神经网络算法是一种最常用的基于数据驱动的诊断方法,该方法从信息处理角度对人脑神经元网络进行抽象,通过各神经元节点间的连接权值存储神经网络的“记忆”,经过大量故障样本不断对神经网络进行训练,提高诊断的准确率。神经网络模型适用于设备运行与故障数据积累较多情况下的设备故障诊断。

② 基于知识的诊断方法。以专家系统为核心,该方法利用大量专门知识与经验,通过推理和判断进行故障诊断。典型的专家系统一般包括知识库、数据库、推理机、知识获取机制、解释模块、人机交互模块等。专家系统适用于故障数据积累有限且难以使用神经网络进行诊断的场合。

机械类设备故障失效主要是磨损、耗损形式,其主要性能一般都有较明显的退化规律。在完成相当数据积累后,还可对机械设备主要耗损部件进行故障预警,甚至剩余寿命预测。目前,国内机械设备健康管理最高水平大部分处于第三级别——故障前预警,个别设备达到第四级别,即剩余寿命预测。

4）复杂系统

电子、机电系统故障模式与监测参数是确定性关系，与电子设备相似，故目前系统级健康管理主要是采用多信号流建模及诊断方法进行系统故障诊断。

与电子设备相似，目前系统级健康管理技术水平基本处于第二级别，即故障后诊断。

5.4.2 舰船装备故障预测与健康管理功能

舰船装备故障预测与健康管理系统功能一般包括以下几点。

（1）机械、机电设备健康监测数据采集。采集机械、机电设备健康监测传感器原始数据，提取特征数据，将特征值与期望值进行比较，并实现设备监测参数异常报警以及数据自动记录等功能。

（2）机械、机电设备故障预警。针对重要机械、机电设备，综合振动、红外监测等健康监测数据，以及系统及设备运行数据（如温度、压力、流量、液位等）与自检数据，根据其性能退化规律，予以故障预警，并诊断给出故障可能部位。

（3）电子电气设备故障诊断。根据电子电气设备机内测试（BIT）反馈结果，对重要电子设备测试性结果、故障报警等复显。

（4）全船装备健康状态集中显示。根据全船机械设备、电子电气设备、系统级故障诊断结果，对故障可能影响进行评定，然后分别传输到相关岗位，实现状态评估、诊断结果的图形化集中显示。

（5）全船装备健康监测数据集中管理与查询。实现对船上装备及总体可靠性状态监测、诊断、评估等各类数据的接收、存储、发送，结合综合保障信息系统设备维修更换记录等信息，建立装备全寿命周期数字化“健康档案”，实现对历史数据的回放以及图形化趋势分析等功能。

（6）维修保障辅助决策。与综合保障信息系统相互关联，辅助船员制订维修计划、实施修理等工作，为装备的保养、保障以及维修提供辅助决策指导。

（7）辅助基地级健康管理。全船健康监测及诊断系统具备与基地健康管理平台接口，全船健康状态大数据应能方便、快速导出，同时数据的格式应与基地健康管理相兼容，为基地级健康管理提供支撑。

5.4.3 舰船装备故障预测与健康管理体系构架

舰船装备故障预测与健康管理系统一般采用“分布采集、集中诊断、分级显示”的体系架构，分为监测传感层、数据采集层、处理诊断层、显示监控层。

（1）监测传感层：主要由振动传感器等组成，用于监测机械设备振动等信息，以及人工检测数据。从传感器采集到的信息传输至健康诊断数据采集及处理装置。

（2）数据采集层：主要由各系统、设备健康诊断数据采集及处理装置组成，用于采集本舱室装备健康监测所属的振动信号,进行特征信号提取,并将原始信号通过全船网发送至健康监测数据特征参数分析模块。

(3) 处理诊断层:主要由全船健康管理服务器完成,用于综合设备传感器数据和系统运行参数判断设备的运行状态,进行故障诊断,然后将故障诊断结果通过一体化网络发往各系统台屏、各舱室显示终端。

(4) 显示监控层:主要由健康管理服务器、各舱室战位保障综合管理平板终端组成。其中健康管理服务器主要用于对装备健康管理、维修保障等信息系统的集中显示与管控功能,具体功能包括全船装备健康状态显示、预警以及健康报告生成等。

5.4.4 某舰船装备故障预测与健康管理设计案例

某舰船装备故障预测与健康管理系统具备对数十套重要机械、机电设备状态参数的自动采集、处理,图形化实时监测,异常报警,部分重要寿命件预测的功能,以及重要电子设备故障诊断的功能,该系统与基地监测部门留有数据接口,可支持设备状态数据的导出与基地级专业分析。

该舰船装备故障预测与健康管理系统设计主要包括机电设备测点布置、诊断算法选择、软件设计几部分。

5.4.4.1 某机电设备测点设计案例

为实现机械、机电设备状态监测及初步故障诊断,需在设备本体布置振动位移、转速(键相)、振动加速度等健康监测专用传感器。技术设计阶段,通过下发型号测试性要求,与重点设备协调将测试性要求落实到系统对设备技术要求等途径,明确机械、机电设备健康监测传感器布置要求,设备测点布置初步方案如下。针对某汽轮发电机组,提出以下测点布置方案及传感器选型要求。

1) 测点布置方案

振动位移传感器:汽轮机前轴承附近(非驱动端),汽轮机后轴承附近(驱动端),发电机前轴承附近,发电机后轴承附近,合适位置布置转速(键相)传感器。

单向加速度传感器:汽轮机非驱动端轴承座垂直方向,汽轮机驱动端轴承座水平、垂直、轴向,发电机前轴承座水平、垂直、轴向方向,发电机后轴承座垂直方向,发电机组传感器测点布置如图 5-31 所示。

2) 传感器选型及接口要求

电涡流位移传感器,具体安装如图 5-32 所示。

(1) 振动位移测点接口。

振动位移测点安装示意图如图 5-33 所示,传感器探头头部体无干扰正确示意图如图 5-34 所示。

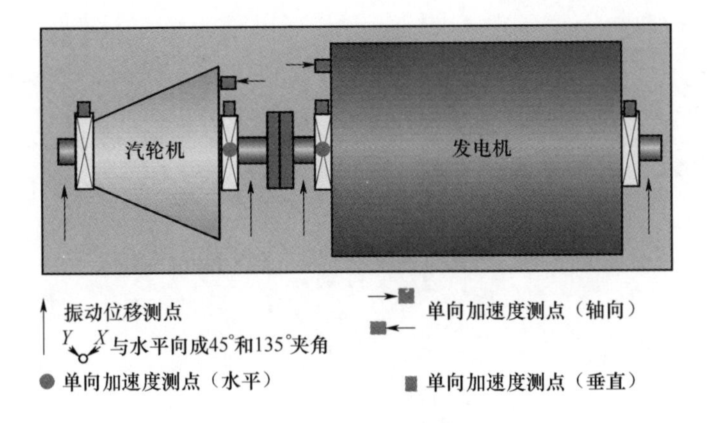

图 5-31　发电机组传感器测点布置图

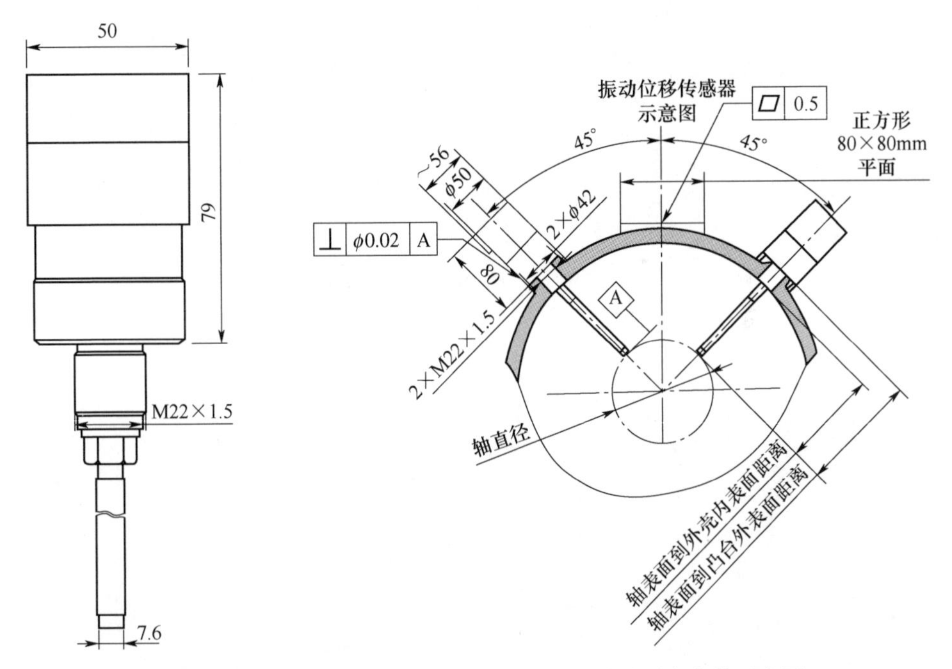

图 5-32　电涡流位移传感器接口

图 5-33　振动位移测点安装示意图

(2) 转速(键相)接口。

转速(键相)测点位置可根据设备结构相应调整,测点安装要求如图 5-35、图 5-36 所示。

5.4.4.2　某机电设备故障诊断方案

目前,对于机械设备故障诊断,主要有专家系统算法和神经网络算法两种方式,本系统综合采用两种方式。

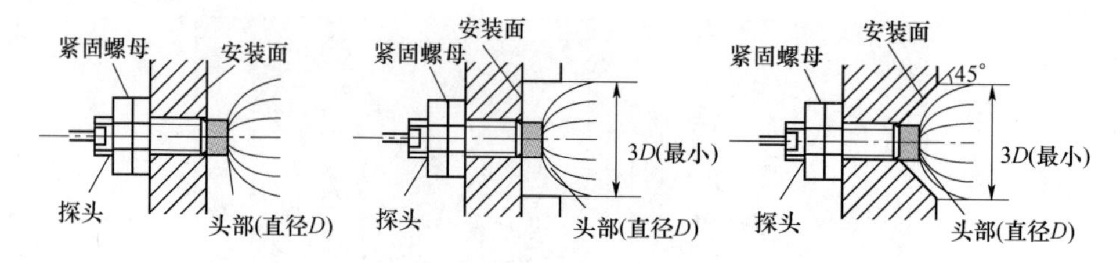

图 5-34　传感器探头头部体无干扰正确示意图

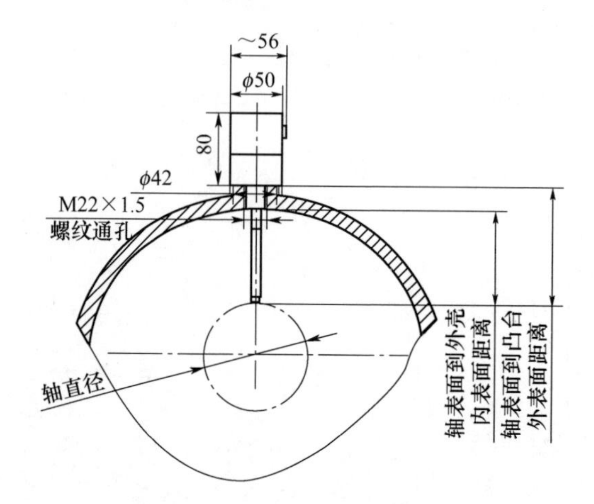

图 5-35　转速(键相)测点安装示意图

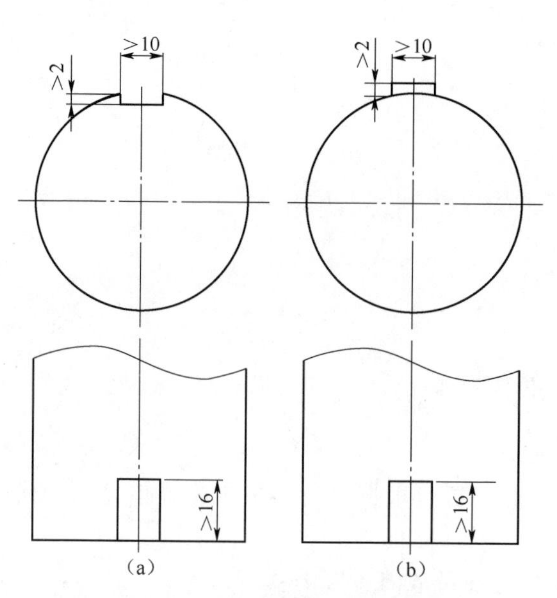

图 5-36　转轴上键相标记示意图

(a)键相槽;(b)键相块。

本系统在装船前,就针对每型设备建立相应的专家知识库和神经网络模型。在装船早期,针对汽轮发电机组等复杂机组设备故障样本匮乏的问题,主要依赖以行业专家的经验和理论知识为基础的专家系统模块进行诊断,逐步丰富故障样本数据库,在设备使用的过程中逐步优化神经网络模型,使其达到较好的准确率、精确率和泛化能力。

1) 专家系统诊断

专家系统是一个包含了大量专家水平的知识与经验的智能计算机程序。基本原理是用现有的“事实”匹配数据库中的“规则”,匹配成功则得出相应的诊断结论。在本系统中,“事实”就是传感器特征参数的语言描述,“规则”是关于设备的故障特征,系统的基本流程如图5-37所示。

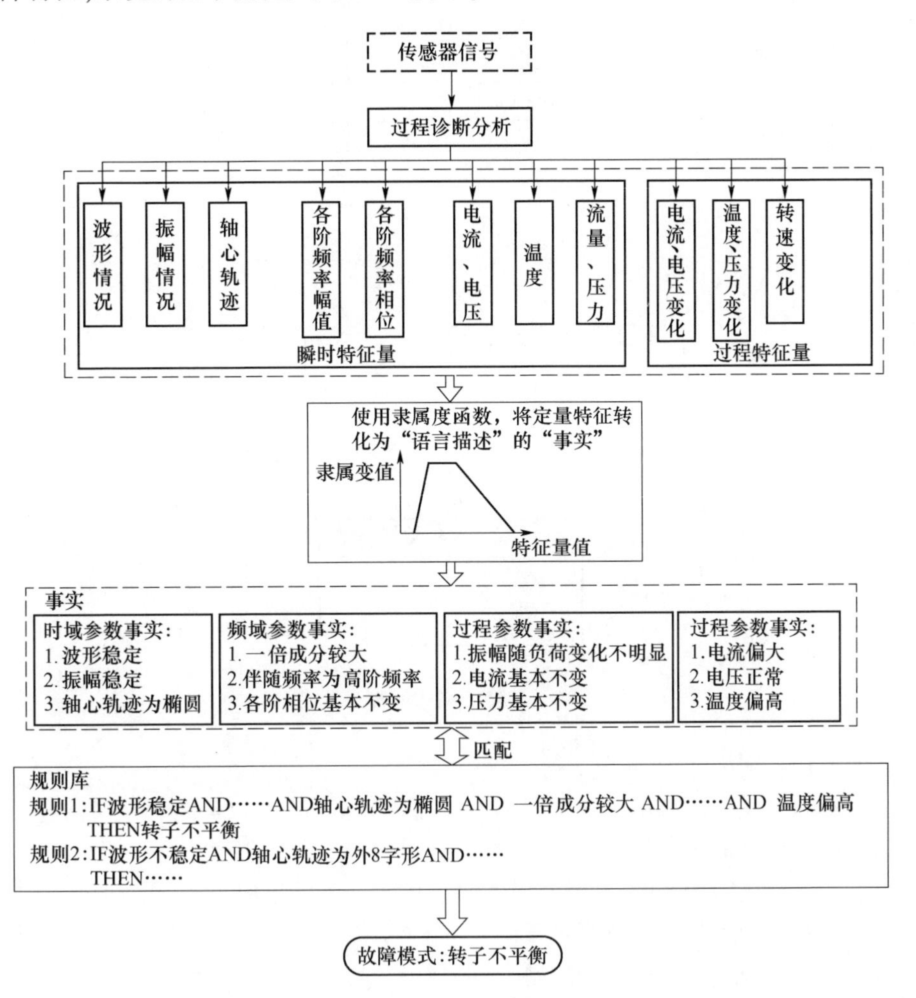

图5-37 专家系统诊断流程示意图

2）神经网络诊断

人工神经网络是一种运算模型，它从信息处理角度对人脑神经元网络进行抽象，由大量节点（神经元）相互连接组成网络，形成一个含有可调参数的“黑盒”模型。对它给定一个输入（过程诊断分析得到的特征量），就会得到对应的输出，如图5-38所示。

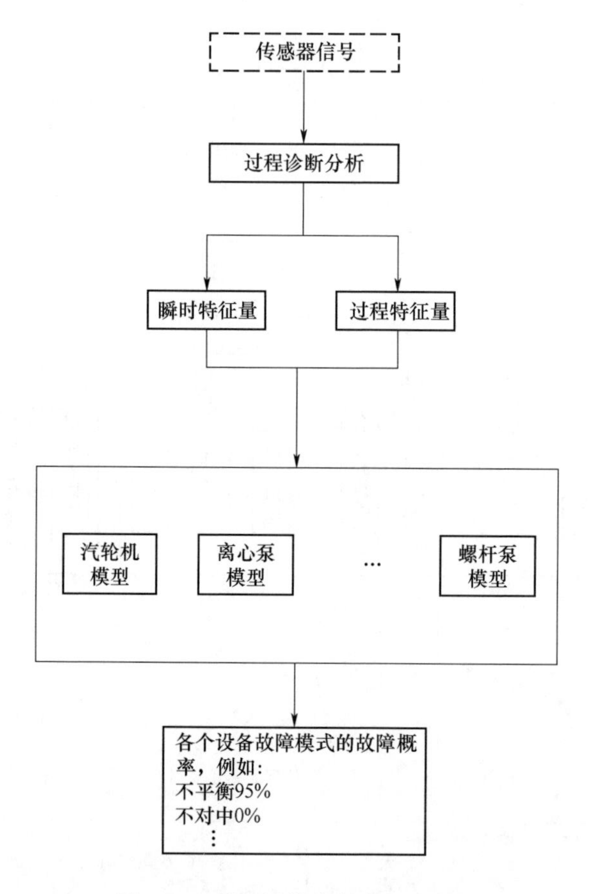

图5-38　神经网络诊断流程示意图

（1）神经网络结构方案。

对不同的设备建立不同的神经网络模型，目前系统中包含离心泵、柱塞泵、螺杆泵、汽轮机、电机5大类，多台套设备。针对每台设备分别建立神经网络模型，同一类设备的网络结构类似。网络由输入层、中间层和输出层组成，输入层节点数量根据测点数量和工艺参数监测数量确定，输出节点数量等于故障类型数量，中间层节点根据经验公式和后期试验调整，具体如下：

① 输入层。不同设备的神经网络诊断模型的规模不同，输入层节点数量主要

由传感器数量和提取特征的数量共同决定,每个传感器提取的特征量作为神经网络的一个输入。

② 中间层。中间层节点数量根据经验公式确定:

$$n_1 = \sqrt{n + m} + a \tag{5-30}$$

式中:m 为输出神经元数;n 为输入单元数;a 为[0,10]之间的常数; $n_1 = \log_2 n$,其中 n 为输入单元数。

③ 输出层。

节点数量=故障类型数量;

节点定义:每个节点的数值表示该故障发生的概率,值域范围[0,1]。

(2) 神经网络调优框架。

对于神经网络来说,通过对以往样本的训练,得到相应的初始数据模型。但初始模型很难达到最优状态,故需要对该模型进行调优,即利用该数学模型对未知数据进行预测,如果预测符合预期,则输出结果,如果不符合预期则对数学模型进行调整,使网络性能不断优化。优化过程可以采用人机交互的方式或结合专家系统结论进行自主优化,神经网络调优框架过程如图 5-39 所示。

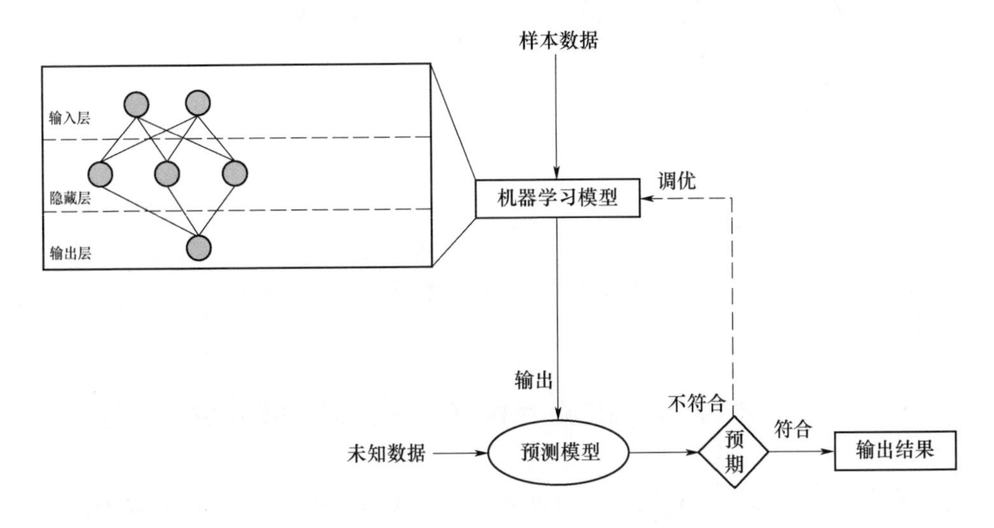

图 5-39 神经网络调优框架

(3) 样例。

以离心泵为例,其包括了 4 个振动加速度传感器、1 对振动位移传感器、1 个三向传感器和 4 个工艺参数(参见离心泵测点布置章节),神经网络结构如图 5-40 所示。

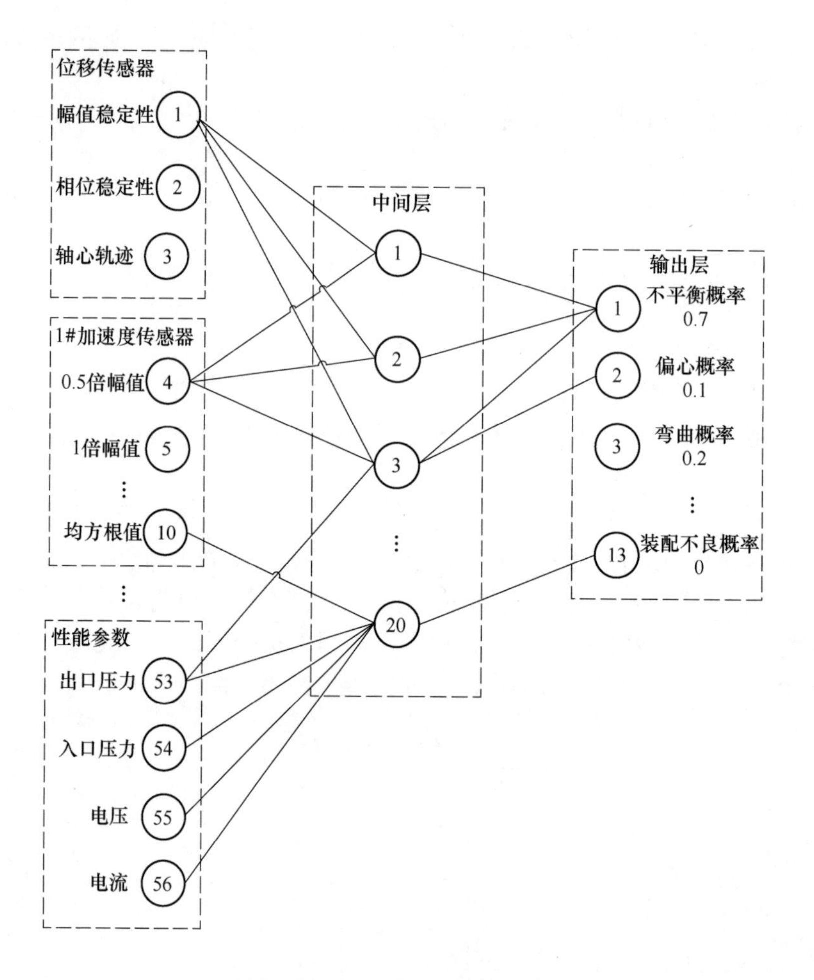

图 5-40　离心泵神经网络结构图

5.5　装备故障预测与健康管理诊断试验验证

舰船电子设备的 PHM 主要是通过外部总线故障注入、基于探针的故障注入、插拔式故障注入、基于转接板的故障注入、软件故障注入等 5 种方式来验证其故障检测率与故障隔离率水平,如图 5-41 所示。目前上述 5 种方式是参考航空航天工程经验,基本都形成了标准,技术较为成熟。

舰船机械、机电系统与设备,由于运行工程复杂,故障模式受到影响因素多,其故障诊断算法验证目前主要仍采用模拟样机实物故障注入的形式开展,下面以某冷却水系统及设备 PHM 诊断试验验证为例进行说明。

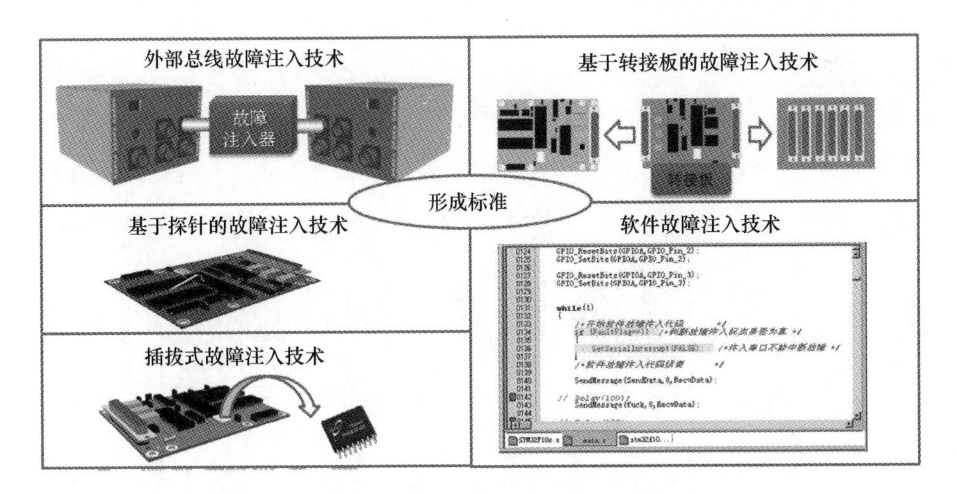

图 5-41 电子设备 PHM 诊断试验验证

5.5.1 试验目的

利用冷却水系统故障注入模拟试验台,研究冷水水泵、阀门、滤器的故障诊断算法,验证设备故障诊断和健康管理平台算法可行性。

5.5.2 试验内容

依据总体设计要求,台架可以实现多种故障模式输入,利用故障诊断分析方法,实现系统故障的辨识与诊断。试验内容见表 5-32。

表 5-32 试验内容

序号	项目名称	判断标准	
		模拟故障模式最终输出的故障概率	其他故障模式的输出概率
1	电机转子质量不平衡故障诊断试验	≥95%	≤5%
2	电机轴承异常温升故障诊断试验		
3	水泵气蚀故障诊断试验		
4	泵组转子质量不平衡故障诊断试验		
5	泵组基座松动故障诊断试验		
6	泵组转子不对中故障诊断试验		
7	泵轴承异常温升故障诊断试验		
8	管路泄漏故障诊断试验		
9	滤器堵塞故障诊断试验		
10	阀芯卡滞故障诊断试验		

5.5.3 试验台架

设备主要由台架、传感器层、控制台三个部分组成。设备的组成如图 5-42 所示。

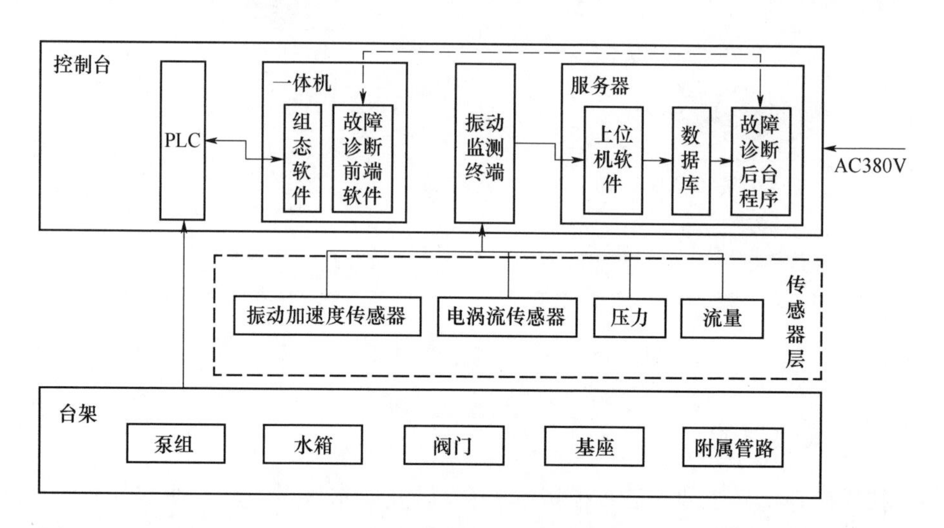

图 5-42 故障模拟台架组成

台架本体主要由离心泵组、阀门、管路、基座和水箱组成;传感器层主要包括振动加速度传感器、电涡流传感器、压力传感器、流量传感器以及各阀门状态的反馈信息;控制台硬件主要包括 PLC、一体机、振动监测终端和服务器,台架控制软件基于组态软件开发,运行在一体机上;故障诊断软件采用分布式设计,同时运行在服务器和一体机上。

5.5.4 试验验证方案

1) 电机转子质量不平衡故障

(1) 试验方法。

通过在电机风扇处增加配重,人为制造电机转子不平衡。监测电机的电压、电流等电气参数和电机机脚振动加速度、转子系统振动位移等振动参数,进行该故障的识别和诊断,故障模拟如图 5-43 所示。

(2) 试验记录。

电机转子不平衡故障注入前后倍频程图如图 5-44 所示。增加不平衡质量后电机机脚基频增大 4. 9dB(明显增大),二倍频增大 0. 6dB(小幅增大),三倍频减小1. 8dB(小幅减小),风扇叶频增大 0. 9dB(小幅增大),加速度低频段增大 0. 8dB(小幅增大),全频段增大 0. 6dB(小幅增大)。

图 5-43　电机转子不平衡故障模拟

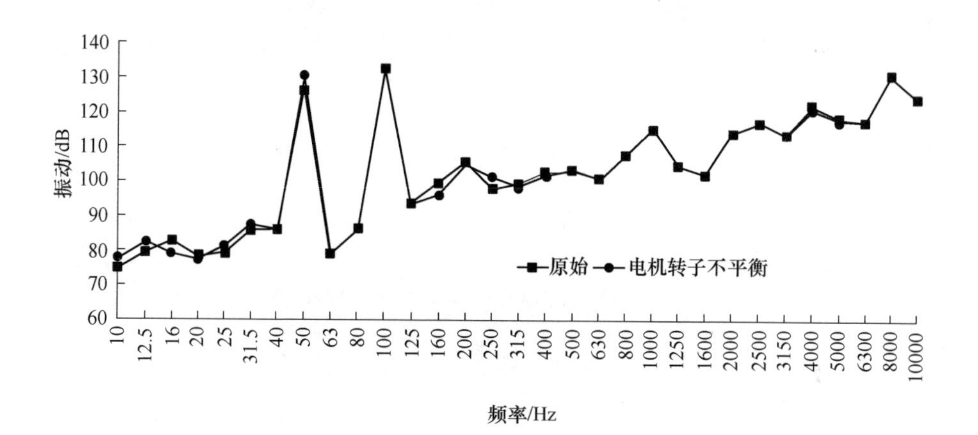

图 5-44　电机转子不平衡故障注入前后倍频程图

（3）试验结果。

台架达到额定工作后，待数据采集完成、故障诊断算法收敛，整个过程约2min，记录故障诊断的结果，如图 5-45 所示。

2）电机轴承异常温升故障

（1）试验方法。

将可控发热源放置在电机轴承位置，人为制造电机轴承异常温升，进行电机轴承异常温升的检测与诊断。

（2）试验记录。

试验过程中电机轴承温度变化曲线如图 5-46 所示。

（3）试验结果。

台架达到额定工作后，待数据采集完成、故障诊断算法收敛，整个过程约2min，记录故障诊断的结果，如图 5-47 所示。

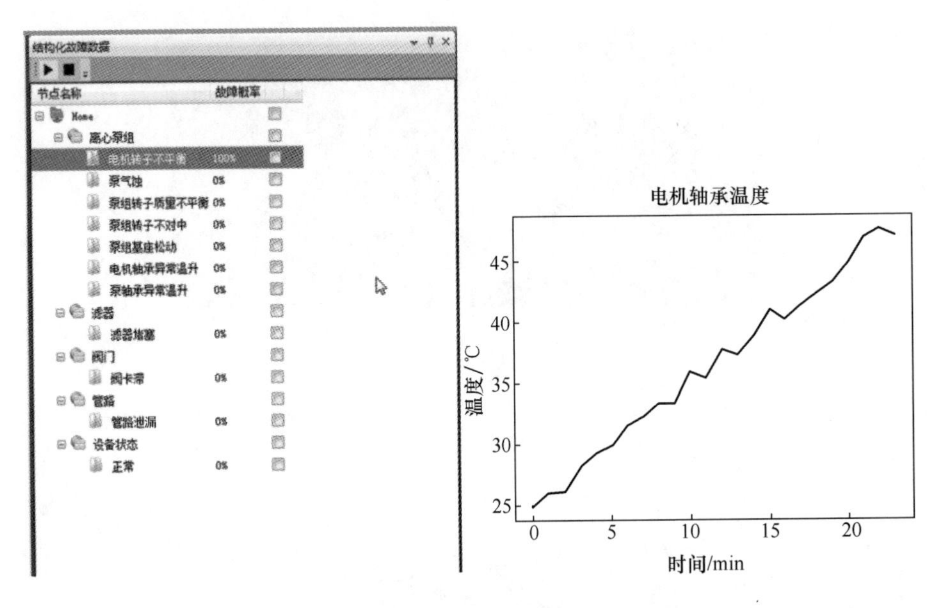

图 5-45　电机转子不平衡故障诊断结果　　　　图 5-46　电机轴承温度变化曲线

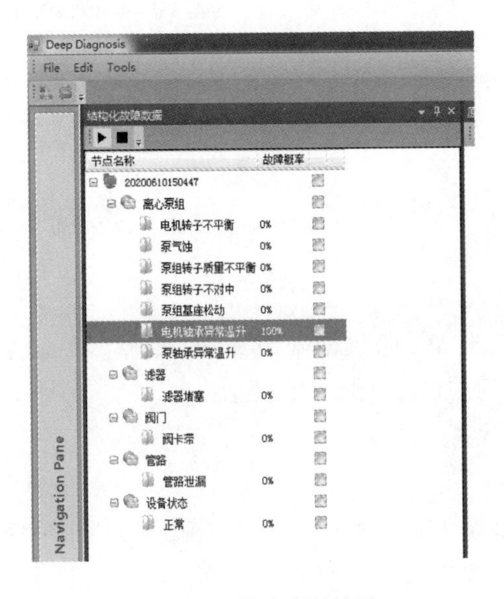

图 5-47　故障诊断结果

3）水泵气蚀故障

（1）试验方法。

当气蚀问题严重时，在机械剥离与电化学腐蚀共同作用下，离心泵过流部件遭到腐蚀破坏，严重时会使过流部件失效，大大缩短了离心泵的使用寿命。叶轮的气蚀损坏故障通过更换有气蚀坑点的叶轮实现故障模拟,同时监测泵的进口真空度、流量、泵组机脚振动加速度、电机电流、功率等信号,进行泵叶轮气蚀损坏的检测与诊断。

(2) 试验记录。

气蚀故障测试频谱如图5-48所示。气蚀故障时机脚一倍频基本不变,二倍频增大0.2dB(基本不变),三倍频增大5.8dB(大幅增大),水泵叶频减小0.8dB(小幅减小),低频段基本不变,全频段减小0.4dB(小幅减小)。

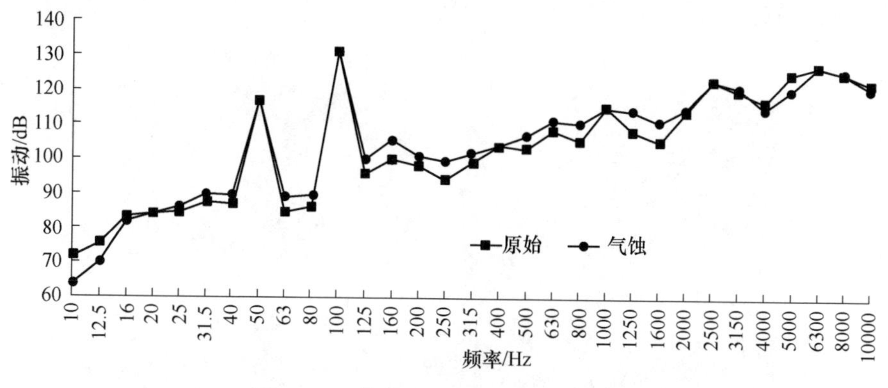

图5-48　故障注入前后1/3倍频程图

(3) 试验结果。

台架达到额定工作后,待数据采集完成、故障诊断算法收敛,整个过程约2min,记录故障诊断的结果,如图5-49所示。

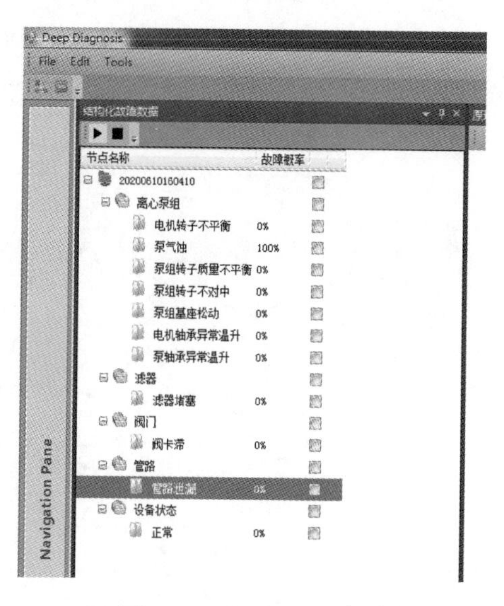

图5-49　故障诊断结果

4) 泵组转子质量不平衡故障

(1) 试验方法。

当旋转体的实际旋转轴线(惯量轴线)与质量轴线不重合时即为质量不平衡。本实验中的质量不平衡是转子质心和几何中心不重合所造成的转子的质量不平衡,工频为转子质量不平衡的频谱的主要成分。

转子质量不平衡的模拟是通过在联轴器上增加质量圆盘,圆盘上装配重的螺钉来实现,如图 5-50 所示;监测泵组机脚振动加速度、转子系统振动位移等信号实现对转子质量不平衡故障的检测与诊断。

图 5-50　泵组转子质量不平衡故障模拟

(2) 试验记录。

测试频谱如图 5-51 所示。增加不平衡质量后泵机脚一倍频增大 4.2dB(明显增大),二倍频增大 0.4dB(基本不变),三倍频减小 0.7dB(小幅减小),泵组叶频增大 0.7dB(小幅增大),低频段增大 0.1dB(基本不变),全频段基本不变。

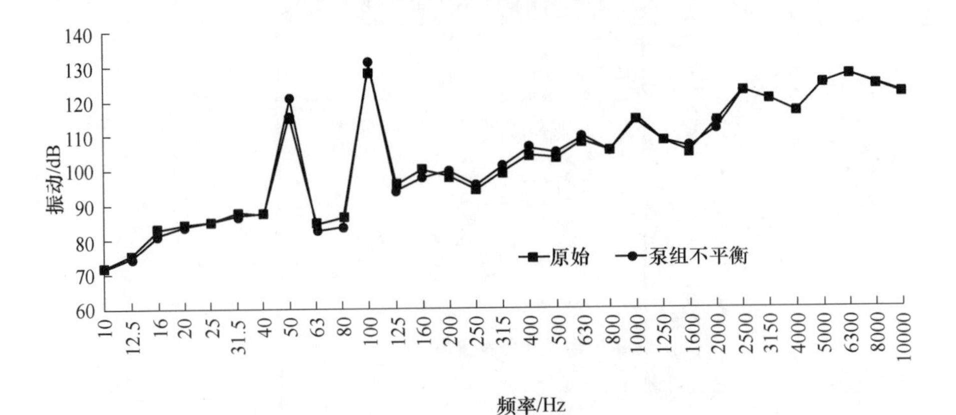

图 5-51　故障注入前后 1/3 倍频程图

（3）试验结果。

台架达到额定工作后，待数据采集完成、故障诊断算法收敛，整个过程约2min，记录故障诊断的结果，如图 5-52 所示。

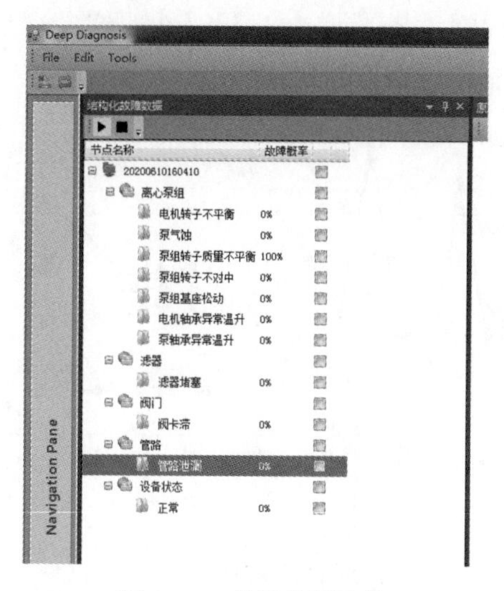

图 5-52　故障诊断结果

5）泵组基座松动故障

（1）试验方法。

基座松动是当系统结合面存在间隙或联结刚度不足时所造成机械阻抗偏低，离心泵运行振动过大的故障行为，此类故障的振动特征表现为明显的非线性，且径向垂直振动为主要振动形式。

基座松动通过松开泵组安装机脚固定螺栓来实现，监测泵组的机脚振动加速度、转子系统振动位移等信号实现对基座松动故障的检测与诊断。基座松动故障模拟如图 5-53 所示。

图 5-53　基座松动故障模拟

(2) 试验记录。

故障频谱如图 5-54 所示。增加不平衡质量后电机机脚一倍频增大 0.5dB(基本不变),二倍频增大 3.6dB(明显增大),三倍频增大 8.6dB(大幅增大),水泵叶频增大 0.6dB(小幅增大),低频段增大 1.4dB(小幅增大),全频段增大 1.4dB(小幅增大)。

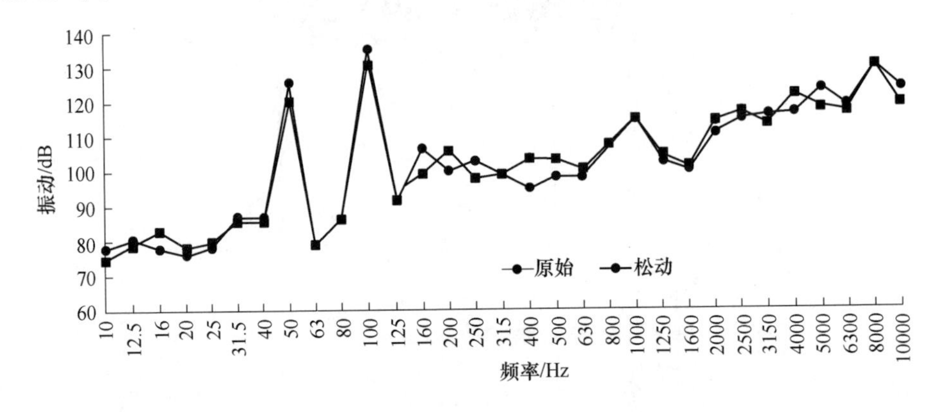

图 5-54 故障注入前后 1/3 倍频程图

(3) 试验结果。

台架达到额定工作后,待数据采集完成、故障诊断算法收敛,整个过程约 2min,记录故障诊断的结果,如图 5-55 所示。

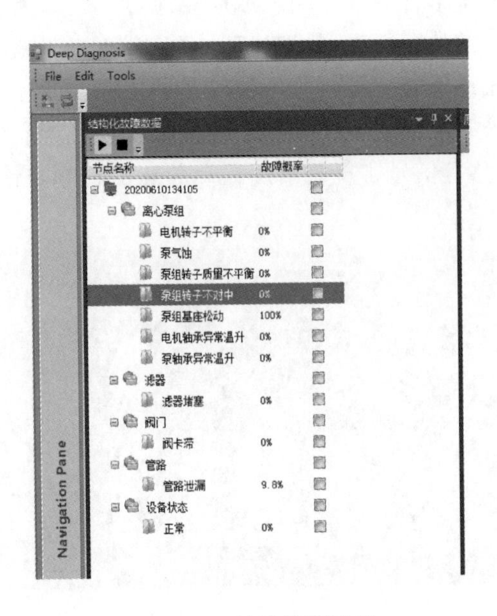

图 5-55 故障诊断结果

6）泵组转子不对中故障

（1）试验方法。

多转子系统中各转子的轴线不对中的状态或轴承中心与转子中心不对中即为转子不对中。当转子不对中时，主要是刚性联轴器及齿轮联轴器振动频率特征，径向激振频率以二倍频或四倍频为主，还包括高次谐波和工频；轴向振动频谱主要由其谐波和基频组成，且基频具有峰值。

（2）试验记录。

故障1/3倍频程如图5-56所示。不对中故障发生后一倍频增大2dB，二倍频增大8dB（明显增大），四倍频增大4.3db，并伴有高频谐波。

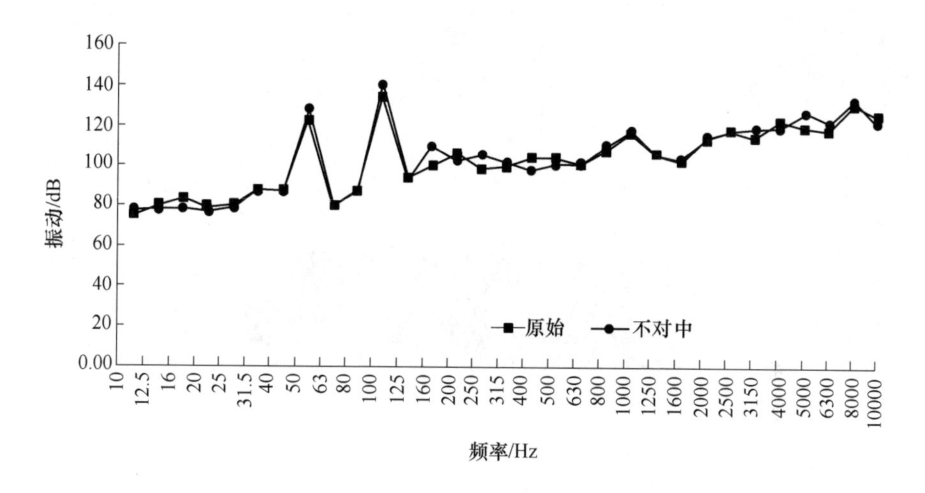

图5-56　故障注入前后1/3倍频程图

（3）试验结果。

台架达到额定工作后，待数据采集完成、故障诊断算法收敛，整个过程约2min，记录故障诊断的结果，如图5-57所示。

7）泵轴承异常温升故障

（1）试验方法。

泵轴承异常升温将通过在轴承位置增加可控发热装置，实现发热故障模拟。通过红外非接触式测温装置和人工巡检的方式进行该故障的识别和报警。

（2）试验记录。

试验过程中泵轴承温度曲线如图5-58所示。

（3）试验结果。

台架达到额定工作后，待数据采集完成、故障诊断算法收敛，整个过程约2min，记录故障诊断的结果，如图5-59所示。

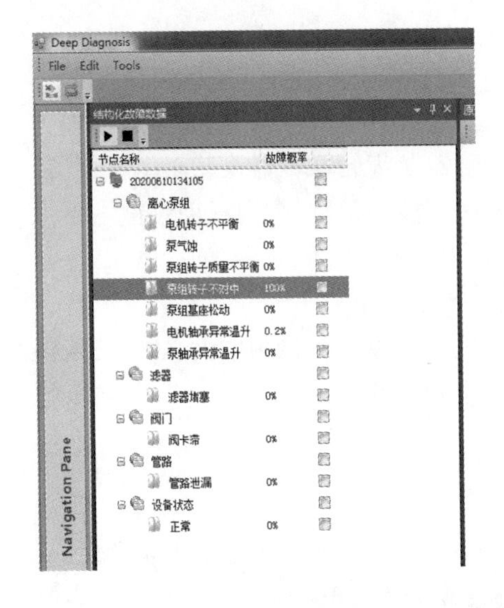

图 5-57 故障诊断结果

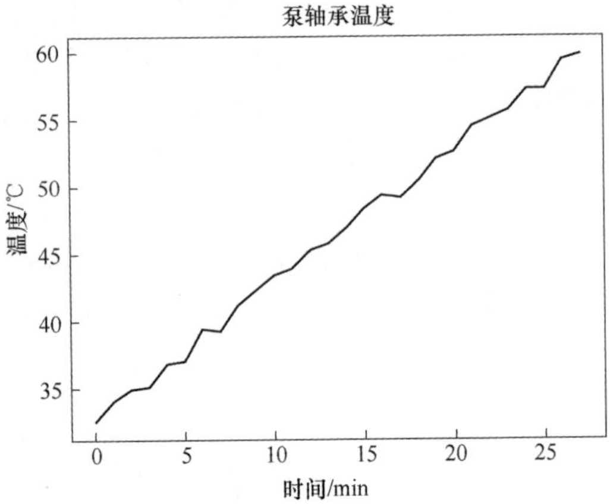

泵轴承温度

温度/℃

时间/min

图 5-58 泵轴承温度曲线

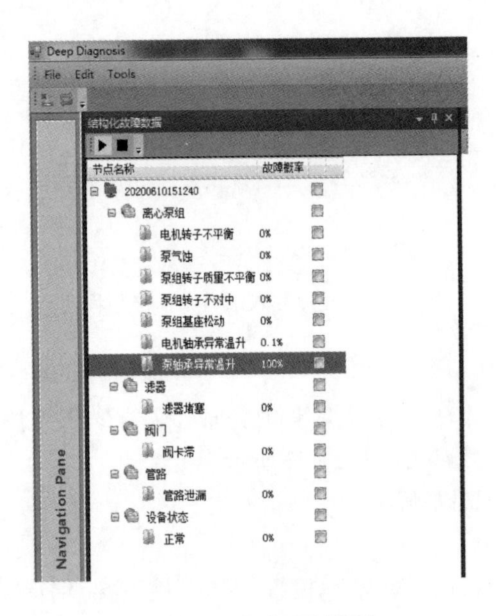

图 5-59 故障诊断结果

8）管路泄漏故障

(1) 试验方法。

在海水系统中,管路泄漏是十分常见的一种故障。当管路泄漏时,管路中冷却水的流量和压力都降低,本故障的模拟通过程序对采集信号进行二次处理实现,人为降低流量和压力值,实现管路泄漏的软件模拟。

(2) 试验记录。

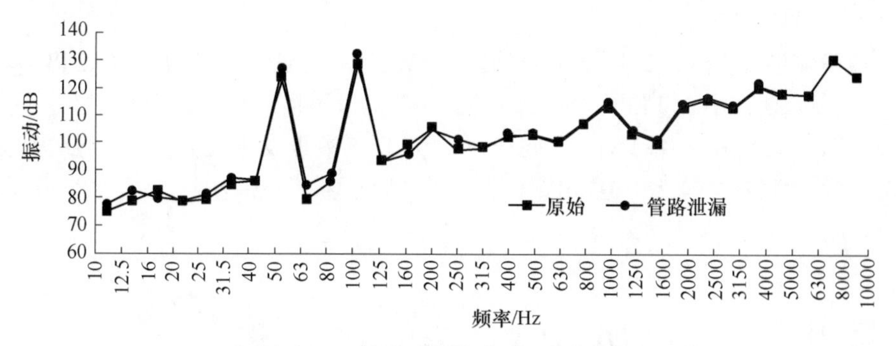

图 5-60　管路泄漏故障 1/3 倍频程图

故障 1/3 倍频程如图 5-60 所示,管路泄漏发生后,故障的特征频率主要集中在极低频和低频 50~80Hz 的范围内,一倍频(50Hz)升高 1.77dB(小幅增大),63Hz 升高 4.73dB(明显升高),80Hz 升高 2.3dB(增大)。

(3) 试验结果。

台架达到额定工作后,待数据采集完成、故障诊断算法收敛,整个过程约 2min,记录故障诊断的结果,如图 5-61 所示。

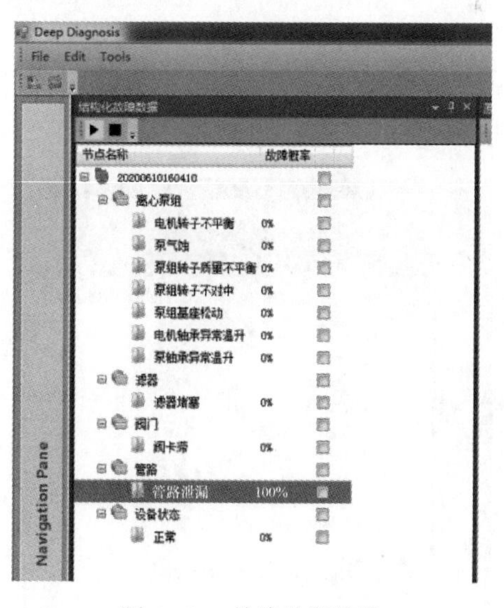

图 5-61　故障诊断结果

9) 滤器堵塞故障

(1) 试验方法。

通过减小泵进口开度阀门的开度,模拟管路堵塞故障。为了与气蚀故障区分,模拟时将转速降低到2000r/min,监测水泵系统流量、进口真空度等参数,进行吸入管路系统的故障检测及诊断。

(2) 试验记录。

故障频谱如图5-62所示,滤器堵塞故障发生后,机脚一倍频减小0.3dB(基本不变),二倍频减小1.13dB(小幅减小),125~800Hz整体抬高,低频段基本不变,全频段减小0.8dB(小幅减小)。此外,台架工作参数也发生变化,泵入口压力降低0.03MPa,出口压力降低0.04MPa。

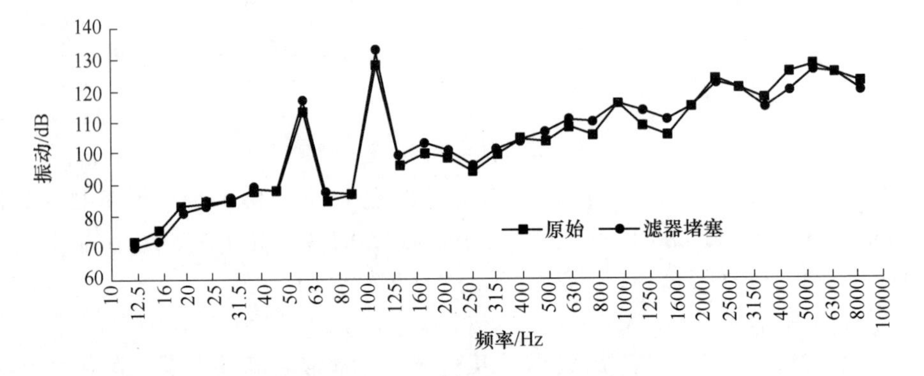

图5-62 滤器堵塞故障1/3倍频程图

(3) 试验结果。

台架达到额定工作后,待数据采集完成、故障诊断算法收敛,整个过程约2min,记录故障诊断的结果,如图5-63所示。

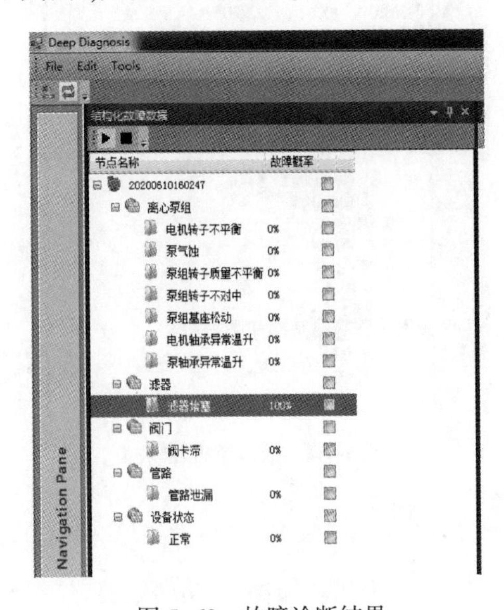

图5-63 故障诊断结果

10）阀芯卡滞故障

（1）试验方法。

通过调整电磁控制阀行程开关开度，人为延长开阀时间，模拟开阀故障。通过对阀门响应时间的监测实现阀芯卡滞故障诊断。

（2）试验记录。

选择“阀门卡滞”故障后，管路开始切换，但是阀门卡滞发生后，阀门响应时间变长，超出设定时间后仍未到位，并伴有电流增大的现象。

（3）试验结果。

图 5-64 中深灰色的阀门存在卡滞故障，超出设定动作时间后仍未到位。

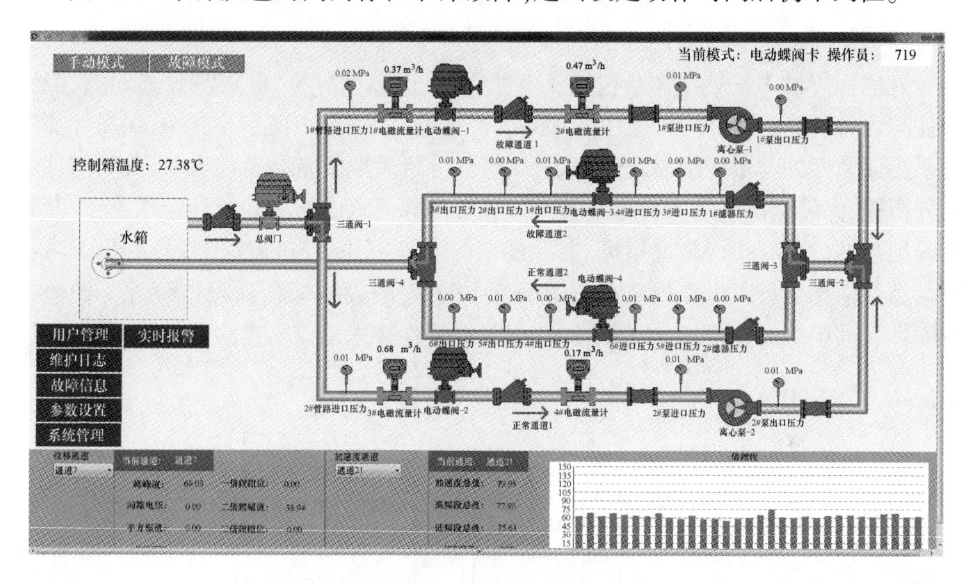

图 5-64 故障诊断结果

5.5.5 试验结果

试验实现了技术要求中所有故障的模拟，并应用神经网络诊断方法实现了对所有故障的准确诊断，故障诊断的准确率符合试验要求，故障诊断结果均大于95%，其他故障的诊断结果均小于5%，验证了冷却水系统主要机电设备故障诊断算法的准确性及健康管理试验平台的可行，为后续设备状态监测及故障诊断平台在型号中的应用奠定了基础。

第6章

舰船保障性技术及工程实践

舰船保障性工程技术体系包括保障性要求、保障性分析、保障资源规划、保障性验证与评价、数字化保障、保障性管理等工程工作，如图6-1所示。其中，保障性要求主要指保障性的定量要求与定性要求，保障性分析主要指备品备件需求分析、修理级别分析等，保障资源规划主要指对各种保障资源和要素的响应和规划管理工作，保障性验证与评价主要指保障性指标、资源规划的验证方法、评价方法等，数字化保障主要指结合信息化技术保障资源在实体系统中的集中应用体现，保障性管理工作包括保障性管理组织的建立、人员的培训和相关保障性技术工作落实的监督管理等。

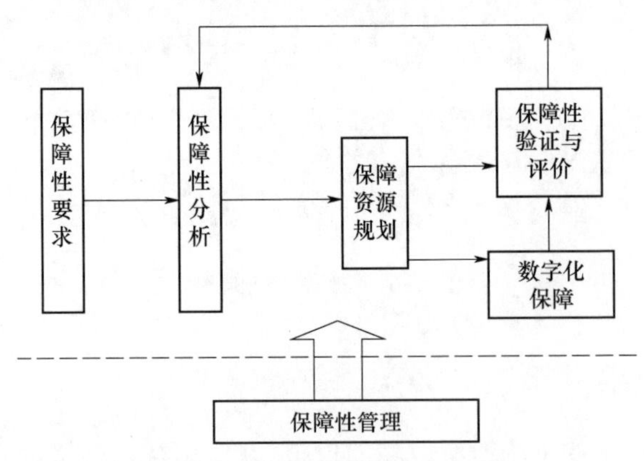

图6-1　舰船保障性工程技术体系

6.1　保障性要求

6.1.1　定量要求

6.1.1.1　备品备件通用化率

通用化率指标是用以约束系统、设备的备品备件设计和规划而制定的指标，其

计算公式为

$$\text{备品备件通用化率} = \frac{\text{通用备件数}}{\text{通用备件数} + \text{专用备件数}} \times 100\% \qquad (6-1)$$

备品备件通用化率可以通过类比法进行计算,统计交船时备品备件的总量和通用备品备件的数量,计算出备品备件通用化率。

6.1.1.2 备品备件满足率

备品备件满足率是指舰员级维修时,在规定时间内,船上配备能提供的备品备件数量与需要的备品备件数量之比。其计算公式为

$$P_{BM} = \frac{B_P}{B_U} \qquad (6-2)$$

式中: P_{BM} 为备品备件满足率; B_P 为舰员级修理工作中,船上提供使用的备品备件数量; B_U 为舰员级修理工作中,实际使用的备品备件数量。

6.1.1.3 备品备件利用率

备品备件利用率是指舰员级维修时,在规定时间内,实际使用船上配备的备品备件数量与规划提供的备品备件数量之比。其计算公式为

$$P_{BL} = \frac{B_P}{B_S} \qquad (6-3)$$

式中: P_{BL} 为备品备件利用率; B_P 为在舰员级修理工作中,船上提供的备品备件数量; B_S 为船上配置的备品备件数量。

6.1.2 定性要求

6.1.2.1 一般要求

舰船装备保障性定性要求的一般要求如下。

(1) 主要系统与关重设备的维修面与维修通道、各类保障资源需求、各类资源配置与供给方式,应进行优化设计,并简化其保障需求。

(2) 应重点针对研制类设备,明确保障设备和设施需求。

(3) 应结合总体及各系统设计方案,从总体层次优化滑油、燃油、压缩空气、氮气、水、电、食品、树脂等各消耗类资源需求。

(4) 应同时具备接收补给能力和发生事故后的救生能力。

(5) 应实现器材查找、领用、归还等管理。

(6) 应研制设备的交互式电子技术手册,用于支持学习培训和操作维修指导等功能。

6.1.2.2 系统、设备保障性设计要求

舰船系统、设备保障性设计要求如下。

（1）应贯彻 GJB 450A—2004、GJB 368B—2009《装备维修性工作通用要求》、GJB 2547A—2007、GJB 900A—2012、GJB 4239—2001《装备环境工程通用要求》的规定，提高装备可靠性、维修性、测试性、保障性、安全性和环境适应性。

（2）应协调可靠性、维修性和保障性等“六性”设计工作，综合权衡高可靠、易维修、好保障的要求。可靠性分析中的故障模式与影响分析（FMEA）、维修性分析中的维修任务分析和保障性分析中的规划维修分析应协调开展，故障模式、维修任务和可维修单元等应在“六性”分析中保持一致性和对应性。

（3）应总结分析已服役同类系统或设备在使用与维修保障中暴露出来的缺陷，并在研制中采取有效措施予以避免或改进。

（4）应将保障性工作要求纳入系统、设备技术规格书和合同中。

（5）应根据故障模式、影响与危害性分析（FMECA）或 FMEA 的结果，确定系统、设备中的关键件与重要件，以便用有限的资源重点做好这些关键件与重要件的保障工作。

（6）各系统、设备应反复迭代开展保障性分析，权衡与保障有关的设计要求和保障系统及其资源要求，优选设计方案和保障方案，实现费用、进度、性能之间的优化。

（7）各系统、设备应在技术状态固化后确定其维修项目、维修详细内容、所需备品备件、所需专用工具、预计工时、维修级别等。

（8）系统、设备与保障资源之间及保障资源相互之间均应进行充分的优化设计，以保证软、硬件接口良好。

（9）设备硬件接口的构造应简单可靠，接口位置应便于接近，方便使用与维修。

（10）系统、设备应在满足总体性能要求的前提下，尽可能减少分系统、设备、组件、零部件的类型和数量，降低装备复杂程度，并开展集成优化设计。应尽可能简化使用与维修操作，减少人为因素引起差错的可能，并降低保障难度。

（11）系统或设备应根据使用与维修需要，编制培训教材。使用与维修人员应及时得到训练，训练内容、训练方法、训练资料以及执教教员，应满足训练需要。

（12）设备应具有良好的运输性，便于包装、装卸、贮存和运输。设备的包装、装卸、贮存与运输应符合 GJB 1181—1991《军用装备包装、装卸、贮存和运输通用大纲》、GJB 1182—1991《防护包装和装箱等级》和 GJB 145A—1993《防护包装规范》的有关规定。

6.1.2.3 保障资源设计要求

1）总体设计要求

（1）系统或设备应充分利用现役同类系统或设备的保障资源，保持通用性和继承性，并尽可能减少保障资源的品种和数量。

(2) 应尽量采用成熟技术和国产元器件,降低保障难度。

(3) 应考虑不同类型系统或设备保障资源(如保障设备、工具)和消耗品(如燃料、润滑油等)的通用性。

(4) 保障资源应按各维修级别和不同的专业配备齐全。

(5) 保障资源的配置应简便、适用,适合装备平时训练和战时的使用与维修要求。

(6) 保障设备和设施的使用应保证人员和装备的安全,并尽可能采用自动或半自动工具,以保证使用与维修保障工作迅速快捷。

(7) 应努力降低保障资源的采购、使用与维修费用,以降低全寿命周期费用。

(8) 在研制装备时,应同步规划、研制所需保障资源,使保障资源与装备设计相匹配,并与装备同时交付部队。

2) 备品备件和专用工具配备原则与数量要求

(1) 应根据设备的FMEA结果,通过保障性分析合理确定备件的品种和数量。

(2) 有条件进行更换、维修的易损件的备品备件及专用工具放在舰船上,无条件进行更换、维修的备品备件及专用工具,以及需要在岸上保存的备品备件及专用工具放在岸上。

(3) 备品备件配备数量原则上按正常航行任务时间配备。根据具体数量、名称和规格列出备品备件清单(包括备品备件名称、型号、规格、数量、单件尺寸和重量、生产厂等),该清单作为技术规格书的组成部分。

3) 备品备件的包装、贮存和交付要求

(1) 备品备件和岸上备品备件分箱包装。并分别在包装箱上明显处标志“备品备件”或“岸上备品备件”字样。

(2) 备品备件箱和搁架,由总体设计单位统一设计通用备品备件箱和搁架,作为备品备件在船上贮存处所。

(3) 通用备品备件箱和搁架的外形尺寸按备品备件的类别、使用处所、布置条件等因素合理确定。

(4) 单件尺寸较大,安放有特殊要求的备品备件由设备承制单位与总体设计单位协商解决贮存方式。

(5) 备件包装箱和岸上备件包装箱内应附有备品备件清单。该清单应与技术规格书中所附清单一致。

(6) 应设置固定的备品备件存放位置,以确保备品备件存放有序、取用方便;

(7) 系统、设备单位交付备品备件及专用工具时,应为器材制定编码和安装识别标签。

4) 保障设备要求

(1) 应按下述优先顺序确定保障设备:沿用装备的保障设备、对沿用装备的保障设备进行改进、选用市场上有现货的通用设备、对市场上的通用设备进行改进、研制新的保障设备。

(2) 保障设备设计应综合化,尽可能使一种设备具有多种使用功能,在满足使用、维修要求的前提下尽量减少保障设备的品种和数量。

(3) 保障设备的功能、性能、配置应满足装备使用与维修要求,保障设备应逐项与主装备进行适用性检查。

(4) 保障设备应做到结构简单、易于操作、使用简便,尽可能降低对人员素质的要求,并具有良好的机动性,保障设备的动力源与设施的动力源相匹配。

(5) 保障设备改进改型引起技术状态变化时,应特别注意与原设备的接口保持协调一致。

(6) 应考虑保障设备的自身保障问题。

5) 保障设施要求

(1) 应充分利用使用方的现有设施,尽量减少新设施的需求。

(2) 在规划保障设施时,应尽可能使同一种设施适应多种型号装备的需要。

(3) 需要增加新设施时,应尽早确定其技术要求,以便有充裕的建造周期。

6) 技术资料要求

(1) 应按合同提交配套的技术资料。

(2) 技术资料的编写应符合有关标准的规定,使用与维修所需技术资料应配套齐全、内容完整详实,能满足平时和战时使用与维修的需要。

(3) 技术资料应简明、实用,新研设备应提交交互式电子技术手册。

(4) 技术资料的格式应便于修订和使用,应保证现行技术资料的时效性。

7) 人力人员要求

(1) 应根据使用方的现有编制、人员文化程度及专业分工情况,合理地确定装备使用与维修人员的数量、技术等级要求及不同技术等级人员的配备比例。

(2) 在满足装备使用与维修要求的前提下,应尽可能减少使用与维修人员的数量,尽量降低对维修人员技术水平的要求。

8) 计算机资源保障要求

(1) 依据装备嵌入式计算机的特点确定其保障设施的性能、种类、数量及保障环境。

(2) 计算机保障设备的硬件应采用统一使用、推荐使用或技术成熟的硬件系列、总线体制和接口方式。

(3) 计算机保障设备应采用统一使用、推荐使用或技术成熟的软件(含编程语言)。

(4) 应按 GJB 2786A—2009《军用软件开发通用要求》、GJB 438B—2009《军用软件开发文档通用要求》、GJB 439A—2013《军用软件质量保证通用要求》的规定编制各类软件及文档。

(5) 应按合同规定提供嵌入式计算机软件维护所需的有关资料。

(6) 应充分考虑计算机保障资源软、硬件升级换代和技术更新的需要。

6.2 保障性分析

保障性分析是保障性工程的重要组成部分,产品研制过程中的保障性分析工作主要包括产品保障性参数和指标的分析、保障性要求的分配和预计、保障性实验结果分析等。作为保障性设计的关键环节,保障性分析是确定保障性设计准则的前提条件,只有根据产品的保障性定量要求和设计约束开展分析,才能恰当地反映保障性设计准则的有效性。保障性分析一般包括以可靠性为中心的维修分析、修理级别分析、使用与维修工作分析等内容。

6.2.1 以可靠性为中心的维修分析

6.2.1.1 基本分析流程

(1) 在开展以可靠性为中心的维修分析(RCM)时,应尽可能收集下述有关信息,以确保分析工作顺利进行。

① 系统设备概况。如系统设备的构成、功能(包含隐蔽功能)和余度等。

② 系统设备的故障信息。如系统设备的故障模式、故障原因和影响、故障率、故障判据、潜在故障发展到功能故障的时间、功能故障和潜在故障的检测方法等。

③ 系统设备的维修保障信息。如维修设备、工具、备件、人力等。

④ 费用信息。如预计的研制费用、维修费用等。

⑤ 相似系统设备的上述信息。

(2) 确定重要功能设备。舰船装备的系统设备由大量的零部件组成,当零部件发生故障时,有些故障的后果危及舰船和系统安全,并对完成任务有直接影响,而大部分的故障对系统设备没有直接影响。因此,在分析舰船系统设备时,没有必要对所有的系统设备逐一进行分析,只需分析比较少的一部分系统重要设备即可,也就是那些设备故障会影响舰船的任务和安全性,或产生重大经济性后果的系统设备。

(3) 系统设备故障模式影响分析。确定好重要设备,RCM 分析下一步的工作是对这些设备进行 FMEA 的分析,以明确重要设备的功能、故障模式、故障原因和故障影响,进行故障严酷度判别,确定故障检测方法,并给出设计改进和补偿措施,从而为重要设备 RCM 逻辑决断分析提供基本信息。

(4) 系统设备维修方式决策分析。对于重要设备的每一故障原因,通过简便的、易于理解的维修工作准则,严格按 RCM 逻辑决断图进行分析决断,提出针对该故障原因的预防性维修工作类型。

(5) 系统设备预防性维修间隔期确定。按照预防性维修大纲的要求,确定系统设备各个部件维修时机。即部件在预防性维修间隔期内仍然正常,则对部件实施预防性维修策略;若部件在预防性维修间隔期内发生故障,则对故障部件进行修理。

6.2.1.2 重要功能设备

舰船装备是由大量系统设备组成的复杂系统。如对其所有的设备进行全面的 RCM 分析,不仅工作量很大,而且也无必要。事实上,许多设备的故障对舰船整体性能并不会产生严重的影响,而且其故障后进行修复性维修的费用往往并不比预防性维修的费用高,这些设备发生故障后如果能及时加以排除是最好的,如果不能及时加以排除也不会对舰船整体性能和任务成功性产生较大的影响。因此,进行 RCM 分析时没有必要对所有设备逐一进行分析,只需分析会产生严重故障后果的重要功能设备(functionally significant item,FSI),这些重要设备才需作详细的 RCM 分析。

重要功能设备是指当设备发生故障后会产生下列后果的设备:

(1) 可能影响舰船的使用安全;

(2) 可能影响舰船任务的完成;

(3) 可能导致重大的经济损失;

(4) 隐蔽功能故障与其他故障的综合可能导致上述一项或多项后果;

(5) 可能有二次性后果导致上述一项或多项后果。

确定重要功能设备的过程是一个比较粗略、快速且偏于保守的分析过程,不需要进行非常深入的分析。具体方法如下:将舰船系统分解为分系统、设备和零部件;沿着系统、分系统设备、零部件的次序,自上而下对舰船按设备产生的故障后果进行分析,以此来确定重要功能设备,直至设备的故障后果不再是严重为止,低于该设备层次的都是非重要功能设备(no functionally significant item,NFSI)。表 6-1 是确定舰船重要功能设备的提问表。

表 6-1 确定舰船重要功能设备的提问表

问 题	回答	重要	非重要
故障影响安全吗?	是	√	—
	否	—	o
有功能余度吗?	是	—	o
	否	o	—
故障影响任务吗?	是	√	—
	否	—	o

续表

问　　题	回答	重要	非重要
故障导致很高的维修费用吗?	是	o	—
	否	—	o

注:“√”表示可以确定是重要功能设备,“o”表示可以考虑。在表中任一问题如能将设备确定为重要功能设备,则不必再问其他问题。

在确定舰船 FSI 的过程中,应选择适宜的层次划分 FSI 和 NFSI。所选层次必须要低到足以保证不会有重要功能和故障被遗漏,但又要高到系统设备功能丧失时对舰船整体会有影响,不会遗漏系统设备因内部某些零部件相互作用而引起的故障。

包含有重要功能部件的任何设备,其本身也是重要功能设备;任何非重要功能部件都包含在它以上的重要功能设备之中;包含在非重要功能设备的任何部件,也是非重要功能部件。

6.2.1.3　舰船装备设备维修方式决策分析

系统、设备的故障模式与故障原因确定后,需进一步针对具体的故障原因选择适用的预防性维修类型。系统设备预防性维修类型的选择是依据 RCM 逻辑决断图进行。通过简便的、易于理解的维修工作准则,采用逻辑决断图分析方式,确定哪种维修工作方式是适用和有效的。

1) 预防性维修工作类型

预防性维修工作类型是指利用一种或一系列的维修作业,发现或排除隐蔽或潜在故障,防止隐蔽或潜在故障发展为功能故障的技术手段。通常采用的预防性维修工作类型有 7 种:保养、操作人员监控、使用检查、功能检测、定时拆修、定时报废以及它们的综合工作。这些工作类型对明显功能故障来说,是预防该故障本身发生,而对隐蔽或潜在故障来说,并不只是预防该故障本身的发生,而更重要的是预防该故障与别的故障共同发生,进而形成多重故障,并防止产生严重的后果。预防性维修工作类型具体如下。

(1) 保养:为保持设备固有设计性能而进行的表面清洗、擦拭、通风、添加油液或润滑剂、充气等作业,但不包括功能检测和使用检查等工作。

(2) 操作人员监控:操作人员在正常使用设备时对其状态进行的监控,其目的在于发现设备的隐蔽或潜在故障。包括:对设备所做的使用前检查;对设备仪表的监控;通过感觉辨认异常现象,隐蔽或潜在的故障,如通过气味、噪声、振动、温度、视觉、操作力的改变等及时发现异常现象和隐蔽潜在的故障。

(3) 使用检查:按计划进行的定性检查(或观察),以确定设备能否执行规定功能,其目的在于发现隐蔽故障。

(4) 功能检测:按计划进行的定量检查,以确定设备功能参数是否在规定限度内,其目的在于发现潜在故障。

(5) 定时拆修:设备使用到规定的时间予以拆修,使其恢复到规定的状态。

(6) 定时报废:设备使用到规定的时间予以废弃。

(7) 综合工作:实施上述两种或多种类型的预防性维修工作。

上述预防性维修工作类型的排列顺序,实际上是按其消耗资源、费用和实施难度、工作量大小、所需技术水平排序的。在保证可靠性、安全性的前提下,从节省费用的目的出发,预防性维修工作的类型应按顺序选择。

根据上述对策分析,可以将预防性维修要求的确定过程用逻辑决断图的形式表达出来,并用适用性和有效性准则来加以判定。

2) 预防性维修工作的有效性和适用性准则

RCM 决断过程中,是否选择某项维修工作用于预防所分析的功能故障,不仅取决于工作的适用性,还取决于其有效性。各类预防性维修工作类型的适用性主要取决于设备的故障特性,具体描述如下:

(1) 保养:保养工作必须是该设备设计所要求的;必须能降低设备功能的退化速率。

(2) 操作人员监控:设备功能退化必须是可探测的;设备必须存在一个可定义的潜在故障状态;设备从潜在故障发展到功能故障必须经历一定的可以预测的时间;必须是操作人员正常工作的组成部分。

(3) 功能检测:设备功能退化必须是可测的;必须具有一个可定义的潜在故障状态;从潜在故障发展到功能故障必须经历一定的可以预测的时间。

(4) 定时拆修:设备必须有可确定的耗损期;设备工作到该耗损期有较大的残存概率;必须有可能将设备修复到规定状态。

(5) 定时报废:设备必须有可确定的耗损期;设备工作到该耗损期有较大的残存概率。

(6) 使用检查:设备使用状态良好与否必须是能够确定的。

(7) 综合工作:所综合的各预防性维修工作类型必须都是适用的。

各种类型的预防性维修工作的有效性取决于该类工作对设备故障后果的消除程度,具体描述如下:

对于有安全性和任务性影响的功能故障,若该类预防性维修工作能将故障或多重故障发生的概率降低到规定的可接收水平,则认为是有效的;对于有经济性影响的功能故障,若该类型预防性维修工作的费用低于设备故障引起的损失费用,则认为是有效的。

保养工作只要适用就是有效。

各类预防性维修工作的有效性和适用性准则见表 6-2。

表 6-2　维修工作类型的有效性和适用性准则

<table>
<tr><td rowspan="5">预防性维修工作类型</td><td colspan="6">故障后果</td></tr>
<tr><td>明显安全性影响</td><td>隐蔽安全性影响</td><td>明显任务性影响</td><td>隐蔽任务性影响</td><td>明显经济性影响</td><td>隐蔽经济性影响</td></tr>
<tr><td colspan="6">有效性准则(对所有的工作)</td></tr>
<tr><td colspan="2">必须将故障或多重故障的发生概率减少到规定的可接受水平</td><td colspan="2">必须将故障或多重故障的发生概率减少到规定的可接受水平</td><td colspan="2">必须有经济效果,即预防性维修的费用必须低于故障的损失(含修理费)</td></tr>
<tr><td colspan="6">适用性准则</td></tr>
<tr><td>保养</td><td colspan="6">工作必须是设计所要求的,并能降低功能的恶化率</td></tr>
<tr><td>操作人员监控功能检测</td><td colspan="6">(1)设备功能的退化必须是可探测的;
(2)设备必须具有一个可定义的潜在故障状态;
(3)设备在从潜在故障发展到功能故障之间必须经历一段较长的时间;
(4)操作人员监控工作还必须是操作人员正常工作的组成部分</td></tr>
<tr><td>定时拆修
定时报废</td><td colspan="6">(1)设备必须有可确定的耗损期;
(2)设备工作到该耗损期前须有较大的残存概率;
(3)定时拆修工作还必须能将设备修复到规定的状态</td></tr>
<tr><td>使用检查</td><td></td><td>能够确定设备使用状态的良好与否</td><td></td><td>能够确定设备使用状态的良好与否</td><td></td><td>能够确定设备使用状态的良好与否</td></tr>
<tr><td>综合</td><td colspan="6">所综合的预防性工作必须都是适用的</td></tr>
</table>

3) RCM 逻辑决断过程

逻辑决断图由一系列的方框和矢线组成,分析流程始于决断图的顶部,通过对问题回答“是”或“否”确定分析流程的方向。逻辑决断过程分为两个层次进行:

第一层:选择故障影响类型。确定各功能故障的影响类型,根据 FMEA 结果,对每个重要功能产品的每一个故障原因进行逻辑决断,确定其故障影响类型。功能故障的影响分为 4 类,即隐蔽性、安全性、任务性和经济性影响。通过回答问题“是”或“否”划分出故障影响类型,然后按不同的影响分支进一步分析。

第二层:选择维修的工作类型。根据 FMEA 中各功能故障的机理特征、发生规律和故障后果,按所需资源和技术要求由低到高地选择适用且有效的维修工作类型。对于明显功能故障产品,可提供选择的维修工作类型有:保养、状态维修、故障检测、定期维修(或更换)和综合工作,尤其当产品故障对使用安全有直接影响时,后果最为严重,必须加以预防。当产品故障对装备产生其他影响时,如果某一问题所问的工作类型对预防该功能故障是适用,并且有效的,则不必再问以下的问题。总之,只要所做的预防性维修工作是有效的,则予以选择,即必须回答完全部问题,选择出其中最有效的维修工作。

6.2.2 修理级别分析

舰船装备修理级别分析是舰船装备保障性分析的重要组成部分,其目的是为舰船装备的修理确定可行的费用效能、最佳的维修级别或做出报废决策。

修理级别分析(level of repair analysis,LORA)是一种系统性的分析方法,该方法以经济性和非经济性两大因素为依据,确定待分析装备或其组件所需要进行维修活动的最佳级别,按分析对象不同可分为面向设计和面向装备的修理级别分析。对于前者来说,通过经济性分析,结合维修保障资源的配置,达到影响装备设计的目的,并可制订出各种有效的、最经济的备选维修方案,此类研究在舰船装备研制单位还开展较少,有待进一步推广。目前,舰船作为一类新型装备,采用了大量新技术,配备的装备也更加复杂,通过对这些装备进行修理级别分析,能完善和修正现有的维修和保障制度,提出改进建议,在保证基本战备完好性和任务成功性的前提下,降低装备的使用与保障费用。

6.2.2.1 修理级别及其划分

所谓修理级别是指按装备维修时所处场所而划分的等级,通常是指进行维修工作的各级组织机构。装备使用单位按其部署装备的数量和特性要求,在不同的维修机构配置不同的人力、物力,从而形成维修能力的梯次结构。

修理级别的划分是装备维修方案必须明确的首要问题,划分维修级别的主要目的和作用,一是合理区分维修任务,科学组织维修;二是合理配置维修资源,提高其使用效益;三是合理设置维修机构,提高保障效益,通常多采用三级维修体制。

6.2.2.2 修理级别分析的一般步骤

LORA 是装备保障性分析的重要组成部分,是装备维修规划的重要工具之一,是指根据装备的工作要求、设计的技术性以及维修的经济性、装备的机动性要求、各种保障资源的利用程度等因素,确定故障件是报废还是修理,如果修理应在哪一级维修机构完成。

预防性维修与修复性维修都应该进行修理级别分析,无论是采取预防性维修方式还是采取事后维修方式的设备,在检修过程或使用过程中发现设备存在故障时,这些故障件在维修之前都需要进行修理级别分析。LORA 是系统性的分析方法,以经济性和非经济性因素为依据,确定待分析装备的最佳维修级别,实施LORA的流程图如图6-2所示。

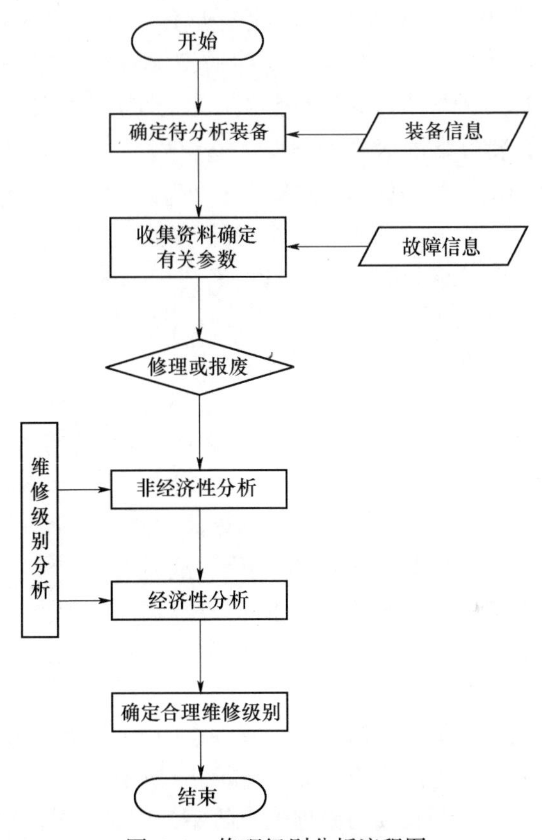

图6-2　修理级别分析流程图

(1) 划分装备层次并确定待分析装备。为了便于分析和计算,需要根据装备的结构和复杂程度对所分析的装备划分层次。修理级别分析中所指的待分析装备不仅包含装备的名称,还必须要对装备进行功能层次的划分,并结合FMECA所确定的故障模式、影响及原因进行。

(2) 收集资料确定有关参数。进行修理级别分析通常需要大量的输入数据,按照所选分析模型收集所需数据,并确定有关参数。

(3) 在对修理级别进行分析之前,必须首先决策是修理还是报废,因为当一个装备发生故障时,将其报废可能比修复更经济。

(4) 进行非经济性分析。对每一待分析装备首先应进行非经济性分析,确定合理的维修级别(舰员级、中继级、基地级);如不能确定,则需再进行经济性分析,选择合理可行的维修级别或报废。在实际分析中,为了减少分析工作量,对明显可确定维修级别的装备,可以采用修理级别分析决策树进行确定。

(5) 进行经济性分析。利用收集的资料和数据,计算装备在所有可行的维修级别上修理的有关费用,采用合适的经济性分析模型,确定最佳的维修级别。

(6) 确定最优的维修级别。根据分析结果,对所分析装备确定出可行的维修级别。并对确定出的各种可行方案进行权衡比较,选择满足要求的最佳方案。

6.2.2.3 舰船装备维修级别划分

舰船装备维修活动按维修能力、维修程度、保障资源、投入力量等可大致分为三个级别:舰员级、中继级和基地级。各个维修级别都有其应完成的维修工作,配备与该级维修相适应的维修设施、维修设备、工具、备品备件以及维修技术人员等。船员级别维修由船员在船上完成,中继级由支队修理所、修理船或抢修队完成,基地级由海军修理工厂或原装备生产厂家完成。

1) 舰员级维修

舰员级维修由装备的职掌人员或者船上编配的维修专业人员承担,按照各自的职责完成规定的修理任务。舰员级维修工作将限于非计划拆卸和更换失效的组件或部件以及不需借助专用工具和保障设备就能完成的计划维修。舰员级维修分为平时舰员级维修、计划修理期间舰员级维修和战时舰员级维修。

(1) 平时舰员级维修。平时舰员级维修按照《海军舰船条令》《海军舰船技术管理工作条例》和《海军舰船电子装备技术管理工作规定》,组织舰船装备的职掌人员或者舰船上编配的维修专业人员,对舰船装备进行平时的维护和修理。

(2) 计划修理期间舰员级维修。计划修理期间,舰员级维修由船上领导组织,装备职掌人员或者船上编配的维修专业人员承担,协助承修单位完成下列工作:装备的职掌人员应当及时打开和锁闭修理施工舱室的门锁,并保持现场施工清洁;参加承修单位对职掌装备的拆卸、检验、修理、安装、调试和验收;当场详细记录承修单位拆装装备、仪器的技术状态,填写交接清单,回装时按照清单交接;对拆卸后留在原位的部件、基座应当及时清理、清洁和维护;对未交承修单位修理和已修理完工并交验的装备、设备、装置或者系统,应当及时保养;协助承修单位落实舰船安全警卫制度。

(3) 战时舰员级维修。战时舰员级维修在海上组织人员应急实施。其主要内容是:出现装备故障时,应当及时排除,无法排除的,应当及时报告上级;出现战损时,应当组织船员进行自救,以保持舰船生命力,尽快恢复舰船战斗力。

2) 中继级修理

中继级修理由所属基地技术保障大队、机动修理队承担,主要采取靠前保障、机动修理的保障模式。其主要内容是:负责排除在航舰船平时舰员级维修中难以排除的故障;加工舰员级维修中所需的零部件;承担平时舰员级维修拆换送返的零部件修理以及临时修理任务。

3）基地级修理

基地级修理由指定的海军修船厂或总装厂承担。其主要内容是：平时实施本保障区所有舰船装备和跨区修理舰船装备的预防性、修复性和改进性修理；战时按照上级机关的安排，承担战时修理。

6.2.2.4 基于层次分析法的非经济性分析

非经济性分析是从超出费用影响方面的限制因素和现有的类似装备的修理级别分析决策出发，确定待分析装备修理级别或报废。它主要是通过考虑修理过程中的非经济性因素，例如安全性、技术可行性、保密限制、修理人员数量和技术水平、现行保障体制、战备完好性、保障设备与设施等，来确定待分析装备的修理级别或报废。在实际的修理级别分析中，绝大部分的故障件都可以通过非经济性分析方法确定其修理级别，非经济性分析所占比重较大，约占这个修理级别分析工作的85%左右，经济性分析仅占15%左右。为此，基于层次分析法建立了维修规划的LORA非经济性分析模型。

1）非经济性分析可能出现的几种情况及对策

在进行非经济性分析时，分析结果可能出现以下5种情况：

（1）限制待分析装备的非经济性因素唯一或不同，但是其分析结果一致且唯一，即只能在某一修理级别进行修理或报废。对于这种情况可直接确定待分析装备的修理级别。

（2）限制待分析装备的非经济性因素不同，但是其分析结果有2个以上结论，也就是不同的因素限定的修理级别有共同的交集。这种情况要进行经济性分析，从而决断该装备的合理修理级别。

（3）限制待分析装备的非经济性因素不同，而且其决策的结果不一致，即相互矛盾。对于这种情况，要考虑是否要对待分析装备提出更改设计或增加修理过程的保障资源，以减少这种矛盾的产生。

（4）没有限制待分析装备的非经济性因素，3个修理级别都可以。对于这种情况要进行经济性分析，从而决断该装备的合理修理级别。

（5）非经济性因素限定待分析装备不能在任何一种修理级别进行修理。对于这种情况，选择报废或更改设计。

2）修理级别分析的指标体系建立

评价指标体系的选取需遵循可操作性、清晰性、非冗余性和可比性等原则，可统筹考虑以下因素：安全性、现有维修方案、装备修理限制、保障设备、人力与人员、修理设施储运包装等。上述7个因素构成了修理级别非经济性分析的评估指标体系，各因素的具体描述如表6-3所列。

表 6-3　修理级别非经济性分析评价指标体系

非经济性因素	因素的具体描述
安全性	不发生事故的能力
现有维修方案	类似装备的维修方案、现有维修力量的建设情况等要求
装备修理限制	将装备限制在特定的级别修理或报废的规定
保障设备	特殊工具、特殊测试设备、所需设备的性能要求、安全要求，对使用保障设备的人员的技术要求等
人力与人员	对修理人员的技术等级水平要求，拥有满足要求的各种技术等级人员的数量、装备允许的最长修理时间要求、人员所能承担的最多修理工时要求等限制
修理设施	对高标准的工作间的要求、对高整洁度工作间的要求、特殊的修理工艺要求、特殊的调整要求等
储运包装	对良好的包装、装卸、贮存和运输所需的程序、方法和资源要求等

3）层次分析法

修理级别非经济性分析是一个非常复杂的多目标评价问题，评价指标可以是定量指标，也可以是定性指标，但其评价在很大程度上受到人的主观因素影响。层次分析法（analytic hierarchy process，AHP）是一种主观分析与客观分析相结合的分析方法，适用于评价因素难以量化且结构复杂的评价问题。其基本思路是：首先找出解决问题涉及的主要因素，将这些因素按其关联隶属关系构成递阶层次模型（通常该层次模型包括 3 个层次：目标层、准则层和方案层），并对方案层中的各方案，以两两比较的方式确定诸方案在定性指标下的相对重要性，将定性评价转化为定量评价。层次分析法的关键是构造判断矩阵、层次单排序和一致性检验。

（1）构造判断矩阵。

在层次分析法中，如果 $n \times n$ 矩阵 $\boldsymbol{A}$ 满足如下条件：

① $a_{ij} > 0$；

② $a_{ij} = 1/a_{ji}$；

③ $a_{ij} = 1$ 时。

矩阵 $\boldsymbol{A}$ 被称为判断矩阵。判断矩阵 $\boldsymbol{A}$ 是正矩阵，可描述 n 个因子 $X = \{x_1, x_2, \cdots, x_n\}$ 进行对比判断后对事件的影响大小关系。判断矩阵标度及其含义见表 6-4。对于 n 阶正矩阵 $\boldsymbol{A}$，根据线性代数有关理论可知：它的特征值可作为衡量同一层次中每个因素对上一目标的影响中所占的比重。

表 6-4　判断矩阵标度及其含义

标度	含　义
1	表示两个因素相比具有同样的重要性
3	表示一个因素比另一个因素稍微重要

续表

标度	含　义
5	表示一个因素比另一个因素明显重要
7	表示一个因素比另一个因素强烈重要
9	表示一个因素比另一个因素极端重要
2,4,6,8	为上述两相邻判断的中值
倒数	当因素 i 与 j 比较取 a_{ij} 时,j 与 i 比较取 $1/a_{ij}$

(2) 层次单排序及一致性检验。

根据 Perron 定理,对于 n 阶方阵 $\boldsymbol{A}$,$\lambda_{\max}$ 为方阵 $\boldsymbol{A}$ 的最大特征值,则有

① $\lambda_{\max}$ 必为正特征根,而且它对应的特征向量为正向量;

② $\boldsymbol{A}$ 的任何其他特征根 λ 恒有 $|\lambda| < \lambda_{\max}$;

③ $\lambda_{\max}$ 为 $\boldsymbol{A}$ 的单特征根。

对于 n 阶正矩阵 $\boldsymbol{A}$ 可以证明 $\boldsymbol{A}$ 的最大特征值 $\lambda_{\max} \geqslant n$,当且仅当 $\boldsymbol{A}$ 为一致阵时,$\lambda_{\max} = n$。而当 $\boldsymbol{A}$ 为不一致阵时,$\lambda_{\max} > n$。在 AHP 分析中,$\boldsymbol{A}$ 的不一致性必须控制在一定的允许范围内,Saaty 定义了一致性指标,即 $C.I = (\lambda_{\max} - n)/(n-1)$,用比值 $C.R = C.I/R.I$ 来判断矩阵 $\boldsymbol{A}$ 的不一致性是否可以接受。其中,R. I 是平均随机一致性指标,该值可以查表得出。一般当 $C.R<0.1$ 时,认为判断矩阵的不一致性可以接受。

(3) 确定最优方案。

最后,计算综合重要度,对方案进行层次总排序。

6.2.2.5　基于决策树的经济性分析

当完成非经济性分析之后,如果不能确定维修级别,则需要进行经济性分析,并最终确定合理可行的维修级别。以维修费用期望值最小为目标函数,可建立舰船维修级别经济性分析决策树模型。

1) 维修保养经济性分析的费用因素

(1) 备件费:是使用过程中用来替换装备上的故障件,使装备恢复正常工作的费用。通常是初始备件费用、备件周转费和备件管理费之和。

(2) 物料费:是使用过程中耗费的各种物料,如缆绳、索具、木料、油料、钢材、橡胶、合金、纺织品等的费用。

(3) 维修人力费用:维修工作必须由相应技能的修理人员完成,且消耗一定的工时,并产生维修人力费用,其通常由修理工时与维修人员的小时工资的乘积来计算。

(4) 资料费:为科学安排调度,及时维修零部件。需要完成备件的订购或生产,编制修理工程单等工作,同时修理部门也需要相应的技术资料指导和备案有关工作资料等,可为修船工作提供技术指导、信息反馈,为及时掌握技术性能状况、正

确合理安排使用和编制维修计划提供依据。上述资料整理、备案等产生的费用计入资料费中。

(5) 保障设备费:维修时需要一些专用或通用的保障仪器设备来辅助修理人员开展工作,如拆卸、检查、测定或调整等需要的仪器设备。保障设备费一般包括通用和专用保障设备的采购,以及保障设备本身的保障费用,通用保障设备采用保障设备占用率计算。

(6) 其他费用:主要指设备生产厂家指派的维修人员随舰修理产生的交通费、管理费等,实际中修船厂可根据具体修理项目进行收费。

2) 经济性分析的问题描述

在经济性分析时,需考虑各维修级别的维修能力和质量差异,以及装备的可维修性等因素。在分析时作如下假设:

(1) 由于船厂具有较强的技术力量和加工设备,舰船进入修船厂后,一定能够修好;

(2) 舰船装备出故障后,如果采用中继级维修,则有可能修好,也有可能修不好,修不好时再送基地级维修;

(3) 舰船装备出故障后,如果采用舰员级维修,则有可能修好,也有可能修不好,修不好时再进行中继级维修或者送到基地级维修。

基于上述假设,经济性分析问题可描述为装备发生故障后,若选择舰员级维修后有故障,可进行中继级维修,若中继级维修后还有故障需再进行基地级维修,也可在舰员级维修后有故障时直接进行基地级维修;若选择基地级维修,则一定修好。此外,考虑到决策失误成本,假设在某级进行维修而不成功,其维修成本依然发生,在需要进一步送到另一级维修机构维修,需要另计维修成本。

3) 经济性分析决策树模型

(1) 参数描述。

F_o :舰员级维修费用。

F_i :中继级维修费用。

F_d :基地级维修费用。

t :修理工时,单位为时。

c :维修人员小时工资,单位为元/时。

P_1:舰员级维修后故障的概率。

P_2:舰员级维修后故障,中继级维修后仍故障的概率。

P_3:中继级维修后故障的概率。

C_{bj} :备件费。

C_{wl} :物料费。

C_r :维修人力费用(修理工时与维修人员小时工资的乘积,即 $t \times c$)。

C_{bz} :保障设备费。

C_{qi} :其他费用。

(2) 经济性分析决策树模型。

该模型采用决策树,以及概率计算的方法求得最优维修级别,即通过绘制决策树,并计算出各个决策的费用期望值,最后进行各方案的对比优选。决策树一般由决策点、状态点、结果点等组成。该模型中采用最小费用期望值准则进行决策,具体描述如下:

首先,代入各已知数据,计算各级维修费用 F,即

$$F = C_{bj} + C_{wl} + C_{r} + C_{bz} + C_{qi} \tag{6-4}$$

其次,针对该决策问题绘制决策树,并将有关数据标注在图上,如图 6-3 所示。树中结果点后面的数据表示各方案在某种状态下产生的费用,例如状态点③表示中继级维修后的状态,若良好时则不需要再进行修理,因此产生的费用为 0;若故障时仍需进行基地级维修,因此产生的费用为基地级维修费。

计算求解过程如下。

图 6-2 描述了三级随机决策问题,可采用逆决策顺序方法求解。

首先,计算各状态点的费用期望值。

状态点①: $0 \times (1 - P_1) + F_d \times P_1 = F_d \times P_1$

状态点②: $0 \times (1 - P_2) + F_d \times P_2 = F_d \times P_2$

状态点③: $0 \times (1 - P_3) + F_d \times P_3 = F_d \times P_3$

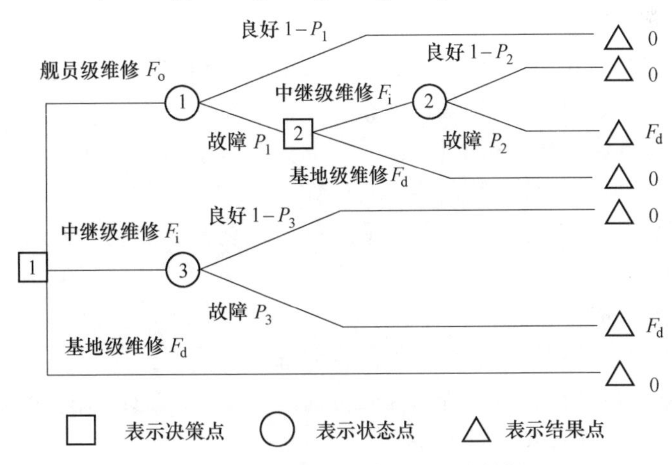

图 6-3　维修级别经济性分析决策树

其次,按最小费用期望值决策准则给出各决策点的抉择,在决策点 [2] ,按 $\text{Min}\{F_i + F_d \times P_2, F_d\}$ 得出应选策略,即舰员级维修后故障时选择中继级维修还是直接进行基地级维修。若 $F_i + F_d \times P_2 > F_d$,则直接选择基地级维修,此时状态

点①的费用期望值为 $F_d \times P_1$；若 $F_i + F_d \times P_2 \leq F_d$，则选择中继级维修，此时状态点①的费用期望值为 $(F_i + F_d \times P_2) \times P_1$。

最后，进行最初舰员级维修、中继级维修和基地级维修决策。舰员级维修的费用期望值为状态点①的费用期望值与舰员级维修费用之和，视情况根据决策点[2]的决策来定，舰员级维修后故障时直接进行基地级维修时为 $F_o + F_d \times P_1$，舰员级维修后故障时选择中继级维修时为 $F_o + (F_i + F_d \times P_2) \times P_1$；中继级维修的费用期望值为 $F_i + F_d \times P_3$；基地级维修的费用期望值就是 F_d，然后比较这 3 个值的大小，最小的就是经济性最好的维修级别。

6.2.3 使用与维修工作分析

1）使用与维修工作分析的概念

使用与维修工作分析（operation and maintenance task analysis，O&MTA）是保障性分析的重要组成部分。它是在装备的设计与研制过程中，将保障装备的使用与维修工作区分为各种工作类型和分解为作业步骤进行详细分析，以确定工作频度、工作间隔、工作时间，需要的备件、保障设备、保障设施、技术手册，各维修级别所需的人员数量、维修工时及技能等要求。

O&MTA 是保障性分析中工作量最大的一项分析工作，进行完整的使用与维修工作分析是准确有效地确定新研装备全部保障资源要求的方法。虽然分析过程需要耗费大量的人力与费用，但是由分析工作得出准确的结果，可以排除因采用一般估计保障资源的臆测性和经验法所可能带来资源的浪费和误用。因此，分析工作所需的额外费用，可以由新装备在使用期间得到准确的资源保障和显著降低使用与保障费用的效益中得到很好的回报。

2）使用与维修工作分析的目的

进行使用与维修工作分析的主要目的如下：

（1）为每项使用与维修工作任务确定保障资源要求，特别要确定新的或关键的保障资源要求；

（2）确定运输性方面的要求；

（3）为评价备选保障方案提供保障资源方面的资料；

（4）为制定备选设计方案提供保障方面的资料，以减少使用保障费用、优化保障资源要求和提高战备完好性；

（5）为修理级别分析提供输入信息；

（6）为制定各种保障文件（如技术手册、操作规程、训练计划及人员清单等）和保障计划提供原始资料。

3）装备研制中使用与维修工作分析一般过程

在装备的设计、研制过程中随着研制工作的逐步深入，使用与维修工作分析要多次反复地进行,其分析过程如图 6-4 所示。在方案阶段,为进行备选使用方案、保障(维修)方案与设计方案的权衡,通过使用与维修工作分析确定新研装备所需新的和关键的保障资源要求。在装备的工程研制阶段,完成详细设计确定装备的技术状态后,通过详细的使用与维修工作分析,确定保障装备所需的全部保障资源要求,并为编制综合技术保障文件提供资料。

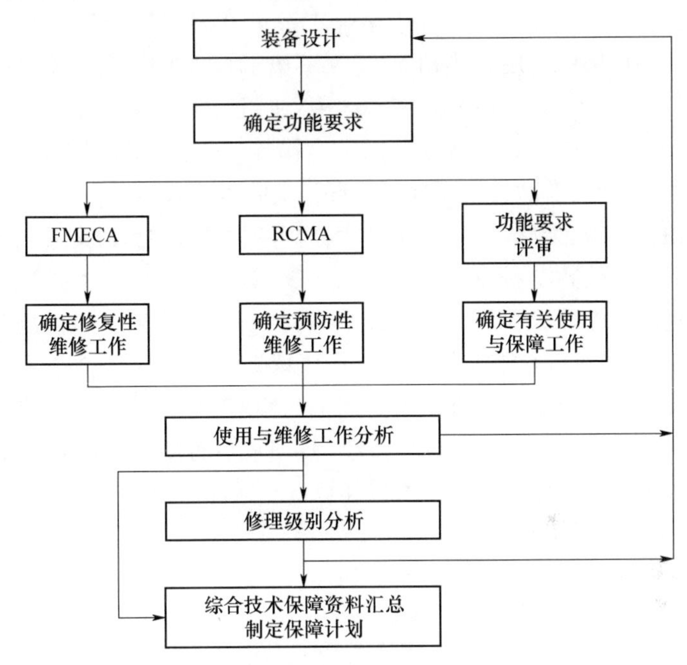

图 6-4　新装备使用与维修工作分析一般过程

由图 6-4 可知,使用与维修工作分析从功能分析开始,通过功能分析确定新研装备的每一备选方案(或选定方案)在预期使用环境中使用、维修与保障必须具备的功能,然后采用以下两种技术确定装备使用、维修与保障工作要求。

(1) 用 FMECA 确定新研装备及其部件的修复性维修工作要求。

修复性维修工作是装备组件因故障或事故损坏所进行的修理工作,是一种非计划性的维修工作。它一般包括故障定位、故障隔离、分解、更换零部件、再组装、调校及检测,以及修复损坏件等维修作业。修复性维修可以在装备上进行原位维修,也可以将故障件拆卸下来进行离位维修;可以采用直接修复损坏件的原件修复,也可以采用换件修理,将拆换下来的故障件修复后充当周转件。

(2) 用以可靠性为中心的维修分析(RCMA)确定新研装备的预防性维修工作要求,特别要明确那些影响安全性、任务成功性和高修理费用的故障模式的预防性维修工作。

(3) 预防性维修是在故障发生前预先对装备所进行的维修活动,是一种计划性维修工作。预防性维修工作类型,通常有保养、操作人员监控、使用检查、功能检测、定时拆修、定时报废和综合工作。其中,定时拆修,按修理的范围与深度分为小修、中修和大(翻)修。

(4) 用系统功能要求评审确定装备在预期环境中的使用与保障工作,包括使用前的准备、使用、使用后保养、校正、重新装载、再出动、运输等。这类使用保障工作与装备在预期环境中使用直接相关,但又不属于直接维修的工作。主要包括:装备使用前的启封、准备与检查校准,装备动用;使用后的保养与储存,再出动前的检查、加注油料、充气、补充与装填弹药,以及运输等。装备的类型与特点不同,这类工作的内容也不相同,有时将其主要工作归纳为保养和校准。

在确定各种使用、维修、保障工作之后,对每项工作进行使用与维修工作分析,通过分析确定工作的频度、间隔、经历时间、工时数,以及具体的保障资源要求,为进一步进行经济性修理级别分析,以及制定人员与训练要求、器材供应要求、运输要求、保障计划和各种综合技术保障文件提供依据。

通过对使用与维修工作分析结果的评估与审查,可以从使用与维修工作的角度评价装备保障性设计是否符合设计要求,修理级别的设计决策是否合理,并为提高装备使用适用性和维修效率提出改进建议。

4) 使用与维修工作分析程序

使用与维修工作分析程序如图 6-5 所示。

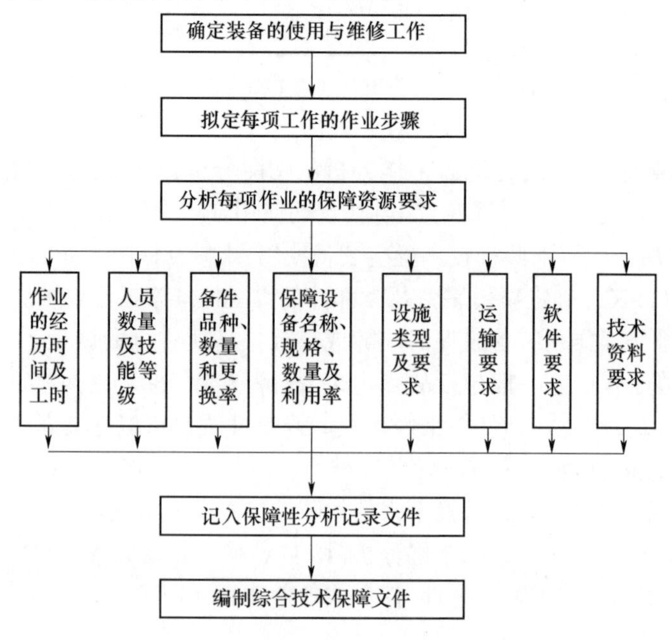

图 6-5 使用与维修工作分析程序图

从图 6-5 可知，使用与维修工作分析是从确定使用与维修工作开始，即分别确定各项修复性维修工作、预防性维修工作及有关使用与保障工作，然后对每项工作拟定详细的作业步骤，而后根据各项工作的特点，分别进行工作与技能分析和时线分析，通过分析确定每项作业步骤的保障资源要求，并记入保障性分析记录，最后为编制综合技术保障文件提供资料。

5）工作与技能分析

工作与技能分析是对装备及其组成部分或保障设备的各项关键性的预防性维修、修复性维修，以及保养与校准活动进行工作和技能分析。根据维修任务、使用方案、保障（维修）方案、人员与人力约束等，通过分析确定人力、技能和完成工作的时间间隔要求和所需的保障资源要求。

工作与技能分析的一般程序如下。

（1）列出进行分析的所有工作。

依据保障性分析控制码列出所有分析的使用与维修工作，并确定其工作码，主要包括：

① 工作功能，如检查、测试、保养、调整、校准、拆换、故障判断、修理等；

② 工作时间间隔，如计划的、非计划的、周期性、再出动准备、检查与校准、定期修理等时间间隔；

③ 维修级别，如舰员级、中继级和基地级；

④ 可操作性，执行此工作时，关于该装备项目操作状态的规定；

⑤ 作业序列，将每项工作分解为一系列作业与工序，并给出作业或工序代码。如果工作功能、工作时间间隔和维修级别的组合码不够，则用此编码来确定工作代码。

（2）确定工作要求。

根据预防性维修、修复性维修以及保养与校准要求等分析工作，分别提出下列各项要求：

① 工作频次。

对于预防性维修、保养与校准要求等工作可按年度装备使用要求确定该项工作每年进行维修的次数。修复性维修工作的间隔或频数可根据产品的固有可靠性、制造缺陷或老化、磨损特性、相关故障、使用维修中诱发的故障、搬运造成的损坏等因素确定，用故障率表示。

维修频数还可以用拆卸频数、更换（消耗）频数、周转频数等表示。其中拆卸频数等于消耗频数与周转频数之和。

② 工作经历时间。

指完成此项工作所需的时间，可以是分配的经历时间、预计的经历时间和实测的经历时间。

③ 试修项目。

对于新装备中有些产品要经过中继级、基地级修理或拆修才能确定维修要求的,应作为试修项目提出,以便安排试修。

(3) 确定人员及训练要求。

分析承担各项工作作业的维修与操作人员的数量、技术专业和技能等级,主要包括:

① 技术专业与技能等级。完成每项工作所需人员的技术专业代码、技能等级代码,以及所需知识的鉴定。

② 人员数量与工时。完成每项工作所需人员的数量与工时,工时可以是分配的、预计的和实测的。

③ 训练与训练设备要求。执行此工作的人员,所进行的岗前培训及训练所需的设备。

(4) 确定保障资源要求。

确定每项工作所需的保障资源,主要包括:

① 保障设备。列出每项工作、作业所需的维修、测试和搬运等设备及工具的名称、型号、数量及利用率。

② 保障设施。分析确定每项工作所需的保障设施要求,包括设施的类型(维修设施、供应设施、使用设施、训练设施等)、作业的面积与空间、作业环境(温湿度、净洁度、照明度等)、安全防护装置与消防设备、公用设施(水、电、暖、照明及通讯等)、环境保护等要求。

③ 器材。确定完成每项工作所需的零备件和消耗品,包括项目名称、件号、需要量。零备件的数量可按拆卸频数、消耗频数和周转频数计算。

④ 技术资料。完成每项工作所需的技术资料,包括技术说明书、使用与维修手册、维修规程、图样、软件文档等。

6.2.4 备品备件需求分析

6.2.4.1 与器材规划相关的保障性分析

装备在使用过程中必须有与之匹配的保障系统才能确保装备设计功能的正常发挥。因此,在装备研制阶段就必须考虑装备的保障问题,同步研制装备及其保障系统,使装备保障既能影响装备设计,又能根据装备设计提出正确的保障资源设计要求。保障性分析正是将装备的任务要求,根据装备的设计特性转换为装备保障要求的有效分析方法,是联系装备设计与保障系统设计的桥梁和纽带,是装备设计系统工程的重要组成部分。

目前工程上常用的保障性分析技术,主要包括保障性分析流程、故障模式及影响分析(FMEA)、损坏模式及影响分析(damage mode and effects analysis,DMEA)、修复性维修工作项目确定分析、以可靠性为中心的维修分析(RCMA)、使用与维修工作分析(O&MTA)、修理级别分析(LORA)、保障资源设计要求分析、保障费用分析(logistics support cost analysis,LSCA)和保障性分析评估等技术方法。

在众多保障性分析技术中,与舰船装备器材规划相关的技术方法主要是保障资源设计要求分析。保障资源是进行装备使用和维修的物质基础,是为使系统满足战备完好性与持续作战能力的要求所需的全部物资与人员,包括备件、保障设备、保障设施、技术资料、训练装置、计算机保障资源、搬运与装卸设备、使用与维修人员等。保障资源是对装备实施有效技术保障的物质基础,由于保障性取决于主装备可靠性、维修性等诸多设计特性和计划的保障资源,因此一旦主装备的设计特性确定后,则装备系统的保障性主要决定于保障资源的充足与适用程度,并通过保障性分析来确定保障资源的品种及数量要求。

供应(备品备件)保障分析是保障资源分析的组成部分。装备的使用和维修需要大量的供应品,这里的供应品包括备件和消耗品。备件用于装备维修时更换有故障(或失效)的零部件。消耗品是维修所消耗掉的材料,如垫圈、开口销、焊料、焊条、涂料和胶布等。根据资料统计,装备在寿命周期中维修所需的备件费用约占整个维修费用的60%~70%。可见供应保障规则是综合保障工程中影响费用和战备完好性的重要工作。

供应保障是确定装备使用和维修所需供应品的数量和品种,并研究供应品筹措、分配、供应、储运、调拨以及装备停产后的供应品供应等问题的管理与技术活动。供应保障的目标是使装备使用与维修中所需的供应品能够得到及时和充分的供应,并使供应品的库存费用降至最低,同时能达到战备完好性目标。供应保障工作的主要内容一般包括三个部分:初始供应工作、后续供应工作、战时供应工作。

初始供应工作的重点是确定初始备件的需求量,规划装备在使用阶段初期的备件供应工作。初始供应的大部分工作主要在装备研制阶段由研制部门(承制方)完成。初始供应工作应在研制阶段早期就进行规划,由于初始备件供应期间完成的工作对后续供应工作有重要影响,因此在初始供应规划过程中还应考虑与后续阶段备件供应工作的协调。初始供应工作是整个供应工作的基础,因为它所确定的供应内容和原则经批准后将形成库存管理文件和编码要求,该工作一旦实施若要更改就比较困难。初始供应工作由承制方会同使用方共同规划实施,主要内容有:

(1) 确定各修理级别所需备件的数量和各种清单,如零件供应清单、散装品供应清单及修复件供应清单等。清单中应包括备件的名称、数量和库存量等。

(2) 拟定新研装备及其保障设备、搬运设备及训练器材所需备件的订购要求,包括检验、生产管理、质量保证措施及交付要求。

(3) 制定与使用和维修备件有关的库存管理初始方案,包括备件的采购、验收、分发、储运及剩余物资处理等。

(4) 拟定装备停产后的备件供应计划。

初始备件供应计划一般保证1~2年的初始保证期使用,因为主要备件从订购到收到的生产周期一般为1~2年。如果初期库存量不足,则不仅影响使用,还会将战斗力的形成时间推延。另外,在初始备件供应期要通过现场使用评价来积累经验,以估算后续备件的订购。

后续供应工作的重点是对备件库存量的控制,保证装备的正常使用和维修有充足的备件。后续供应工作一般由使用方负责规划实施。各装备使用单位按初期供应拟定的清单及管理要求,结合初期的实际使用情况进行备件供应数据的收集和分析,并做出评价,以便及时修订备件需求,调整库存和供应网点,改进供应方法,实施和修订装备停产后的备件供应计划。

战时装备的损伤率很高,除了自然损坏外还包括战损。战损维修所需备件的供应十分复杂,具有时间要求紧迫、备件需求波动极大、难以事先预计、补给困难,以及组织协调复杂等特点。因此,为了降低战时供应品保障的负担,需要对战时供应品的储备做专门的研究。

为了保证战争期间有符合质量要求的供应品,应拟定战备供应品储备和供应计划,根据作战任务和供应范围,通常实行统一规划、分级储备的原则,即战略储备、战役储备和战术储备。这种储备应在装备部署后立即开始筹措,因为它是一种较长时间的储备。储存数量和期限应根据作战任务、环境特点和储存的经济合理性进行综合权衡确定。

战役和战术储备通常依据预计任务、装备数量、使用强度、战损估算、环境条件和运输能力、地方支援的可能性,以及修理的方法(一般以快速修理和换件为主)等因素制定储备供应品基数。由于是较长时期的储存,且在库存管理上要求保证库存供应品的质量,因此应采用合理的封存和包装,并适时检查更新。当在实践中发现储备不合乎需要时,应及时修订储备量和分布地域。

由此可见供应工作的核心就是供应品的保障工作。由于供应品的主要部分是装备预防性和修复性维修活动所需的备品备件,因而供应保障的重点是备品备件。备件是指可以修复的较大的可更换件;配件也称修理零件(repair parts),是指不修复的较小的零(元)件,即消耗品。下面主要就备品备件保障需求问题进行讨论。

备件要求包括备件的类型、数量、品种,以及需求量的要求等。维修方案是确定备件要求的基础,通过保障性分析,即FMECA、RCMA、LORA以及O&MTA等分析工作可进一步确定各项维修工作所需备件的品种和数量,以及在各维修级别上的配备需求。最后,经汇总列出各维修级别备件清单,备件保障的设计过程如图6-6所示。

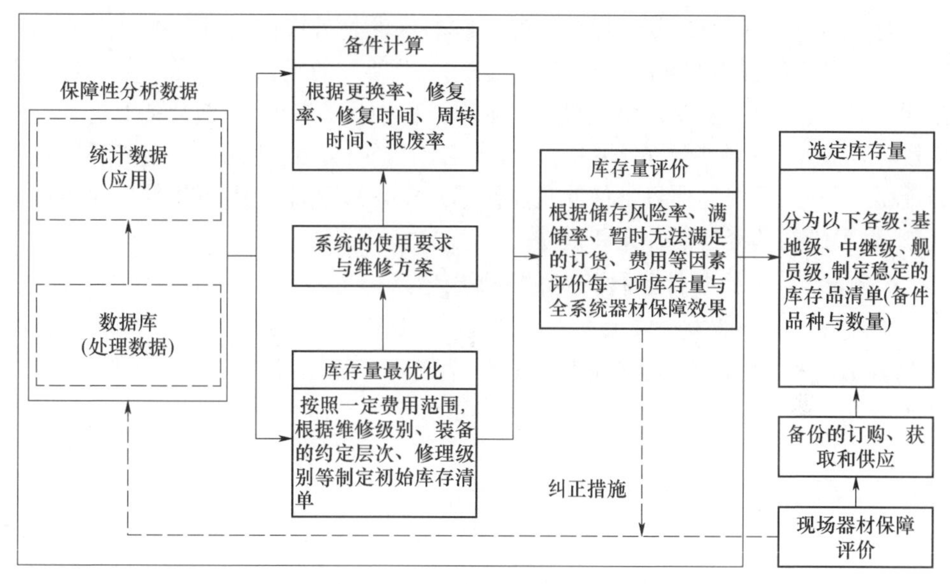

图 6-6　备件保障设计过程

由图 6-6 可知,在装备整个寿命周期内,备件供应规划与优化的过程是从装备系统的使用要求和保障方案出发,利用保障性分析记录得到有关数据。在装备研制过程中,根据备件供应要求、失效率、平均修复时间、备件满足率和利用率、修理周转期、报废率等因素计算备件需求量,并根据费用约束、维修级别、约定维修层次等制定初始备件清单。在备件计算和库存量优化的基础上,根据备件短缺风险、备件满足率、备件利用率、费用等指标评价每项备件库存量和全系统供应保障的效率和有效性,并制定各维修级别和供应站稳定的库存量清单。在装备现场使用中,应对备件供应保障进行持续评价,并为保障性分析、库存量优化与评价提供反馈。

6.2.4.2　舰船装备备品备件的种类及特性

装备的预防性维修和修复性维修都需要备件,如果维修时缺少所需要的备件,则无法完成相应的维修任务,装备因得不到恢复而无法使用,或只能作降额使用。

装备上的装机件根据其维修特点可分为两大类:不可修复项目与可修复项目。不可修复项目是指那些不能够修理或不宜重复使用的零、部件,一旦损坏即作报废处理,如螺栓、螺母、销子、垫圈、膜片、活门、油滤、电阻丝、继电器、电容器、灯泡及大多数的电子元器件等。这类不可修复项目通常是大量的,一般要占装机件总数量的 1/2 以上。尽管不可修复项目在数量上占了大多数,但更大的维修费用却是那些高价的可修项目,这些可修复项目对完成任务往往起着关键的作用,如发电机、液态泵、雷达等。

依据上述保障对象的维修特性,备件可以分为两大类:消耗型备件和周转型备件。对于不可修复项目,其备件及备件供应的目的是替换使用过程中报废的部件和补充在维修过程中消耗的备件,以保证这一类项目的维修和持续使用。对于可修复项目,其备件的主要作用是替换在维修过程中的故障件,以使装备上这类可修项目一旦故障,即刻进行有效的更换,而不必因为等待故障件的修理造成装备恢复的延误。因此,可修复项目备件的主要作用是作为修理周转用,可修件也存在报废现象,对报废的部分还需补充和供应。

6.2.4.3 备品备件品种确定的影响因素

确定备件品种应综合考虑多方面因素,这些因素包括设计方案、使用方案、维修方案、供应方案、效能要求等,如图 6-7 所示。

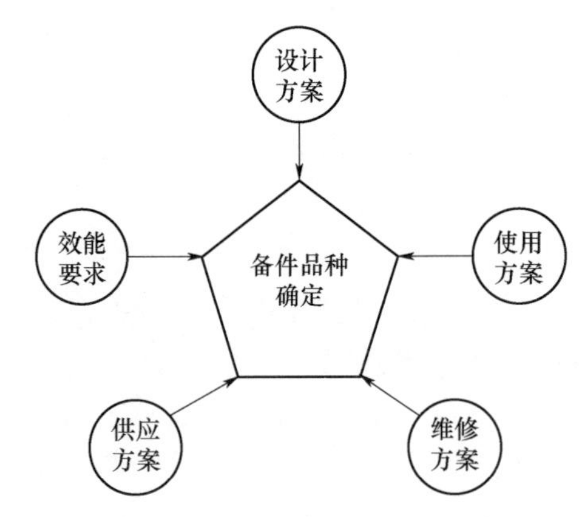

图 6-7 备件品种确定影响因素

1) 设计方案

从设计方案可以得到装备及部件的设计属性,主要包括可靠性、维修性、关键性、互换性、单价、单机安装数等,这些都是影响备件品种确定的重要因素。

(1) 可靠性。可修复部件的可靠性水平可以用 MTBF 或故障率来度量,不可修复产品的可靠性水平可以用 MTTF 或失效率来度量。同等条件下,故障率或失效率大的部件,它的备件需求就越明显,因而越有必要把它作为备件储备;反之,部件作为备件储备的可能性降低。

(2) 维修性。部件维修性水平可以用 MTTR 或修复率来度量,故障部件的修复率越小,意味着它的维修时间越长,同等条件下备件短缺风险也就越大,因此越有必要作为备件储备;反之,部件作为备件储备的可能性降低。

(3) 关键性。关键性是部件的综合特性,它体现的是部件功能、复杂性、潜在的故障影响或其他需要特别注意的那些部件,部件根据其关键性程度可分为关键件、重要件和一般件 3 类。部件的关键性指标值越高,说明部件越重要,就越有必要作为备件储备;反之,则部件作为备件储备的可能性降低。

(4) 互换性。互换性是指同一规格的一批部件中,任取其一,不需要任何挑选或附加修配就能装在装备上达到规定的性能要求,它属于标准化的范畴。按照互换范围的不同,可分为完全互换、不完全互换和不能互换。互换性在装备维修保障中的作用很大,如果部件的互换性高,同等条件下通过拆件维修获得的可用备件数量也就越多,部件作为备件储备的可能性降低;反之,部件作为备件储备的可能性增大。

(5) 单价。装备或部件的单价是影响备件品种确定的重要因素。如果研究对象的单价过高,则由于费用约束不能将其作为备件储备,装备自身价格的昂贵是阻碍将其本身作为备件储备的最主要因素。同等条件下,部件的单价越高,将其作为备件储备的可能性越低;反之,部件作为备件储备的可能性增大。

(6) 单机安装数。单机安装数表示装备设计方案中相同部件的数量,此参数和部件故障率或失效率的乘积表示部件故障或失效的可能性大小,单机安装数越多表明部件的备件需求也就越明显,就越应作为备件储备;反之,部件作为备件储备的可能性降低。

2) 使用方案

使用方案是与使用需求相对应的使用规划,主要内容包括部署方案、任务想定等,这些都是影响备件品种确定的重要因素。

(1) 部署方案。装备部署方案是装备部署地点和部署数量的统称,装备部署地点是影响备件周转时间和订货时间长短的重要条件,等同条件下,备件周转时间和订货时间越长,备件短缺风险越大,部件作为备件储备的可能性也就越大。而装备部署数量越多,备件需求也就越明显,就越应作为备件储备。

(2) 任务想定。任务想定的内涵包括任务频率、每次任务时间、任务装备数等,上述参数对备件品种确定决策的综合影响可使用任务强度来度量。因为装备或部件进行修复性维修和预防性维修时通常会引起备件需求,所以装备备件需求强弱可以用维修频率来表示。装备或部件的维修频率与任务强度近似成正比,因此装备任务强度越大,维修频率也就越高,备件需求越明显,就越有必要将其部件作为备件储备;另一方面,任务强度越大,装备触发预防性维修产生预防性维修备件需求的可能性也就越大。

3) 维修方案

维修方案包含了装备维修级别、维修原则、维修工作、维修管理等信息的描述。这些都是影响备件品种确定的重要因素。

(1) 维修级别。维修级别确定了故障装备或部件在保障组织中的修理地点。一方面,保障站点在对故障装备或部件进行维修时可能会产生部件或子部件的备件需求,因此需要备件仓库储备相应品种的备件;另一方面,如果拆卸下来的故障部件采取本地修理策略,那么省去了运输时间后备件周转时间会较短;而异地修理由于运输时间较长造成备件周转时间也相应增加,因而相同部件在不同策略下作为备件储备的可能性是不一样的。

(2) 维修原则。维修原则确定了故障发生后部件是进行维修还是报废。如果故障部件值得修复,则意味着可以通过维修获得新备件,因而部件作为备件储备的可能性降低。而对故障部件进行报废处理时,只能通过采购获得新备件,通常情况下备件的采购时间较长,因此部件作为备件储备的可能性增大。

(3) 维修计划。维修计划是对装备及部件进行定期检查和维护以预防故障发生或完成修复而确定的规范化文件,维修计划中制定的预防性维修工作项目越多,装备对部件或部件对子部件的备件需求也就越强烈,因此部件作为备件储备的可能性也就越大;反之,部件作为备件储备的可能性越小。

(4) 维修管理。维修管理中的维修管理延误时间是影响备件品种确定的重要因素,它是备件周转时间的重要组成部分。维修管理延误时间越长,备件周转时间也就越长,同等条件下备件短缺的风险越大,部件作为备件储备的可能性越大;反之,备件短缺风险越小,部件作为备件储备的可能性越小。

4) 供应方案

供应方案是对部件供应保障方式及策略的描述,综合体现为供应效率和供应管理,这些都是影响备件品种确定的重要因素。

(1) 供应效率。供应效率是对部件供应过程的时间度量,它反应的是满足备件需求的快速性。备件供应时间越长,同等条件下备件短缺风险越大,部件作为备件储备的可能性越大;反之,备件短缺风险越小,部件作为备件储备的可能性越小。

(2) 供应管理。供应管理延误时间是影响备件品种确定的重要因素,它是备件订购时间的重要组成部分,供应管理延误时间越长,备件订购时间也就越长,同等条件下备件短缺的风险越大,部件作为备件储备的可能性越大;反之,备件短缺风险越小,部件作为备件储备的可能性越小。

5) 效能要求

效能要求中的备件保障指标要求和费用是影响备件品种确定的重要因素。保障指标包括备件保障概率、平均等待备件时间等,费用的主要指标是部件的单价。

保障指标要求是综合参数,计算效能指标需要考虑装备设计方案、使用方案、维修与保障方案中的相关因素。在装备设计方案、使用方案、维修与保障方案确定的情况下,保障指标要求越高部件需要储备的可能性也就越大;反之,保障指标要求越小,部件作为备件储备的可能性越小。

6.2.4.4 确定备件品种和数量的技术与方法

确定初始备件品种和数量的过程与方法是备件供应规划的核心。GJB 4355—2002《备件供应规划要求》第 5.2 条在强调根据装备具体情况选择适用的确定备

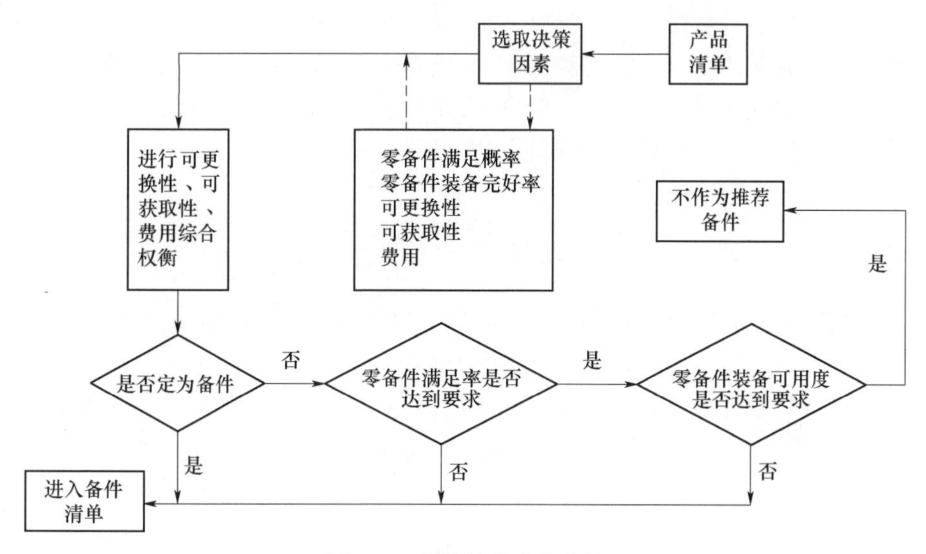

图 6-8 备件品种确定流程

件品种和数量的技术方法,并提出了 12 条原则性要求:

(1) 按使用与维修工作需要,分别考虑预防性维修用备件项目、修复性维修用备件项目和使用性维护用消耗品(件)。

(2) 按维修保障方案,确定备件供应层次。

(3) 对采购周期长的备件和需要结合生产采购的备件,应考虑提前订购时间量并在投产前确定订购要求。

(4) 确定可修复备件数量时,应在预计失效率(首翻期)的基础上,综合考虑修理周转期、报废率、返修率、重测合格率及环境因素等,以提高供应准确度。

(5) 确定舰员级不修复备件时,应在预计失效率(首翻期)的基础上,综合考虑初始保障日历时间和日历时间与工作时间之比、误拆率、损坏率、丢失及环境因素等,以提高供应准确度。

(6) 应优先考虑可能产生致命性故障的关键件和可能影响装备安全性能的控制保护件所需备件。

(7) 充分利用相似装备的备件供应经验提高备件供应工作效率。

(8) 对价格较贵且预计初始保障时间内发生故障概率低的非关键件可在积累使用数据后,再确定是否补订备件。

(9) 对价格便宜且 MTA 确定需要的消耗品(件)应尽量配套供应。

(10) 确定初始备件品种和数量是各工程专业通过 LSA 密切配合的迭代工作过程,需要在装备研制各阶段反复做才能逐步完善。具体做法可参照 GJB 4355—2002 附录 B(资料性附录)进行。

(11) 确定备件数量的方法可以采用相似设备供应经验法、按比例供应法和模型计算法,不论采用哪种方法,都需要一个反复迭代、逐步接近实际需要的过程。

(12) 备件费用计算方法。一般说,只要不超过预算,就可以接受。有条件时,可进一步优化,以求费用最低,使用可用度最高。

6.3 保障资源规划

维修资源是装备维修所需的人力、物资、经费、技术、信息和时间等的统称。维修工程的一个最终目的是提供装备所需的维修保障资源,并建立与装备相匹配的经济、有效的维修保障系统。本章节就人员训练、备件与其他供应品、设备与工具和技术资料等主要方面的资源确定与优化问题加以讨论。

6.3.1 供应保障

供应保障主要包括备品备件、消耗品、专用工具。系统、设备研制单位应基于本阶段技术状态提出初始备品备件需求清单、初始消耗品需求清单、专用工具需求清单。备品备件需求分析要求和程序参考 GJB 4356—2002。

供应(备品备件)保障分析是保障资源分析的组成部分。装备的使用和维修需要大量的供应品,这里的供应品包括备件和消耗品。备件用于装备维修时更换有故障(或失效)的零部件。消耗品是维修所消耗掉的材料,如垫圈、开口销、焊料、焊条、涂料和胶布等。根据资料统计,在寿命周期中维修所需的备件费用约占整个维修费用的60%~70%。可见供应保障规则是综合保障工程中影响费用和战备完好性的重要工作。

初始供应工作的重点是确定初始备件的需求量,规划装备在使用阶段初期的备件供应工作,应在研制阶段早期就进行规划。初始供应的大部分工作主要在装备研制阶段由研制部门(承制方)完成,初始备件供应期间完成的工作对后续供应工作有重要影响,因此在初始供应规划过程中还应考虑与后续阶段备件供应工作的协调。初始供应工作是整个供应工作的基础,因为它所确定的供应内容和原则经批准后将形成库存管理文件和编码要求,该工作一旦实施若要更改是比较困难的。初始备件供应计划一般保证1~2年的初始保证期使用,因为主要备件从订购到收到的生产周期一般为1~2年。

后续供应工作的重点是对备件库存量的控制,保证装备的正常使用和维修时有充足的备件,后续供应工作一般由使用方负责规划实施。各使用方按初期供应拟定的清单及管理要求,结合初期的实际使用情况,开展备件供应数据的收集和分析并做出评价,以便及时修订备件需求,调整库存和供应网点,改进供应方法,实施和修订装备停产后的备件供应计划。

战时装备的损伤率很高,除了自然损坏外还包括战损。战损维修所需备件的供应十分复杂,它有时间要求紧迫、备件需求波动极大、难以事先预计、补给困难以及组织协调复杂等特点,因此为了降低战时供应品保障的负担,需要对战时供应品的储备做专门的研究。为了保证战争期间有符合质量要求的供应品,应拟定战备供应品储备和供应计划,根据作战任务和供应范围,通常实行统一规划、分级储备的原则,即战略储备、战役储备和战术储备。

确定备件品种和数量的工作过程如图 6-9 所示,备品备件的确定方法如表6-5 所列。

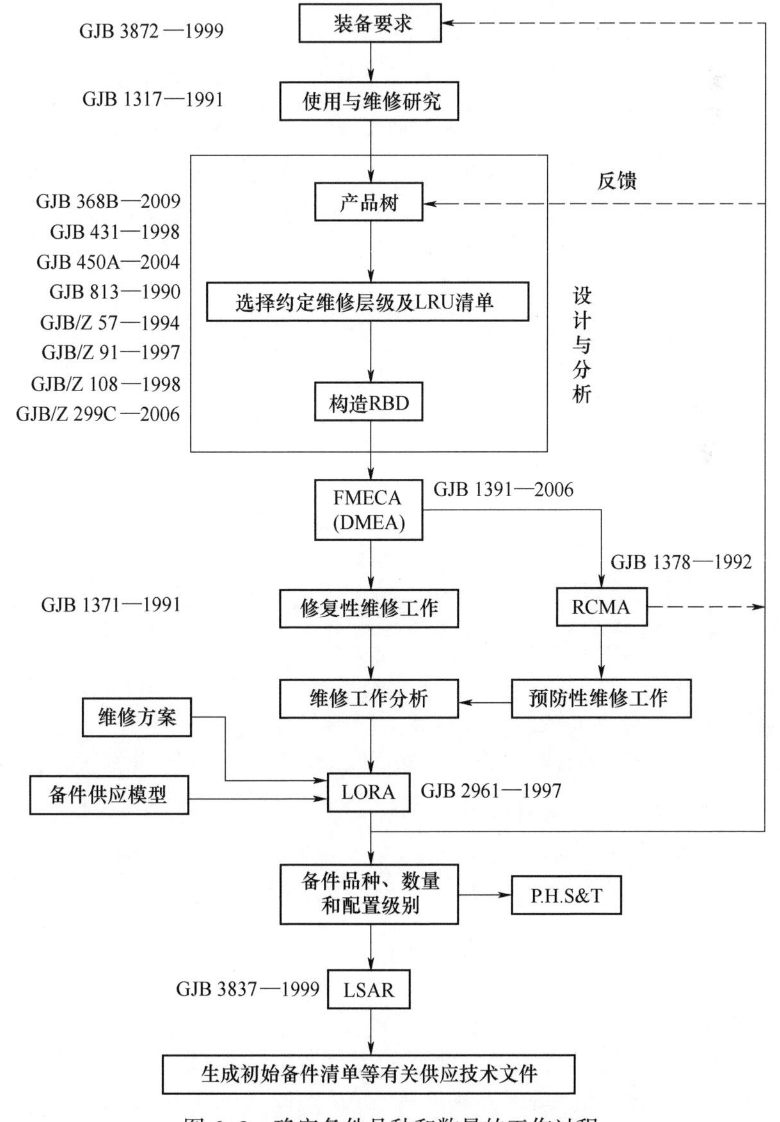

图 6-9 确定备件品种和数量的工作过程

表 6-5 备品备件数量计算方法表

序号	设备种类	优化分析方法	计算公式
1	机电设备部件	威布尔寿命备件模型	$S=\left[\frac{u_P k}{2}+\sqrt{\left(\frac{u_P k}{2}\right)^2+\frac{t}{E}}\right]^2$
2	机械部件	正态寿命备件模型	$S=\frac{t}{E}+u_p\sqrt{\frac{\sigma^2 t}{E^3}}$
3	电子零部件	指数寿命备件模型	$p=\sum_{j=0}^{s}\frac{(N\lambda t)^j}{j!}\exp(-N\lambda t)$
4	其他备品备件	经验分析	—

1）威布尔模型

该模型主要适用于机电件，如滚珠轴承、继电器、开关、断路器、某些电容器、电子管、磁控管、电位计、陀螺、电动机、蓄电池、液压泵、齿轮、活门、材料疲劳件等。

已知条件：零部件服从威布尔分布，形状参数 β，尺度参数 η，位置参数 γ，更换周期 t 和备件保障概率 P。

备件需求量的基本计算公式：

$$s=\left[\frac{u_P k}{2}+\sqrt{\left(\frac{u_P k}{2}\right)^2+\frac{t}{E}}\right]^2 \tag{6-5}$$

式中：E 为平均寿命，$E=\eta\times\Gamma\left(1+\frac{1}{\beta}\right)$（假定位置参数 $\gamma=0$）；k 为变异系数，可按下式计算，即

$$k=\sqrt{\frac{\Gamma(1+2/\beta)}{[\Gamma(1+1)/\beta]^2}-1} \tag{6-6}$$

其他符号含义同指数分布。

2）正态模型

该模型主要适用于机械件，如齿轮箱、减速器等。

已知条件：零部件寿命服从正态分布，零部件的寿命均值为 E、标准差为 σ，更换周期为 t（如果是磨损寿命，t 为工作时间；如果是腐蚀、老化寿命，t 可以用日历时间近似），备件保障概率为 P。

备件需求量的基本计算公式：（符号含义同指数分布）

$$S=\frac{t}{E}+u_P\sqrt{\frac{\sigma^2 T}{E^3}} \tag{6-7}$$

3）指数模型

该模型主要适用于具有恒定失效率的零部件。一般说，正常使用的电子零部件都属于指数寿命件，如印制电路板插件、电子部件、电阻、电容、集成电路等。

已知条件:零部件寿命服从指数分布,零部件在装备中的单机用数为 N,累积工作时间为 t,失效率为 λ,备件保障概率为 P。

备件需求率的基本计算公式:

$$P = \sum_{j=0}^{S} \frac{(N\lambda t)^j}{j!} e^{-N\lambda t} \tag{6-8}$$

式中:N 为某项零部件单机用数;λ 为某项零部件失效率;S 为装备中某项零部件的备件需求量;t 为备件供应更新周期或采购期;j 为递增符号;P 为某项备件保障概率。

6.3.2 技术资料

技术资料是指将装备和设备要求转化为保障所需的工程图样、技术规范、技术手册、技术报告、计算机软件等的文档资料,其来源于各种工程与技术的信息和记录,用于特定产品的保障使用或维修,包括装备使用和维修中所需的各种技术资料。编写技术资料的目的是为装备使用和维修人员正确使用和维修装备规定明确的程序、方法、规范和要求,并与备件供应、保障设备、人员训练、设施、包装、装卸、贮存、运输、计算机资源保障,以及工程设计和质量保证等互相协调统一,以便发挥装备的最佳效能。

为满足日益复杂的装备对技术资料的要求,各使用单位和各种装备都有各自的编制技术资料的要求,其种类、内容及格式有所不同,应按合同要求或保障要求而定。一般而言,通常包括以下技术资料。

(1) 装备技术资料。

装备技术资料主要用来描述装备的战术技术特性、工作原理、总体及部件的构造等,它包括装备总图、各分系统图、部件分解图册、工作原理图、技术数据、有关零部件的图纸以及装备设计说明书、使用说明书等。它是根据工程设计资料编纂而成的。

(2) 使用操作资料。

使用操作资料是有关装备使用和测试方面的资料,一般包括操作人员正确使用和维护装备所需的全部技术文件、数据和要求。如:装备正常使用条件下和非正常使用条件下的操作程序与要求;测试方法、规程及技术数据;测试设备的使用与维修;装备保养的内容与方法;燃料、弹药、水、电、气和润滑油脂的加、挂、充、添方法和要求;故障检查的步骤等。

(3) 维修操作资料。

维修操作资料是各维修级别上的装备维修操作程序和要求,舰员级、中继级和基地级维修人员使用该类资料保证装备每一维修级别的修理工作按规范进行。维修操作资料一般包括故障检查的方法和步骤;维修规程或技术条件(包括各维修级别维修工作进行的时机、工作范围、技术条件、人员等级和工具及保障设备等)；更换作业时拆卸与安装，以及分解与结合各类机件的规程和技术要求；装备预防性维修所需的资料、程序、工艺过程、刀具和工艺装备等保障设备要求，质量标准和检验规范，以及修后试验规程等。维修操作资料不仅要有一般情况下的维修资料，而且要有战场抢修、抢救(或损管)方面的资料。

(4) 装备及其零部件的各种目录与清单。

该类资料是备件订货与采购和费用计算的重要根据。一般可以编成带说明的零件分解图册或者是备件和专用工具清单等形式。该类资料也可随维修操作资料一同使用，供维修人员确定备件和供应品需求。

(5) 包装、装卸、贮存和运输资料。

装备及其零部件包装、装卸、贮存和运输的技术要求及实施程序。例如，包装的等级、打包的类型、防腐措施；装卸设备和装卸要求；贮存方式及要求；运输模式及实施步骤等。

使用与维修技术资料是指用于指导船员或基地维修人员使用装备与维修装备所需的技术资料，将在后续阶段交付装备使用方。系统、设备研制单位应基于维修项目分析和使用保障工作项目分析的结果确定使用与维修技术资料需求清单。

针对新研系统和设备，各设备厂家需在设备交付过程中同步提交交互式电子技术手册素材，其主要包括以下 4 类材料。

(1) 系统/设备文本类素材。

功能原理：设备的总体描述，包括设备的隶属系统，在船上的位置、数量，适用范围等信息。

结构组成：设备的主要组成，明确标出该设备下属的各主要组成部分，并以表格的形式列出各子设备的名称、功能和数量，其中数量为该子设备在单台(套)设备上的数量。

维护保养：提出按照日、周、月等周期性检修项目及保养要求。在各类检修及保养过程中，针对相对复杂的设备拆装操作，提供图示、图片及操作视频等形式予以展示。

维修指导：提供设备故障清单及故障排查项目，提供设备故障修理项目及具体修理措施，提供相应的故障诊断流程，提出对应的操作步骤及其相关内容，详细描述开展设备重要零部件拆卸修理及维护保养的具体步骤。

(2) 设备三维模型。

设备三维模型应根据修理预案中提出的修理项目及维修操作步骤来确定设备零部件的建模精度。在设备的维修操作过程中，需要进行拆装的故障零部件单元，以及在故障零部件拆装过程中需要同时拆装的其他关联零部件，应建立独立的零件格式模型(以 CATIA 为例，文件格式为 * . CATPart)，并装配为设备模型(＊.CATProduct)予以提交。

(3) 操作、维修相关视频和动画。

多媒体数据通常包括音频数据、视频数据和动画等。

视频:对于设备的使用及维修步骤,用文字难以描述的复杂操作过程,使用视频文件展示。

动画:包括三维动画和平面动画两类。其中,三维动画主要用于设备复杂的拆卸或安装过程、设备的运转和传动关系、设备工作原理、隐藏或难以观察到的部件运动等内容的展示。平面动画主要用于系统仿真运行,电、气、液的流动关系等内容的展示。

(4) 系统完工文件和随机技术资料。

主要包括但不限于以下文件:使用说明书、维修说明书、技术条件、备件及工具清单、外形及安装尺寸图、总装配图、原理图、内部接线图、管路布置图等。

列出应提交的资料目录。主要包括(可根据适当情况进行剪裁):

① 技术说明书;

② 使用说明书;

③ 维修说明书;

④ 软件用户手册;

⑤ 图册(原理图(册)、安装尺寸图、总装图、系统图、电路图、接线图、面板布置图等);

⑥ 接口芯线表;

⑦ 装箱清单、备品备件和专用工具清单;

⑧ 验收试验报告;

⑨ 履历簿;

⑩ 合格证书(合格证)等。

6.3.3 保障设备

维修设备是指装备维修所需的各种机械、电器、仪器等的统称。一般包括拆卸和维修工具、测试仪器、诊断设备、切削机工和焊接设备以及修理工艺装置等。维修设备是维修保障资源中的重要组成部分,在装备寿命周期过程中,必须及早考虑和规划,并在使用阶段及时补充和完善。

维修设备分类方法较多。最常见的分类方法是根据设备是通用的还是专用的分类。

1) 通用设备

通常广泛使用且具有多种用途的维修与测试设备均可归为通用维修与测试设备。例如:手工工具、压气机、液力起重机、示波器、电压表等。

2）专用设备

专门为某一装备所研制的完成某特定保障功能的设备，均可归为专用设备。例如，为监测某型装备上某一部件功能而研制的电子检测设备等，专用设备应随装备同时研制和采购。随着装备复杂程度的日益提高，专用设备费用也呈现越来越昂贵的趋势，对于装备使用保障费用及装备战备完好率都有较大的影响。在规划装备保障设备时，应尽量避免使用专用保障设备以便降低装备的寿命周期费用。

装备一般都需要有其他的设备支持其使用或维修，即需要有相应的保障设备。保障设备可以是通用的，也可以是专用的；可以兼顾支持装备的使用与维修，也可能是专门用于支持装备的使用或支持装备的维修。在具有各种不同用途的保障设备中，用于支持维修工作的保障设备是对装备的战备完好性影响最大、类型最为广泛和技术最为复杂的一类设备，因而也是研制工作量最多的保障设备。

应该在装备研制早期（方案阶段）就开始分析与确认对专用保障设备的要求。主装备的维修保障方案对确定保障设备的要求有重大影响，因为修理级别的确定和各修理级别所要完成的维修工作决定了对保障设备的总体要求（一般舰员级对保障设备的需求最少）。

保障设备的具体类型、功能和需求量等细节主要取决于维修工作分析的结果。但要注意，单纯根据维修工作分析的结果还不能做出关于保障设备需求的合理判断，还需要依据预计的保障设备的使用频度等数据，从费用与效能的角度进行权衡，然后再做出更合理的决策。另一方面，开始时所做的维修工作分析是以需完成的维修工作能得到所要求的保障设备为前提的，如果经过综合权衡认为对某种保障设备不值得进行研制或采购，则对所得的维修工作分析结果要做必要的调整，并会影响到其他保障工作（技术手册、培训等）的落实，所以维修工作分析与保障设备需求分析二者是互相影响的。

6.3.4 保障设施

保障设施与被保障装备之间很少会存在一一对应的关系，大多数设施通常都要负责保障众多类型的装备。因此在进行设施规划时，要统筹考虑为完成若干不同类型装备相似的维修工作时提供保障的需求。

大部分的保障设施都属永久性的设施，但为保障装备的机动部署，也需要部分机动的设施，例如由各种方舱和专用车辆等组成的能在外场环境中提供保障能力的机动设施。

不同的设施具有不同的功能，主要包括维修设施、供应设施、培训设施和特种设施（净室或环控室、危险品处理车间等）等，可以是按不同功能单独设立，也可以是组建在同一地点。

保障设施主要包括用于系泊、岸上资源供给（岸电、岸汽等）、大型设备或结构件吊装、大型设备或结构件维修等的设施。系统、设备研制单位应基于本阶段技术状态提出保障设施需求清单,并说明其用途,维修保障设施还应说明其对应的维修级别。保障设施需求分析只针对需要设置在基地的保障设施进行,重点针对在基地已有保障设施基础上的新需求分析。

在基地已有保障设备与设施资源基础上,形成新的保障资源需求清单,包括修理设备、调试设备、岸基保障设施、训练保障设施、耗材、计算机资源等方面。

所有系统、研制和改进类设备应确定并列出其所需的全部保障设备与设施清单,并备注是否为基地旧的沿用保障资源。对于新建设的保障资源,应说明新建的需求原因分析和具体建设内容。

6.3.5 人力人员

人员是使用和维修装备的主体。装备投入使用后,需要有一定数量的、具有专业技术水平的人员进行维修保障工作。

值得注意的是,在确定维修人员数量与技术等级要求时,要控制对维修人员数量和技能的过高要求。当人员数量和技术等级要求与实际可提供的人员有较大差距时,应通过改进装备设计、提高装备的可靠性与维修性水平、研制使用简便的保障设备和改进训练手段等对装备设计和相关保障问题施加影响,使装备便于操作和维修,减少维修工作量并降低对维修人员数量和技术等级的要求。

操作是否正确和维修与保养是否到位直接关系到装备的利用率和使用效能,配备足够数量的合格装备操作人员和维修人员是构建装备保障系统的重要因素。

装备的操作人员和维修人员一般分属不同的建制,装备操作人员要在熟悉和掌握装备的结构特点、性能特性和使用条件的基础上,能准确无误和安全地进行操作,保证装备的正常使用和充分发挥装备的固有能力,并能正确而及时地处置可能遇到的各种异常运行情况(包括发生了故障)。虽然操作人员通常不参与维修活动,但为培训操作人员提供所需的技术与资源保障仍是装备保障需求的一项内容;装备维修人员要对装备或装备的某些组成部分有充分的了解,能进行适当的日常保养和正确地完成所需的预防性和修复性维修工作,使装备随时满足平时的战备完好性要求或战时的使用要求。

装备使用操作人员的确定相对简单。装备维修人员的确定要素涉及:完成装备的全部预防性和修复性维修所需的维修人员、需要具备的专业技能与技能等级、各专业技能与技能等级的人员数量,以及这些人员在各修理级别的定岗等方面,维修人员的确定是以维修工作分析(MTA)的结果为基本依据的。

对维修人力和人员的落实工作应尽早开始,因为对人员的培训是需要一定时间的,尤其是对新装备维修人员的培训更需要有充分的反复演练时间,这不仅是为了更好地满足装备投入使用后的维修需求,也是为了在装备演习、试验时能提供合格的参试人员。此外,还应以增加必要的补充培训等办法,尽量避免引入新的专业技能类型,因为这会导致维修建制的变动和增加费用的投入。

同一类型的装备会被分期分批地部署到不同的地点,由处于不同地点的修理级别提供相应的维修保障,各修理级别还可能要同时为其他类型的装备提供维修保障,这些因素都会对各修理级别所需的具有不同专业知识和技能水平的维修人员产生影响,在进行维修人员的规划和分派时应予以充分和周密的考虑。

系统、设备研制单位应基于本阶段技术状态提出装备使用与维修人员需求,包括人员数量、专业类型、技术等级要求等。

6.3.6 训练保障

1) 训练

训练(培训)与训练保障是保障系统的重要功能之一,通常分为初始训练和后续训练。初始训练的目的是使部队尽快掌握将要部署的新装备,初始训练通常由承制单位完成、使用部门配合,在装备部署前,应完成装备的初始训练,并完成训练器材的研制。后续训练是在装备使用阶段,为培养装备的使用与维修人员而进行的训练,受训人员通常在上岗前接受此种训练,后续训练也是一种不断为部队输送合格人才的训练,它一直贯穿于装备的整个使用过程,这类训练一般由使用方组织,由部队训练基地和院校组成的训练系统完成,其训练计划正规,训练要求更为严格。

训练活动大体上可分为三类:对操作人员的训练、对维修人员的训练和对培训教员的训练。虽然进行操作人员、维修人员和教员训练的共同目的都是为了持续地维持装备的正常使用,但不同类型人员的职能是有差别的。

操作人员的关键职能是操作装备,要通过内容广泛的训练使操作人员掌握以下的知识和技能:操作装备的技术方法、定期或不定期的由操作人员实施的装备维护保养方法,以及判断装备故障的技术方法等。

维修人员的职能是进行装备的维修,训练的重点是对所制定的维修方案和所规划的维修工作进行系统培训。针对每一修理级别的维修人员进行训练的内容随修理级别由低到高逐步细化和深入,因为较高修理级别的维修工作要更为复杂和详尽。针对各修理级别进行的培训还应包括对使用和维修保障设备(尤其是测试设备)和一些专用工具的培训。

2) 训练保障

根据不同的训练对象和训练内容,可以采取各种适当的方法实施训练,常用的训练方法有传统的讲课、实物演练、在岗培训和自修等,无论何种形式的训练都需要一定的保障资源。

训练保障资源的确定可采取 MTA 的方式进行,在明确训练任务目标与训练项目的前提下,细化、分解各项过程,进而获取相应的训练保障资源需求。这里要注意此过程需要与MTA过程本身的协调,避免重复工作。必要的培训保障资源包括:

(1)师资。师资(教员)的素质对培训的成效影响最大,相关的知识水平、实际工程经验和教课能力等是衡量培训教员素质的标准。

(2)设备与设施。教室和工作空间的安排、环境需求、照明和电力需求、休息场地和图书馆等必要的培训设施,而培训用设备要与培训内容相适应,必需的培训设备是培训工作成功的关键因素。

(3)教材及有关技术资料。除了传统的纸质教材和资料(基本教材和相关手册、规范、条例等)外,各种挂图、音像教材、多媒体课件,以及具有一定互动功能的网络教材等必需的信息载体。

3)训练保障规划

训练与训练保障规划应遵循的原则是:确保使用与维修人员按计划完成初始训练;明确使用方和承制方在开展和实施每一阶段训练的职责;保证训练所需的器材按时研制与提供;提供训练设备和器具、训练场地以及临时训练的保障条件。

训练与训练保障的规划过程包括:在论证阶段,确定训练和训练保障的约束条件;在方案阶段,初步确定人员的训练要求;在工程研制阶段,根据使用与维修人员必须具备的知识和技能,编制训练教材、制定训练计划、提出训练器材采购和研制的建议、研制训练器材、按合同要求实施初始训练;在定型阶段,根据初步的保障性试验与评价结果,修订训练计划、训练教材和编配训练器材的建议,进行训练器材的研制和采购;在生产、部署和使用阶段,应根据现场使用评估的结果,进一步修订训练计划和训练教材。

训练保障需求分析重点针对装备使用与维修训练所需要的训练设备及相关教材,侧重于在基地已有训练设备基础上的新需求,训练保障规划参考GJB 5238—2004《装备初始训练与训练保障要求》。

(1)收集总体、系统、设备各级的培训教材。具有装备培训教材管理功能,管理总体、系统、设备各级培训教材,并能根据使用方对训练教材的改进需求,结合装备改换装业务的需要,对装备培训教材进行修改和更新。

(2)对装备的重要系统和设备制作培训课件。具有装备培训课件管理功能,管理总体、系统、设备的各级培训课件,通过视频、动画、三维模型等载体增强培训效果,并能结合不同特点的使用方定制针对性强的课件。

(3)针对使用方的培训和考核,构建装备基础专业知识、使用与维修操作技能题库。具有使用方培训与考核的记录功能,能构建装备基础专业知识、使用与维修操作技能题库,并能记录使用方的培训内容、参培人员、培训时间、培训地点、问题交流反馈等信息,以及使用方考核结果信息。

(4) 具有装备虚拟训练功能,采用VR技术构建舰船装备虚拟训练平台,对实船环境进行仿真模拟,将舰船操纵、核动力装置、作战系统方面的典型装备三维模型与实物模型相结合,支持多人进行协同的演练讲解、观看学习和实际操作。

6.3.7 计算机保障资源

计算机保障资源需求分析重点是针对为保障计算机系统的使用与维修,分析所需的软件、硬件、检测仪器、文档等方面的保障能力。

计算机资源保障的核心是软件的保障。与硬件保障类似的是,为保证软件保障性达标,也需要有效地综合可靠性与维修性等各方面的专业工作,并落实维修规划、设计接口、保障设备、设施、供应保障、人员以及培训等各保障要素。

从研制阶段装备的保障方案生成来看,计算机资源保障的确定与设备、技术资料等保障资源的确定类似,只是在开展具体的分析工作时,需要针对计算机资源的特殊性,选择考虑相应的因素并采用适用的分析方法。

由于软件的故障不像传统意义上的硬件故障,一旦发现了软件的问题并予以纠正之后,就意味着创建了一个新的配置,因而软件的维护实际上涉及产品基线的不断变动(既是软件的,也是装有该软件的装备的)。软件也不像硬件那样会发生耗损,因此对软件的维护实际上就是对软件的保障,亦即为纠正故障和提高性能或其他属性而进行的软件的修改,或为适应改变了的环境而做的修改。此外,软件维修人员也需要具备和软件开发人员相当的编程技能,但由于软件开发人员并不一定了解使用软件的装备,而软件维修人员则必须具有关于装备的全面知识,所以软件保障比软件开发需要更高的技能。

6.3.8 包装、装卸、贮存和运输保障资源

包装、装卸、贮存和运输保障资源是指确定装备及其保障设备、备件、消耗品等的包装、装卸、贮存和运输的程序、方法,以及所需的保障资源的技术方法。

订购方根据装备预期的使用方案、使用保障方案和维修保障方案,提出装备及其保障设备、备件、消耗品等的包装、装卸、贮存和运输要求及有关的约束条件。

承制方应根据GJB 1181—1991制定并实施装备的包装、装卸、贮存和运输大纲,确定装备及其保障设备、备件、消耗品等的包装、装卸、贮存和运输的程序、方法和所需的保障资源。

为使装备与运输方式(铁路、公路、水路、海上或空中)相匹配,有效使用运输工具高效、安全和经济地运送装备,在有限的时间内准确完成部署,必须在装备设计时考虑装备的包装装卸运输贮存因素,将这些方面的约束(包括移动集装箱、装卸设备、运输途径和运载工具等)设计到装备方案中,以提高装备的快速运输能力,满足环境保护要求,避免因运输而增加过重的保障负担。

通常新研或改进装备时,要考虑各种可能的运输方式并明确其约束条件。影响运输的关键参数是最大尺寸和总重量。通过设计,应使装备的外形尺寸和毛重在其整个使用寿命周期内预计所遇到的各种运输系统中能够装卸和转移。包装装卸贮存运输特性设计准则是根据预期的威胁环境和使用环境、装备的功能特点、机动性要求、装备的典型任务要求、装备的部署数量和服役期限,以及研制单位所积累的相关设计经验和教训,将装备的相关使用保障要求及设计约束在作为包装装卸贮存运输特性设计时所遵循的原则,并予以满足。

包装。为在流通过程中保护产品,方便贮运,促进销售,按一定技术方法采用的容器、材料及辅助物等的总称。也指为达到上述目的,而采用容器、材料和辅助物的过程所施加的技术方法的操作活动。

装卸。将产品(或包装件)从一种运输工具上,移到地面或另一种运输工具上,并堆码好,或者其相反过程。

贮存。对暂时或长期不使用的产品(或包装件),按照规定的程序和要求进行存放的过程。

运输。使用汽车、火车、船舶、飞机、人、畜或专用设备,将产品(或包装件)从一个地方输送到另一个地方的过程。

6.4 保障性验证与评价

保障性验证与评价是实现装备系统保障性目标的重要手段,它贯穿于装备的研制与生产的全过程,并延伸到部署后的使用阶段,以保证及时掌握装备保障性的现状和水平,发现保障性的设计缺陷,为使用方接收装备及保障资源、建立保障系统提供依据。

6.4.1 验证方法

6.4.1.1 定量设计指标验证

定量保障性验证包括备战备航时间、舰员级备品备件满足率、舰员级备品备件利用率,如表6-6所列。

表6-6 保障性验证方案

序号	验证参数	验证方法	验证时机	数据范围	提供文件
1	备战备航时间	分析	施工设计阶段	设计方案、码头的各项保障资源、备战备航的流程	分析报告

续表

序号	验证参数	验证方法	验证时机	数据范围	提供文件
2	舰员级备品备件满足率	评估	在役考核阶段	系统联调、系泊试验、航行试验、专项试验和使用数据	评估报告
3	舰员级备品备件利用率	评估	在役考核阶段	系统联调、系泊试验、航行试验、专项试验和使用数据	评估报告

6.4.1.2　定性设计要求验证

定性设计要求应结合研制阶段评审和保障性设计准则评审进行，组织使用部门和有关专家对各项保障性定性要求进行符合性检查和专项评审，确保保障性要求落实到研制和综合保障规划中。

综合保障定性要求验证重点关注的是保障规划的合理性和保障资源的匹配性、有效性。

1）保障方案验证

(1) 各项使用工作项目是否完整、流程步骤是否合理、资源需求是否满足并经过配置优化。

(2) 各项维修工作是否正确地分配到各维修级别，各维修级别机构编配的人员、保障设备、保障设施等保障资源是否胜任执行各项维修工作。

(3) 预防性维修工作及其确定的间隔期是否恰当。

(4) 按维修保障计划实施维修工作能否保证规定的战备完好性目标。

(5) 使用与保障费用是否限制在要求的范围内。

2）人员和人力

(1) 按要求编配的船上人员数量、专业职务与职能、技术等级是否胜任日常勤务和作战使用要求。

(2) 按要求编配的舰员级、中继级维修机构的人员数量、专业职务与职能、技术等级是否胜任维修工作。

3）供应保障

(1) 初始备品备件和供应品是否根据使用与维修工作分析结果确定并优化。

(2) 按照备品备件配置建议中的目录提供的备品备件与供应品能否满足舰船执行日常训练和远航任务的需求。

(3) 备品备件与供应品的供应时间和各级仓库规定的储备定额是否合理。

4）保障设备

(1) 舰员级、中继级维修机构按计划配备的保障设备数量与性能是否满足舰船使用和维修的需要。

(2) 保障设备的利用情况是否合理。

(3) 保障设备的维修要求是否合理可行。

5) 保障设施

(1) 新建、改建及原有的保障设施数量、布局是否满足需要。

(2) 按照驻泊保障建议书的建议能否满足舰船日常训练和作战使用要求。

(3) 设施的使用要求和环境条件是否合理可行。

(4) 专用设施的特殊要求,如安全与保密、防止环境污染等是否符合要求。

6) 培训和培训保障

(1) 按培训计划培训的人员是否胜任系泊航行试验和保修期的使用与维修工作。

(2) 培训器材与设备的数量和功能是否符合训练要求,教材、训练器材与设备是否及时反映各系统设备的更改。

7) 技术资料

(1) 技术资料的数量、种类、格式是否符合要求。

(2) 技术资料是否准确、完整,满足阅读等级要求。

(3) 技术资料是否满足使用与维修工作需要,装备及保障系统的更改是否正确反映在技术资料上。

(4) 是否按规定交付了数字化电子资料。

8) 计算机资源保障

(1) 计算机系统所需的硬件、软件及开发工具、技术资料等是否满足要求。

(2) 计算机系统的操作、维护人员数量、技能及培训是否满足要求。

(3) 船员和中继级维修人员能否保证按要求进行软件维护、故障的诊断与修复工作。

(4) 计算机的安全与数据的完整性是否得到保障。

9) 包装、装卸、贮存和运输

(1) 武器装备的尺寸、重量是否满足驻泊码头的设施设备要求,包装、贮存是否满足船上环境要求。

(2) 装备与各种保障资源的提升与拴系点位置、强度和标志是否适当。

(3) 船上各种弹药、物资的转运和贮存是否经过合理规划。

6.4.2 评价方法

6.4.2.1 技术资料

要组织既熟悉新研装备的结构与原理,又熟悉使用与维修规程的专家,采用书面检查和对照产品检查的方法对提供的技术资料(如技术手册、使用与维修指南、有关图样等),进行格式、文体和技术内容上的审查,评价技术资料适用性和是否符合规定的要求。技术资料的审查结果一般需给出量化的质量评价指标,如每

100页的错误率。

在设计定型时,应组织包括订购方、承制方的专门审查组对研制单位提供的全套技术资料(包括随机的和各修理级别使用的)进行检查验收。通过检查验收,做出技术资料是否齐全,是否符合合同规定的资料项目清单与质量要求的结论,验收时特别要重视所提供的技术资料能否支撑完成各修理级别规定的维修工作。

6.4.2.2 保障设备

部分新研的测试与诊断设备、训练模拟器、试验设备等大型的保障设备,本身就是一种产品。除要单独进行一般性例行试验,确定其性能、功能和可靠性、维修性是否符合要求外,还要与保障对象(产品)一起进行保障设备协调性试验,应特别注意各保障设备之间,以及各保障设备与主装备之间的相容性,确定其与产品的接口是否匹配和协调,各修理级别按计划配备的保障设备数量与性能是否满足产品使用和维修的需要,保障设备的使用频次、利用率是否达到规定的要求,保障设备维修要求(计划与非计划维修、停机时间及保障资源要求等)是否影响正常的保障工作。

6.4.2.3 保障设施

通过评价确定设施在空间、场地、主要的设备和电力,以及其他条件的提供等方面是否满足装备的使用与维修的要求,也要确定在温度、湿度、照明和防尘等环境条件方面,以及存储设施方面是否符合要求。

6.4.2.4 人力人员

按要求编配的装备使用人员数量、专业职务与职能、技术等级是否能胜任作战和训练;按要求编配的各级维修机构的人员数量、专业职务与职能、技术等级是否胜任维修工作;按要求选拔或考录的人员文化水平、智能、体能是否适应产品的使用与维修工作。进行人力人员评价的主要指标包括每工作小时直接维修工时、平均维修人员规模与用于完成各项维修工作的维修人员的平均数之比(维修工时数/实际维修时间)等。

通过评价确认已上岗人员适合于在使用环境中完成装备保障工作的需要,所进行的培训能保证相关人员正确使用与维修相应的装备,所提供的培训装置与设备的功能和数量是适当的。

6.4.2.5 计算机资源保障

这一要素既涉及装备的嵌入式计算机系统,也涉及自动测试设备。主要评价硬件的适用性和软件程序(包括机内测试软件程序)的准确性,文档的完备性与维护的简易性。

6.4.2.6 保障资源的部署性

保障资源的部署性分析可采用标准度量单位,如标准集装箱数量,保障基地位置、数量等，通过各种可移动的保障资源（人力人员资源除外）的总重量和总体积转化计算得到。还可以进一步按修理级别或维修站点分别计算，只要保障方案中描述的保障资源的数据信息足够，保障资源的部署性分析就相对容易。

通过部署性评价，可以宏观上比较新研制装备保障规模的大小，找出薄弱环节，进一步改进装备或保障资源的规划与设计工作。

6.4.2.7 综合评分

表 6-7 综合评分表

序号	评价特性	评分条目（权重）	评分细则	评分值
1	保障性	设备操作的流程合理规范，易于掌握（15%）	根据设备主要操作的平均步骤数量（N）评分： $N \geq 15$，0～60 分 $10 \leq N < 15$，61～80 分 $N < 10$，81～100 分 设备操作的平均步骤指：达到或维持设备的规定功能并稳定运行，所需要的操作次数。例如：接线、开机、选择界面、调试、输入相关参数、数据传输等。 当需要船员不断在设备旁边提供非使用规范内的辅助操作时，评分不高于 60 分	
			根据培训的效果评分： 培训效果较差，0～60 分 培训效果一般，61～80 分 培训效果很好，81～100 分	
2		备品备件配置满足维修、维护要求（20%）	评分方法：$100-20\times N$。N 代表备件数量不足的种类个数。如某种电路板、某种插箱	
3		备品备件配置数量合理，不存在过多或不足的情况（20%）	存在过多（50%） 存在大量备件根本用不上或配置数量远远高于实际需求的情况，这类备件种类占全部备件种类的比例 Fr 评分准则：$(1-Fr)\times 100\%$ 例如，占全部备件种类 15%，则该项评分为 85	
			存在不足（50%） 在舰员级维修过程中，是否存在船上该类型备件数量不足，需要向研制单位或上级机关提出备件申请的情况。按每季（3 个月）度平均申请次数 N 进行评分： $N \leq 2$，81～100 $3 \leq N \leq 4$，61～80 $N \geq 5$，0～60 注：只是备件无法满足，不包括维修水平、技术条件达不到的情况	

续表

序号	评价特性	评分条目(权重)	评分细则	评分值
4	保障性	备品备件在舰上的存放位置及数量清晰明朗,能够快速拿到(15%)	根据拿到备品备件的时间(T)评分: $T\geqslant30\text{min}$,0~60 分 $15\text{min}\leqslant T\leqslant30\text{min}$,61~80 分 $T<15\text{min}$,81~100 分 T 不包含备件申领时间。 该时间是指在船员得到批准领用的指令后,从当前位置到达备件存放位置的时间+备件查找并获得的时间+从备件存放位置到维修地点的时间	
			根据存放位置的合理性评分: 存放位置拿取困难,且妨碍人员通行,0~60 分 存放位置拿取较容易,基本不妨碍人员通行,61~80 分 存放位置易于拿取,不妨碍人员通行,81~100 分	
5		专业维修、维护工具齐全、好用、可靠(15%)	(1)不存在专业工具缺少的情况,81~100 分 (2)存在 1 项专业工具不足,71~80 分 (3)存在 2 项专业工具不足,61~70 分 (4)存在 3 项及以上专业工具不足,0~60 分 齐全限定评分范围,好不好用限定在该范围内的得分。 工具好用是指:工具本身无损坏、工具性能良好。 举例:如螺丝刀十字头磨损,基本已无法吻合螺丝,视为不好用	
6		设备的技术文件、维修手册齐全,能很好指导维修(15%)	根据能够从技术文件中得到指导的维修作业占全部维修作业的比例(TSr)评分: 80%≤TSr,81~100 分 60%≤Tsr<80%,61~80 分 TSr<60%,0~60 分	
综合评分值(由统计人员填写)				

6.4.2.8 仿真评价

装备系统的保障性仿真评价主要针对装备及保障系统构成的大系统,根据装备的设计特性和保障系统的构成方案,建立相应的仿真模型,进行仿真试验,根据仿真结果开展保障性综合要求(如战备完好性、持续性)的定性定量评价。上述两种试验与评价结果数据应作为保障性仿真的输入数据。装备及其保障系统之间,以及它们内部各组成部分之间存在着复杂的相互影响关系,在许多情况下,很难建立求解这些复杂关系的解析模型,这时就需要借助系统建模与仿真方法来解决相关问题,并在此基础上进行系统评价。

保障性仿真评价就是依照装备的构成结构、设计特性、保障方案组成结构及其各种资源要素特性,通过描述装备与保障系统及其内部各要素之间的逻辑关系,建立起装备系统的保障性模型,借助于计算机试验,模拟装备的使用过程和维修过程,收集相关试验数据,对各种运行数据进行统计分析,再对装备系统保障性进行评价。

(1) 装备任务执行过程。

(2) 装备预防性维修过程。

(3) 装备故障过程。

(4) 修复性维修过程。

(5) 保障资源使用和供应过程。

根据仿真运行结果对装备系统的保障性进行评价,评价参数主要包括战备完好性参数和任务持续性参数。

通过分析找出装备系统保障性设计的薄弱环节,进而改进装备保障性设计,减少装备系统寿命周期使用和维护费用,提高装备系统的战备完好性和任务持续性。

6.5 数字化保障

6.5.1 交互式电子技术手册

交互式电子技术手册(interactive electronic technical manual,IETM)是以数字形式存储,采用文字、图形、表格、音频和视频等形式,以人机交互方式提供装备基本原理、操作使用和维修等内容的技术出版物。

IETM 是随计算机技术发展起来的装备技术资料数字化形式载体,它基于多媒体、数据库及网络等信息技术,通过将装备使用与维修所需的基本信息、图纸文件、操作手册、维修手册等技术资料进行数字化加工,并按标准规范进行有机管理,最终以文字、图形、视频、动画等形式予以呈现。IETM 大大拓展了装备技术资料的内容范围,提高了技术资料的交互效果,并可按需求对技术资料内容进行灵活拆分,有效解决了传统技术资料在携带、查询、管理、更新等环节的不便等问题。

6.5.1.1 发展历程与技术等级

电子技术手册从 20 世纪 70 年代起源以来,经历了 5 个发展阶段:

(1) 基于索引页图的电子技术手册:采用扫描(位图)文件,实现页图的放大、缩小、复制、剪贴等基本功能,并对文件加注索引,以供搜索。

(2) 文档式电子技术手册:采用 ASCII 标准代码或 PDF 格式构建文档系统,文档具有图像浏览系列功能,并可实现跨文档热链接。

(3) 结构化的电子技术手册:采用 SGML 格式构建文档系统,提供对话式交互界面和目录式结构查询,如前进、后退功能,文档和图像可以同时显示。

(4) 基于数据库的电子技术手册:基于统一的数据标准,采用分层结构多属性数据库,实现对不同电子化资料数据库进行管理,并具有丰富的交互操作功能。

(5) 智能集成电子技术手册:对实时检测数据、已有故障数据及维修技术资料等信息的集成应用,实现对数字化技术资料和维修保障信息的智能化、网络化、交互式查询及数据自动更新。

前三个阶段主要实现了技术手册从纸质到电子化再到结构化的过程,实现了文档的电子化及图像信息显示功能,并提供了目录式结构检索功能。此后,不断涌现出诸多基于数据库及信息平台的电子技术手册系统,将索引信息引入到数据库存储及管理中,并将电子化文档信息通过信息平台的方式展示,在显示效果及数据管理效率上得到一定的提升。但此类系统主要问题是结构体系较为封闭,后续功能扩展及数据更新需要对系统进行重新开发时,实施难度较大。

第四阶段的电子技术手册形成了基于统一标准数据结构的电子手册,从数据源头上解决了某个系统(或设备)单独研制而数据不能横向纵向兼容的问题。同时,还提供了较为丰富的界面展现形式和交互操作方式。目前主流交互式电子技术手册产品都处于第四阶段技术水平。

第五阶段的电子技术手册实现了基于在线监测数据的智能化故障诊断与故障预报功能。由于需要大量历史故障数据和先进的测试性技术,目前只在美国部分型号飞机上得到应用。

6.5.1.2 国外应用现状

随着信息技术发展,信息化手段在装备各级维修保障中的应用受到各国普遍重视,在海陆空各型装备及民用航空、核电等领域研制中诞生了大量专用或通用的维修电子技术手册,并在装备维修保障工作中发挥了重要作用。

电子技术手册最初研究是为满足军用领域的需要,其研究起始于 20 世纪 70 年代。当时美国海军为解决武器装备操作、维修、训练和后勤保障中日益复杂的技术信息管理和使用问题,提出了以电子媒介取代纸张型技术手册的要求,并被美国国防部纳入"无纸张"舰船研究计划。美国海军首先研发了 F-14A 战斗机和 F/A-18战斗机的电子技术手册。随后,美国空军把 F-16 战斗机的高达 75 万页的技术文档和技术手册制成了 39 片光盘的电子技术手册,并加载于外场使用的便携式辅助维修计算机。电子技术手册的使用大大提高了外场技术人员的装备使用、维修和保障能力。其中,F-16 战斗机的故障诊断时间减少了 38%,故障诊断率提高到 98%。

20 世纪 90 年代后期,英、德、法、瑞典、澳大利亚等国开始在军事装备中应用电子手册技术,如英军的"猎兔狗"垂直起降战斗机;德军的 212 型潜艇、124 型护卫舰和欧洲战斗机等；法军的“阵风”战斗机、“戴高乐”航母等；瑞典的GRIPE战斗机、“虎”式武装直升机，以及“维斯比”级隐形护卫舰等。随后，日本、韩国、新加坡等亚洲国家军方开始引入电子技术手册技术及其美国军用标准，并研发出适合本国需要的电子技术手册制作平台和技术产品。

近年来，各国的装备维修技术电子技术手册普遍向人机交互信息化、数据内容标准化、现场级与岸上级分级部署、网络互通的方向发展，且装备维修技术电子技术手册与装备技术状态监测及装备维修管理等业务系统逐渐形成互联。

图6-10为美国“长弓-阿帕奇”直升机现场故障维修电子技术手册的应用情况。该系统通过提供各类技术资料及结构图解展示，为现场级故障诊断与排故提供了丰富的维修信息资源及人性化的交互手段，并可实现实时在线检测功能，缩短诊断时间，减少人为操作判断的误差。

图6-10　美国“长弓-阿帕奇”直升机现场故障维修电子技术手册

6.5.1.3　国内应用现状

我国航空、航天、陆装等领域最早在2000年左右针对出口装备开发交互式电子技术手册，后逐步扩展至国内新型装备中。目前，航空三代机、四代机、商飞C919、天宫一号载人飞行器、新型卫星等均开发了交互式电子技术手册，已全部或部分替代纸质技术资料。

我国舰船行业在技术资料数字化方面起步较晚。2015年针对某出口舰船，开始研制综合保障数据包，其具备数字化技术资料功能。水面舰船方面，某型驱逐舰已实现交互式电子技术手册开发和应用，由总体所制定技术要求和数据规范，各设备单位制作电子技术手册数据模块，总体所负责技术审查和最终电子技术手册集成。

目前，国内各类装备 IETM 研制工作概况如下：

(1) IETM 研制虽无强制性要求，但已成为各武器装备领域普遍共识。

全军尚没有颁布武器装备 IETM 的统一强制交付要求，但航空、航天、电子、陆装等领域已将 IETM 作为了新研型号的技术资料交付标准；部分新研舰船装备也在研制总要求中明确要求研制 IETM。

(2) 在 IETM 信息内容组织上，部分遵循 GJB 6600—2008《装备交互式电子技术手册》标准规范要求，技术水平涵盖二、三、四级，以三级为主体。

在标准化方面，国内参考欧美 S1000D 标准的模式，拟制定全军通用标准。2006 年底，总装备部开始组织有关单位参照美军和欧洲有关标准开展我国军用标准的制定工作，在 2008 年 10 月发布了 GJB 6600—2008 并予以实施，GJB 6600—2008 规定了 IETM 的信息内容编码要求。目前国内新研装备型号的 IETM 在信息内容组织上，基本都遵循 GJB 6600—2008 标准规范要求。统一标准的颁布促使以前零散、非标的维修电子技术手册逐渐向数据集成化、功能多样化方向发展，IETM 技术水平涵盖了二、三、四级，以三级为主体，处于从三级往四级过渡的阶段，即逐步由线性结构化 IETM 向分层结构化 IETM 发展。

(3) 在 IETM 体系架构和显示样式上，规范约束力不强，各行业、各单位一般根据用户需求自行确定。

GJB 6600—2008 对 IETM 体系架构及显示样式提出了通用的基本要求，对界面显示效果及版本应用方面未提出具体要求。目前国内各军工行业 IETM 在体系架构上有单机版本、网络版本等多种样式，有台式机、笔记本、手持 PAD 等多种载体，有 Windows、Android、IOS 等多种操作系统；在显示样式上也是根据用户需求进行定制。如某型号航天器 IETM 采用 Android 操作系统的平板样式。

目前国内大型装备的现场电子技术手册主要以信息查阅为主，具备一定的人机交互功能，但由于各型装备在基于运行数据的故障诊断方面工作开展不够，在装备的故障在线检测功能方面都较为薄弱。

6.5.1.4 某型舰船手册研制及应用案例

本节详述了某舰船设备 IETM 的研制过程，涵盖手册研制思路、功能定位、系统架构、功能模块组成、应用效果等内容，该交互式电子技术手册产品处于第四阶段技术水平。

1) 手册研制思路及功能定位

手册研制以该舰船历史故障记录和已有故障预案为基础，分析、梳理、筛选海上可能发生、船员处理有一定技术难度的故障模式，并依据海上修理条件，对各故障模式研究制定应急抢修预案或应急处置建议；同时，收集整理故障处理过程中所需要的各类图纸、文件等技术资料，研制所需要的三维模型、动画等数字化信息资源；以交互式电子技术手册为平台，以应急抢修预案和应急处置建议流程为索引，有机组织技术资料、数字化信息资源等各类信息,实现对海上故障处理的针对性、交互性,直观指导性好。

IETM 的功能定位如下:

(1) 指导故障应急抢修及处置。

IETM 的首要功能是针对海上可能发生的故障,为船员提供应急抢修预案和应急处置建议,指导船员完成海上故障处理,确保任务安全。对于具备修理条件的故障应提供抢修预案,对于海上不具备修理条件的故障应提供应急处置建议。另外,应急修理预案应面向具有一定修理能力的船员,不应过于简单。

(2) 用于船员学习培训。

该手册针对海上故障应急抢修及处置需求,将涵盖装备基础信息、修理资料、应急预案等各类丰富的信息资源,可作为船员岸港培训技术资料平台。

(3) 海上维修保障活动信息记录。

手册具备海上维修保障活动信息记录功能,后期将定期对船员记录的故障信息进行收集,并将典型故障的排查及修理过程作为新的数据模块补充到 IETM 中。

2) 系统架构

IETM 总体架构如图 6-11 所示,共划分为三层结构,包括硬件层、软件层和数据层。IETM 将装备各类技术资料借助专用软件系统及配套的硬件平台予以展现。在信息应用层面,IETM 实现以装备产品结构树为导航,按功能单元组织技术信息,

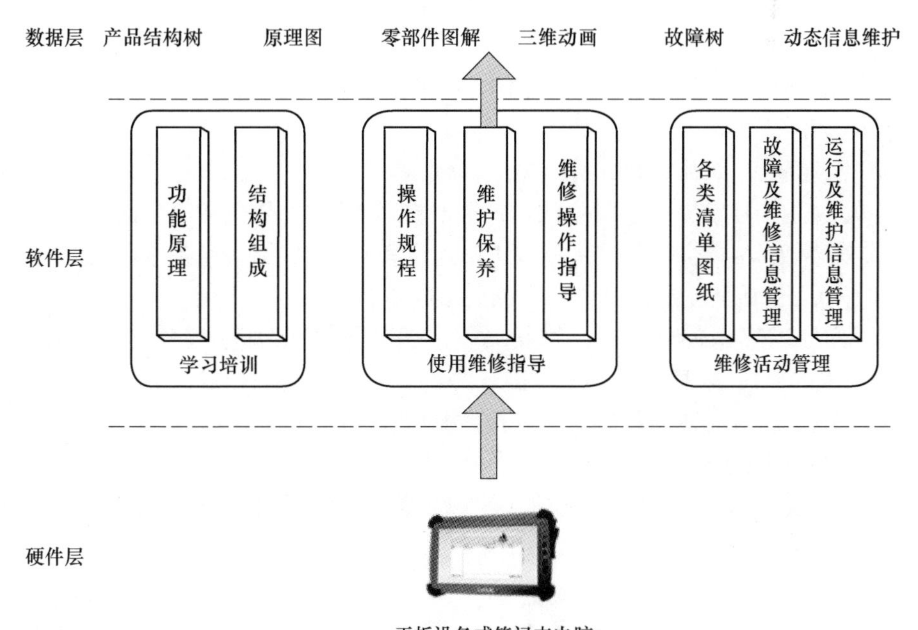

图 6-11 IETM 系统架构图

实现了技术资料的数字化存储及技术信息的人机交互。数据层内容为系统、设备的 IETM 数据包,涵盖基础信息、图纸图片、热点链接、三维动画等多种形式的装备技术信息。

3) 功能模块组成

根据船员使用需求,手册包含功能原理、结构组成、操作规程、维护保养、维修指导、器材清单、图纸文件 7 个基本功能模块。

(1) 功能原理模块。

该模块提供系统、设备的各类设计基础信息,包括工作原理、主要技术性能指标、接口信息等。

① 概述:介绍系统、设备的总体信息,包括隶属系统、主要功能、船上布置、改换装信息等。

② 工作原理:结合相关原理图介绍设备的功能、原理,物理、化学或技术性能。当一个设备由多个子设备组成时,应说明每个子设备的功能和特性,并说明各子设备之间的相互关系。

③ 主要技术性能指标:描述系统、设备主要技术性能指标,包括以下内容。

a. 环境条件:对设备正常运行所需的工作条件进行说明,包括空气温度、相对湿度、大气压力、航速、霉菌、盐雾、倾斜摇摆、老化、辐照、振动等条件。

b. 物理特性:结合设备外形尺寸图对设备的重量、尺寸等物理特性进行说明。

c. 功能特性,如动力要求、功率、压力、容量、运转方式、输出、频率、脉冲特性、灵敏度、选择性、公差等(如可能,包含工作特性图)。

d. 能力限制,如推力、速度、回转半径、最小和最大作用范围、覆盖程度、分辨率、精度等。

e. 额定输出,如瓦特数、电压、马力、流量等。

④ 接口:描述设备或子设备的输入输出接口关系,主要包括以下内容:

a. 外部接口:结合设备外部接线图描述设备与其他系统、设备之间的物理、功能接口关系,包括具体的接口形式和相关参数值。

b. 内部接口:结合设备的内部接线图描述设备内部之间的功能接口关系,包括动力、内部介质、信息的输入输出接口。

c. 安装接口:描述设备的安装位置、安装要求等信息。

(2) 结构组成模块。

结合设备的外形图、装配图及三维模型,描述系统、设备的整体组成。对于重要部件,进行单独介绍。

(3) 操作规程模块。

操作规程模块包括系统、设备的使用前准备和检查,启动及运行,停运及停运后操作等规程。

① 使用前准备和检查:描述设备使用前应做的准备和检查工作。准备工作包括设备使用前需要准备的工具和辅助材料等。检查工作即设备使用前的状态检查,包括设备安装完整性检查;各部套件连接紧固性检查;接线正确性、牢固性检查;各部位开关状态检查;开关、按钮启闭灵活性检查;压力状态检查;水、电、气、汽等的接通状态检查等。并对准备和检查过程中的注意事项、容易出现的误操作及对应的防范措施进行说明。

② 启动及运行:分不同工作模式(或工况),分别描述系统或设备启动时及运行过程中应做的相关操作。针对复杂系统或设备的运行操作采用视频、动画(三维或平面)或图示予以展示。

③ 停运及停运后操作:描述设备在停止运行时的正常操作程序,以及停运后应做的相关操作。并对停运及停运后操作过程中的注意事项、容易出现的误操作及对应的防范措施进行说明。

④ 应急情况处理:描述系统或设备在运行使用过程中可能出现的各种应急情况,及在各种应急情况下的使用操作。

(4) 维护保养模块。

描述按照日、周、月等周期性检修项目及保养要求展开,具体如下。

在各类检修及保养过程中,针对相对复杂的设备拆装操作,提供操作视频、三维动画或图示予以展示。

① 日检拭。描述每天应对设备开展的检查、试机和保养操作。

② 周检修。描述除了完成日检拭内容外,每周仍须对设备开展的各项常规性检修和保养工作。

③ 月检修。描述除了完成周检修内容外,每月仍须对设备开展的各项常规性检修和保养工作。

④ 航行检修。描述舰船在长期航行前后需要对设备开展的各项常规性检修和保养工作。

⑤ 其他维护保养。描述除了以上常规项目之外的其他维护保养工作。

⑥ 注意事项。描述设备在维护保养过程中应注意的相关事项。

(5) 维修指导模块。

维修指导模块包括故障分析表、故障排查、故障修理等维修指导内容。

① 故障分析表。列出设备所有典型故障的现象、原因、修理措施等简要信息,作为故障排查和故障修理模块的检索索引。

② 故障排查。根据故障现象和各种可能的故障原因,分别对系统中各设备、管路、附件以及设备的各组成部件进行逐一排查,每一项故障的诊断流程包括操作内容、检查项目、判断条件等三要素。根据故障现象对设备进行相应操作并实时监测或观察,根据不同观测结果对设备进行下一步操作并继续观测,如此反复,直至

找到最终故障部位并排除故障。

③ 操作内容。针对设备的某项故障,描述故障应急处置操作项目要求,用于做出进一步的检查判断或定位最终故障源。

④ 检查项目。根据每一项操作内容,描述相应的检查要求,包括检查项目内容、检查结果判断要求等。

⑤ 判断条件。根据检查项目中不同的检查结果,描述相应的操作内容要求。

⑥ 故障修理。描述设备故障对应的操作步骤及其相关内容(仅针对舰员级及中继级维修),具体要求如下:

a. 修理前勘验要求:提出修理前对设备技术状态的勘验要求,用于初步了解设备的运行状况和故障状况,以便进行故障隔离与排除。

b. 仪器、仪表及工具:列出修理前应准备的常用和专用仪器、仪表、工具以及专用试验台等。

c. 备品备件、材料:列出修理过程可能用到的备品备件、材料等消耗品。

d. 人员要求:列出实施该维修项目的人力人员需求。

e. 环境要求:提出应提供的修理环境。

f. 修理内容和要求:针对复杂的拆卸及安装操作,提供操作视频、三维动画或图予以展示。

g. 拆卸和分解要求:提出在设备拆卸前后应做的相关准备或辅助性工作,以及拆卸和分解的具体工序、相关操作要求和注意事项等。

h. 检查测量要求:提出在拆卸过程中及拆卸之后对设备相关部件、部位或对相关装置的检查测量要求。

i. 修复更换要求:提出在设备经过相关检测后,需要进行修复(或应急抢修)与更换的要求,包括详细的修复(或应急抢修)与更换操作项目及相关注意事项等。

j. 装配和安装要求:提出设备在装配和安装前后应做的相关准备或辅助性工作,以及装配和安装的具体工序、相关操作要求和注意事项等。

k. 试验验收要求:提出设备在完整修复后需进行的相关试验要求,包括试验项目、试验方法、合格判据等方面。

(6) 器材清单模块。

器材清单模块包括系统、设备的备品备件、专用工具等清单。

(7) 图纸文件模块。

图纸文件模块提供信息上传接口,用于船员记录海上维修保障活动信息,后期将定期对船员记录的故障信息进行收集,并将典型故障的排查及修理过程作为新的数据模块补充到 IETM 中。

4）应用效果

IETM通过整理已有的完工文件与维修资料，研究制定海上故障处置与修理预案，并将以上传统的技术资料进行数字化集成，通过丰富的素材表现形式实现对各类技术信息的一站式查阅及维修操作的交互式指导。其主要应用效果如下：

（1）维修预案规范化、数据信息标准化。

手册中提供的故障维修预案，是在研制人员根据装备设计特性开展故障模式分析及维修性分析的基础上，充分考虑到装备的各类潜在故障，并提供了相应的修理方案与应急处置措施，与基于单次故障经验制定的应急预案相比预案更为规范，便于在同型号舰船上统一推广。

手册所有数据都按照S1000D《技术出版物国际规范》的要求进行统一编码、统一划分数据类型，信息标准化程度高，便于后期数据更新及扩展，同时便于各研制单位分布式协作的研制模式。

（2）信息涵盖范围广、针对性强。

手册以支持船员海上故障抢修需求为牵引，包括船上主要装备的基础数据、使用及维修操作指导、历史故障信息、各类应急预案等信息。手册所覆盖的船上设备及海上故障是基于该船多年保障经验进行细致筛选得到的，修理范围主要涵盖了海上维修项目（部分修理项目可达到中继级维修级别），信息涵盖范围广，用于海上故障抢修具有较强的针对性。

（3）人机界面交互性好、可读性强。

手册的显示层设计大量采用矢量图、三维模型、演示动画、热点链接等多媒体及数字化形式表现，可读性强；能实现各类信息的相互链接、引用，并提供模糊查询功能，节省资料翻阅时间；针对常见故障，手册提供了向导式的故障查找程序，可与用户进行实时信息交互。

（4）内容灵活组装、易于扩展。

手册可根据专业、战位、系统/设备等方式进行灵活组装发布。

可与船上健康管理、船上器材消耗等信息管理应用进行融合和信息互联，提供“装备故障监测——故障诊断——故障修理和维护保养方案推送——器材管理”一站式保障服务。

6.5.2 综合保障数据包

由于舰船装备组成规模复杂、技术高度综合，且有使用强度高、常态化在航的任务要求。为保持和恢复舰船技术状态，使得综合保障包在舰船装备保障活动中应运而生，综合保障包概念起源于美军舰船，并逐渐在英国、澳大利亚、巴基斯坦、泰国等国家主流武器装备中广泛应用，取得了良好的应用效果。法国、俄罗斯等国家也使用了类似的维修保障计算机辅助管理系统。

具体来讲，综合保障包是装备服役阶段使用、运行、维修等所需保障要素数据信息的集合，可通过计算机辅助管理系统进行集成、规划和管理，同时可收集装备服役中的动态信息。典型的舰船综合保障包一般包括装备配置管理、维修管理、供应保障、技术资料、设备设施、训练保障等几个方面的保障要素。如图 6-12 所示，在实际应用中可根据用户需求进行调整和扩展。

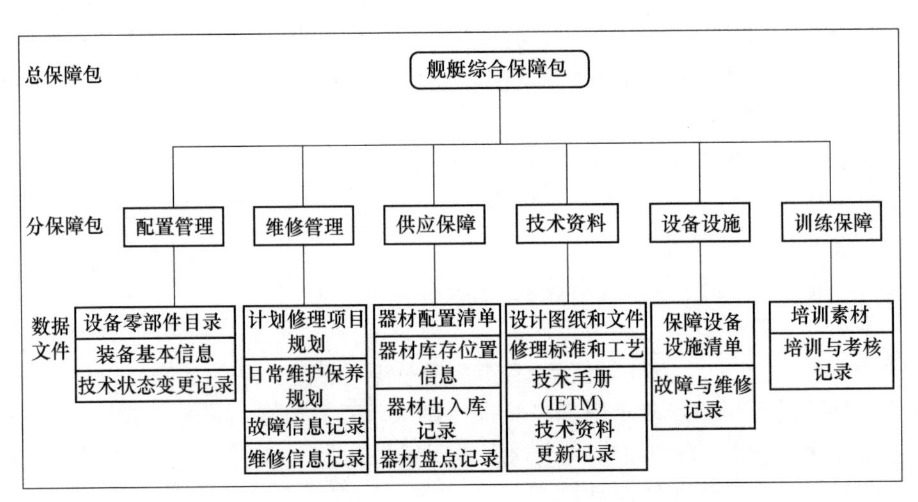

图 6-12　典型舰船综合保障包示例

由图 6-12 可知，综合保障包将各类装备综合保障数据文件进行打包、集成，是一个按保障要素分为多类别、多层次的结构化、体系化产品。它以舰船装备为对象，顶层为一个总保障包，向下细分为各保障要素的分保障包，底层为各保障要素数据文件和相关的动态信息。

综合保障包既是开展装备保障性设计分析的结果，可确保装备“好保障”，也是支持装备服役后各项维修保障活动的基础，可实现装备“保障好”。综合保障包能够支持及时掌握装备技术状态，合理规划装备维修保障工作任务，增强舰员级与基地级维修保障能力，提高维修保障活动的准确性和效率，从而保持舰船装备的战备完好性和支持海上维修保障活动的自主性。

6.5.2.1　国外综合保障工作现状

综合保障工程起源于美军，并在美欧等国得到较好应用。由于美军装备注重理念创新、不断优化综合保障工作模式，重视标准化建设工作、不断完善综合保障标准规范，主装备研制同时提前规划维修保障数据文件、统筹落实各级系统设备的综合保障工作，并逐步采用信息化手段提高综合保障效率及准确性，在舰船等主流武器装备中已率先应用了综合保障包。英国等国舰船综合保障活动管理中也普遍应用了综合保障包,或者类似的维修保障计算机辅助管理系统,其核心都是装备各保障要素相关的数据文件。

以美国某型舰船为例,其针对维修保障支持和管理,采用了自动化综合保障包管理系统。该综合保障包的主要内容包括电子版保障包数据文件和相应的计算机辅助管理系统软件平台,其主要功能如表6-8所列。

表6-8 美国某型舰船综合保障包主要功能及内容

序号	功能模块	保障包主要内容
1	配置管理	(1) 产品、系统、设备各级零部件目录信息; (2) 装备型号、功能、技术指标、图片等基本信息; (3) 装备服役后技术状态变更信息记录
2	维修管理	(1) 基地级各级计划修理的维修规划和修理项目安排; (2) 舰员级日常维护保养规划和部门日常维修安排; (3) 详细的故障现象、原因分析等故障信息记录; (4) 详细的维修处理过程、备件更换等维修信息记录
3	物资器材供应保障	(1) 备品备件及维修工具种类、数量配置清单; (2) 器材库存放位置信息表; (3) 器材出入库、领用、归还信息记录; (4) 器材盘点信息记录
4	维修保障技术资料	(1) 设计图纸、技术/使用/维修说明书等完工文件; (2) 维修要求、维修方案、工艺流程等装备维修标准; (3) IETM 载体形式的使用与维修技术手册资料; (4) 技术资料更新信息记录
5	保障设备与设施	(1)保障设备与设施配置清单; (2)保障设备与设施使用、维修、报废等信息记录
6	训练保障	(1)总体、系统、设备等各级培训教材; (2) 船员培训、考核等信息记录
7	综合保障分析	综合保障分析信息记录,主要包括故障模式及影响分析(FMEA)、以可靠性为中心的维修分析(RCMA)、使用与维修工作分析(O&MTA)、修理级别分析(LORA)

美军综合保障工作具有如下特点:

(1) 准确掌握装备技术状态。完整、详实、全面掌握装备基础设计信息,细化到产品、系统、设备、零部件等各级组成部分的基本信息,并及时跟踪装备技术状态变更信息,能够有效支撑对装备技术状态评估、后续装备升级与设计改进。

(2) 维修技术资料指导性强。维修技术资料具有步骤流程化、可操作性强、内容丰富详尽、检查手段细致、维修要求明确具体、可扩展性强的特点,有效指导了装备维修保障工作,在装备交付使用部队之后无须承修厂进一步消化转换,能够及时支持装备维修。如美国某舰船制定了一套1000余份内容丰富细致、指导性强的维修标准。

(3) 维修活动计划科学合理。以装备可靠性水平、以可靠性为中心的维修分析、预防性维修规划为依据,制定各级装备维修活动计划,能够有效推进基地级计划修理和舰员级日常维护保养工作的有序、顺利开展。

(4) 采用信息化手段效率高。通过计算机辅助管理系统、物资器材"全资产可视化"项目、技术资料"IETM数字化"加工方式、装备状态监测及健康管理系统等信息化技术手段,能够显著提高装备维修保障效率和精准性,实现装备精确化、智能化保障。

(5) 持续积累装备保障数据。在装备使用、运行、维修等过程中,详细记录各类保障数据信息,如技术状态变更信息、故障及维修信息、器材出入库信息等,能为装备技术状态分析评估、故障规律分析及装备可靠性水平持续改进、器材携带数量优化配置等提供支撑。

(6) 综合保障分析工作扎实。通过全面、深入开展故障模式及影响分析、以可靠性为中心的维修分析、使用与维修工作分析、修理级别分析等综合保障分析工作,为综合保障包数据文件的编制奠定了扎实的基础。

美军的综合保障工作实践经验表明,综合保障包能够显著提升装备的保障能力和效率,降低全寿命周期保障费用。据美军统计,通过综合保障工程的实施,能够节省30%~40%的舰船全寿命周期费用。

6.5.2.2 国内综合保障工作现状

我国装备综合保障工作的实践从20世纪80年代引入美军综合保障概念以来,颁布了指令性文件和一系列国家军用标准,要求装备及其配套的保障要素同步考虑,编制了装备服役阶段使用、运行、维修等所需的数据文件;进入21世纪,随着信息化与智能化技术的发展,综合保障包、器材数字化管理、交互式电子技术手册、故障预测及健康管理等技术引入到综合保障领域。空军在装备综合保障方面起步较早,制定了用于服役期维修保障的预防性维修大纲、维修标准、最小放飞清单等数据文件,并逐步应用了综合保障包、电子手册、健康管理等信息化与智能化保障技术,取得了较好的成效。

我国舰船装备也逐步加强了综合保障工作,大多舰船制定了计划修理标准工程单、维修技术要求标准、维修工艺、器材筹措目录、器材出航携带标准等数据文件,同时陆续开展了综合保障信息化建设,较好支持了舰船装备全寿命周期综合保障工作。

1) 某型出口舰船综合保障包

某型出口舰船根据外方要求,参考美军标准和美军舰船综合保障包的研制过程,研制了该型舰船的综合保障包,主要功能及内容如表6-9所列。

表6-9 某型出口舰船综合保障包主要功能及内容

序号	功能模块	保障包主要内容
1	配置管理	(1) 产品、系统、设备各级零部件目录信息; (2) 装备型号、功能、技术指标、图片等基本信息; (3) 装备服役后技术状态变更信息记录
2	维修管理	(1) 基地级各级计划修理的维修规划和修理项目安排; (2) 舰员级日常维护保养规划和部门日常维修安排; (3) 详细的故障现象、原因分析等故障信息记录; (4) 详细的维修处理过程、备件更换等维修信息记录
3	物资器材供应保障	(1) 备品备件及维修工具种类、数量配置清单; (2) 器材库存放位置信息表; (3) 器材出入库、领用、归还信息记录; (4) 器材盘点信息记录
4	维修保障技术资料	(1) 设计图纸、技术/使用/维修说明书等完工文件; (2) 维修要求、维修方案等装备维修标准; (3) 使用与维修技术手册资料; (4) 技术资料更新信息记录
5	保障设备与设施	(1) 保障设备与设施配置清单; (2) 保障设备与设施使用、维修、报废等信息记录
6	训练保障	(1) 总体、系统、设备等各级培训教材; (2) 船员培训、考核等信息记录
7	保障人力和人员	(1) 人力人员编制清单,含技能等级信息; (2) 具体保障部门、人员组成信息表,需考虑轮班; (3) 船员值更、考勤信息记录
8	大修包	(1) 停航大修期间预防性维修工作计划; (2) 针对大修的维修要求、维修方案等装备维修标准; (3) 针对大修的故障及维修信息记录
9	综合保障分析	综合保障分析信息记录,主要包括故障模式及影响分析(FMEA)、以可靠性为中心的维修分析(RCMA)、使用与维修工作分析(O&MTA)、修理级别分析(LORA)

该出口型舰船综合保障包参考美军舰船进行研制,主要功能和数据文件与美军舰船要求基本一致,不同之处是根据外方要求进行了部分内容调整,例如增加了对保障人力和人员的信息化管理,并单列了大修包。此外,其使用与维修技术手册资料没有采用IETM载体形式,而是以文本、图片资料为主,缺少操作指导性更强的视频、动画、三维模型等;维修标准较粗,主要用途是规定装备维修范围和相关要求,没有参照内容更详实、可操作性更强的美国舰船维修标准对工艺流程进行细化完善。

2）我国某型舰船综合保障包

我国某型舰船在已开展舰员级维修保障系统研制工作的基础上，进一步深化开展了基地级修理结构优化、综合保障技术及管理法规标准制定、基地级修理图纸文件编制、器材相关目录及标准制定等工作。主要工作内容如表6-10所列。

表6-10 我国某型舰船综合保障包主要工作内容

序号	功能模块	保障包主要内容
1	基地级修理结构优化方案	(1)维修需求和修理结构分析报告； (2)舰船使用、故障和维修信息收集及分析报告； (3)等级修理类别的设置分析报告和修理结构优化方案等
2	综合保障技术和管理法规标准	(1)综合保障工作管理规定和技术要求； (2)综合保障分析及数据要求； (3)维修、供应等保障活动管理要求； (4)技术资料编制指南等
3	基地级修理图纸文件	(1)总体、船体、功能单元和设备基地级修理文件； (2)各系统设备预防性维修大纲、修理技术要求、维修手册、调试细则等图纸资料和技术文件； (3)基地级修理资源保障方案等
4	器材相关目录及标准	(1)维修器材目录； (2)随船器材携带标准； (3)周转器材库存限额标准； (4)器材回收修复目录等
5	舰员级维修保障技术资料	(1)产品零部件结构树分解目录信息表； (2)设备基本信息表，及设备厂家基本信息表； (3)设备零部件及备件基本信息表； (4)使用工作分析表； (5)维修工作卡信息表； (6)工具和测试设备信息表，消耗品信息表； (7)设备技术文件信息表
6	舰员级维修保障系统	对舰员级维修保障技术资料进行计算机辅助管理系统管理： (1)配置管理方面：技术状态变更管理； (2)维修管理方面：维修计划及检查管理； (3)供应管理方面：仅有器材清单管理，没有出入库管理； (4)技术文件方面：仅有图纸查阅，没有技术文件更新管理

我国某型舰船综合保障包的特点如下：

(1) 数据文件编制方面，主要覆盖基地级修理图纸文件、舰员级维修保障技术资料、器材相关目录及标准，较为齐全和较好地支持了装备服役后的维修保障活动。

（2）信息化保障建设方面，通过舰员级维修保障系统，动态管理故障及维修信息、器材出入库管理、技术文件更新管理等记录信息。

（3）在研制阶段，考虑从源头对基地级修理结构进行优化，同时制定综合保障技术和管理法规标准，用于指导综合保障分析和支撑技术资料编制。

6.5.2.3 某型舰船综合保障包研制及应用案例

舰船综合保障包研制主要包括装备保障技术资料和计算机软件系统构建两方面内容。

1）装备保障技术资料

（1）编制装备基础信息管理文件。

① 编制产品零部件目录。

编制完整的产品、系统、分系统、设备、组件、零部件等六级详细的产品零部件目录，至零部件级可更换单元。需编制的产品零部件目录信息表如表6-11所列。

表6-11　产品零部件目录信息表

序号	名称	规格型号	尺寸	单重	产品结构树分解级别	计量单位	数量	技术责任单位	供货厂家	备注

② 编制装备基本信息表。

编制总体、系统、设备三级装备的基本信息表如表6-12所列。

表6-12　装备基本信息表

序号	名称	编码	规格型号	尺寸	主要功能	性能参数	安装位置	数量	供货厂家	出厂时间	入役时间

③ 编制装备已发生的技术状态变更信息表。

编制装备已发生的技术状态变更信息表如表6-13所列。

表6-13　装备已发生的技术状态变更信息表

序号	名称	规格型号	尺寸	单重	变更情况	变更类别	变更时间	相关文件	备注

④ 装备设计图纸。

总体、系统、设备各单位编制的技术规格书、技术说明书、使用说明书、维修说明书、功能原理图、设备外形图/三维模型、安装布置图、电缆图册等文件资料，需纳入综合保障包进行统一管理，便于便捷查询。

（2）编制舰员级维修保障资料。

① 制定日常维护保养计划条例。

根据基地积累的修理经验，制定日常维护保养计划条例，确保日检拭、周检修、月度检修、季度检修等预防性维修计划开展的规范性和指导性。日常维护保养计划模板如表6-14所列。

表6-14 舰员级日常维护保养计划模板

序号	设备名称	设备编码	维修部门	维修项目名称	维修类型	周期	人员类型	人员数量	作业流程	验收要求

② 开发制作IETM。

针对研制、改进类重点系统和设备,开展IETM开发工作。详见6.5.1节。

(3) 编制基地级维修保障资料。

① 编制计划修理标准工程单。

基地级计划修理标准工程单模板如表6-15所列,可根据舰船修理经验,综合考虑维修牵连工程。

表6-15 基地级计划修理标准工程单模板

序号	工程部位及名称	拆检范围及技术要求	验收要求	是否需进坞	维修牵连工程	安全措施及注意事项	备注

② 维修标准工艺

参照美军维修标准,对装备重要、频发故障的每一项维修项目制定维修工艺标准,并可根据实际情况进行增减。

a. 封面。包含维修标准标题(即维修项目名称),以及适用型号、发布日期、发行单位、签名等信息。

b. 版本修改记录。包含标准的版本、出处,与其他标准的覆盖关系,并记录以往标准版本的修改情况。

c. 目录。包含全文的主要内容标题及页码,以及图片、表格等的标题和页码。

d. 参考文件。罗列与本标准相关的各类国家标准、行业标准、其他维修标准的名称及编号。

e. 目的及范围。标准的目的,以及维修针对的范围。

f. 术语定义。对标准中的常用术语进行解释,并给出其具体含义。

g. 安全须知。逐条介绍安全相关规定及安全注意事项。

h. 维修概述。规定该项标准与其他标准冲突时以该标准为准,并简要描述该项维修项目的主要维修内容和效果。

i. 维修前准备工作。规定维修开始前的准备工作,如维修时设备运行状态、检查要求,以及需要的人员、技术资料、备件、工具等保障资源需求。

j. 维修工作实施流程。维修作业的实施项目名称、每一步维修操作的实施流程、针对的具体部位。并结合实施流程,针对每一步维修操作规定检查要求、技术指标要求、具体使用的备件或工具、参考的标准或文件等细致内容。此外,在适当的地方标注注意事项提醒,以免造成不必要的人为失误。

k. 材料检查和反馈。要求检查零部件材料的磨损和腐蚀等性能退化现象,并根据检查结果进行相应处理。

l. 设备和零部件清单。罗列设备的名称、规格型号、编码,以及零部件的名称、规格型号、编号、数量、对应备件编码、器材箱编号。

m. 维修后检验工作。规定维修项目完成后的检验标准要求和检验步骤。

(4)编制器材及寿命件标准目录。

① 编制器材标准及目录。

器材标准及目录主要包括器材筹措目录、器材携带标准、周转器材配置标准、器材回收修复目录等文件,如表6-16~表6-19所列。

表6-16 器材筹措目录模板

序号	系统、设备、附件名称	备件及工具名称	规格型号	功能、参数	外形尺寸	单重	计量单位	技术责任单位	生产厂家	联系人	联系方式	订货周期	备件装机数量

表6-17 器材携带标准模板

序号	名称	备件名称	规格型号	外形尺寸	单重	计量单位	携带数量	生产厂家

表6-18 周转器材配置标准模板

序号	名称	备件名称	规格型号	外形尺寸	单重	计量单位	周转数量	周转周期	生产厂家

表6-19 器材回收修复目录模板

序号	名称	器材名称	规格型号	功能、参数	外形尺寸	单重	器材回收修复数量	可回收修复标准	回收修复方法	生产厂家

② 编制寿命件清单。

编制寿命件清单,模板如表6-20所列。

表6-20 寿命件清单模板

序号	寿命件名称	规格型号	寿命件编码	计量单位	库存数量	贮存寿命	使用寿命	生产厂家	出厂时间	贮存时间	更换时间	安装位置	备注

(5) 编制保障设备与设施清单资料。

产品设备设施部分应收集和编制配套保障设备与设施配置清单，模板如表6-21所列。

表6-21 保障设备与设施配置清单模板

序号	保障设备与设施名称	规格型号	编码	用途	计量单位	配置数量	生产厂家	出厂时间	安装/存放位置	备注

(6) 编制训练保障资料。

产品训练保障部分应收集和编制如下文件资料：

① 装备总体、系统、设备各级培训教材；

② 重要系统和设备制作培训课件；

③ 构建装备基础专业知识、使用与维修操作技能题库。

2) 计算机软件系统

舰船综合保障包主要包括产品配置及技术状态管理、维修管理及故障维修信息记录、器材及寿命件供应保障、维修保障技术资料、保障设备与设施、训练保障等六方面内容。在上述数据文件完善的基础上，以统一的体系架构设计、数据库信息集成、应用门户入口为基础，并支持编码管理、综合分析、系统管理等系统平台必要功能，构建形成舰船综合保障包一体化系统。

(1) 基础设施层。

基础设施层通过在各地部署中心服务器，提供维修保障数据中心服务功能，便于存储舰船各类维修保障数据信息。通过台式机、笔记本、平板终端、手持终端等，支持用户访问综合保障包一体化系统，并录入和管理各项数据信息。

(2) 数据管理层。

数据管理层存储、维护舰船综合保障包一体化系统的各类数据信息，主要包括配置管理、维修管理、供应保障、技术资料、设备设施、训练保障及其他数据信息等。

① 配置管理数据主要包括产品零部件目录信息、装备基本设计信息、装备运行信息、装备监检测信息、产品技术状态变更信息(含技术联系单)等。

② 维修管理数据主要包括基地计划修理工程单(含标准工程单)、船员日常维护保养信息(含日常计划)、改换装/重大技术问题文件资料、故障及维修信息等。

③ 供应保障数据主要包括器材随船携带标准及筹措目录、器材基础/库存/使用数据、寿命件清单、寿命件贮存/使用/更换数据等。

④ 技术资料数据主要包括设计图纸文件、维修标准(含维修要求、维修方案、工艺等)、IETM 数据包(含零部件组成、功能原理、性能、运行使用、维护保养、维修

操作、拆解及安装动画、三维等)。

⑤ 设备设施数据主要包括保障设备与设施配置清单、使用/维修/报废记录信息等。

⑥ 训练保障数据主要包括总体/系统/设备各级培训教材、培训课件、船员队培训与考核记录(含考核题库)等。

⑦ 其他数据主要包括编码信息、综合保障大数据处理分析结果信息、保障包一体化系统基础数据、用户数据、系统使用日志数据等。

(3) 业务功能层。

业务功能层主要实现舰船综合保障包一体化系统的核心功能,包括配置管理、维修管理、供应保障、技术资料、设备设施、训练保障、编码管理、综合分析、系统管理等各项功能。

① 配置管理功能主要包括产品零部件目录管理、基本设计信息管理、运行信息采集管理、监检测信息采集管理、产品技术状态变更信息记录等功能。

② 维修管理功能主要包括基地计划修理规划、船员日常维护保养规划、改换装工程管理、重大技术问题管理、故障信息记录、维修信息记录等功能。

③ 供应保障功能主要包括器材配置清单管理、器材库存布置信息管理、器材盘点、器材查找、寿命件配置清单管理、寿命件存储与更换管理等功能。

④ 技术资料功能主要包括设计图纸文件管理、维修标准及工艺管理、IETM 学习培训、IETM 使用维修指导、IETM 故障辅助诊断、技术资料更新信息记录等功能。

⑤ 设备设施功能主要包括保障设备与设施配置清单管理、保障设备与设施使用维修信息记录等功能。

⑥ 训练保障功能主要包括装备培训教材管理、装备培训课件管理、虚拟训练、使用方培训与考核记录等功能。

⑦ 编码管理功能主要包括文件资料编码、设备编码、器材编码、标签管理等功能。

⑧ 综合分析功能主要包括技术状态评估、技术状态对比、维修进度监控、故障规律分析、器材配置优化分析、寿命件过期预警等功能。

⑨ 系统管理功能主要包括系统基础数据管理、用户管理、功能模块配置、访问权限配置、安全保密管理、系统使用日志管理等功能。

(4) 综合应用层。

综合应用层主要实现各项综合保障应用服务功能,典型应用如全寿命周期技术状态的及时掌控、各级维修计划自动化制定、器材物资数字化扫描识别、技术资料维修保障就地支持、保障设备与设施可视化管理、使用方培训考核交互式指导等。

第 7 章

舰船安全性技术及工程实践

舰船安全性工程技术体系包括安全性要求、安全物项定义、安全性分析与评估、安全集中监测、安全性管理等，如图 7-1 所示。其中，安全性要求主要指安全性的定性要求；安全物项定义主要指对危险源识别与严重程度区分的过程；安全性分析与评估主要指系统性检查装备在每种使用模式中的工作状态潜在危险，并对安全状态予以评估；安全集中监测主要指对装备的安全状态在线监测的实体体系集中体现；安全性管理工作包括安全性管理组织的建立、人员的培训和相关安全性技术工作落实的监督管理等。

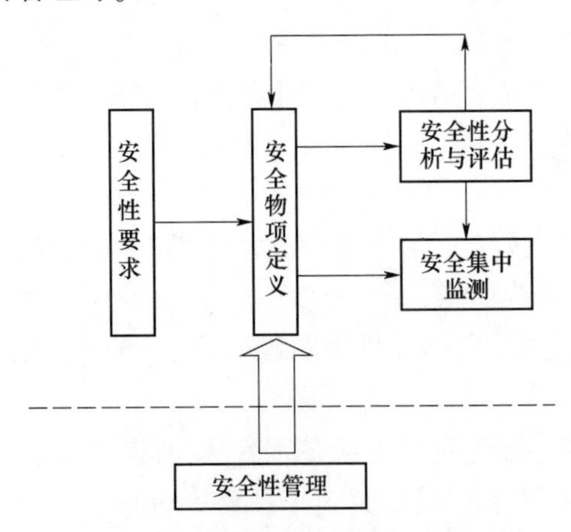

图 7-1　舰船安全性工程技术体系

7.1　安全性要求

7.1.1　一般性要求

(1) 应全面收集在役舰船系统、设备曾经发生过的严重故障、常发故障误操作等情况，综合权衡提出在新型号上的改进措施。

（2）应针对新型号系统、设备设计方案，尤其是研制部分，在进行 FMEA 时开展初步危险分析和系统危险分析，确定设计中的危险薄弱环节，并采取针对性改进措施。

（3）系统、设备应根据安全分级原则，制定安全分级清单，安全分级清单上的各级安全物项应根据安全分级管控要求开展分级设计。

（4）安全性设计措施的优先顺序：各系统应按照进行最小风险设计、设置安全装置、设置警告装置、制定专用规程的顺序采取安全性设计措施，只有在前面的设计措施在型号中不具备可行性或不能将风险减小到所要求的水平时才能采用后续设计措施。

（5）符合性原则：各系统安全性设计应满足有关规范、标准、条例、设计手册和其他设计指南的要求，对于超出规范的安全性设计内容，应采取试验的方法加以验证，若无法通过试验手段验证，则应通过理论分析并经设计师系统认可或其他方法确认其符合最小风险原则。

（6）最小风险原则。

各系统应通过设计消除危险和降低危险严重性以将风险控制在最低程度。

① 危险消除：通过对设计技术和操作特性的选择，结合系统的任务和使用条件，在设计方案和运行方案中消除危险或危险条件。

② 最低危险设计：对于不能消除的危险或危险条件，通过最小危险设计机理、技术方案、使用特性的选择，结合系统的任务和使用条件，使与之相关的危险事件及后果的严重程度最低。

（7）逐级安全原则。

安全性设计应逐级解决，即从设备安全性至分系统安全性至系统安全性，将解决下一级的安全性作为保证上一级安全性的基础。

（8）风险不转移原则。

某一个设备、分系统本身的风险应尽可能不转移给其他设备和分系统，而应由存在风险的设备或分系统自身加以解决。

（9）故障隔离设计原则。

① 在分系统和设备设计中采取故障隔离措施，防止因自身故障而引起与之有接口关系的分系统出现严重性和灾难性后果。

② 安全性功能通路应与非安全性功能通路隔离，防止非安全性功能的故障传播到安全性功能通路中，引起严重或灾难后果。本设计要求同样适用于互为冗余的安全性功能通路之间的隔离设计。

（10）防误操设计原则。

① 对允许调控的参数和设备工作的限定值做出规定，并在设计上给予限制或

锁定。

② 要使由人为差错引起安全事故的可能性最小；对关键性操作要有防误操措施、联锁控制措施，保证误操不动作。

③ 系统阀门应设计成操作手轮作顺时针转动，操作手柄作向右、向上或向前动作时，被控制量增加或上升；反之为减少或下降。凡需要按一定程序操作的控制设备，应有可靠的联锁保护装置。

(11) 冗余设计原则。

① 各系统对于执行安全功能的单元，若其可靠性不能满足要求，采用降额等其他方法也不能解决系统的安全性问题时，应采用冗余设计。

② 应在与总体协调基础上结合系统安全性要求合理选择冗余方式及冗余度，冗余方式包括设备冷备用、设备热备用、表决、多样性功能冗余等。

③ 所选择的冗余方式应综合考虑单元失效模式，避免出现共因故障造成冗余单元同时失效。

(12) 联锁设计原则。

各系统应分析本系统是否存在下述情况，综合权衡考虑设置联锁，降低相关风险。

① 一系列操作有固有顺序、违反顺序将造成危害的，应针对其流程设置联锁。

② 系统启停或运行状态改变需要一定先决条件，如不具备条件将造成危害的，应针对先决条件与运行状态改变设置联锁。

③ 当某参数偏离运行限值将危害系统安全，需要启动保护措施，并且针对该参数设置了测量仪表的，应对测量信号与保护措施启动控制设置联锁。

④ 系统采用冷备用方式，若同时停机将造成危害的，应对运行设备与备用设备之间设置启动联锁。

7.1.2 通海压力边界安全要求

通海压力边界安全设计要求如下：

(1) 浮性、稳性、适航性、操纵性应满足 GJB 4000—2000 的相关要求，不沉性应通过综合动力抗沉和损管，保证舰船综合抗沉能力。

(2) 通舷外阀门、填料函等应满足相应等级密封性要求。

(3) 通海水系统管路应设置两道阀门，确保海水压力边界安全；系统压力边界应设置安全泄放装置，防止系统或其中的任一部分发生超压事故。

7.1.3 航行操纵安全要求

航行安全设计要求如下：

(1) 舰船浮性、稳性、不沉性、适航性、操纵性应满足 GJB 4000—2000 相关要求。

(2) 应保证操纵指令与舰船航行姿态的一致性,提高故障的挽回能力及容错能力,有效控制舰船航行安全。

(3) 应通过冗余和多重性设计保证主推进动力和电力推进动力在要求的工况下安全输出、可靠转换。

(4) 应通过冗余和多重性设计保证主动力丧失后应急动力能提供所要求的续航力。

(5) 应通过冗余设计确保全船液压供油安全。

(6) 应提供准确的定位、定向、姿态基准、时间基准、航速。

7.1.4 动力输出安全要求

动力安全设计要求如下:

(1) 电力系统应保证全船正常工况连续供电、应急工况连续供电。

(2) 应设置有效的电力绝缘、监控、隔离措施。

(3) 应通过隔离与管路简化设计确保蒸汽、液压压力边界完整性。

7.1.5 人机环境安全要求

人机环境安全设计要求如下:

(1) 舰船内大气成分与温湿度应满足规范要求。

(2) 装船系统、设备的电磁兼容性、抗振动、抗冲击、防盐雾、防霉菌能力及毒性应满足规范及技术管理规定的要求。

(3) 经分析定为固有危险源的设备,管路上应设置安全标识。

(4) 舱内应设置用于应急操作及逃生的应急通道。

(5) 应通过冗余和多样性设计确保可应对舰船不同类型的火灾,确保火灾探测与报警、灭火控制、灭火设施在消防系统单一故障时满足规范所要求的消防能力。

(6) 防火材料控制要求:全船应尽量采用不易燃烧和爆炸的材料及耐火和阻燃材料。

(7) 材料毒性要求:舱内非金属材料应按相关标准规范要求进行检测,并满足毒性要求,保证应用后不会对人体健康造成损害。

7.1.6 损管与救生安全要求

救生安全设计要求如下:

(1) 应通过联锁设计确保可实现进水监控与设施联动控制;应通过隔离设计、冗余设计确保及时排出泄漏至舱内的海水。

(2) 在失事条件下应具备与外界的通信能力、一定的自救能力及外部救援能力。

7.2 安全物项定义

7.2.1 事故分级

按事故严重程度不同,将舰船事故划分为四级,具体定义如表 7-1 所列。

表 7-1 舰船事故等级划分

事故等级	事故描述
Ⅰ(灾难的)	系统或设备失效导致舰船沉没、人员死亡
Ⅱ(严重的)	(1)系统或设备失效造成人员严重受伤、严重职业病; (2)系统或设备失效造成其他重要系统或设备报废
Ⅲ(轻度的)	(1)系统或设备失效造成人员轻度受伤、轻度职业病; (2)系统或设备失效造成其他重要系统或设备轻度损坏
Ⅳ(轻微的)	系统或设备失效造成人员受伤和系统损害轻于三级的损伤

7.2.2 物项安全分级原则

依据舰船事故分级情况,确定对舰船各设备、管路、结构等物项的安全级别也划分为四级。由于救生装置、设施的失效不会直接导致事故发生,故安全分级不考虑救生装置与设施。

7.2.2.1 通海压力边界安全分级原则

通海压力边界安全是为了保证舰船水密安全性,分级原则如下。

(1) 安全一级。通海压力边界破损导致舰船难以挽回的结构、通海系统、通海设备、通舷外装置。

(2) 安全二级。通海压力边界破损导致主要电气系统、设备报废的通海系统、设备。

适用于减缓舱内进水事故的系统、设备。

(3) 安全三级。通海压力边界破损导致部分电气系统、设备损坏的通海系统、设备。

(4) 安全四级。通海压力边界破损导致个别电气系统、设备轻微损坏的通海系统、设备。

7.2.2.2 航行安全分级原则

(1) 安全一级。适用于保证舰船推进动力的系统、设备,其失效可能导致舰船存在倾覆危险。

(2) 安全二级。

① 适用于控制航向、姿态等功能的系统、设备,其失效可能导致舰船处于危险航行状态。

② 适用于保证舰船规避的系统、设备,其失效可能会导致舰船发生碰撞事件,造成重大财产损失。

7.2.2.3 动力安全分级原则

1) 安全一级

(1) 适用于蒸汽压力边界破损可能导致人员伤亡的相关系统、设备。

(2) 适用于保证安全重要设备连续供电的系统、设备,其失效可能导致舰船操纵控制失效等事故。

2) 安全二级

(1) 适用于蒸汽压力边界破损可能导致人员严重受伤的相关系统、设备。

(2) 适用于减缓或控制蒸汽边界破损事故的系统、设备。

3) 安全三级

适用于蒸汽压力边界破损可能导致人员轻度受伤的相关系统、设备。

7.2.2.4 人机环境安全分级原则

1) 安全一级

(1) 适用于带有大量有毒有害气、液体的设备,其破损将导致人员死亡。

(2) 适用于装载或产生易燃易爆气、液体的系统、设备,其故障可能导致火灾或爆炸。

(3) 适用于导致舱室气压急剧变化的系统、设备,其故障将导致人员死亡。

2) 安全二级

(1) 适用于控制大气成分的系统、设备,其故障将导致人员严重职业病。

(2) 适用于带有一定量有毒有害气液体的系统、设备,其破损可能导致人员严重受伤。

(3) 适用于监控与消除火灾的系统、设备。

3) 安全三级

适用于导致机舱、指挥舱等关键舱室温度控制失效的系统、设备,其故障将导致关键舱室设备故障。

4) 安全四级

适用于表面高温的设备,其热绝缘破损将导致人员轻微烫伤。

7.2.2.5 某型号物项安全分级清单示例

根据以上物项安全分级原则,该型舰船物项安全分级清单如表7-2~表7-5所列。

表 7-2　某型舰船通海压力边界安全分级清单

安全级别	系统、设备名称	风险因素/分级依据
安全一级	船体结构	破损将导致进水难以挽回
	某大型通海泵泵进出口海水管路与附件	破损将导致进水难以挽回
	…	…
安全二级	舱底排水泵及管路、附件	适用于减缓舱内进水事故
	某中型通海泵泵进出口海水管路与附件	破损将导致进水,大量电气系统、设备报废
	…	…
安全三级	某小型通海泵泵进出口海水管路与附件	破损将导致进水,部分电气系统、设备报废
	…	…
安全四级	接某装置疏水管路	破损将导致设备轻微损坏
	…	…

表 7-3　某型舰船航行安全分级清单

安全级别	分系统、设备名称	风险因素/分级依据
安全一级	航行控制台	故障可能造成操舵控制失效
	轴系	故障可能导致动力完全失效,面临倾覆风险
	…	…
安全二级	舵传动装置	舰船方向控制失效,可能导致发生碰撞事件
	操舵液压系统	
	…	…

表 7-4　某型舰船动力安全分级清单

安全级别	分系统、设备名称	风险因素/分级依据
安全一级	蒸汽系统	边界破损可能导致人员死亡
	…	…
安全二级	液压系统	液压压力边界破损,高压液体喷射可能导致人员严重受伤
	…	…
安全三级	…	…

表 7-5 某型舰船人机环境安全分级清单

安全级别	分系统、设备名称	风险因素/分级依据
安全一级	氢气瓶	设备失效后可能导致易爆气体发生爆炸
	…	…
安全二级	火灾探测报警系统	适用于监控与消除火灾的物项，失效将导致火灾事故发生后失控
	…	…
安全三级	舱室空气净化装置	净化舱室空气杂质与有害气体的能力下降，可能导致人员受到轻度伤害
	…	…
安全四级	空调电加热器	表面高温的管路设备，若热绝缘失效将导致人员轻微烫伤
	…	…

7.2.3 安全分级管控

7.2.3.1 安全分级管控原则

型号安全性设计管控总体可分为事故预防与事故对抗两部分，以下分别从两部分说明总体管控原则。

1) 事故预防

事故预防可分别从通海压力边界安全、航行安全、动力安全、人机环境安全、救生安全等方面开展安全性设计与验证，总体方案见图 7-2。

(1) 通海压力边界安全。

主要是传统的结构强度、疲劳、防腐设计，以及管路、设备等密封性设计，同时安全性设计管控更加需要验证环节，在参考相关标准设计与试验基础上，需要增加典型结构件、焊缝部位、应力集中区域等的强度、疲劳试验以及环境恶劣区域的腐蚀试验。

通舷外填料函采用新的工艺需要进行严格工艺试验与现场施工的质量验收。

(2) 航行安全。

依据相关标准规范开展设计与管控相关系统、设备需要在传统功能设计、功能试验基础上，开展可靠性设计与试验，提升系统、设备可靠性水平。

(3) 动力安全。

供电安全属于系统功能设计范畴，在传统设计基础上，增加冗余备份能力，通

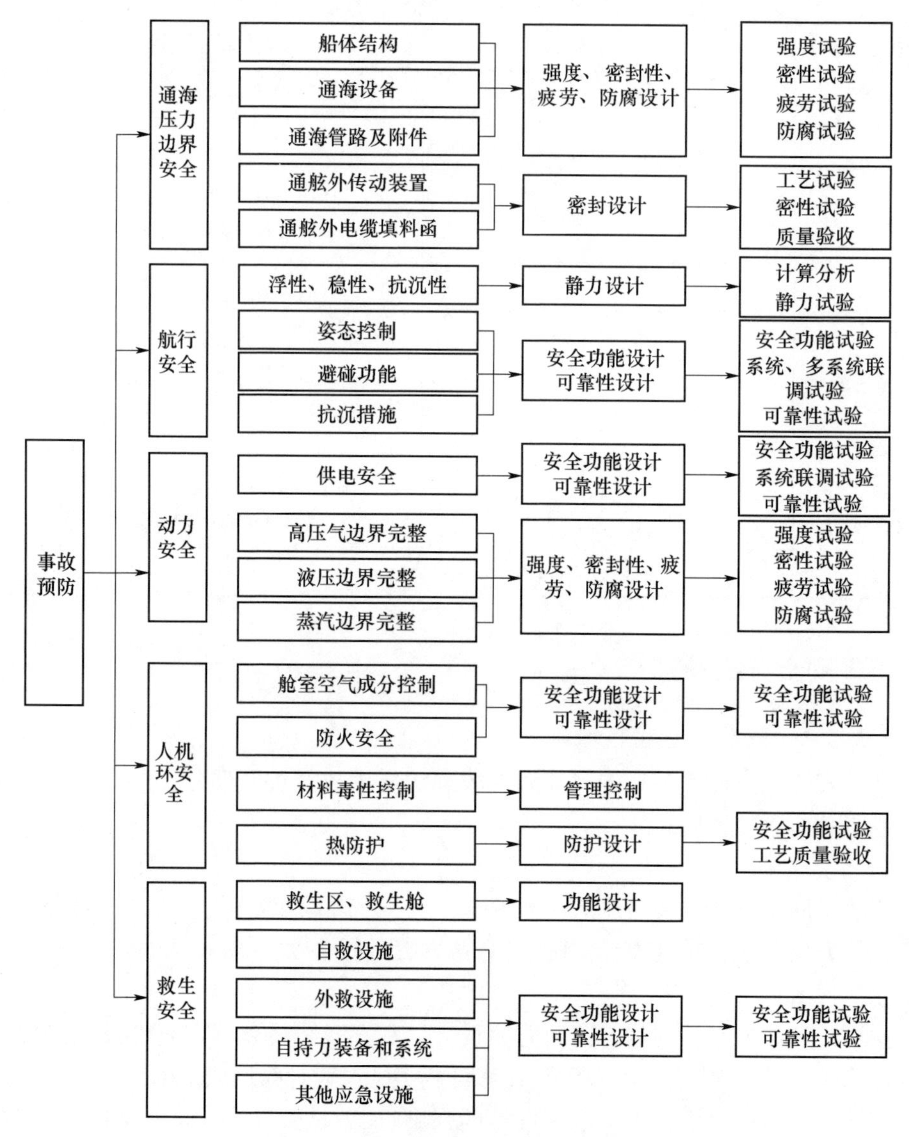

图 7-2　事故预防安全性设计与验证原则

过开展可靠性设计与试验,提升开展供配电系统可靠性供电能力。

高温蒸汽、高压空气、液压系统压力边界完整性设计,属传统压力设计范畴,管控方案同通海系统、设备。

(4) 人机环境安全。

大气环境安全、防火安全属于功能设计范畴,需要增强可靠性设计与验证,大气环境安全方面需要增加事故工况的气体保障能力，防火安全需要加强耐火分隔设计与验证。

高温设备管路热防护主要为传统的热防护设计，管控方面需要加强新工艺的验证与质量验收。

有毒有害物质控制管控主要为上舰材料控制。

(5) 救生安全。

救生安全主要为功能设计与救生设施的配置，需要加强多种救生设备融合救生设计，救生设备基本属于单次运行设备，需要加强长期恶劣环境存储情况下的使用成功率，且有必要通过充分的试验验证。

2) 事故对抗

事故对抗方面主要分为事故发生前和发生时的预测与监检测，以及事故后的应急处理两方面，总体方案见图 7-3。

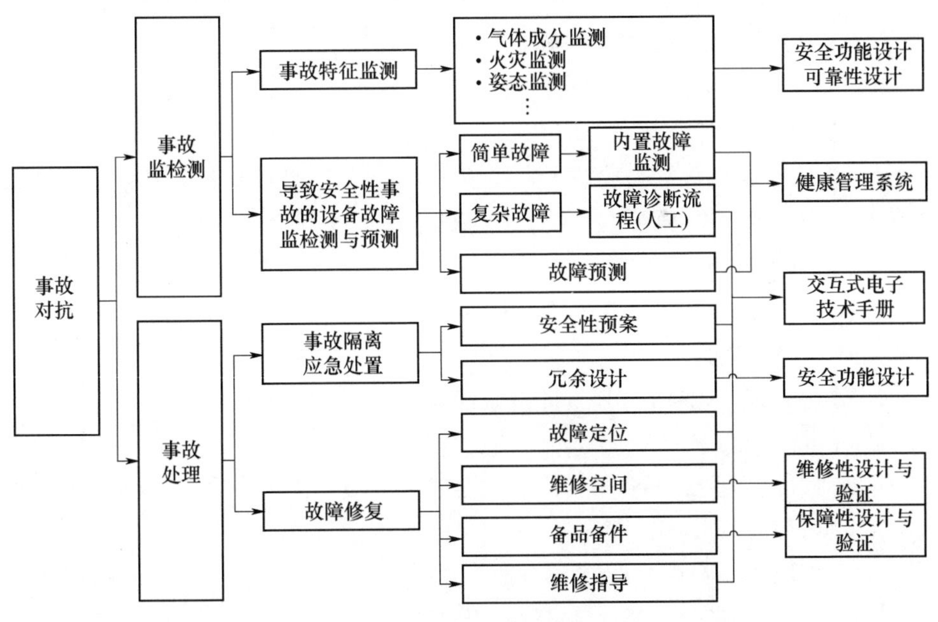

图 7-3　事故对抗总体管控方案

(1) 事故监检测。

事故监检测包括事故发生时的特征监测和导致安全性事故的设备故障监检测与预测。

事故发生时的特征监测如毒气、火灾等监测，我国舰船已具备大部分故障特征监测，需要加强功能与可靠性设计与验证。

导致安全性事故的设备故障监检测与预测，主要是针对相关设备开展安全性设计与验证,使设备可以通过自身测试系统,实现故障检测,较为成熟的可实现故障预测,为此需要构建全船健康管理系统,统一构建安全级设备故障的监检测与预测,为指挥员提供决策辅助。

对于部分复杂故障或跨设备、系统故障,健康管理系统较难实现故障检测,需要人工干预,由于事故现场处置时间宝贵,需要提前制定详细的故障诊断流程。故障诊断流程可融入舰员使用的交互式电子技术手册,提供交互式故障诊断流程。

(2) 事故处理。

事故处理分为事故隔离、应急处置和故障修复。

事故隔离、应急处置可借助交互电子技术手册的应急处置预案,指导事故现场处理。

故障修复涉及故障定位、维修空间、维修指导及备品备件供应。故障定位、维修指导可借助交互式电子技术手册维修指导动画及故障排查流程等实施指导。

7.2.3.2 安全分级管控方案

针对安全分级制订的安全分级管控方案如下。

1) 安全功能设计与验证

装备的安全功能设计与验证大多在装备方案设计、性能设计及功能试验中落实,为加强安全性水平,需要在传统管控基础上增加以下管控要求。

(1) 通海压力边界安全。

① 安全一级、二级物项,在强度、密性试验基础上,典型部位或结构形式开展疲劳、冲刷腐蚀等试验。

② 安全一级物项需要开展抗冲击设计与试验。

(2) 航行安全。

舰船动力相关系统设备,安全一级、二级系统、设备需要开展应急切换试验,确保应急切换能力。

(3) 动力安全。

供电安全相关安全一级、二级系统、设备需要开展应急切换试验,确保应急切换能力。

(4) 人机环境安全。

① 需要开展耐火分隔设计。

② 所有安全一级设备,应开展耐火设计,进行耐火试验。

③ 液压、油类等易燃物包容管路,管路接头及密封部件需要开展耐火设计与耐火试验。

④ 热防护相关设备如采用新工艺,必须进行工艺验证试验。

(5) 救生安全。

救生装备需要通过试验验证在长期恶劣环境存储情况下的功能完整性。

2) 可靠性设计与验证

(1) 可靠性设计。

① 在役型号故障清零:安全级系统、设备在役型号故障100%归零。

② 可靠性指标分配:安全一级、二级设备,可靠性指标分配至部件级。

③ 可靠性设计安全一级、二级设备致命故障相关部件修理间隔期内免维护。

(2) 可靠性试验。

① 安全一级系统、设备应进行可靠性鉴定试验,安全二级系统、设备应进行可靠性研制试验,安全三级及以下设备应进行可靠性摸底试验。

② 无法进行整机可靠性试验的,应通过故障模式分析,确定致命故障的相关部件,对部件进行可靠性试验。

3) 维修性设计与验证

(1) 维修性设计。

维修性指标:安全一级、二级系统、设备,针对舰员级可维修的致命故障,每项故障应提出修复时间和维修空间指标,落实在技术规格书中。

(2) 维修性验证。

① 安全级设备修复时间和维修空间必须通过维修性试验验证。

② 安全级设备致命故障维修空间需进行三维模型演示验证和实船验证。

4) 测试性设计与验证

(1) 测试性设计。

① 测试性指标:安全一级、二级设备增加致命故障检测率指标,落实到技术规格书中。

② 安全级设备全部开展测试性设计。

(2) 测试性验证。

安全一级、二级系统、设备应进行测试性试验验证;安全三级及以下设备开展测试性仿真验证。

(3) 健康管理系统。

① 安全级系统、设备均纳入健康管理系统统一管理。

② 安全级系统、设备应对本系统、设备运行参数实时监控。

③ 安全一级、二级系统、设备的致命故障相关部件运行状态实时监控。

④ 安全一级、二级系统、设备应具备致命故障诊断功能。

⑤ 安全一级系统、设备致命故障相关部件应具备寿命预测功能。

⑥ 系统、设备、部件的监测参数汇入健康管理系统,全寿期存储。

⑦ 安全一级、二级系统、设备,小修、中修期间应根据运行数据和拆检情况进行健康状态评估。

5) 环境适应性设计与验证

(1) 环境适应性设计。

环境适应性设计,应考虑各种环境条件叠加情况。

(2) 环境适应性验证。

① 环境试验时长与可靠性试验一致。

② 环境试验考核全部为设备运行工况。

6) 保障性设计与验证

(1) 保障性设计。

安全级设备舰员级致命故障备件满足率应为100%。

(2) 交互式电子技术手册。

① 安全级系统、设备应提供整套交互式电子技术手册。

② 设备必须有详细的三维模型。

③ 维修过程必须配置指导视频或三维动画。

④ 复杂故障需要制作详细的故障诊断流程。

(3) 安全预案。

各类安全性事故必须编制完整的安全预案,评审后汇入交互式电子技术手册。

(4) 维修验收指导细则。

安全一级、二级系统设备需要编制维修验收指导细则,指导系统、设备修理后的验收工作。

7.3 安全性分析与评估

舰船研制过程中,应针对重点安全性问题及涉及的系统、设备开展安全性分析,目的在于能够在事故发生之前消除或尽量减少事故发生的可能性或降低事故有害影响的程度。舰船装备常见的安全性分析方法包括总体安全性分析、重点系统设备设计过程的安全性分析、典型事故事故树分析、结合三维设计安全性检查等。

7.3.1 安全性分析

安全性分析工作重点将五大总体安全目标体系分解为具体安全目标和对象,并针对具体的对象制定具体的安全性分析评估方法,形成总体安全性分析体系表(表7-6)。

表 7-6 总体安全性分析体系表

序号	总体安全目标	安全目标分解	分析对象	重点对象安全性分析	
				重点分析对象	分析方法
1	通海压力边界安全	船体结构	船体结构、液舱等	船体结构	标准规范符合性评估、薄弱环节控制有效性分析
		通海设备	海水泵、换热器等	某型换热器	标准规范符合性分析
		通海管路与附件	通海管路、阀门、滤器、挠性接管等	挠性接管	标准规范符合性分析
		通舷外装置	通舷外传动装置、密封装置、通舷外电缆填料函等	—	标准规范符合性分析
2	航行安全	静力性能	浮性与稳性设计等	—	标准规范符合性分析
		姿态控制	舵装置及操舵系统、动力输出相关系统、导航系统、声呐系统等	舵装置及操舵系统	系统可靠性仿真分析
3	动力安全	供电安全	正常工况、应急工况、电网保护	电网保护	标准规范符合性分析
		蒸汽系统压力边界安全	蒸汽系统	—	标准规范符合性分析
		液压系统压力边界安全	液压系统	新型密封接头	薄弱环节控制有效性分析
4	人机环境安全	大气环境安全	呼吸氧气、清除有害气体、控制空气洁净度	—	标准规范符合性分析
		防火安全	火灾隐患防护、火灾隔离和消防	空间布置、火灾隔离	标准规范符合性分析
		高温设备管路热防护	热绝缘包覆	—	标准规范符合性分析
		有毒有害物质控制	非金属材料控制	—	标准规范符合性分析

续表

序号	总体安全目标	安全目标分解	分析对象	重点对象安全性分析	
				重点分析对象	分析方法
5	救生安全	救生区设备	救生区域设置	—	标准规范符合性分析
		自救设施	救生浮具、救生筏等	—	标准规范符合性分析
		外救设施	视觉信号等	—	标准规范符合性分析
		支持力装备设置	应急照明等	—	标准规范符合性分析

7.3.2 设计过程安全性分析

设计过程安全性分析主要针对舰船设计过程中的重点安全性问题、重点系统设备的设计过程进行安全性分析、校核,可采用定性或定量方法进行分析。

以下以船体结构安全性分析为例进行说明。

船体结构安全性分析重点包括强度计算、材料选用的安全性检查等。

1) 船体结构强度计算

重点对“船体强度计算书”进行安全性分析。

(1) 设计输入参数均符合研制任务书和总体的要求,计算书依据GJB 64.2A—97《舰船船体规范》等进行设计计算。

(2) 根据设计输入和设计依据,对“船体强度计算书”详细检查各项输入数据的正确性、采用计算公式的恰当性、计算结果的正确性进行复核。

(3) 对于有模型试验的结构,对计算书的计算结果与模型试验的验证结果的一致性进行复核。

(4) 对船体结构施工图的各项数据与计算书一致性进行检查。

2) 船体结构材料的选用安全性检查

依据GJB 64.2A—97,对船体结构不同部位材料的选型进行复核。

7.3.3 事故树分析

安全性分析设计过程中,为更细化分析各系统、设备故障对总体安全性的影响、清理重点事故发展路径,对严重事故类型开展事故树分析,分析明确所有事故原因,并在制定安全性设计要求、分析协调、阶段审查评审中予以重点关注。

以某型舰船“码头蓄电池充电工况下氢气爆炸”为例进行说明。

以"码头蓄电池充电工况下氢气爆炸"为顶事件进行分析,事故树分析过程见图7-4。"蓄电池舱氢气爆炸"事故树最小割集,即可导致该事故的单个设备故障或多个设备故障的组合共4个,全部为包含6个基本事件的最小割集,见表7-7,计算结果表明码头蓄电池充电全船通风工况下氢气爆炸的可能性非常小。

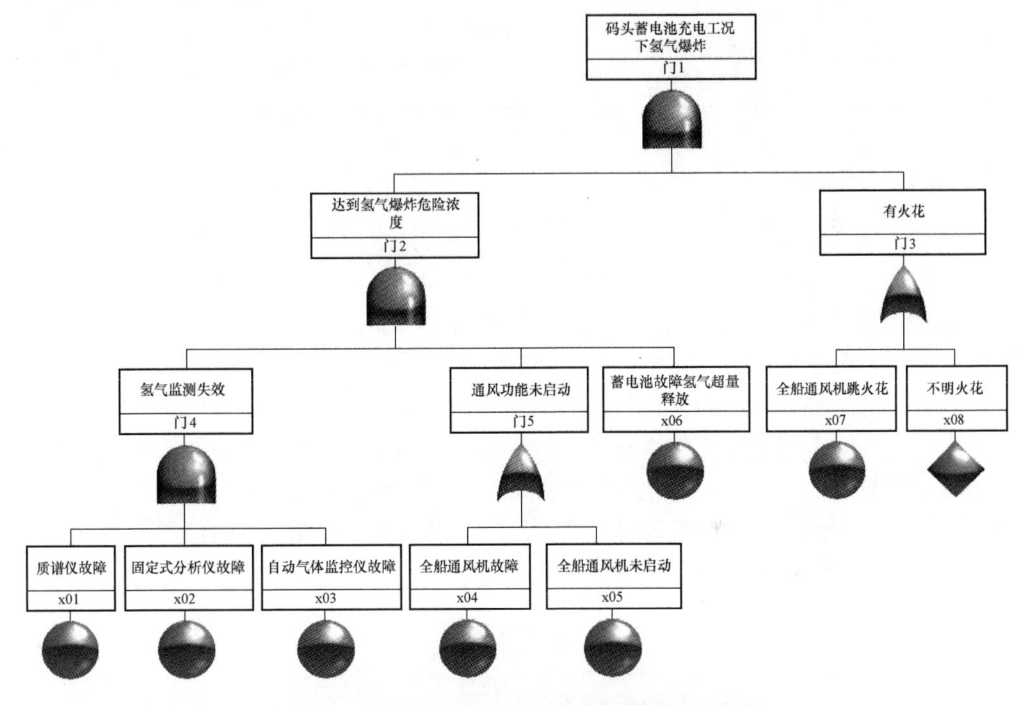

图7-4 码头蓄电池充电工况下氢气爆炸事故树

针对顶事件为"码头蓄电池充电工况下氢气爆炸"的故障树,共4个中间事件,8个基本事件,计算得到最小割集共4个,全部为包含6个基本事件的最小割集。最小割集列表见表7-7。

表7-7 最小割集列表

序号	最小割集					
1	质谱仪故障	固定式分析仪故障	自动气体监控仪故障	全船通风机未启动	不明火花	蓄电池故障,氢气超量释放
2	质谱仪故障	固定式分析仪故障	自动气体监控仪故障	全船通风机故障	不明火花	蓄电池故障,氢气超量释放

续表

序号	最小割集					
3	全船通风机跳火花	质谱仪故障	固定式分析仪故障	自动气体监控仪故障	全船通风机未启动	蓄电池故障,氢气超量释放
4	全船通风机跳火花	质谱仪故障	固定式分析仪故障	自动气体监控仪故障	全船通风机故障	蓄电池故障,氢气超量释放

7.3.4 安全性检查

纳入基于总体三维背景下的安全性验证内容选取原则如下:

(1) 涉及系统、设备自身内部的安全性设计要求,如安全功能、安全强度、联锁设置、告警等设计要求,一般不适宜用三维模型进行验证。

(2) 涉及总体性、系统间有相互协调关系的,且具有外在显性(如系统布置、应急操作可达等)的安全性设计要求,可用三维模型进行验证。

(3) 针对可用三维模型进行验证的安全性设计要求,应根据技术设计阶段和施工设计阶段的技术状态固化和模型细化程度,分别进行不同深度的验证。

以某型舰船结合三维设计开展电气设备上方不应设置油、水管路检查为例进行说明,如图 7-5 所示。

图 7-5　某舱上层控制屏上方有海水系统管路

(1) 验证要求:蒸汽、油、水管路应避免布置在电气控制台屏、配电板上方及后面。

(2) 验证结果:某舱上层控制屏正上方有一根海水系统管路。

(3) 建议:系统调整管路走向,避免电气控制台屏、配电板上方布置有蒸汽、油、水管路。

7.3.5 总体安全性评估

在装备研制及交付阶段,针对各种可能影响安全性的因素,结合舰船的设计、建造情况,前期的各项试验技术准备工作和安全保障措施,对舰船的总体安全性情况进行评估。

总体安全性评估一般分为两个阶段:

(1) 第一阶段:技术设计末期,基于各系统、设备在此阶段的设计状态,根据其设计措施、设计状态、计算分析结果、试验结果进行综合分析,评估安全性设计有效性。

(2) 第二阶段:系泊航行试验结束后,进行最终交付阶段安全性评估。此阶段评估主要在上一阶段评估基础上,纳入后期开展的设计、分析结果,重点以提交的各类试验结果为输入,进行最终评估。

7.3.5.1 总体安全性评估范围

总体安全性评估范围为通海压力边界安全、航行安全、动力安全、人机环境安全、救生安全等方面安全目标所对应的安全物项,各安全目标所涉及的新研安全一级、二级物项为评估重点。

7.3.5.2 总体安全性评估方法

7.3.5.3 安全性评估方法

参考 GJB 900A—2012《装备安全性工作通用要求》的有关规定,安全性评估方法主要包括以下 3 种。

1) 标准规范符合性评估

(1) 适用范围。适用于规范、标准、条例中对其安全性设计有明确规定的安全物项。一般为成熟设计,如静力性能设计、船体结构设计等。

(2) 评估方法。分析评估各安全性目标所对应的设计结果是否满足标准规范要求。

2) 薄弱环节控制有效性评估

(1) 适用范围。适用于尚无标准规范具体规定、安全性薄弱环节较明确的安全物项,一般为新研设备或部分采用新设备的系统。

(2) 评估方法。通过对安全性相关分析、计算或试验验证,说明对消除安全隐患或降低安全风险的设计措施是否有效。

3) 系统可靠性仿真评估

(1) 适用范围。适用于尚无标准规范具体规定、安全性薄弱环节难以明确界定的安全物项,一般为配置、运行方式发生较大变化的新研系统。

(2) 评估方法。通过开展可靠性预计及仿真,或对比在役舰船相似装备,说明其安全功能可靠性水平是否满足总体要求。

针对具体安全目标,可采用一种或综合多种方法进行评估。

7.3.5.4 安全性评估案例

1) 某型号技术设计阶段船体结构安全性评估

船体结构属安全一级设备,具体包括船体结构、液舱等区域,属于成熟设计,采用标准规范符合性评估方法。

根据船体结构强度计算书的核算,表明船体强度、稳定性均满足 GJB 4000—2000 的有关规范要求,可保证使用寿命期内安全使用。

由于船体结构连续密集开孔区域,其结构安全性评估不完全适用于现有标准规范,主要采用设计措施有效性评估方法。评估情况如下:

(1) 安全风险因素分析。结构强度与稳定性。结构顶部布置多个连续较大开孔,侧部密集布置有多个小开孔,易导致残余应力集中,进而影响结构承载能力。

(2) 安全性设计要求。针对上述安全风险,提出以下安全性设计要求:连续开孔段结构破坏压力,满足有关标准规范规定的要求。

(3) 设计措施。设计措施包括:一是结构设计中,壳体和加强结构均采用高强度钢;二是顶部开孔部位加厚,以降低孔口应力。

(4) 仿真、试验验证情况。

① 专业采用标准规范与有限元计算相结合的方法,计算得出:连续开孔结构承载能力能够满足设计要求。

② 开展小比例局部结构模型试验,根据试验结果折算后,连续开孔段结构破坏压力满足有关标准规范规定的压力承载安全要求。

依据目前的理论计算、仿真及试验结果,结构强度和稳定性可以满足总体提出的安全性设计要求。

2) 某型号交付前总体安全性评估

(1) 船体结构。

某舰船船体结构由船体结构分段、液舱分段、舱壁组成。由于船体结构直接关系到安全性,在设计、建造过程中,将船体结构安全性作为工作重点。

在某舰船的船体结构设计过程中,充分考虑了船体结构安全性,液舱采用新型结构形式,液舱区域的船体采用了新型特种钢,通过课题研究和压力试验验证了液舱的安全性。某舰船的船体、液舱、舱壁等结构是按服役期限设计的,所取安全系数,满足 GJB 4000—2000 的要求,有相当的安全裕度。

在船体结构建造过程中,也充分考虑了结构安全性。严格控制原材料,严格按照进厂复验要求对每块船体钢板、每根船体型材和每批焊材进行检验。严格控制建造工艺,尤其是新型特种钢的焊接工艺。建造质量通过了试水等试验的考核,均验收合格。

试水前后对船体结构的设计和建造质量进行了重点复查。本次评估主要考虑以下因素:

① 船体结构焊缝质量。

建造时船体结构焊缝经过100%射线、100%超声波、100%磁粉探伤,全部合格并经总体试水考核。试水前后经过焊缝复查,均为合格,未发现异常。因此,认为船体结构焊缝满足安全性要求。

② 船体结构变形超差。

试水前对船体结构超差加强进行了复查和状态确认,对不满足要求的部位处进行了补充加强,所有变形超差均得到了有效控制。

③ 船体结构腐蚀减薄。

试水前未见壳板、结构件及焊接件有明显腐蚀。假定按船体壳板的每年平均腐蚀损耗量,理论上,依据服役期限考虑,总腐蚀损耗极小。同时船体采用了涂料保护、牺牲阳极阴极保护等多种措施,降低了腐蚀速度,船体结构的实际腐蚀损耗量会更低。满足安全性设计要求。

(2) 通海系统与设备。

采取从舷外扣罐或关闭舷侧阀的方法对通海系统进行密性检查,对通海波纹管密性及O形密封圈状态进行检查,对冷凝器进行了涡流探伤检查。检查结果符合要求,所有通海系统与设备的密封性和功能均得到有效验证,技术状态良好。

(3) 密封件。

密封件主要分为通海阀、装置密封填料、电缆密封填料三类。具体评估工作包括以下几个方面:

① 通海阀强度和密封性,包括阀本身的密封性能,阀与焊接件之间的紧密性;

② 直接通舷外的装置的密封性;

③ 设备和装置的传动杆件处的密封填料的密封性;

④ 电缆杯形管节或焊接垫套填料函的密封性;

⑤ 接线盒及舷外电气设备的安全性。

某舰船密封件的基本情况见表7-8。

(4) 评估结论。

对某舰船的安全性评估表明:船体结构的强度和稳定性满足设计要求;所有通海系统管路及设备装置强度及密封性均得到确认,所有密封件的密封性均在坞检中得到验证。

表 7-8　密封件检查情况

序号	密封件类型	基本情况	备注
1	通海阀	采用外压密性试验方式检查,其中若干个采用敲击螺栓、力矩检查、法兰面间隙检查等方式检查密封性	强度经过设计评审和质量复查确认
2	通舷外的装置	密封性良好	—
3	设备和装置的传动杆件处的密封填料	密封性良好	—
4	电缆杯形管节或焊接垫套填料函	电缆填料函全部进行检查。检查舷外设备电缆填料函是否有松动	电缆填料函采用了新的密封工艺,即填料函舱外部分采用灌胶、环氧腻子包覆等措施,并对所有电缆及填料函进行了逐一检查紧固
5	接线盒及舷外电气设备	检查电气设备密封橡胶圈的完好性,对用螺栓压紧进行密封的电气设备,对螺栓进行紧固,紧固时对称用力,避免压扁而无法保证密封性。接线盒充气检查,无泄漏;电气设备绝缘测量。密封性和电绝缘性良好	密封材料更改了配方,增加了胶质,填料函及端子排都进行了密封处理,因此降低了接线盒进水的风险

第8章
舰船环境适应性技术及工程实践

舰船环境适应性工程技术体系包括环境条件、环境适应性设计、环境试验、环境适应性管理等工程工作,如图8-1所示。其中,环境条件主要指舰船全寿命周期可能遇到的所有环境条件;环境适应性设计主要指消除不利环境条件对装备影响的设计措施;环境试验主要指验证装备环境适应性设计是否达到规定的环境条件的鉴定试验;环境适应性管理工作包括环境适应性管理组织的建立、人员的培训和相关环境适应性技术工作落实的监督管理等。

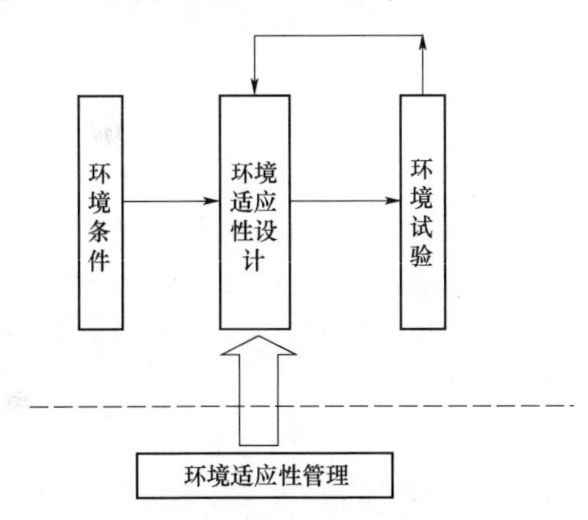

图8-1　舰船环境适应性工程技术体系

8.1　环境条件

海洋环境对舰船设备的影响是多方面的,能从多方面使设备间接或直接地不能发挥其效能:

(1) 由于受高温影响,设备过热、造成元器件损坏而不能使用,或由于低温影响不能启动而失去战机；

(2) 由于受潮湿和盐雾等因素影响，绝缘电阻下降，电气短路而不能正常发挥功能；

(3) 受水雷、大型炸弹非接触水下爆炸的冲击影响，造成主、辅机的机械故障或损坏，设备功能失灵，导致舰船丧失战斗力；

(4) 舰船高速航行中产生强烈振动，使产品机械受损、卡死，而贻误了战机。

本书对舰船历史故障模式进行系统地清理，并参考有关图书，整理了高温、低温、高温高湿、盐雾、油雾、振动、冲击、倾斜摇摆，以及针对通海系统、设备的海洋腐蚀等引起的失效模式及机理。

8.1.1 海洋腐蚀

海洋对舰船装备的腐蚀形式主要包括以下几种形式：

(1) 全面腐蚀。

全面腐蚀可视为均匀腐蚀，它是一种常见的腐蚀形态，其特征是与腐蚀环境接触的整个金属表面上几乎以相同的速率进行的腐蚀。所谓均匀腐蚀是相对于局部腐蚀而言的，而且这种腐蚀形态只有少数的碳钢、低合金钢在全浸腐蚀条件下出现。

(2) 局部腐蚀。

钢铁材料在海洋环境中的局部腐蚀，特别是小孔腐蚀，是影响钢铁材料刚度及使用寿命的一个重要因素。介质中的金属材料绝大部分表面不发生腐蚀或腐蚀很轻微，但表面上个别的点或微小区域出现蚀孔或麻点，并不断纵深发展，形成小孔状腐蚀坑的现象。在氯离子的溶液中，只要腐蚀电位达到或超过点蚀电位，就能产生点蚀。

(3) 电偶腐蚀。

由于电位不同，造成同一介质中一种金属接触处的局部腐蚀，就是电偶腐蚀，也称为接触腐蚀或双金属腐蚀。两种金属构成宏电池，使电位较负的金属溶解速度增加，电位较正的金属溶解速度较小。海洋环境中，海水电阻率很小，是强电解质溶液。当两种金属接触要特别注意电偶腐蚀，通过电绝缘的形式可减轻电偶腐蚀。

(4) 疲劳腐蚀。

波浪载荷下的腐蚀疲劳破坏是金属材料结构的主要破坏形式之一。另外，由于海水腐蚀和疲劳载荷共同作用的结果，疲劳载荷加速腐蚀破坏的过程，而海水腐蚀进一步加速金属材料的疲劳破坏，从而使其寿命缩短。

8.1.2 高温

物体内部分子运动的速度随温度升高而升高，分子功能的增加将导致物体膨胀，致使其状态和化学物理特性发生变化，随温度升高而增大的材料特性或参数，引起设备的材料物理性能和尺寸的变化，使其性能暂时或永久降低或造成损坏。对元器件也会引起材料热膨胀、干裂、燃烧加速、气体膨胀、化学老化、金属氧化及加速腐蚀等危害。

不同季节、不同地理位置，温度变化范围也不同，这种变化会对设备产生温度效应。由温度产生的故障占各种环境因素引起故障的40%，因此研究温度对舰船设备的影响尤为重要。

高温效应的失效模式与机理如表8-1所列。

表8-1　高温效应的失效模式与机理

效应	失效模式	失效机理
高温	不同材料膨胀不一致使得零部件相互咬死或松动；材料尺寸全方位改变或方向性地改变； 密封盖、衬垫、密封轴承和轴发生变形、咬合和失效，并引起机械故障或完整性损坏	材料膨胀
	材料和机械性能改变，结构强度降低	材料软化
	润滑剂黏度变低，油液外流使连接处润滑能力降低，轴承等传动部分易遭损坏	油黏降低
	机电部件过热；焊缝熔化，焊点开裂；产品使用寿命缩短	设备过热
	有机材料性能变化或失效	化学分解和老化
	衬垫、密封变形、黏结，充填物和密封条易损坏	其他

高温引起的元器件失效模式如表8-2所列。

表8-2　高温引起的元器件失效模式

元器件	失效模式
电容器	串联电阻增加
电介质	电介质漏电增加，寿命缩短；电流泄漏增加，电抗大大改变
连接器	破裂，介质损坏
绝缘体	环氧树脂裂开，铁氧体剥落，漏电
钎焊接头	失去强度
变压器	电介质性能降低，断电，漏电，热点异常

续表

元器件	失效模式
半导体	泄漏电流增加,增益改变,漏电增加,断电
⋮	⋮

8.1.3 低温

低温环境下由于电子、原子、分子运动的速度减小,会导致物质收缩、流动性降低、凝结变硬;也会因为本身存在的内应力使得产品的构件出现明显的脆性。因而对机械、电子元器件及非金属材料都会产生一定的效应。密封件变硬、发脆和加速老化会发生漏水、漏油和不耐压现象;高凝固点的润滑油、润滑脂等也会因低温而变稠,导致传动失灵等。

低温几乎对所有的基本材料有不利的影响,对于暴露在低温环境的产品,由于低温会改变其物理特性,因此可能会对其工作性能造成暂时或永久损害等影响。

低温效应引起设备失效的模式与机理如表8-3所列。

表8-3 低温效应引起设备失效的模式与机理

效应	失效模式	失效机理
低温	材料硬化和脆化	材料变脆
	在对温度瞬变的响应中,不同材料产生不同程度的收缩以及不同零部件的胀差,改变间隙或引起零件相互咬死或松动	材料收缩
	润滑油黏度增加,润滑作用和流动性降低,增加轴承和轴活动部件的磨损;设备机械动作的质量和精度下降,尤其是液压系统	变稠结冻 黏度增加
	冷却水系统堵塞而失效	凝露与结冰
	蓄电池容量降低而使用寿命下降	性能改变

8.1.4 高温高湿

湿热引发的材料失效效应与机理如表8-4所列。

表8-4 湿热引发的材料失效效应与机理

材料	失效效应	机理
金属	临界湿度以上,金属表面形成水膜,溶有酸、氧、盐,加剧氧化	氧化、腐蚀
	几种电位差不同的金属在一起形成电化学作用	严重氧化、腐蚀

续表

材料	失效效应	机理
塑料	尼龙等亲水吸湿变形,在交变湿度下,加速增塑剂损失	膨胀、收缩、脆化
	碳键构成的基团塑料水解和吸潮	介电常数、功率因素、绝缘电阻降低
橡胶	水膜能使合成橡胶水解,破坏其链接键	变形、降解、聚合、电阻降低
涂层	(1)水渗入基体,在涂层与基体间产生气泡,使涂层变形,裂纹剥离 (2)水中有害溶物渗入基体,产生电化学作用,使基体氧化、腐蚀、破坏涂层	严重破坏清漆等的涂层

8.1.5 盐雾

无论是金属材料、非金属材料,吸潮后均会在表面形成一层“水膜”,风把盐雾从海上吹到舰船上而产生腐蚀。盐雾产生的影响主要有以下三点。

(1) 腐蚀影响:电化学引起腐蚀并加速应力腐蚀,使金属腐蚀和油漆起泡、脱落。盐在水中电离后形成的酸碱溶液,游离的酸或碱能和金属起化学反应。

(2) 电气影响:由于盐雾沉积产生导电覆盖层,导致绝缘表面导电性增大,加速绝缘材料和金属的腐蚀,影响其电性能直至损坏。

(3) 物理影响:使机械部件及组合件活动部分易遭阻塞卡死或黏结,穿透产品表面的保护层和涂镀层,使产品受到磨损而加速腐蚀,电解作用导致漆层起泡、脱落。

盐雾引发金属元器件的失效模式与机理如表8-5所列。

表8-5 盐雾引发金属元器件的失效模式与机理

名称	失效模式	失效机理
金属	金属腐蚀、油漆层起泡、脱落	氯离子、电化学反映、海水盐分粒子形成酸碱溶液
电器、电子器件	电器绝缘破坏,电性能降低	酸碱溶液产生导电层,导致导电性增大
机械附件及组合件	阻塞或卡死,黏结和油漆起泡或涂层脱落	电解作用大

8.1.6 振动

只要舰船航行,螺旋桨和主、辅动力机械设备就要运行,因而就会有振动。舰船振动环境的严酷性之一就在于振动的持久性。振动对设备的破坏主要表现在设备及其系统的固有频率与激励频率一致时产生的共振。舰船上的振源主要有以下三个方面：

(1) 推进器的激励；

(2) 推进器和轴系不平衡引起的振动；

(3) 动力机械设备产生的振动。

振动会破坏结构强度和机械设备；影响仪器仪表的正常工作；最重要的是，振动会降低舰船的隐蔽性。

振动效应引起的失效模式及机理如表8-6所列。

表8-6 振动效应引起的失效模式及机理

名称	失效模式	失效机理
紧固件	松动，脱开	振动应力使紧固件失去预压力而无锁紧力，螺母处于自由状态
结构件	变形，裂纹，断裂	振动应力过大、峰值破坏，疲劳破坏
密封件	漏气，漏液	焊缝裂开，密封失效
机械	零件变化指针抖动卡死	振动改变摩擦力，系统共振，杂质进入缝隙

8.1.7 冲击

舰船上冲击主要来自水雷或炸弹在水中的非接触爆炸。爆炸以炸点为中心，以球面冲击波的形式在水中传播。在波及范围内的舰船将受到突然施加的较大单位力。由于未进行实战，故不存在故障清理。

8.1.8 倾斜和摇摆

舰船可能遇到的倾斜状态以及舰船在大风浪中航行时，经常会产生长时间的前后、左右摇摆和综合摇摆环境。倾斜和摇摆可能会导致构件断裂、折断和变形，也可能会使设备发生碰撞。

8.2 环境适应性设计

8.2.1 防腐防漏设计

8.2.1.1 总体防腐防漏设计

对于舰船总布，其设计考虑如下。

(1) 对于需排放海水、污水、油水混合物等介质的管系、设备，应设置专用泄放系统,排放至污水舱,不允许腐蚀性废水废液直接排放到舱底;总体设计时应在各舱合理设置污水舱,并根据使用情况充分考虑污水舱储藏容量。

(2) 管路系统布置应减少弯头数量,海水系统管路应尽量避免穿过内部液舱。

(3) 总体布置设计时,应考虑全寿命期内防腐防漏工作,考虑易腐蚀、泄漏部位人员可达性,预留防腐防漏维修保养空间。

(4) 系统设计时充分考虑异种金属材料的匹配性问题,尽量减少材料类型及牌号。不能避免使用异种金属连接的部位需采取电绝缘措施以避免电偶腐蚀风险。

8.2.1.2 船体腐蚀防护设计

对于舰船船体选材、结构设计、阴极保护、电绝缘及介质隔离、涂装等方面,其设计考虑如下。

(1) 船体结构应选用舰船通用高强度合金钢材料。

(2) 浸水部位船体焊接件及设备基座选用的材料应尽量与船体结构材料配套。

(3) 舷外设备基座原则上不允许直接采用表面裸露的不锈钢、钛合金等高电位金属材料。

(4) 舷外马脚等采用与船体电位相同或相近的钢材,卡箍、吊架宜采用电绝缘结构形式。

(5) 船体及舱室结构表面覆盖材料应选择对船体结构腐蚀性小、便于施工的材料。

(6) 船体结构设计时,应充分考虑材料的腐蚀余量。

(7) 船体结构的连接宜采用焊接,同时焊接应采用双面焊或封闭焊。

(8) 船体结构设计中应尽量避免积水、积污液部位的出现。对于可能产生积液的夹角地方,应采取导流管和开流水孔等疏水措施,使积液能及时排净。

(9) 大型基座不应设计成封闭形式。基座设计好后应开流水孔,同时应预留维修保养所需的手孔,保证施工的可达性。

(10) 对涂装性能要求高的内部液舱(如滑油舱),其结构扶强材、加强材应尽量布置在液舱外表面,以方便结构表面防腐处理。

(11) 应充分考虑使用环境条件,根据船体结构各部位不同的使用要求,合理选用相应涂料产品。

(12) 涂料选用应考虑全船整体配套性。当连续部位选用不同的涂料品种时,应考虑相互之间的兼容性。

(13) 各部位的面漆色彩应符合 HJB 37A—2000《舰艇色彩标准》的有关规定。

(14) 舷外浸水结构、内部液舱及舱底易积水部位应设置牺牲阳极保护。

(15) 舰船外表面应实施外加电流阴极保护。

(16) 应采取防护措施,避免或减少推进装置尤其是导管内壁表面受海生物附着。

(17) 舷间液舱、内部液舱、上层建筑内部等部位应采用牺牲阳极阴极保护。

(18) 牺牲阳极阴极保护设计应充分避免过保护区域,降低被保护部位应力腐蚀开裂风险。

(19) 船体重点腐蚀部位应施加腐蚀电位监测装置。

8.2.1.3 管系防腐防漏设计

对于舰船管系选材、流速设计、结构设计、阴极保护、介质隔离、防污设计、涂装等,其设计考虑如下。

(1) 系统管路及附件的材料应依据工作介质、温度、流速等设计参数和使用寿命选用合适的耐腐蚀材料。

(2) 应选用耐均匀腐蚀和点腐蚀性能优良的材料。材料自身不应产生晶间腐蚀、应力腐蚀、缝隙腐蚀和电偶腐蚀。

(3) 应考虑管系各组成部分材料的整体配套性。泵、阀、滤器等设备材料的选取应尽量与管路材料配套。

(4) 管系流速设计时,除应考虑管段本身承受介质流速能力外,还应系统性考虑所属设备、阀件等部件耐介质流速能力。

(5) 系统的设计流速,应满足 GJB 4000—2000 中相关要求,不应大于材料在工作介质中的极限流速。

(6) 在满足功能使用条件下,应考虑优化系统运行工况,尽可能减少管系中介质流速。

(7) 管路系统设计时应充分考虑腐蚀余量,同时还应考虑管子弯制减薄时所需的附加余量。

(8) 应尽量采用预制成型的三通、四通等管路附件。

(9) 应尽量避免工作介质的流动死角,保持管子弯曲部位介质流动顺畅。

(10) 在海水管系与设备、船体异种金属连接部位,应采取电绝缘结构设计。

(11) 通海系统管系及低温制冷设备与管路的外表面应采用热绝缘防凝露措施。

(12) 在系统管路分流管件、汇流管件、弯管、插管附近、变径管附近、水进口端法兰之后、泵阀前后、焊缝部位等水流发生紊乱部位,以及异 种金属管系连接部位,可采用牺牲阳极或牺牲管段保护。

(13) 海水系统中管系与设备、船体焊接件因异种金属接触且电位差较大的连接部位,应采用绝缘措施进行隔离。

(14) 舷外系统的管路法兰或螺纹接头连接部位(含紧固件)应采用介质隔离密封材料进行包覆处理。

(15) 常温钢质(不锈钢等高电位金属除外)金属紧固件,宜采用有机改性锌铝基复合涂层进行表面处理。

(16) 对舷间、污水舱内不锈钢、铜合金、钛合金等高电位金属管路的表面,应进行电绝缘封闭处理。

(17) 管系各连接部位应根据可能产生的冲击、振动情况,采取相应的防止接头松脱泄漏预防措施。

(18) 接头的选型设计应充分考虑接头的机械强度、刚度、密封形式、材料和垫片选配,并与系统使用压力和温度及工作介质相适应,满足连接接头设计的安全可靠性要求。

(19) 承受高温介质的管路布置,应有足够的自补偿能力,尽量减少管路系统热膨胀冷缩而产生的附加应力,必要时在系统中加装补偿组件或采取冷紧措施。

(20) 金属波纹管的选取应综合考虑工作介质、运行环境、结构设计、与管路材料匹配性、隔振效果等方面的要求,并采取相应表面防护措施,波纹管内部密封接口禁止采用石棉垫片作为密封件。

(21) 通往舷外的管路,其舷侧处应设置两道阀,原则上两道阀应相邻安装,以防泄漏;如必须设置中间过渡管段,则其过渡管段应尽可能短,且按最高工作压力进行设计。

(22) 系统选用的紧固件应有足够的强度等级要求,一般螺栓选用8.8级或以上,螺母选用8级或以上,防止紧固件的脱扣、拉伸疲劳、断裂等事故的发生。

(23) 系统管路上的密封垫片和密封件,应根据工作介质、环境条件、设计压力、设计温度等来选取合适的密封材料。

(24) 钛合金通海系统应采取集中防污措施避免海生物污损。

(25) 管路重点腐蚀部位应安装腐蚀监测装置进行腐蚀状态跟踪测量。

8.2.1.4 设备防腐防漏设计

对于舰船配套设备选材、结构设计、阴极保护、电绝缘、防污、涂装等,其设计考虑如下。

(1) 设备选材应尽可能统一。除特殊要求外,舷外浸水设备一般应选用与船体结构配套或电位相近的材料;通海设备浸水部位主要零件材料一般应选用与所属系统配套或电位相近的材料。

(2) 舷外浸水设备或通海设备与船体结构或管系存在异种金属接触且两者电位差较大时,应采取电绝缘结构设计。

(3) 舷外浸水设备与通海设备主要部件厚度,应根据所处环境与系统运行工况条件预留足够的腐蚀裕量。

(4) 舷外浸水设备与通海设备的结构设计,应避免局部应力集中,合理选择焊接工艺。

(5) 设备与腐蚀介质接触的结构应尽量简单光顺,避免腐蚀介质积存。

(6) 热交换设备结构设计中,应根据系统接口条件,避免存在局部过热点,保证均匀的温度梯度,以免产生局部过热、高腐蚀率以及应力腐蚀。

(7) 铜合金海水介质设备,应优选表面溶解均匀、使用寿命长的牺牲阳极材料;并根据设备结构保护面积计算确定牺牲阳极外形及尺寸,并进行使用寿命估算,在防腐防漏相关文件中明确。

(8) 设备牺牲阳极安装位置应具有良好维修空间,并满足一个修理周期使用要求。安装结构设计时,应保证阳极材料消耗完毕后安装底座仍保持良好密封性能要求。

(9) 对舷外受海生物污损严重、可能影响装置使用功能的设备或区域可设置电解防污措施。

(10) 应根据设备所处部位环境条件合理设计涂料配套体系,对于机械设备,一般要求选用与所在船体结构或所属系统管路一致的涂料。

(11) 设备防漏设计应与所属系统匹配,一般要求设备不低于系统防漏设计指标。

(12) 设备密封结构形式应根据设备使用条件,如负载情况、工作压力、速度大小和变化情况,以及使用环境等,合理选择。

(13) 对于可能产生较大泄漏的设备,其密封部分应有泄漏量的设计计算。

(14) 对于防腐等级要求高、发生泄漏会引发重大安全故障的设备,应设置泄漏监测或检测装置。

8.2.2 温度环境适应性设计

为适应舰船使用温度环境,对于产品材料选择、元器件选择、降温散热、结构设计等,其设计考虑如下。

(1) 在材料选择上:应选用相同的材料,以防止不同材料膨胀不一致,使零部件相互卡死或松动;必须选用不同金属材料时,应选用金属电偶序号中的电位差相近的材料,两种材料的电位差尽量小为宜,以避免金属电偶化腐蚀。

(2) 在绝缘元器件选择上:采用降级使用的方法,提高产品抵抗温度能力。如环境温度为40℃时,将选用的元器件温度等级提高2~3级。

(3) 产品降温散热考虑:单元件可采用冷钣式冷却,对整机散热一般采用气-水或气-气混合冷却系统;气-水冷却系统,最原始的采用鼓风和抽风,但抽风较鼓风效果为佳。

(4) 产品结构设计时,对零、部件在改变形状尺寸时应有足够的圆弧过渡,棱角边缘应设计圆角,以避免应力。

8.2.3 潮湿防霉环境适应性设计

为适应舰船的潮湿防霉环境,对于产品喷涂、密封、材料选择、结构设计等,其设计考虑如下。

(1) 防潮喷涂考虑:涂覆质量是由高质量的设备和工艺来保证的。涂覆工艺包括涂覆配方,以及超声清洗、烘干、喷涂等工序,而清洗、预烘干、喷涂、最后烘干等各道工序必须要有高质量的喷涂设备来保证,其中清洗质量是保证喷涂均匀、牢固和获得好的涂覆效果的关键。

在海洋大气环境条件下,铝的氧化层有良好的防护性能;镀镉比镀锌优越但成本高,若适当加厚锌的镀层代替镉的镀层,一般也能满足;银的镀层有良好的抗腐蚀性和导电性,如线路板常采用涂银,但容易发黄变色。

(2) 密封设计:在产品设计中,可采用密封设计的器件、部件应采用相应的密封设计,如插座(电源插座、接口插座)的密封设计,对产品中某一部件如显示窗口、操作键盘等也应进行相应的密封设计。在灌注和灌封时,用环氧树脂、蜡类、不饱和聚酯树脂、硅橡胶等加热熔化后注入控制装置中时,特别注意电子元器件或电子部件与外壳的空间引线孔的孔隙,使它冷却后自行固化封闭。

(3) 选用抗潮材料:材料抗潮性能力取决于材料的本质,如皮革含有天然有机物,极易受潮而适宜霉菌生长。而无机矿物材料,则不易受潮和长霉。在线路材料选择上,应采用含有防霉剂或表面采用防霉漆工艺处理为宜。

(4) 防霉剂能杀死霉菌或抑制霉菌滋生。对防霉剂要求是;抗菌效果好、毒性低、稳定性好、无色、无臭、无刺激性、不易腐蚀;易渗透,分布均匀,与被保护产品有良好的结合,不发生化学反应,不影响本身效果和保护产品的质量等要求。

(5) 加强通风、定期通电加热或在产品机柜内、机壳里放入干燥剂等,均可起到降低产品相对湿度,抵制霉菌生长的作用。

8.2.4 机械环境适应性设计

舰船辅助机电设备除要求自身振动和噪声小外,还要求具有抵抗来自船体振动引起的结构疲劳而损坏的能力和抵抗来自水下爆炸冲击波而引起结构和功能损坏的能力。

(1) 产品结构设计中,使产品有高的结构强度,以提高耐振动抗冲击能力,也应尽可能减少产品每一个构件的质量。转动部件有好的内部平衡性能,以减少设备运转过程中产生的不平衡惯性力引起自身的振动。

(2) 舰船设备结构设计需注意避免如下几点:

① 脆性材料(如铸铁等)制造的部件不能承受冲击,尤其是设备支承构件(如机脚);

② 悬臂式结构易被破坏；

③ 采用插销式和插入卡紧等依靠摩擦力或自重固定的器件极易因震掉或滑出而损坏；

④ 弹性安装的设备与周围设备或构件之间的间隙过小易产生碰撞损坏；

⑤ 铝铆接结构及点焊连接，受冲击作用易被剪断或脱焊；

⑥ 重型设备固定螺栓易松动，甚至被剪断。

8.3 环境试验

舰船装备在其定型阶段应开展环境鉴定试验，以验证装备环境适应性设计是否达到规定的要求。舰船装备环境试验一般包括高温试验、低温试验、湿热试验、盐雾试验、振动试验、冲击试验、倾斜摇摆试验等项目。

8.3.1 高温试验

高温试验的目的是确定产品在高温环境条件下贮存或使用的适用性。高温试验仅适用于在经过一定长的升温时间后，可以达到的温度稳定的样品。试验持续时间应从样品在规定的试验温度等级上达到温度稳定的瞬间开始计算。

1）试验温度

水面舰船与常规舰船试验温度一般按表 8-7 要求选取。若产品环境试验大纲有特别规定，则按试验大纲执行。

表 8-7　水面舰船与常规舰船试验温度等级

<table>
<tr><th>舰船种类</th><th>露天</th><th>一般舱室</th><th>动力舱室</th></tr>
<tr><td>水面舰船</td><td rowspan="2">60℃</td><td rowspan="2">50℃</td><td>55℃</td></tr>
<tr><td>常规舰船</td><td>50℃</td></tr>
</table>

2）试验时间

产品试验时间按表 8-8 要求选取。若产品环境试验大纲有特别规定，则按试验大纲执行。

表 8-8　保温时间等级

试验样品重量 G/kg	保温时间/h
$G \leqslant 1.5$	1
$1.5<G \leqslant 15$	2
$15<G \leqslant 150$	4
$G>150$	8

多个分机都在一个试验箱内进行试验时,应以最重分机重量来确定保温时间。

3）试验预处理

将试验样品放置试验箱内,在正常大气条件下使之达到温度稳定。

按试验大纲或有关要求对试验样品进行外观检查、电性能和机械性能检测。

确定电源无缺相和缺中线,水压正常。

确定试品放好,封闭好接线孔。

4）试验检测

将试验样品放置在正常大气条件下恢复,使之达到温度稳定。

按试验大纲或有关要求对试验样品进行外观检查、电性能和机械性能检测。

8.3.2 低温试验

低温试验的目的是确定产品在低温条件下贮存或使用的适应性。所谓低温条件下的适应性是指产品在恒定的低温条件下贮存或使用时,能保持完好、不受损坏并能正常工作的能力。

（1）试验温度。除产品另有相关规定,试验温度为-40℃。

（2）试验时间。除产品另有相关规定,试验时间为24h。

（3）试验预处理。将试验样品放置试验箱内,在正常大气条件下使之达到温度稳定;按试验大纲或有关要求对试验样品进行外观检查、电性能和机械性能检测;确定电源无缺相和缺中线,水压正常;确定试品放好,封闭好接线孔。

（4）试验检测。将试验样品放置在正常大气条件下恢复,使之达到温度稳定;按试验大纲或有关要求对试验样品进行外观检查、电性能和机械性能检测。

8.3.3 湿热试验

简单地讲,湿热试验实际上是一项温度应力与湿度应力作用的综合试验,即“湿”与“热”的综合。对于那些预期可能暴露在湿热环境中的装备,须开展湿热试验以确保装备在贮存或使用过程中能够顺利实现预期的功能和性能指标。开展湿热试验的主要目的是考核装备在温度、湿度综合作用的条件下,装备实现其功能性能指标的能力。装备“防湿热”影响能力是装备研制设计过程中的一项重要课题,在装备研制过程中,为了提高装备耐湿热环境影响的能力,研制单位针对相应材料、元器件、印制电路组件、整机甚至系统都会开展一系列的湿热试验。

1）试验温度、湿度

试验温度:40℃±2℃。

相对湿度:93%±3%。

2）试验时长

试验周期可选取2、4、6个周期，一个周期为24h。若产品环境试验大纲有特别规定，则按试验大纲执行。

3）试验预处理

（1）除去试验样品表面灰尘及油污，将试验样品放置试验箱内，在正常大气条件下使之达到温度稳定。

（2）按试验大纲或有关要求对试验样品进行外观检查、电性能和机械性能检测。

（3）确定电源无缺相和缺中线，水压正常。

（4）试验样品应处于不包装、不通电和准备工作状态，并尽量按实际使用状态放置。如有特殊要求，按照试验大纲的规定要求执行。

（5）确定试品放好，封闭好试验箱接线孔。

4）试验检测

（1）初始检测。按有关标准规定对试验样品进行外观检查、电性能和机械性能检测。

（2）最后检测。试验结束后，将试验样品放置在正常大气条件下进行恢复，使之达到温度稳定，然后按有关标准规定对试验样品进行外观检查、电性能和机械性能检测。

8.3.4 盐雾试验

（1）盐雾试验的目的。

① 确定材料的保护层和装饰层的有效性；

② 测定盐的沉积物对产品物理和电气性能的影响。

（2）盐雾试验方法与流程。

① 盐溶液配置。

用50g±1g化学纯氯化钠溶于1L蒸馏水制成盐溶液，溶液的pH值应保持在6.5~7.2之间。

② 试验时长选取。

可按表8-9规定选取。

若产品环境试验大纲有特别规定，则按试验大纲执行。

③ 试验预处理。

试验前除去试验样品表面灰尘及油污，进行外观检查和电性能检测。

试验样品应按使用状态平行放置于试验架上。

④ 试验检测。

试验结束后，将试验样品先用自来水轻轻洗涤，以除去盐分，再用蒸馏水洗涤，摇动去掉水滴,并放在40℃±2℃的试验箱中干燥2h,然后放在正常大气条件下恢复2h。

对试验样品进行外观检查及电性能检测。

表8-9　试验时间等级

类　别			试验时间(周期)
元器件			4
镀层	镀种	底金属	—
	锌	钢	4
	铜—镍—铬	钢	4
	银	铜和铜合金	2
	金	铜和铜合金	2
	镍	铜和铜合金	3
	镍—铬	铜和铜合金	8

8.3.5　振动试验

试验目的:评定舰船电子设备在舰船振动条件下的工作适应性和结构完好性。

1) 振动参数选择

试验样品应根据该类设备所安装的舰船类型和位置按表8-10选择试验参数。

表8-10　装船电子设备(不含通信设备)振动试验参数

试验项目	环境分区	试验参数			
		频率/Hz	位移幅值/mm	加速度幅值/g	试验时间
共振试验	所有部位	1~10 10~17	(略)	(略)	每个频带 3~4min
		17~30	(略)	(略)	
稳定性试验	上层建筑	1~10 10~17	(略)	(略)	每个频带 15min
	艏艉端	17~30	(略)	(略)	
	其他舱室	1~10 10~17 17~30	(略)	(略)	

续表

试验项目	环境分区	试验参数			
		频率/Hz	位移幅值/mm	加速度幅值/g	试验时间
耐振试验	上层建筑	1~10 10~17	(略)	(略)	2h
	艏艉端	17~30	(略)	(略)	
	其他舱室	1~10 10~17 17~30	(略)	(略)	2h

注:新研制的设备五年之内耐振试验按 0.70g±0.07g 考核。

如果已知试验样品仅安装在特定的舰船上,那么仅需在该舰船的最高桨叶频率(螺旋桨每分钟最高转数×螺旋桨叶片数÷60)相应频带的范围内进行试验。例如试验样品只安装在最高桨叶频率为 15Hz 的 I 类特定舰船上,那么只需要在表中前两个试验频带内进行振动试验。如没有观察到共振,耐振试验频率按第二个频带的上限频率(17Hz),幅值按稳定性试验幅值(0.6mm)进行试验。

2) 初始检测

振动试验前,应按有关标准规定对试验样品进行外观检查、电性能和机械性能检测。

3) 试验

(1) 试验方向。

试验样品应承受 3 个轴向(垂向、横向、纵向)的振动试验。3 个轴向的试验可分别进行,也可两个轴向同时进行。

(2) 试验顺序。

试验样品应按下列各项顺序进行试验,也可在一个轴向的全部振动试验做完以后,然后进行另一个轴向的试验。

① 共振检查;

② 稳定性试验;

③ 耐振试验。

(3) 共振检查。

① 按表中规定的频率范围、位移或加速度幅值和试验时间在每个频带内,由低到高,再由高到低均匀连续改变频率进行试验。在可疑频率上可作适当停留。

② 试验样品应处于工作状态。

③ 根据试验样品及其零部件幅值明显变化或设备输出电流、电压的变化判断共振。

(4) 稳定性试验。

① 试验样品应处于工作状态。按表中规定的频率范围、位移或加速度幅值和

试验时间,在每个频带,由低到高均匀连续改变频率进行试验。除耐振试验选择的频率外,在其他可疑频率上允许延长试验时间至5min,但所选定的可疑频率点每个轴向不得超过四点。

② 试验时应检查设备是否工作正常。

(5) 耐振试验。

① 某轴向若有共振,应在最有害的共振点上,按表中规定的位移或加速度幅值振动2h,当最有害前共振点难以判定时,可以在难以判定的共振点中选择两个,按表中规定的位移或加速度幅值各振动1h。若无共振,按表中规定的频率、位移或加速度幅值振动2h。

② 试验样品应处于工作状态。

4) 最后检测

试验结束后,应按有关标准规定对试验样品进行外观检查、电性能和机械性能检测。

8.3.6 冲击试验

试验目的:评定舰船电子设备在战时可能受到的非重复性的严重冲击影响的适应性。

1) 试验等级

试验样品的耐冲击等级根据使用环境进行选择,耐冲击等级规定如表8-11所列。

表8-11 耐冲击次数

落锤高度		冲击等级次数		
		1	2	3
0.3m(37°)	垂向	1	1	1
	背向	1	1	1
	侧向	1	1	1
0.9m(66°)	垂向	1	1	0
	背向	1	1	0
	侧向	1	1	0
1.5m(90°)	垂向	1	0	0
	背向	1	0	0
	侧向	1	0	0
合计冲击次数		9	6	3
使用环境		战斗舰艇	军辅船	其他船

试验电子设备样品不包含通信设备。表 8-11 中背向和侧向摆锤的摆角由下式换算:

$$\alpha = \arccos \frac{L - H}{L} \tag{8-1}$$

式中:α 为背向或侧向摆锤的摆角(°);H 为落锤高度(m);L 为摆锤中心到转轴的距离(即臂长)(m);

2) 初始检测

在冲击试验前,按有关标准规定对试验样品进行外观检查、电性能和机械性能检测。

3) 试验

试验样品固定于冲击机上,从平行于试验样品的 3 个主轴方向的每一轴向(即垂向、背向和侧向),按式(8-1)的计算结果对试验样品进行冲击试验。对各种冲击方向的先后顺序,可根据试验上的方便具体安排。

试验样品应处于工作状态下进行试验。当有两种或多种工作状态时,则应选择其中最不利的一种工作状态进行试验。

每次冲击后,将因冲击而引起松动的安装螺栓及安装架的所有固定螺栓加以紧固。

4) 最后检测

在冲击试验结束后,对试验样品进行外观检查、电性能和机械性能检测。

8.3.7 倾斜和摇摆试验

倾斜和摇摆是安装在舰船上的装备所受到的一种基本环境。倾斜一般是船舶由风、不平衡装载、操纵或海损事故影响造成的,倾斜包括纵倾和横倾。

摇摆环境一般是舰船因恶劣的气候环境条件,诸如风、海浪等外力的作用产生的,摇摆包括纵摇、横摇。

试验目的:倾斜和摇摆试验是验证舰船装备在倾斜和摇摆环境条件下是否仍能保证正常工作的环境试验。

1) 试品安装

试品应根据实船安装方式或产品标准或技术文件所规定的安装方式,采用足以使试品承受规定试验条件作用的形式,直接或通过安装架安装在试验台台面上。安装架的刚性应足以保证在施加试验条件的过程中,不会因试品的重量和摇摆而形成的附加惯性而发生明显的变形。在实际安装时,带减振器的试品一般应连同减振器一起进行试验。

当有数种安装方式时,应选取可能承受到最严酷条件作用的那种方式或对数种安装方式都进行试验。

测试、监测和为保证试品工作或通电的外部连接所形成的附加质量和约束,应保持最小或尽可能与实际安装时相似。

2）试品工作状态

除产品标准或技术文件另有规定,试品一般应处于工作状态。

3）严酷等级

舰船设备的倾斜和摇摆试验的严酷等级可从表8-12、表8-13中选取。如有特殊要求,应在产品标准或技术文件中加以规定。

表8-12　舰船设备倾斜试验严酷等级

经验项目	严酷等级		应用举例
	角度/(°)	持续时间/min	
纵倾	10	前后各不少于30	舰艇上的一般设备
	30		潜艇水下航行时必须正常运行的设备
横倾	15	左右各不少于30	舰艇上的各类设备

注:以上数据取自GJB 4000—2000。

表8-13　舰船设备摇摆试验严酷等级

试验项目	严酷等级			应用举例
	角度/(°)	周期/s	持续时间/min	
纵摇	10	4~10	不少于30	水面舰艇上的设备
	15			潜艇水面航行时必须正常运行的设备
横摇	30	3~14	不少于30	潜艇通气管航行和水下航行时必须正常运行的设备
	45			水面舰艇或潜艇水面航行必须正常运行的设备
	60			有特殊需要的潜艇设备

注:以上数据取自GJB 4000—2000。

舰船设备的倾斜试验前应在前、后、左、右4个方向各倾斜22.5℃,各方向试验时间均为30min。

舰船设备应进行纵摇和横摇试验,角度为22.5℃,各方向试验时间均为15min。

具有旋转结构的设备试验持续时间应为其轴承温度稳定所需时间。

4）初始检测

试验前，按有关标准或技术文件规定，对样品进行外观检查及电性能和机械性能检测。

5）中间检测

条件试验期间按有关标准或技术文件规定，对试验样品进行机械、电性能检测。

6）合格判据

试品经倾斜和摇摆试验后，若出现下列任意一种情况，则被认为不合格：

(1) 结构卡死或损坏；

(2) 轴承温升超过允许值；

(3) 误动作或误接触或卡滞；

(4) 性能参数指标的偏高值超出产品标准或技术文件规定的允许极限；

(5) 产品标准或技术文件规定的其他判据。

对试验样品出现的其他问题，如产品标准或技术文件未作具体规定，应由主管试验工程师做出判定。

第 9 章

舰船通用质量特性工程管理

9.1 范　　围

明确舰船装备通用质量特性(包括或主要指可靠性、维修性、测试性、保障性、安全性和环境适应性)相应的工作系统及职责、各研制阶段工作项目要求、信息管理、评审办法等,适用于舰船装备方案设计、工程研制、设计定型的研制全过程,重点是研制阶段的设计、试制和试验。

9.2 工作系统及职责

9.2.1 工作系统

舰船装备设计师系统内应建立统一的可靠性、维修性、测试性、保障性、安全性和环境适应性工作系统,由主管“通用质量特性”工作型号总(副总)设计师、总体“通用质量特性”主任(副主任)设计师、系统主任(副主任)设计师、系统“通用质量特性”主管设计师、设备“通用质量特性”主管设计师组成,在总设计师、行政总指挥及同级或上级“通用质量特性”职能部门的业务指导下开展工作。

9.2.2 各级人员的工作职责

9.2.2.1 主管“通用质量特性”工作型号总(副总)设计师

型号总设计师对舰船装备的“通用质量特性”工作负责,副总设计师协助总设计师工作,并受总设计师委托,分管全工程或若干主要系统的“通用质量特性”抓总工作。

(1) 主持制定型号相关管理制度,主持编制型号“通用质量特性”工作计划,主持制定型号“通用质量特性”原则要求。

(2) 组织重大“通用质量特性”工作会议,分析研究产品“通用质量特性”现状,协调跨系统的重大“通用质量特性”技术问题并进行决策。

(3) 组织型号研制阶段各类“通用质量特性”数据收集工作。

(4) 检查督促各系统及主要设备对工作计划、原则要求的执行和落实情况。

9.2.2.2 “通用质量特性”系统主任(副主任)设计师主管

“通用质量特性”系统主任(副主任)设计师主管舰船装备总体“通用质量特性”工作,是总(副总)设计师在“通用质量特性”工作上的助手,具体职责如下。

(1) 负责组织制定型号“通用质量特性”相关管理制度,组织编制总体“通用质量特性”工作计划和原则要求,并组织制定研制阶段其他相关的技术指导性文件。

(2) 根据舰船装备主要作战使用性能及研制总要求中的“通用质量特性”定量、定性要求,组织进行充分论证与权衡,将要求分配至各系统,并指导和督促各系统将要求分配至各子系统及设备。

(3) 指导各系统、设备“通用质量特性”工作的开展,包含“通用质量特性”设计、试验、评估等。

(4) 参与各系统、重要设备设计方案确定、技术问题协调、技术状态固化等过程,对其“通用质量特性”问题把关。

(5) 参与“通用质量特性”工作系统的相关管理活动,协助开展重大技术攻关,承担“通用质量特性”技术研究及推广工作。

(6) 在“通用质量特性”工作系统框架内,负责建立型号故障报告、分析与纠正措施系统(failure report analysis and corrective action system,FRACAS),协助开展各类故障报告、处理与总结工作,负责建立型号“通用质量特性”信息系统平台,收集和管理型号“通用质量特性”信息。

(7) 参加各系统和主要设备的“通用质量特性”设计评审,对其“通用质量特性”设计结果、各项要求落实情况进行把关。

9.2.2.3 系统主任(副主任)设计师

系统主任(副主任)设计师对本系统的“通用质量特性”工作负责;受总(副总)设计师领导和总体“通用质量特性”主任设计师业务指导,负责本系统“通用质量特性”方面的技术工作。其工作职责如下。

(1) 贯彻执行上级以及舰船装备“通用质量特性”工作系统有关规定,执行舰船装备总体“通用质量特性”工作计划,组织编制本系统“通用质量特性”工作计划,并上报“通用质量特性”工作系统。

(2) 在各研制阶段主持开展本系统“通用质量特性”工作计划中规定的相关工作项目,按要求向“通用质量特性”工作系统上报工作结果。

(3) 在各研制阶段主持开展本系统“通用质量特性”分析,向“通用质量特性”工作系统上报分析结果。

(4) 主持开展本系统内“通用质量特性”信息分析与处理工作,向“通用质量特性”工作系统上报处理结果与相关数据。

(5) 主持开展本系统“通用质量特性”质量信息收集工作,按要求向“通用质量特性”工作系统上报。

(6) 审签本系统的“通用质量特性”相关文件和图纸,对系统内设备的“通用质量特性”工作实施有效监督。

(7) 对本系统研制过程中有关技术问题进行决策,重大问题须及时处理并向“通用质量特性”工作系统报告。

9.2.2.4 设备主管设计师

设备主管设计师的工作职责参照系统主任设计师的工作职责。

9.2.2.5 系统、设备设计人员

系统、设备设计人员应在设计过程中认真贯彻执行“通用质量特性”相关标准规范、总体原则要求、系统或设备设计准则,将“通用质量特性”要求切实落实到产品设计方案中,对保证“通用质量特性”与性能同步设计负责;同时规范开展研制与试验过程中的数据记录,整理好“通用质量特性”相关的数据与信息,按阶段上报“通用质量特性”主管设计师。

9.3 舰船装备通用质量特性技术管理

9.3.1 可靠性管理

1) 制定可靠性工作计划

在方案设计阶段,总体、一级系统、研制及改进类设备应制定本级产品可靠性工作计划,规定在各研制阶段可靠性管理、设计与分析、试验与评价等方面的工作项目及具体要求,作为研制阶段开展可靠性工作的依据。下级产品可靠性工作计划原则上应包含上级产品可靠性工作计划所规定的相关工作项目;各级可靠性工作计划应在方案设计阶段前期完成。

2) 在役型号可靠性问题举一反三改进

总体、系统、设备单位应及时收集、整理在役型号使用中发生的故障等可靠性问题,作为新型号可靠性改进提高的输入。

针对各系统及研制、改进类设备，在方案设计阶段，应完成在役型号主要可靠性问题梳理及原因分析，制定新型号举一反三改进措施，作为方案设计阶段评审的重点；在技术设计阶段，应固化改进措施技术状态，作为技术设计阶段评审的重点；施工设计及生产建造阶段，应予以落实。针对选型及竞优设备，应将在役型号可靠性问题举一反三改进要求纳入选型及择优要求中，并在生产建造中予以落实。总体应在各研制阶段对在役型号可靠性问题举一反三改进落实情况进行重点检查和评审把关，实行销项管理。

3）可靠性设计准则制定及符合性检查

在方案设计阶段，总体、一级系统及研制、改进类设备应制定该级产品可靠性设计准则；在技术设计阶段，应细化设计准则，并由上级产品责任单位对下级产品设计准则落实情况进行符合性检查。

可靠性设计准则应具有针对性，应将以往相似装备可靠性设计经验及针对在役型号可靠性问题制定的举一反三改进措施提炼为设计准则；设计准则应可操作、可检查。

4）可靠性建模、预计与分配

总体应牵头各系统、设备单位，在方案设计至技术设计阶段，逐步迭代建立可靠性模型，完成指标预计与分配，提出对系统、设备的可靠性指标要求。

应针对机电产品、电子产品、寿命件等产品类型提出适宜的可靠性指标参数；对于寿命件的寿命指标计时起点为舰船交付阶段；针对不易更换的寿命件寿命指标应与舰船计划修理周期相匹配。

5）故障模式、影响及危害性分析（FMECA）

在方案设计阶段，总体、一级系统及研制、改进类设备应开展 FMECA 分析，针对分析出的故障模式制定可靠性设计改进措施；在技术设计阶段，应深化分析结果，并落实设计改进措施。

各级 FMECA 分析的故障模式应涵盖在役型号主要可靠性问题，新技术潜在故障模式，以及对舰船任务完成和安全有影响的故障模式；制定的可靠性设计措施应首先确保能提高装备固有可靠性，避免简单的冗余备份。

6）新技术应用可靠性分析

在方案设计阶段，总体、一级系统与研制、改进类设备应分析采用新技术所带来的可靠性风险，并制定防范措施，作为方案设计阶段的评审重点；在技术设计阶段，应深化分析并落实设计措施，作为技术设计阶段评审重点。

7）关重件分析

在方案设计阶段，总体、一级系统及研制、改进类设备应分析本级产品关重特性，制定关重件清单；在技术设计阶段，应细化清单，制定管控措施；在各研制阶段，从设计、材料选用、外协外购、工艺保证、生产制造等各环节实行关重件控制。应根据产品技术复杂性、功能重要性、对舰船安全性的影响、对舰船任务完成的影响、维修难度、采购费用等因素，合理划分关键件和重要件。

8）故障树分析（FTA）

在技术设计阶段，总体、一级系统及研制、改进类设备应对各自产品开展故障树分析。应针对产品最严重的故障或事故开展FTA分析，通过FTA分析流程查找定位最底层的原因，以采取改进措施。

9）元器件、零部件和原材料的选择和控制

系统、设备承制单位应建立合格产品目录和合格供方目录，对于目录外元器件、零部件和原材料的选用，应严格制定控制程序，并保存记录。对纳入关重件的元器件、零部件和原材料，原则上应在目录范围内选择。

10）耐久性分析

在技术设计阶段，研制、改进类机械、机电设备应对产品开展耐久性分析，识别出易发生腐蚀、密封失效、磨损、疲劳的零部件，确定失效原因，制定提高可靠性及维修性的措施或提出合理寿命指标。

11）环境应力筛选

电子、电气、机电类设备应在施工设计及生产建造阶段进行环境应力筛选（enviromental stress screening，ESS）试验，有效剔除早期故障，为设备可靠性提供保证。关键电子产品应在不同组装等级进行ESS试验，用以消除生产各阶段引入的缺陷和接口缺陷。

12）可靠性试验

新研系统及设备可靠性试验，可根据实际情况开展可靠性摸底试验、可靠性增长试验、可靠性鉴定试验，试验对象为科研样机。

方案设计至技术设计阶段，总体牵头各系统、设备单位论证提出型号可靠性试验总体规划，明确试验对象范围、试验初步方案，提出试验场地规划和建议。

对于纳入可靠性试验范围的系统、设备，由总体所提出可靠性试验总体要求；对于系统、专用设备、研制及改进类通用设备（台屏机柜等通用电子设备、泵阀电机等通用机电设备），由责任单位制定试验大纲并负责试验实施；对于择优类通用设备，由总体统一制定试验大纲并负责试验实施。

13）故障处理

系统、设备单位应及时处理科研生产和试验测试中出现的故障，对于重大故障应执行双归零措施，系统、设备故障情况应及时报送至上一级技术责任单位。

14）各阶段可靠性分析评价

作为转阶段的必要条件，总体、一级系统及研制、改进类设备应在各研制阶段开展可靠性分析评价，综合可靠性分析、设计、生产、试验等情况，定性、定量评价产品可靠性实现情况，如表9-1所列。

表 9-1 舰船各研制阶段可靠性工作要求

<table>
<tr><th colspan="2" rowspan="2">工作项目名称</th><th colspan="3">适用范围</th><th colspan="4">适用阶段</th><th rowspan="2">备注</th></tr>
<tr><th>总体</th><th>系统</th><th>设备</th><th>方案设计</th><th>技术设计</th><th>施工设计及生产建造</th><th>试验、交船阶段</th></tr>
<tr><td>1</td><td>制定可靠性工作计划</td><td>√</td><td>√</td><td>研制、改进设备</td><td>√</td><td>—</td><td>—</td><td>—</td><td></td></tr>
<tr><td>2</td><td>在役型号可靠性问题举一反三改进</td><td>√</td><td>√</td><td>√</td><td>√</td><td>√</td><td>√</td><td>—</td><td></td></tr>
<tr><td>3</td><td>可靠性设计准则制定及符合性检查</td><td>√</td><td>√</td><td rowspan="7">研制、改进设备</td><td>√</td><td>√</td><td>—</td><td>—</td><td></td></tr>
<tr><td>4</td><td>可靠性建模、预计与分配</td><td>√</td><td>√</td><td>√</td><td>√</td><td>—</td><td>—</td><td></td></tr>
<tr><td>5</td><td>故障模式、影响及危害性分析</td><td>√</td><td>√</td><td>√</td><td>√</td><td>—</td><td>—</td><td></td></tr>
<tr><td>6</td><td>新技术应用可靠性分析</td><td>√</td><td>√</td><td>√</td><td>√</td><td>—</td><td>—</td><td></td></tr>
<tr><td>7</td><td>关重件分析</td><td>√</td><td>√</td><td>√</td><td>√</td><td>√</td><td>—</td><td></td></tr>
<tr><td>8</td><td>故障树分析</td><td>√</td><td>√</td><td>—</td><td>√</td><td>—</td><td>—</td><td></td></tr>
<tr><td>9</td><td>元器件、零部件和原材料选择与控制</td><td>—</td><td>√</td><td>√</td><td>√</td><td>√</td><td>—</td><td></td></tr>
<tr><td>10</td><td>耐久性分析</td><td>—</td><td>—</td><td>研制、改进机械、机电设备</td><td>—</td><td>√</td><td>—</td><td>—</td><td></td></tr>
<tr><td>11</td><td>环境应力筛选</td><td>—</td><td>—</td><td>电子、电气、机电设备</td><td>—</td><td>—</td><td>√</td><td>—</td><td></td></tr>
<tr><td>12</td><td>可靠性试验</td><td>√</td><td colspan="2">针对纳入可靠性试验规划的系统、设备</td><td>√</td><td>√</td><td>√</td><td>—</td><td></td></tr>
<tr><td>13</td><td>故障处理</td><td>√</td><td>√</td><td>√</td><td>—</td><td>√</td><td>√</td><td>√</td><td></td></tr>
<tr><td>14</td><td>各阶段可靠性分析评价</td><td>√</td><td>√</td><td>√</td><td>√</td><td>√</td><td>√</td><td>√</td><td></td></tr>
</table>

9.3.2 维修性管理

依据 GJB 368B—2009《装备维修性工作通用要求》对研制阶段维修性工作项目的要求,结合舰船技术特点和研制特点,通过合理剪裁确定某型舰船在研制阶段需开展的维修性工作项目,主要包括以下 9 个方面。

1）制定维修性工作计划

在方案设计阶段,总体、一级系统、研制及改进类设备应制定本级产品维修性工作计划,规定在各研制阶段维修性管理、设计与分析、试验与评价等方面的工作项目及具体要求,作为研制阶段开展维修性工作的依据。下级产品的维修性工作计划原则上应包含上级产品维修性工作计划所规定的相关工作项目,各级产品的维修性工作计划应在方案设计阶段前期完成。

2）维修性设计准则制定及符合性检查

在方案设计阶段,总体、一级系统、研制及改进类设备应制定该级产品维修性设计准则;在技术设计阶段,应细化设计准则,并由上级产品责任单位对下级产品设计准则的落实情况进行符合性检查。

维修性设计准则应具有针对性,应将以往相似装备维修性设计经验及针对在役装备维修存在的维修性问题,以及制定的改进措施提炼为设计准则,并且设计准则应可操作、可检查。

3）维修性建模、分配与预计

总体应牵头各系统、设备单位,在方案设计及技术设计阶段,逐步迭代完成维修性建模及指标预计、分配,提出对系统、设备的维修性指标要求,指标类型应与不同类型设备的运行特点相匹配。

4）维修任务分析

在方案设计阶段,总体、一级系统及设备应开展各级产品的维修任务清理和分析;在技术设计阶段,应固化维修任务。

维修任务分析应至少涵盖 FMECA 分析中各类故障模式对应的维修任务;系统、设备维修性分析结果应与故障模式、可更换单元一一对应;各一级系统应对过滤器、挠性接管等系统所属附件的维修任务进行分析。

5）维修性三维建模

在技术设计阶段,一级系统及研制、改进类设备应根据总体要求构建各自产品的维修性三维模型,作为虚拟维修验证的输入。

系统及研制、改进类设备的维修性三维模型应精确到可更换单元,并以数据包形式提交总体。

6）维修性设计分析

在方案设计阶段至技术设计阶段,一级系统及研制、改进类设备应充分落实总体维修性设计准则,重点针对高故障率、维修更换频繁的系统附件、设备部件,从功能模块集成设计,加强机柜插板、电气接插件、电缆及管路对接等的标准化设计,简化设备安装形式和接口等角度提出维修性设计措施。

7）维修性验证

在方案设计阶段至施工设计阶段,总体、系统、研制及改进类设备应结合总体布置及三维数字样机逐步深化开展维修性验证。

总体重点开展维修通道规划、大型设备出舱验证、重点区域维修空间验证;各系统、设备单位对本设备维修面、维修空间及与周边结构、设备的干涉情况进行验证;针对维修性问题,总体牵头系统、设备单位进行设计改进或布置调整;总体应在各研制阶段对维修性问题改进落实情况进行重点检查和评审把关,实行销项管理。

8）总装建造阶段维修性拉网检查

总体牵头系统、设备单位,在施工设计及生产建造阶段,依据技术设计阶段制定的维修性设计准则及各阶段维修性三维验证存在的问题,制定总装建造阶段维修性拉网检查方案;总体所与船厂协同,通过现场检查测量、分析评价、试验验证等方法,检查维修通道畅通性,大型设备、重点部位维修保养的可达性;检查发现的问题应形成拉网检查问题清单,通过研讨,逐一协商落实解决。

9）各阶段维修性分析评价

总体、一级系统、研制及改进类设备,应在各研制阶段开展维修性分析评价,综合维修性建模、预计与分配、维修任务分析、维修验证等情况,定性定量评价产品维修性实现情况,作为转阶段的必要条件。

综合上述 9 个要求,舰船研制阶段维修性具体工作项目如表 9-2 所列。

表 9-2　舰船研制阶段维修性工作项目

序号	工作项目名称	适用范围				备注
		订购方	总体	系统	设备	
论证阶段						
1	确定型号维修性要求	√				
方案设计阶段、深化方案设计阶段						
1	维修任务初步分级		√	√	针对设置了方案设计节点的设备	
2	提出对下一层次产品的维修性设计要求（含维修性定量、定性要求）		√	√		
3	制定维修性工作计划		√	√	针对设置了方案设计节点的设备	
4	维修性审查		√	√		

续表

序号	工作项目名称	适用范围				备注
		订购方	总体	系统	设备	
技术设计阶段						
1	制定维修性设计准则		√	√	针对设置了技术设计节点的设备	
2	虚拟维修验证及分析评价		√	√		
3	维修性设计准则符合性检查		√	√		
4	系统、设备维修任务分析			√		
5	维修性评审		√	√		
施工设计、生产建造、系泊与航行试验、交船阶段						
1	维修性验证			√	√	
2	系泊与航行试验、交船的维修性信息收集、分析		√	√	√	
3	使用的维修性分析与评价		√	√	针对影响安全性、任务完成、新研、故障概率高的设备	

9.3.3 测试性管理

根据舰船装备系统研制程序,舰船装备全寿命周期可分为论证、方案设计、工程研制和生产、使用和退役处理等阶段,其发展过程是一个动态、连续的过程。测试性需求分析必须同装备全寿命周期紧密联系,既要考虑测试性工作在系统使用阶段的保障作用,又要结合装备系统的战术技术性能、全寿命周期费用以及综合保障能力等指标要求,充分考虑测试性对系统的影响,尽早决定测试性需求和指导测试性设计。总体系统和设备在各研制阶段需开展的测试性工作项目如表9-3所列。

1)制定测试性工作计划

在方案设计阶段,总体、一级系统、研制及改进类设备应制定本级产品测试性工作计划,规定在各研制阶段测试性管理、设计与分析、试验与评价等方面的工作项目及具体要求,作为研制阶段开展测试性工作的依据。下级产品测试性工作计划原则上应包含上级产品测试性工作计划所规定的相关工作项目;各级测试性工作计划应在方案设计阶段前期完成。

表 9-3　总体、系统和设备在各研制阶段需开展的测试性工作项目表

序号	工作项目名称	适用范围			适用阶段				备注
		总体	系统	设备	方案设计	技术设计	施工设计及生产建造	试验、交船阶段	
1	制定测试性工作计划	√	√	研制、改进类设备	√	—	—	—	
2	电子设备测试性设计	√	√	研制、改进类电子、电气设备	√	√	—	—	
2.1	测试性建模	—	—		—	√	√	—	
2.2	BIT 设计	—	—		—	√	√	—	
2.3	测试性验证	—	—		—	√	√	—	
3	机械设备诊断设计	√	√	研制、改进类机械设备	√	√	√	—	
3.1	制定诊断方案	√	√		—	√	√	—	
3.2	监测接口设计	—	—		—	√	√	—	
3.3	诊断设计验证	√	√		—	√	√	—	
4	系统测试性设计	—	√	—	—	√	√	—	
4.1	测试性建模	—	√		—	√	√	—	
4.2	测试性设计	—	√		—	√	√	—	
4.3	测试性验证	—	√		—	√	√	—	
5	各阶段测试性分析评价	√	√	研制、改进类设备	√	√	√	√	

2）电子设备测试性设计

总体在方案设计阶段提出电子设备测试性设计原则要求，下发各系统、设备单位；研制、改进类电子、电气设备，在技术设计阶段，开展测试性建模、BIT 设计；在施工设计及生产建造阶段，固化测试性建模与设计结果，并在施工设计阶段结合设备样机开展测试性验证。

3）机械设备诊断设计

总体在方案设计阶段提出不同类型机械设备诊断设计原则要求，下发各系统、设备单位；总体牵头各一级系统及研制、改进类设备单位，在技术设计阶段至施工设计阶段，逐步深化完善诊断方案，开展诊断设计验证。

4）系统测试性设计

各系统在技术设计阶段至施工设计阶段，逐步深化测试性建模和测试性设计，

开展测试性验证。

5）各阶段测试性分析评价

总体、一级系统及研制、改进类设备，应在各研制阶段开展测试性分析评价，综合测试性分析、设计、试验等情况，定性定量评价产品测试性实现情况，作为转阶段的必要条件。

舰船维修性是影响舰船安全和可靠性、在航率的重要指标之一。舰船维修性尽管以研究舰船的维修属性为核心，但更侧重于全寿命周期内维修性相关问题的研究，强调从总体、系统的角度开展维修性相关要素研究，从而能够更加全面、系统、协调地解决舰船维修问题。舰船维修性工程技术体系包括维修性参数、维修性设计、维修性分析评估和维修性管理等工程工作。其中，维修性参数主要指维修性的定量参数，维修性设计主要指维修性定性设计准则制定，维修性分析与评估主要指虚拟维修建模、维修量化评估等，维修性管理工作包括维修性管理组织的建立、人员的培训和相关维修性技术工作落实的监督管理等。

9.3.4 保障性管理

依据 GJB 3872—1999《装备综合保障通用要求》和 GJB 1371—1992《装备保障性分析》对各研制阶段保障性工作项目的要求，结合舰船技术特点和研制特点，确定总体、系统和设备在各研制阶段需开展的保障性工作项目，见表 9-4。

表 9-4　保障性工作要求

<table>
<tr><th rowspan="2">序号</th><th rowspan="2">工作项目名称</th><th colspan="4">适用范围</th><th rowspan="2">备注</th></tr>
<tr><th>订购方</th><th>总体</th><th>系统</th><th>设备</th></tr>
<tr><td colspan="7">论证阶段</td></tr>
<tr><td>1</td><td>保障性要求确定</td><td>√</td><td></td><td></td><td></td><td></td></tr>
<tr><td>2</td><td>使用研究</td><td></td><td>√</td><td>√</td><td></td><td></td></tr>
<tr><td colspan="7">方案设计阶段</td></tr>
<tr><td>1</td><td>保障性工作计划制定</td><td></td><td>√</td><td>√</td><td rowspan="3">针对开展方案设计的设备</td><td></td></tr>
<tr><td>2</td><td>保障性设计准则制定</td><td></td><td>√</td><td>√</td><td>初步准则</td></tr>
<tr><td>3</td><td>保障资源规划</td><td></td><td>√</td><td>√</td><td>针对保障设备与设施提出初步需求</td></tr>
</table>

续表

<table>
<tr><th rowspan="2">序号</th><th rowspan="2">工作项目名称</th><th colspan="4">适用范围</th><th rowspan="2">备注</th></tr>
<tr><th>订购方</th><th>总体</th><th>系统</th><th>设备</th></tr>
<tr><td colspan="7">技术设计阶段</td></tr>
<tr><td>1</td><td>保障性设计准则制定</td><td></td><td>√</td><td>√</td><td rowspan="3">针对研制及改进的设备</td><td>技术设计阶段深化</td></tr>
<tr><td>2</td><td>使用与维修工作分析</td><td></td><td>√</td><td>√</td><td></td></tr>
<tr><td>3</td><td>保障资源规划</td><td></td><td>√</td><td>√</td><td>针对备品备件及专用工具、保障设备与设施提出/完善初步需求</td></tr>
<tr><td>4</td><td>综合保障信息系统研制</td><td></td><td>√</td><td></td><td></td><td>制定器材编码及标签要求</td></tr>
<tr><td>5</td><td>交互式电子
技术手册系统研制</td><td></td><td>√</td><td></td><td></td><td>制定交互式电子技术手册素材提交要求</td></tr>
<tr><td colspan="7">施工设计、生产建造阶段</td></tr>
<tr><td>1</td><td>保障性设计准则符合性检查</td><td></td><td>√</td><td>√</td><td rowspan="4">针对研制及改进的设备</td><td></td></tr>
<tr><td>2</td><td>使用与维修工作分析</td><td></td><td>√</td><td>√</td><td>施工设计阶段深化</td></tr>
<tr><td>3</td><td>保障资源规划</td><td></td><td>√</td><td>√</td><td>施工设计阶段深化</td></tr>
<tr><td>4</td><td>保障资源研制</td><td></td><td>√</td><td>√</td><td>有保障资源研制要求产品</td></tr>
<tr><td>5</td><td>综合保障信息系统研制</td><td></td><td>√</td><td>√</td><td>√</td><td>器材应制定编码
并安装识别标签</td></tr>
<tr><td>6</td><td>交互式电子技术
手册系统研制</td><td></td><td>√</td><td>√</td><td>√</td><td>研制类设备,应提交交互式电子技术手册素材</td></tr>
<tr><td colspan="7">试验、交船阶段</td></tr>
<tr><td>1</td><td>使用与维修人员培训</td><td></td><td>√</td><td>√</td><td>√</td><td></td></tr>
<tr><td>2</td><td>保障性分析与评价</td><td></td><td>√</td><td>√</td><td>针对研制及改进的设备</td><td></td></tr>
</table>

1) 制定保障性工作计划

在方案设计阶段,总体、一级系统、研制及改进类设备应制定本级产品保障性工作计划,规定在各研制阶段保障性管理、设计与分析、评价等方面的工作项目及具体要求,作为研制阶段开展保障性工作的依据。下级产品保障性工作计划原则上应包含上级产品保障性工作计划所规定的相关工作项目;各级保障性工作计划应在方案设计阶段前期完成。

2）保障性设计准则制定及符合性检查

在方案设计阶段,总体、一级系统及研制、改进类设备应制定该级产品保障性设计准则;在技术设计阶段,应细化设计准则,并由上级产品责任单位对下级产品设计准则落实情况进行符合性检查。

保障性设计准则应具有针对性,应将以往已服役装备的保障性设计经验,以及针对在役艇保障性问题的举一反三改进措施提炼为设计准则;设计准则应可操作、可检查。

3）使用与维修保障分析

在方案设计阶段,总体、一级系统及研制、改进类设备应针对各自产品使用与维修工作流程中的保障性需求,开展使用与维修保障分析,针对分析出的保障性问题或薄弱环节制定保障性设计措施;在技术设计阶段,应深化分析结果,落实设计措施。

各级使用与维修保障分析应涵盖在役舰船暴露的主要保障性问题,以及新产品、新技术应用于装备所带来的保障性变化和问题。

4）保障设备设施规划

在方案设计阶段至技术设计阶段,总体、一级系统及研制、改进类设备应梳理并逐步固化各级产品在服役后的保障设备和设施需求。

保障设备设施主要包括用于系泊、岸基资源供给(油、水、汽、电等)、大型设备或结构件吊装、大型设备或结构件维修等的设备设施。

5）交互式电子技术手册制作

在技术设计阶段,总体应牵头各系统及研制、改进类设备单位制定并下发系统、设备交互式电子技术手册素材提交要求;在技术设计至施工设计阶段,系统、设备单位应根据总体要求,制定并提交手册素材;在施工设计和生产建造阶段,总体完成交互式电子技术手册数据模块制作并发布。

交互式电子技术手册技术方案及素材提交要求应单独形成文件,并通过评审固化;交互式电子技术手册素材应通过正确性评审。

6）综合保障包素材制作

在技术设计阶段,总体牵头各系统、设备单位应制定综合保障包的总体构架及技术要求;在施工设计及生产建造阶段,完成综合保障包素材编制,并作为完工文件随船交付。

综合保障包主要涵盖等级修理文件、预防性维修大纲、随机文件、修理工艺规范等,用于指导交船后维修保障工作。

7）器材规划及筹措

在技术设计阶段，总体制定器材清单、携带标准编制要求及筹措要求；在施工设计及生产建造阶段，总体牵头系统、设备单位完成器材清单、携带标准的编制，完成后将相关器材信息资料录入器材数字化管理系统，随船交付。

系统、设备在施工设计及生产建造阶段，按总体要求编制器材清单及携带标准，随船交付。

8）使用与维修人员培训

在系泊与航行试验前期，总体、一级系统及设备应制定针对舰员及部队维修人员的培训计划，编制相关培训教材，并开展培训工作。

9）各阶段保障性分析评价

在各研制阶段，总体、一级系统及研制、改进类设备应开展保障性分析评价，综合使用与维修保障分析、保障资源规划、交互式电子技术手册素材制作等保障性设计与分析结果，定性定量评价产品保障性实现情况，作为转阶段的必要条件。

9.3.5 安全性管理

根据舰船装备使用环境与运行特点，舰船总体、系统和设备在研制阶段需开展的安全性工作项目，如表 9-5 所列。具体安全性工作项目如下。

表 9-5 总体、系统和设备在研制阶段需开展的安全性工作项目表

工作项目名称		适用范围			适用阶段				备注
		总体	系统	设备	方案设计	技术设计	施工设计及生产建造	试验、交船阶段	
1	制定安全性工作计划	√	√	研制、改进类设备	√	—	—	—	
2	安全物项分级及管控要求制定	√	√		√	√	√	—	
3	安全性设计准则制定及符合性检查	√	√		√	√	—	—	
4	危险事件风险分析	√	√		√	√	—	—	
5	安全性验证	—	√		—	—	√	—	
6	安全预案制定	√	√		—	—	√	—	
7	各阶段安全性分析评价	√	√		√	√	—	√	

1）制定安全性工作计划

在方案设计阶段，总体、一级系统、研制及改进类设备应制定本级产品安全性

工作计划,规定在各研制阶段安全性管理、设计与分析、试验与评价等方面的工作项目及具体要求,作为研制阶段开展安全性工作的依据。下级产品安全性工作计划原则上应包含上级产品安全性工作计划所规定的相关工作项目;各级安全性工作计划应在方案设计阶段前期完成。

2）安全物项分级及管控要求制定

在方案设计阶段,总体应根据装备故障对安全事故的影响程度,制定安全物项分级原则,并针对不同分级制定总体管控要求;在技术设计阶段,总体牵头各系统、设备单位应根据安全分级原则开展安全分级,形成分级清单,并逐项制定安全性管控措施,作为技术设计阶段评审的重点;总体应在各研制阶段对各安全物项管控措施的落实情况进行重点检查和评审把关,实行销项管理。

3）安全性设计准则制定及符合性检查

在方案设计阶段,总体、一级系统及研制、改进类设备应制定该级产品安全性设计准则;在技术设计阶段,应细化设计准则,并由上级产品责任单位对下级产品设计准则落实情况进行符合性检查。安全性设计准则应具有针对性,应将以往相似装备发生的安全性问题、安全性设计经验以及相关标准规范提炼为设计准则;设计准则应可操作、可检查。

4）危险事件风险分析

在方案设计至技术设计阶段,总体、一级系统及研制、改进类设备应梳理潜在危险事件,并逐步深化开展危险事件风险分析,制定相应的安全性设计措施;总体应在各研制阶段对危险事件安全设计措施落实情况进行重点检查和评审把关,实行销项管理。

危险事件风险分析应根据装备特点和设计方案,初步识别具有危险特性的功能、产品、材料以及与环境有关的危险因素,分析可能发生的危险;危险事件风险分析应采用风险指数评价法等方法,进行量化评价。

5）安全性验证

在施工设计及生产建造阶段,一级系统及研制、改进类设备应对有安全性验证要求的对象,结合工程分析、演示试验、样机性能试验或系统陆上联调试验等进行安全性验证,涵盖安全功能、安全设施、运行限值等方面。

6）安全预案制定

在施工设计阶段,总体、一级系统及研制、改进类设备应分析本级产品使用过程中可能存在的安全性事故,制定相应的安全性预案。

7）各阶段安全性分析评价

对于总体、一级系统及研制、改进类设备,应在各研制阶段开展安全性分析评价,综合安全物项分析及管控要求制定、危险事件风险分析、安全性验证等安全性设计与分析情况，定性定量评价产品安全性实现情况，作为转阶段的必要条件。

9.3.6 环境适应性管理

根据舰船装备环境特点，舰船总体、系统和设备在研制阶段需开展的环境适应性工作项目如表9-6所列。

表9-6 总体、系统和设备在研制阶段需开展的环境适应性工作项目表

<table>
<tr><th colspan="2" rowspan="2">工作项目名称</th><th colspan="3">适用范围</th><th colspan="4">适用阶段</th><th rowspan="2">备注</th></tr>
<tr><th>总体</th><th>系统</th><th>设备</th><th>方案设计</th><th>技术设计</th><th>施工设计及生产建造</th><th>试验、交船阶段</th></tr>
<tr><td>1</td><td>确定环境条件</td><td>√</td><td>—</td><td>—</td><td>√</td><td>—</td><td>—</td><td>—</td><td></td></tr>
<tr><td>2</td><td>制定环境适应性工作计划</td><td>√</td><td>√</td><td rowspan="4">研制、改进类设备</td><td>√</td><td>—</td><td>—</td><td>—</td><td></td></tr>
<tr><td>3</td><td>制定环境适应性设计准则及检查</td><td>√</td><td>√</td><td>√</td><td>√</td><td>—</td><td>—</td><td>纳入可靠性分析报告</td></tr>
<tr><td>4</td><td>环境试验</td><td>—</td><td>—</td><td>—</td><td>√</td><td>√</td><td>—</td><td></td></tr>
<tr><td>5</td><td>各阶段环境适应性分析评价</td><td>√</td><td>√</td><td>√</td><td>√</td><td>√</td><td>√</td><td>纳入可靠性分析报告</td></tr>
</table>

1）确定环境条件

总体在方案设计前期，确定舰船各项环境条件，包括海况、倾斜与摇摆、温湿度、风速、日光辐射、霉菌、盐雾、油雾、防水、耐水压、空气噪声、振动、颠震、冲击、核辐射等方面，作为各系统、设备研制中全面考虑各种环境影响的基本依据。

2）制定环境适应性工作计划

在方案设计阶段，总体、系统、设备应制定本级产品环境适应性工作计划，规定在各研制阶段环境适应性设计与分析、试验与评价等方面的工作项目及具体要求，作为研制阶段开展环境适应性工作的依据。下级产品环境适应性工作计划原则上应包含上级产品环境适应性工作计划所规定的相关工作项目；各级环境适应性工作计划应在方案设计阶段前期完成。

3）制定环境适应性设计准则及检查

在方案设计阶段，总体、一级系统及研制、改进类设备应制定该级产品环境适应性设计准则；在技术设计阶段，应细化设计准则，并由上级产品责任单位对下级

产品设计准则落实情况进行符合性检查。环境适应性设计准则应具有针对性,设计准则应可操作、可检查。

4) 环境试验

在施工设计阶段,研制、改进类设备按要求开展环境试验。

5) 各阶段环境适应性分析评价

总体、系统及研制、改进类设备在各研制阶段应开展环境适应性分析评价工作,评价结论应综合考虑该阶段的环境条件、环境试验等环境适应性设计与分析结果。

9.4 通用质量特性重要项目审查

针对可靠性试验、测试性设计、交互式电子技术手册、综合保障包等综合性较强、涉及面较广的项目,建议进行项目专门审查,审查内容涵盖总体技术方案、系统与设备的手册素材制作要求、上船应用方案等。具体安排如下:

(1) 可靠性试验:在技术设计阶段,应对可靠性总体试验规划,系统、设备可靠性试验方案进行评审;在施工设计阶段,应对可靠性试验结果及评估报告进行评审。

(2) 测试性设计:在技术设计阶段,应对机械设备测点布置方案和电子设备诊断方案进行评审;在施工设计阶段,应对电子设备测试性结果进行验收评审。

(3) 综合保障包:在技术设计阶段,应对总体技术方案、综合保障包素材制作要求进行评审;在施工设计阶段,应对综合保障包正确性进行审查并对成果进行验收评审。

(4) 交互式电子技术手册:在技术设计阶段,应对交互式电子技术手册总体技术方案和手册素材制作要求进行评审;在施工设计阶段,应对交互式电子技术手册正确性进行审查并对研制成果进行验收评审。

9.5 通用质量特性专项检查要求

在舰船装备各研制阶段除转阶段审查外,应设置1~2次的阶段检查节点,由总体所、系统责任单位、通用质量特性行业专家及军方代表参与,针对一级系统及重点设备单位开展通用质量特性专项检查工作,确保该阶段通用质量特性设计与分析结果满足总体要求。

具体要求如下:

1）技术设计阶段检查要求

设置1~2次阶段检查，时间为技术设计中期和后期。重点检查系统、设备《通用质量特性设计与分析报告》完成情况以及设备样机设计和通用质量特性相关试验情况，检查内容涵盖在役船可靠性问题举一反三改进设计情况、维修任务分析和维修性设计分析、安全分级与危险事件风险分析、在役船可靠性问题举一反三改进在样机上的落实情况、可靠性试验进展情况、测试性设计情况等。

2）施工设计及生产建造阶段检查要求

设置1~2次阶段检查，时间为施工设计及生产建造阶段的中期和后期。重点检查各系统、设备交互式电子技术手册、综合保障包、器材规划及筹措、安全性预案制定等工作，并在总装建造阶段开展维修性、安全性拉网检查。

3）在试验阶段检查要求

设置1~2次阶段检查，时间为系泊、航行试验完成后。重点对可靠性、维修性、测试性、保障性、安全性和环境适应性分析评价结果进行检查。

9.6 信息管理

9.6.1 信息管理职责

各系统、设备“通用质量特性”主管设计师负责组织本系统、设备“通用质量特性”信息的收集、处理，对信息的真实性负责；针对需纳入“通用质量特性”工作系统进行统一管理的信息，分阶段向总体技术责任单位及相关单位提交“通用质量特性”信息。

总体“通用质量特性”主任设计师负责总体“通用质量特性”信息的收集、处理，对总体“通用质量特性”信息的真实性负责；针对纳入“通用质量特性”工作系统进行统一管理的“通用质量特性”信息，按阶段制定统一的采集计划与技术要求，开展信息采集和管理工作。

9.6.2 信息内容

根据GJB 1686A—2005《装备质量信息管理通用要求》的要求，各级研制单位应及时收集、整理和上报研制阶段产生的“通用质量特性”信息，并对信息正确性负责，为提高舰船装备“通用质量特性”水平提供支撑。需纳入舰船装备“通用质量特性”工作系统进行统一管理的研制阶段信息如表9-7所列。

表 9-7 通用质量特性信息

<table>
<tr><th rowspan="2">序号</th><th rowspan="2">信息内容</th><th colspan="2">适用范围</th><th colspan="4">适用阶段</th><th rowspan="2">备注</th></tr>
<tr><th>系统</th><th>设备</th><th>方案设计</th><th>技术设计</th><th>施工设计及生产建造</th><th>试验、交船阶段</th></tr>
<tr><td colspan="9">可靠性</td></tr>
<tr><td>1</td><td>可靠性工作计划</td><td>√</td><td>√</td><td>前期</td><td>—</td><td>—</td><td>—</td><td rowspan="3">详见各阶段具体要求</td></tr>
<tr><td>2</td><td>通用质量特性设计与分析报告(可靠性部分)包含:
(1) 在役船可靠性问题举一反三改进;
(2) 可靠性建模预计分配;
(3) FMECA 分析;
(4) FTA 分析;
(5) 可靠性设计准则及符合性检查;
(6) 新技术应用可靠性分析;
(7) 耐久性分析;
(8) FRACAS 结果;
(9) 可靠性关重件清单</td><td>√</td><td>√</td><td>√</td><td>√</td><td>√</td><td>√</td></tr>
<tr><td>3</td><td>可靠性试验有关信息包含:
(1) 试验方案;
(2) 试验结果</td><td>√</td><td>√</td><td>—</td><td>√</td><td>√</td><td>—</td></tr>
<tr><td>4</td><td>研制阶段故障信息</td><td>√</td><td>√</td><td>√</td><td>√</td><td>√</td><td>√</td><td>—</td></tr>
<tr><td colspan="9">维修性</td></tr>
<tr><td>1</td><td>维修性工作计划</td><td>√</td><td>√</td><td>前期</td><td>—</td><td>—</td><td>—</td><td rowspan="3">详见各阶段具体要求</td></tr>
<tr><td>2</td><td>通用质量特性设计与分析报告(维修性部分)包含:
(1) 维修性设计准则制定及检查;
(2) 维修性建模、预计与分配;
(3) 维修任务分析;
(4) 系统、设备维修性设计;
(5) 系统、设备维修性验证;
(6) 装发建造阶段维修性拉网检查;
(7) 维修性分析评价</td><td>√</td><td>√</td><td>√</td><td>√</td><td>√</td><td>√</td></tr>
<tr><td>3</td><td>维修性三维模型</td><td>√</td><td>√</td><td>√</td><td>√</td><td>√</td><td>—</td></tr>
</table>

续表

序号	信息内容	适用范围		适用阶段				备注
		系统	设备	方案设计	技术设计	施工设计及生产建造	试验、交船阶段	
	保障性							
1	保障性工作计划	√	√	前期	—	—	—	详见各阶段具体要求
2	通用质量特性设计与分析报告(保障性部分)包含: (1)保障性设计准则制定及符合性检查; (2)使用与维修保障分析; (3)保障资源规划(含保障设备、设施等); (4)使用与维修人员培训; (5)保障性分析评价	√	√	√	√	√	√	
3	交互式电子技术手册素材	√	√	√	√	√	—	
4	综合保障包素材制作(含等级修理文件、预防性维修大纲、随机文件、修理工艺规范等)	√	√	√	√	√	—	
5	器材清单及标准(含器材清单制定、携带标准制定、初始器材筹措)	√	√	√	√	√	—	
	安全性							
1	安全性工作计划	√	√	前期	—	—	—	详见各阶段具体要求
2	通用质量特性设计与分析报告(安全性部分)包含: (1)安全物项分级及制定管控要求; (2)安全性设计准则制定及符合性检查; (3)危险事件风险分析; (4)安全性验证; (5)安全性分析评价	√	√	√	√	√	√	
3	安全性预案	√	√	—	—	√	—	

续表

序号	信息内容	适用范围		适用阶段				备注
		系统	设备	方案设计	技术设计	施工设计及生产建造	试验、交船阶段	
测试性								
1	测试性工作计划	√	√	前期	—	—	—	详见各阶段具体要求
2	通用质量特性设计与分析报告(测试性部分)包含: (1) 系统测试性设计情况; (2) 电子设备测试性设计情况; (3) 机械设备测试性设计情况	√	√	√	√	√	√	
环境适应性								
1	环境适应性工作计划	√	√	前期	—	—	—	详见各阶段具体要求
2	通用质量特性设计与分析报告(环境适应性部分)包含: (1) 确定环境条件; (2) 制定环境适应性设计准则及检查; (3) 环境适应性分析评价	√	√	√	√	√	√	
3	环境试验包含: (1) 试验方案; (2) 试验结果	√	√	—	√	√	—	

9.6.3 工作管控办法

1) 总体要求

舰船装备需实行重点系统、设备转阶段通用质量特性专项评审、通用质量特性专项检查、重要项目审查,以及时发现“通用质量特性”设计缺陷,确保设计结果满足“通用质量特性”要求。

2) 转阶段通用质量特性专项评审要求

在舰船装备各研制阶段的转阶段方案评审中,应组织开展转阶段通用质量特性专项评审,具体要求如下:

(1) 对于各一级系统及重点设备,集中组织通用质量特性前置专项评审,审查对象为系统、设备《通用质量特性设计与分析报告》,内容涵盖工作计划要求的通用质量特性设计与分析结果,评审通过后方能开展方案评审。

(2) 对于其他一般设备,结合方案审查同步开展通用质量特性审查,并应先进行通用质量特性审查,后开展总体方案审查,单独形成通用质量特性审查意见。

(3) 为保证前置审查效果,应组建相对稳定的专家审查组,由主管通用质量特性、防腐防漏和标准化的副总师担任审查组组长,其他审查组成员包括总体、系统、设备设计师,通用质量特性行业专家,以及海军机关、基地、代表室等军方代表。

(4) 针对可在转阶段前进行改进落实的意见,应在转阶段审图前完成修改;针对需在后续设计阶段进行落实的意见,由总体所汇总形成待解决审图意见清单并制定后续改进计划,并结合后续审图工作检查落实情况。

参 考 文 献

[1] 龚庆祥. 型号可靠性工程手册[M]. 北京:国防工业出版社,2007.
[2] 康锐. 可靠性维修性保障性工程基础[M]. 北京:国防工业出版社,2012.
[3] 康锐,石荣德,肖波平,等. 型号可靠性维修性保障性技术规范[M]. 北京:国防工业出版社,2010.
[4] 邵开文,马运义. 舰船技术与设计概论[M]. 北京:国防工业出版社,2013.
[5] 马运义,许建. 现代潜艇设计理论与技术[M]. 哈尔滨:哈尔滨工程大学出版社,2012.
[6] 陈学楚. 现代维修理论[M]. 北京:国防工业出版社,2003.
[7] 赵廷弟. 安全性设计分析与验证[M]. 北京:国防工业出版社,2011.
[8] 姜同敏,王晓红. 可靠性与寿命试验[M]. 北京:国防工业出版社,2011.
[9] 周林,赵杰,冯广飞. 装备故障预测与健康管理技术[M]. 北京:国防工业出版社,2015.
[10] 蒋瑜,陶俊勇,程红伟,等. 非高斯随机振动疲劳分析与试验技术[M]. 北京:国防工业出版社,2019.
[11] 陶俊勇,谭源源,易晓山,等. 装备通用质量特性技术基础[M]. 长沙:国防科技大学出版社,2017.
[12] 陈循,陶俊勇,张春华,等. 机电系统可靠性工程[M]. 北京:科学出版社,2007.
[13] 明志茂,陶俊勇,陈循,等. 动态分布参数的贝叶斯可靠性分析[M]. 北京:国防工业出版社,2011.
[14] 马恒儒. 中国国防科技工业可靠性工程的现状与发展[J]. 航空发动机,2016,32(3):1-4.
[15] 尚燕丽. 美国海军装备可靠性维修性保障性政策的发展与启示[J]. 船舶标准化与质量,2008(06):28-31.
[16] 李玉荣,吴懿鸣. 美国海军装备可靠性工程[J]. 现代军事,2015(06):73-77.

内容简介

本书结合舰船通用质量特性特点，论述了舰船通用质量特性新技术发展情况，重点阐述了舰船通用质量特性要求制定、分析设计、试验验证、仿真评估等内容，提出了舰船通用质量特性工程管理措施，并结合型号研制工作实际给出多个工程应用案例。

本书可用于指导舰船领域从事通用质量特性研究的工程技术人员和管理人员工作，也可供高校相关专业学生学习及其他行业相关人员借鉴。

Combined with the general quality characteristics of ship, this book discusses the recent progress of edge-cutting techniques for general quality characteristics of ship. We mainly focus on the requirements determination, analysis and design, test verification, simulation evaluation and etc. Then, we proposed engineering management measures for general quality characteristics of ship, followed by several engineering applications during model development.

This book can be used to guide the engineering and technical personnel and management personnel, who engaged in the research of general quality characteristics in the field of ship. It can also be used as a reference for the academic study of related majors or other related personnel in industry.